轻型房屋钢结构构造图集

靳百川　编著
黎　钟　审校

中国建筑工业出版社

图书在版编目(CIP)数据

轻型房屋钢结构构造图集/靳百川编著. —北京：中国建筑工业出版社，2002（2024.7 重印）

ISBN 978-7-112-05173-1

Ⅰ. 轻…　Ⅱ. 靳…　Ⅲ. 轻型钢结构—建筑结构—图集　Ⅳ. TU392.5-64

中国版本图书馆 CIP 数据核字(2002)第 042022 号

本书专门介绍由门式刚架结构和压型钢板围护的轻型房屋钢结构构造方法。从钢柱脚、刚架梁柱，以至墙面、屋面整个建筑系统分别以图形进行介绍，并附有不少实际工程照片。其中有单跨、多跨的常截面和变截面的刚架，也有在刚架内设楼层的。无论刚架梁柱、檩条、墙梁、支撑，以及压型钢板屋面、压型钢板墙板，还是檐口包边、屋檐雨水槽沟、雨篷、女儿墙等等，均有工程实用构造详图，和非常直观的立体图、透视图，既可直接在工程中应用，也可作为学习参考资料。

本书可供土木工程钢结构设计、制作、施工人员参考。

轻型房屋钢结构构造图集

靳百川　编著

黎　钟　审校

*

中国建筑工业出版社出版、发行（北京海淀三里河路 9 号）

各地新华书店、建筑书店经销

廊坊市海涛印刷有限公司印刷

*

开本：880×1230毫米　横1/16　印张：16½　字数：517千字

2002年10月第一版　2024年7月第二十四次印刷

定价：**40.00**元

ISBN 978-7-112-05173-1

(10787)

前　言

轻型钢结构建筑多种多样，在我国应用很多，发展很快，1999 年我国又颁发了“门式刚架轻型房屋钢结构技术规程”CECS102：98，为门式刚架轻型钢结构的应用和发展创造了更有利的条件。

作者多年从事钢结构工程，为了总结经验，进一步推广轻钢结构的应用，特将工作中积累和收集的轻型门式刚架钢结构房屋建造资料整理出版，以供钢结构设计、制造和施工参考。

书中列出了门式刚架梁柱的构造及其接头、檩条和墙梁及其与梁柱的连接，支撑系统及其连接，彩色压型钢板屋面和墙面及其与结构的连接，以及檐口、泛水、屋面开洞等房屋构造作法的构造详图，有些详图还采用透视图的形式来表达，以便更清楚地表示它的具体作法。这些详图都来自实际工程，它应用的 C 型钢、Z 型钢、风荷载，以及计算规范基本上都出自澳大利亚。因为本书的目的只在于介绍一整套压型钢板和门式刚架轻钢房屋的构造作法，所以对于荷载及承载力计算只在文字说明中根据原工程应用情况作简单介绍，所用的 C 型钢、Z 型钢的资料则在附录内列出，目的也只在于说明书中图例构造的相关情况，故没有结合我国的规范、材料、荷载，特别是风载等进行具体的整体结构设计计算分析说明，使用时需根据具体情况进行。

中国建筑工业出版社黎钟（编审、教授级高级工程师）参与编撰，精心审稿，王跃（副编审、高级工程师）作为责任编辑，对本书做了大量的工作，谨此表示衷心地感谢。由于作者水平所限，书中错误在所难免，敬请读者批评指正。

目　　录

一、门式刚架轻钢结构建筑物

二、轻钢结构外纵墙、端墙及屋面钢结构

三、轻型钢结构内隔墙、楼层、吊车梁、雨篷及托架梁

四、钢 楼 梯

五、墙身开洞、开门及开窗

六、轻钢维护结构——彩色压型钢板建筑构造

七、屋面开洞、设行走平台、采光板、通风孔及通风天窗

八、钢结构安装

九、工程实例——制药厂仓库

十、工程实例——加工车间

附录　C 型钢及 Z 型钢材料表

一、门式刚架轻钢结构建筑物

门式刚架轻钢结构体系

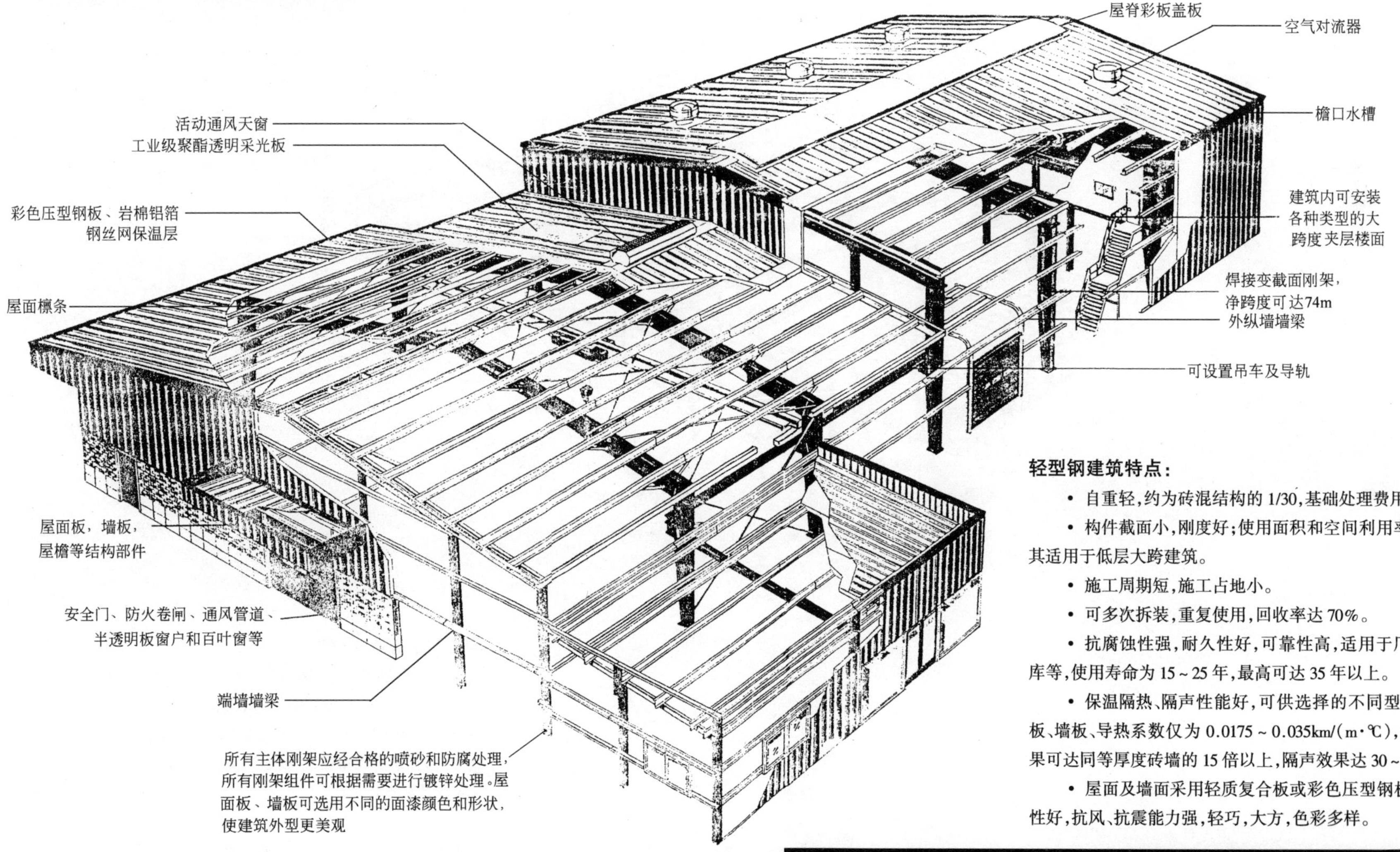

轻型钢建筑特点：

- 自重轻，约为砖混结构的1/30，基础处理费用低。
- 构件截面小，刚度好；使用面积和空间利用率高，尤其适用于低层大跨建筑。
- 施工周期短，施工占地小。
- 可多次拆装，重复使用，回收率达70%。
- 抗腐蚀性强，耐久性好，可靠性高，适用于厂房、仓库等，使用寿命为15～25年，最高可达35年以上。
- 保温隔热、隔声性能好，可供选择的不同型号屋面板、墙板、导热系数仅为0.0175～0.035km/(m·℃)，隔热效果可达同等厚度砖墙的15倍以上，隔声效果达30～40dB。
- 屋面及墙面采用轻质复合板或彩色压型钢板，整体性好，抗风、抗震能力强，轻巧，大方，色彩多样。

1—1 门式刚架轻型钢结构体系

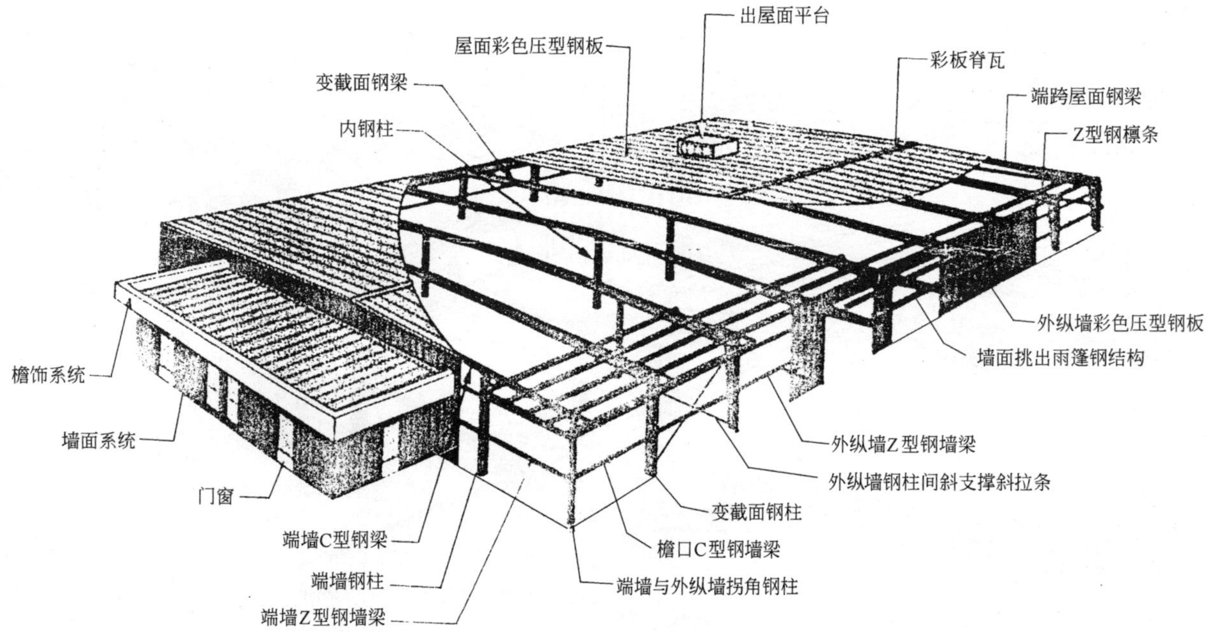

轻型钢结构体系，包括：

1 外纵墙钢结构；2 端墙钢结构；3 屋面钢结构；4 屋面支撑及柱间支撑钢结构；5 内外钢托架梁；6 钢吊车梁；7 屋面钢檩条及雨篷；8 钢结构楼板；9 钢楼梯及检修梯；10 内外墙、端墙彩色压型钢板；11 屋面彩色压型钢板；12 屋面檐沟、天沟、水落管；13 屋面通风天窗及采光透明瓦。

1—2 门式刚架轻型钢结构系统基本构件

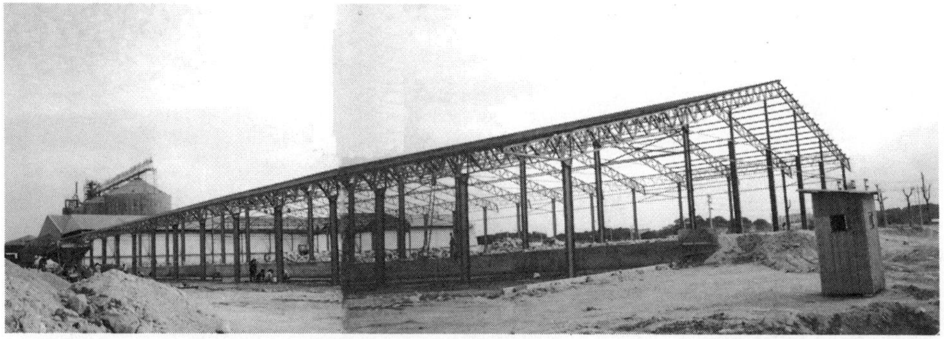

轻型结构式钢梁(饲料厂成品仓库)

轻钢结构框架(豪孚加工厂)

轻型结构式钢构架(饲料厂成品仓库)

轻型芬克式钢屋架

1—3 门式刚架轻型钢结构、压型钢板围护建筑实例

(1)

(2)

(3)

(4)

(5)

(6)

轻型钢结构中的钢柱、屋面梁及檩条的安装情况

1—4 轻型钢结构安装

结构示意

结　构　示　意

单跨门式刚架

双跨门式刚架

大跨度多内柱门式刚架结构

毗连跨门式刚架结构

内设吊车的门式刚架

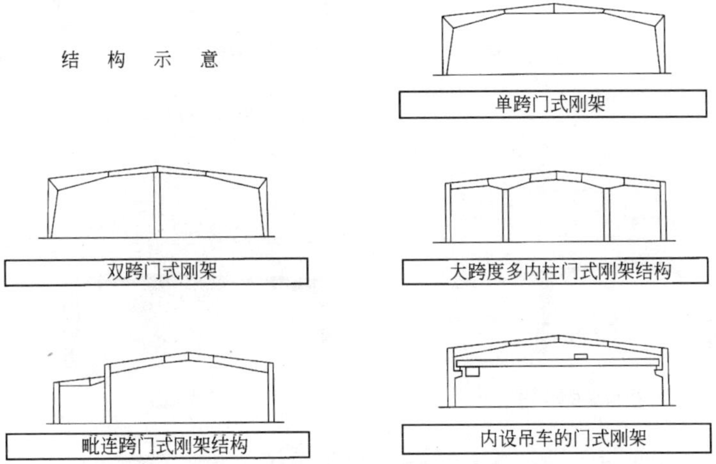

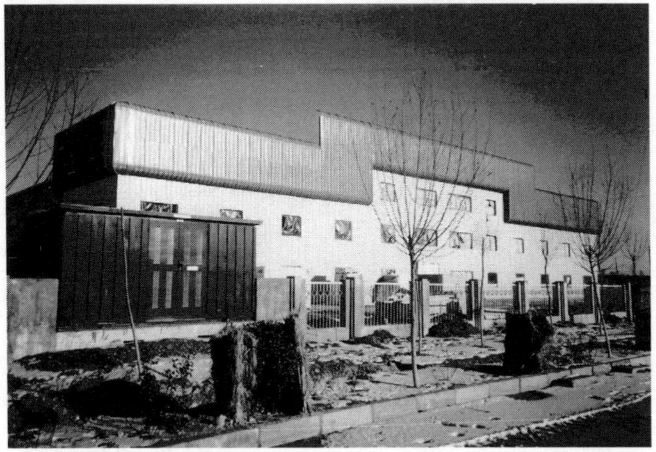

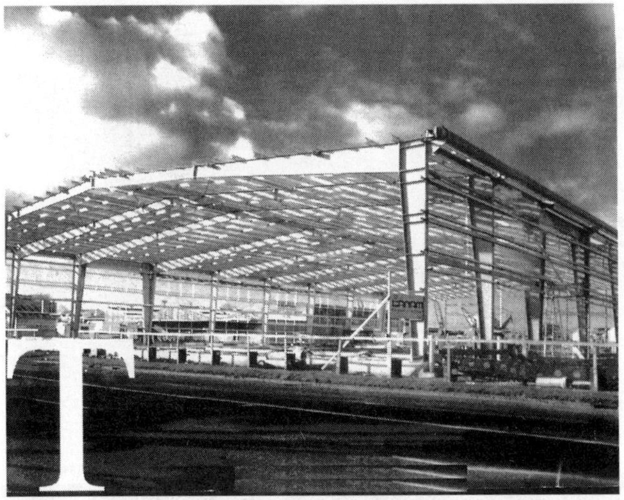

变截面钢柱、变截面钢屋面梁安装透视图

1—5　门式刚架及轻型钢房屋透视

门式刚架

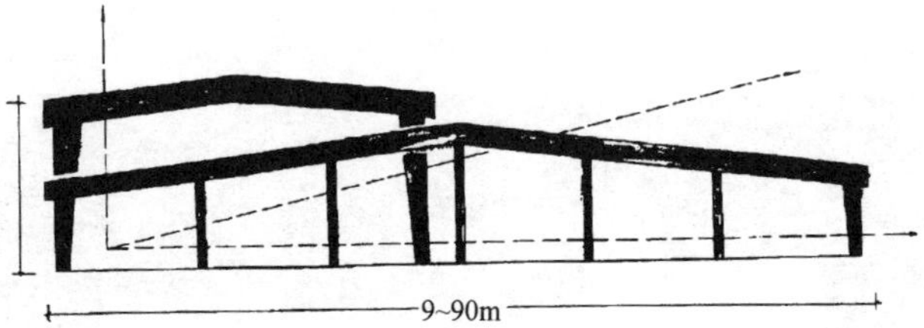

刚架的应用技术范围

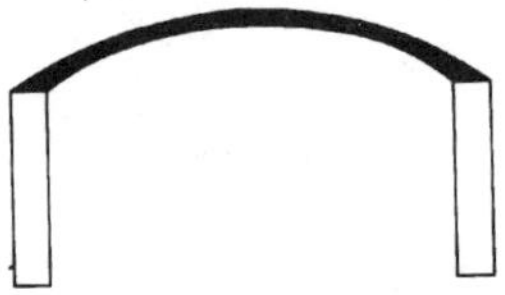

拱形屋面

双跨 双屋脊屋面

跨度48~60m; 高度3.9~7m;
内柱跨距12~15m。适用于仓库、批发中心、生产基地。

单跨双坡屋面

跨度9~36m; 高度2.7~9m。适用于仓库、生产基地、谷物贮仓，小商业商场、体育场、有宽阔跨距的地方

单跨双坡屋盖

跨度9~21m; 高度2.7~7m。适用于办公室、独立零售点以及小商业商场（即需要宽阔跨距的地方）

单跨双坡悬挑屋面

单坡屋面

双跨双坡面屋

跨度24~42m; 高度4~7m; 内柱跨距12~21mm。适用于仓库、批发中心、生产基地、工业或其他需要高屋檐或宽敞空间的建筑物

三连跨双坡屋面

跨度36~54m; 高度 3.9~7m; 内柱跨距12~18m。适用于仓库、批发中心、生产基地、工业区或其他需要宽敞空间的建筑物

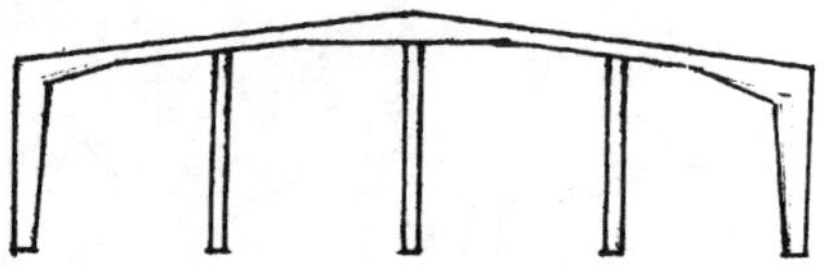

多跨双坡屋面

跨度46~72m; 高度 3.9~7m; 内柱跨距 :12~18m。适用于仓库、批发中心、生产基地、工业或其他需要高屋檐或宽敞空间的建筑物

1—6 门式刚架设计、制作、安装技术范围

门式刚架定型设计建筑物参数

1．变截面钢柱，变截面钢梁，C 型和 Z 型钢檩条，屋面彩色压型钢板。

跨度：12～42m　檐高：4.8～9m

柱距：6～7.5m

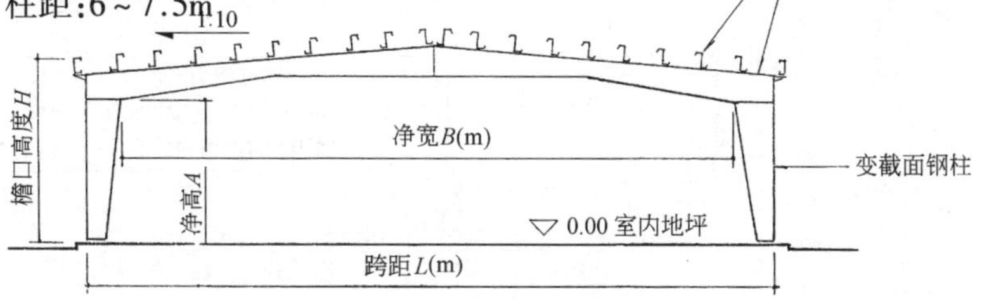

定型尺寸		相应尺寸(m)							
跨距 L(m)	檐高 H(m)	荷载 0.6kN/m²		荷载 1kN/m²		荷载 1.5kN/m²		荷载 2kN/m²	
		B	A	B	A	B	A	B	A
12	4.8	10.8	4.19	10.18	4.09	10.5	4.04	10.35	3.99
12	6.0	10.8	5.14	10.8	5.29	10.5	5.24	10.35	5.08
15	4.8	13.55	4.06	13.25	3.93	13.15	3.88	13.10	3.88
15	6.0	13.55	5.26	13.25	5.13	13.15	5.08	13.10	5.08
15	7.2	13.55	6.46	13.25	6.33	13.15	6.28	13.10	6.28
18	4.8	16.52	4.06	16.15	3.88	15.97	3.81	15.76	3.71
18	6.0	16.52	5.26	16.15	5.08	15.97	5.01	15.76	4.91
18	7.2	16.52	6.46	16.15	6.28	15.97	6.21	15.76	6.11
21	4.8	19.15	3.88	18.92	3.78	18.71	3.68	18.51	3.60
21	6.0	19.15	5.08	18.92	4.98	18.71	4.88	18.51	4.80
21	7.2	19.15	6.28	18.92	6.18	18.71	6.08	18.51	6.00
24	4.8	22.02	3.83	21.71	3.70	21.51	3.60	21.31	3.50
24	6.0	22.02	5.03	21.71	4.88	21.51	4.80	21.31	4.70
24	7.2	22.02	6.23	21.71	6.08	21.51	6.00	21.31	5.90
30	4.8	27.61	3.65	27.41	3.55	27.2	3.45	26.9	3.32
30	6.0	27.61	4.85	27.41	4.75	27.2	4.65	26.9	4.50
30	7.2	27.61	6.05	27.41	5.95	27.2	5.85	26.9	5.72
36	4.8	33.2	3.45	33.15	3.42	32.9	3.32	32.59	3.17
36	6.0	33.2	4.65	33.15	4.62	32.9	4.52	32.59	4.37
36	7.2	33.2	5.85	33.15	5.83	32.9	5.72	32.59	5.57
36	9.0	33.2	7.65	33.15	7.63	32.9	7.52	32.59	7.37
42	6.0	38.95	4.68	38.9	4.50	38.62	4.40	38.62	4.40
42	7.2	38.95	5.78	38.9	5.70	38.62	5.60	38.62	5.60
42	9.0	38.95	7.58	38.9	7.50	38.62	7.40	38.62	7.40

注：檐高 = H' + 彩色压型钢板肋高，H'为梁檐高度。

2．等截面钢柱，变截面钢梁，C 型和 Z 型钢檩条，屋面彩色压型钢板。

跨度：12～24m

檐高：3.6～7.2m

柱距：6～7.5m

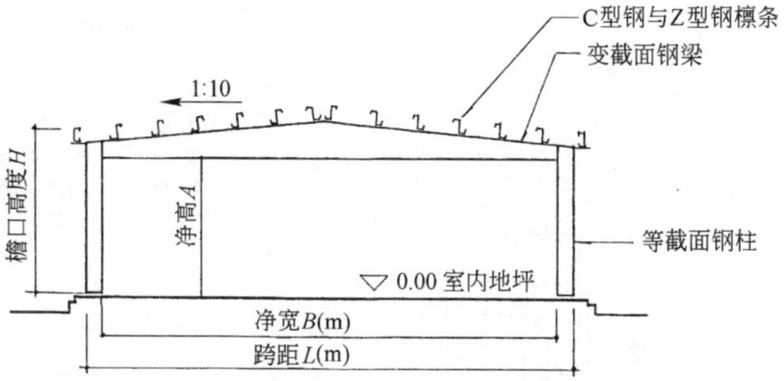

定型尺寸		相应尺寸(m)							
跨距 L(m)	檐高 H(m)	荷载 0.6kN/m²		荷载 1kN/m²		荷载 1.5kN/m²		荷载 2kN/m²	
		B	A	B	A	B	A	B	A
12	3.6	11.5	3.1	11.5	3.0	11.5	2.95	11.5	2.9
12	4.8	11.5	4.3	11.5	4.2	11.5	4.15	11.5	4.1
12	6.0	11.5	5.6	11.5	5.5	11.5	5.4	11.5	5.3
15	4.2	14.5	3.66	14.5	3.6	14.5	3.5	14.5	3.45
15	4.8	14.5	4.25	14.5	4.2	14.5	4.15	14.5	4.1
15	6.0	14.5	5.45	14.5	5.4	14.5	5.3	14.5	5.25
18	4.2	17.5	3.6	17.5	3.55	17.5	3.5	17.4	3.4
18	4.8	17.5	4.2	17.5	4.15	17.5	4.1	17.4	4.0
18	6.0	17.5	5.4	17.5	5.35	17.5	5.3	17.4	5.2
18	7.2	17.5	6.59	17.5	6.55	17.5	6.5	17.4	6.4
21	4.8	20.5	4.1	20.5	4.05	20.5	4.0	20.4	3.85
21	6.0	20.5	5.3	20.5	5.25	20.4	5.2	20.4	5.05
21	7.2	20.5	6.5	20.5	6.4	20.4	6.3	20.4	6.25
24	4.8	23.5	4.05	23.5	4.0	23.4	3.95	23.3	3.85
24	6.0	23.5	5.25	23.5	5.2	23.4	5.15	23.3	5.05
24	7.2	23.5	6.45	23.5	6.4	23.4	6.35	23.3	6.25

注：檐高 = H' + 彩色压型钢板肋高。

1—7　门式刚架定型设计建筑物参数

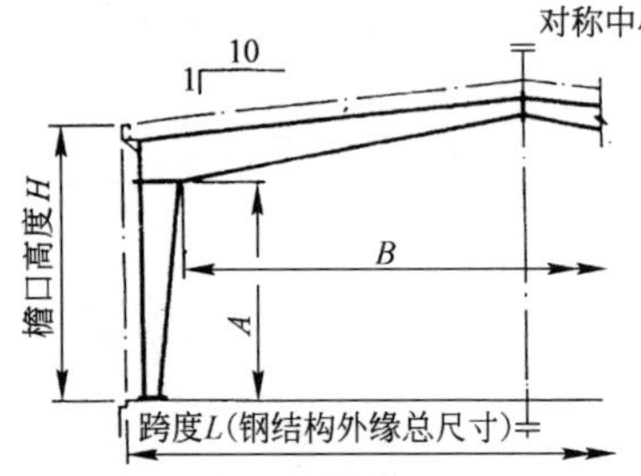

横剖面

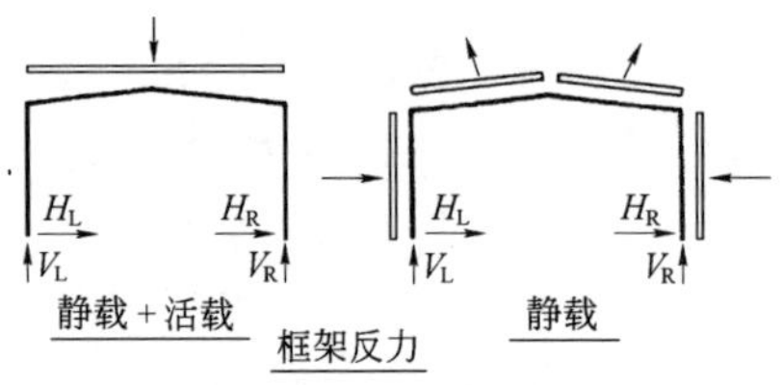

框架反力

说明：1. 箭头表示作用力及反作用力方向
2. 柱距6m时作用力为图示的0.8倍
3. 柱距9m时作用力为图示的1.25倍

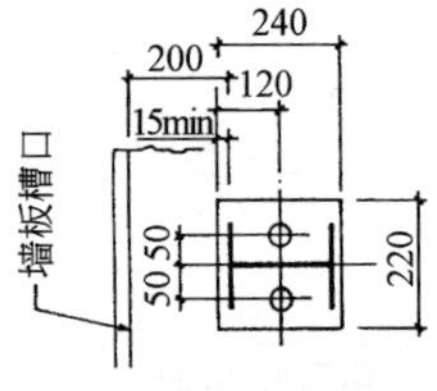

柱基预埋螺栓布置

柱距=7.5m
静载=0.10kN/m²
活载=0.57kN/m²
风速=130km/h

跨度 L (mm)	檐高 H (mm)	净高 A (mm)	净宽 B (mm)
1200	4000	3541	10940
	6000	5541	10940
	8000	7359	10540
15000	4000	3350	13740
	6000	5350	13740
	8000	7360	13540
18000	4000	3358	16538
	6000	5358	16538
	8000	7358	16538
21000	4000	3267	19338
	6000	5267	19338
	8000	7267	19338
24000	4000	3177	22138
	6000	5177	22138
	8000	7177	22138

反力(kN)					
静载+活载		静载+风速			
$V_L=V_R$	$(+)H_L(-)H_R$	V_L	H_L	V_R	H_R
35	15	-20	-15	-15	-5
35	10	-25	-15	-10	-15
35	10	-35	-20	-10	-20
40	25	-25	-20	-15	5
45	15	-30	-20	-15	-5
45	10	-35	-20	-15	-15
50	35	-30	-25	-20	10
50	25	-35	-25	-20	-5
50	15	-40	-25	-20	-10
60	55	-30	-30	-25	20
60	30	-40	-25	-25	5
60	25	-45	-30	-25	-10
70	70	-35	-40	-25	30
70	50	-45	-35	-30	15
70	35	-50	-35	-30	-5

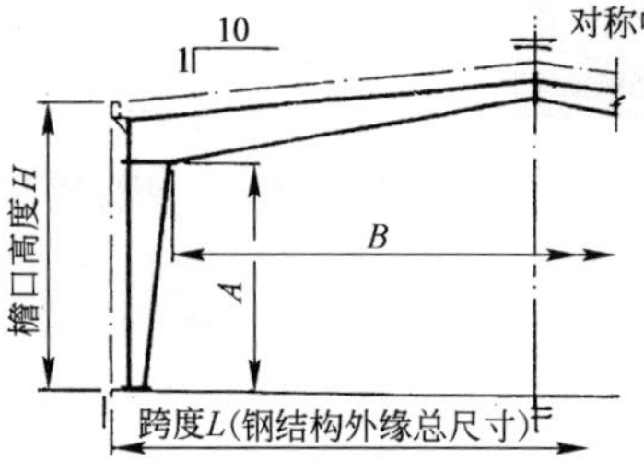

横剖面

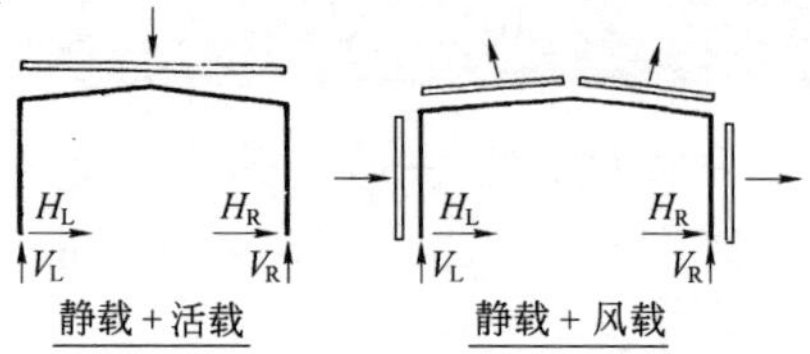

说明：1. 箭头表示作用力及反作用力方向
2. 柱距6m时作用力为图示的0.8倍
3. 柱距9m时作用力为图示的1.25倍

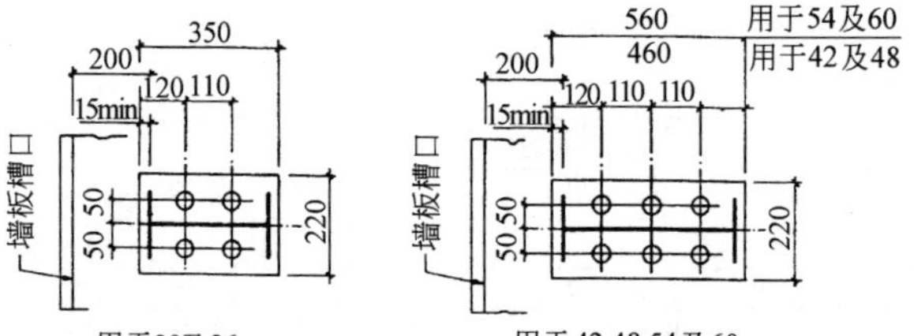

柱基预埋螺栓布置

柱距=7.5m
静载=0.10kN/m²
活载=0.57kN/m²
风速=130km/h

跨度 L (mm)	檐高 H (mm)	净高 A (mm)	净宽 B (mm)
30000	4000	3080	27934
	6000	4992	27734
	8000	6990	10540
36000	6000	4893	33530
	8000	6893	33530
42000	6000	4720	39134
	8000	6718	39134
48000	6000	4621	44930
	8000	6624	44930
54000	6000	4511	51126
	8000	6530	50726
60000	6000	4385	56530
	8000	6385	56526

反力(kN)					
静载+活载		静载+风载			
$V_L=V_R$	$(+)H_L(-)H_R$	V_L	H_L	V_R	H_R
85	110	-45	-55	-30	45
85	75	-50	-50	-35	30
85	60	-55	-45	-35	15
105	115	-60	-65	-40	-45
105	90	-65	-60	-45	-35
125	155	-65	-80	-45	-65
125	120	-70	-75	-50	-50
145	200	-70	-100	-50	80
145	155	-80	-90	-55	65
165	250	-80	-115	-55	100
165	195	-85	-105	-60	80
185	310	-80	-130	-55	115
190	245	-90	-120	-60	95

1—8 变截面单跨刚架钢结构荷载、受力及柱基预埋螺栓

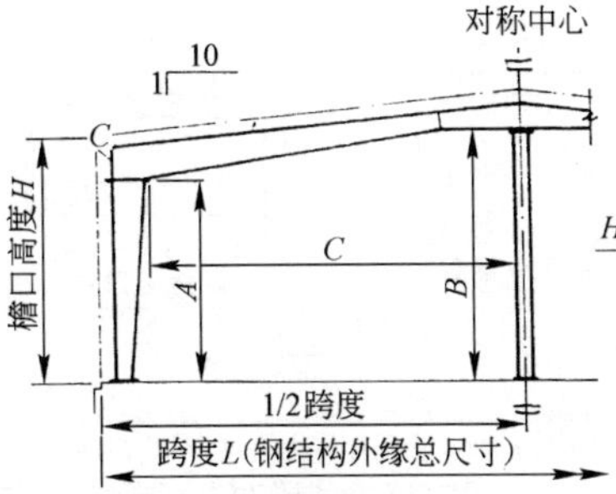

槽剖面

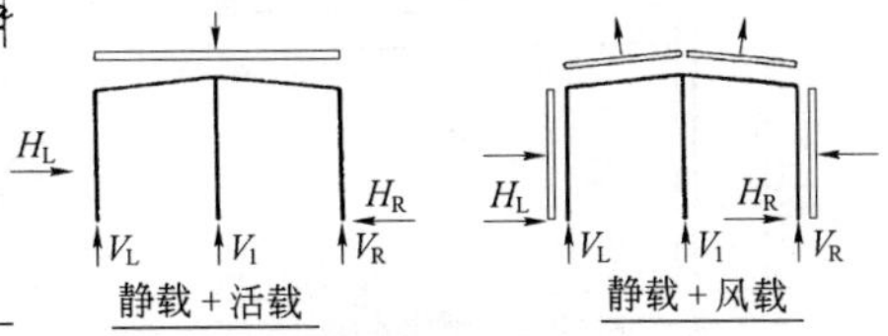

框架反力

说明：1. 箭头表示作用力及反作用力方向
2. 纵向柱距6m时作用力为图示的0.8倍
3. 纵向柱距9m时作用力为图示的1.25倍

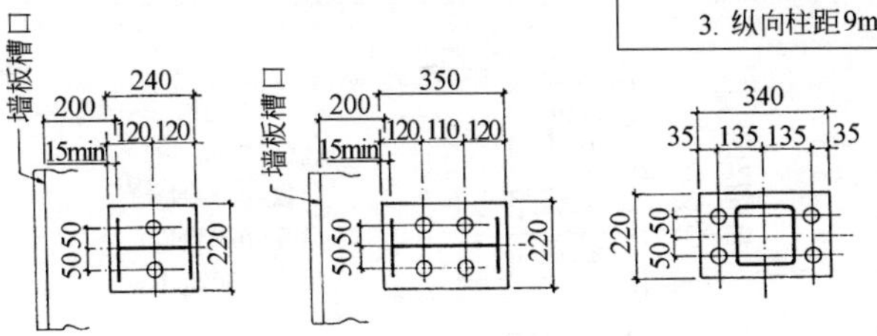

柱距=7.5m
静载=0.10kN/m²
活载=0.57kN/m²
风速=130km/h

柱基预埋螺栓布置

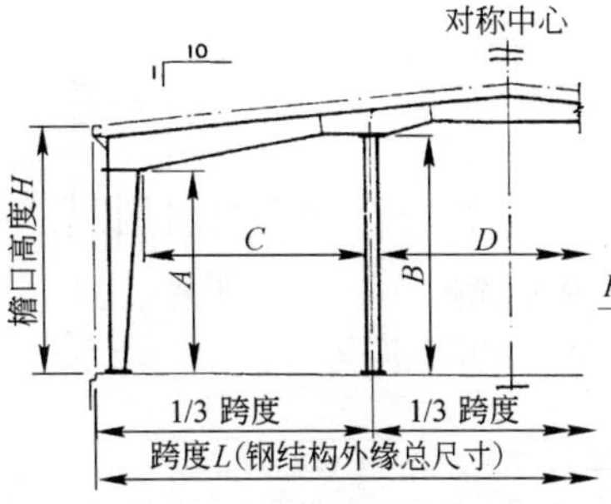

横剖面

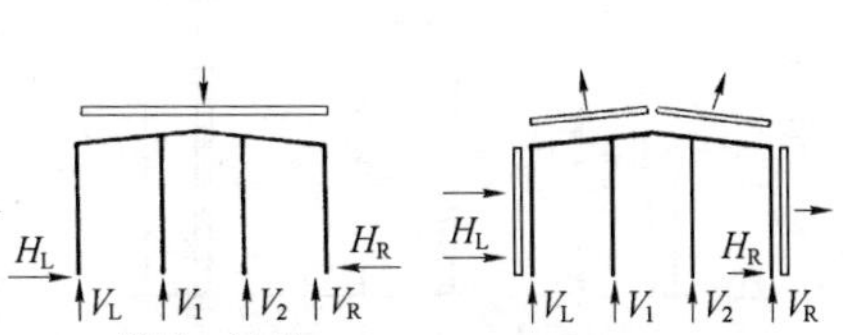

框架反力

说明：1. 箭头表示作用力及反作用力方向
2. 纵向柱距6m时作用力为图示的0.8倍
3. 纵向柱距9m时作用力为图示的1.25倍

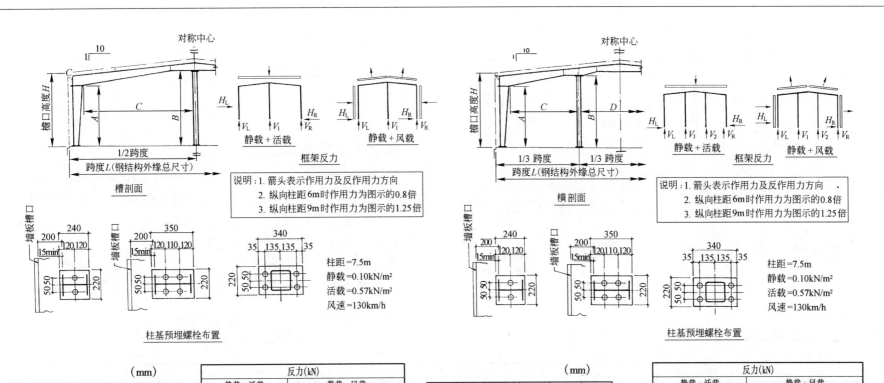

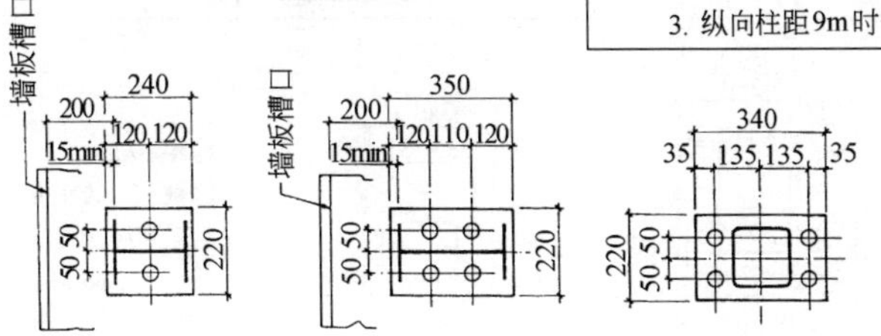

柱距=7.5m
静载=0.10kN/m²
活载=0.57kN/m²
风速=130km/h

柱基预埋螺栓布置

(mm)

跨度 L	檐高 H	净高 A	净高 B	净宽 C
24000	4000	3540	4384	11370
	6000	5540	6384	11370
	8000	7359	8384	11170
30000	4000	3539	4682	14370
	6000	5540	6682	14370
	8000	7359	8684	14170
36000	6000	5359	6881	17170
	8000	7359	8881	17170
42000	6000	5359	7079	20169
	8000	7359	9079	20170
48000	6000	5177	7375	22969
	8000	7177	9375	22969

反力(kN)							
静载+活载			静载+风载				
$V_L=V_R$	$H_L=H_R$	V_1	V_L	H_L	V_1	V_R	H_R
30	10	80	-20	-10	-40	-10	-5
30	5	80	-25	-15	-45	-10	-10
30	5	80	-30	-20	-45	-10	20
35	15	95	-25	-15	-45	-15	5
35	10	100	-30	-15	-55	-15	-10
40	10	100	-35	-20	-55	-15	-15
45	20	110	-35	-20	-60	-20	-5
45	10	110	-40	-20	-70	-15	-15
55	25	130	-40	-20	-70	-20	5
55	15	140	-45	-25	-80	-20	-10
65	45	140	-45	-30	-70	-25	15
65	30	145	-50	-30	-80	-25	-5

(mm)

跨度 L	檐高 H	净高 A	净高 B	净宽 C	净宽 D
36000	4000	3540	4633	11370	11800
	6000	5540	6633	11370	11800
	8000	7359	8633	11170	11800
45000	4000	3359	4782	14170	14800
	6000	5359	6782	14170	14800
	8000	7359	8782	14170	14800
54000	6000	5358	6980	17169	17800
	8000	7360	8980	17169	17800
63000	6000	5267	7276	20069	20800
	8000	7267	8276	20069	20800
72000	6000	5265	7572	23069	23800
	8000	7267	8572	23069	23800

反力(kN)								
静载+活载			静载+风载					
$V_L=V_R$	$H_L=H_R$	$V_1=V_2$	V_L	H_L	V_1	V_2	V_R	H_R
35	15	70	-20	-15	-45	-25	-15	-5
30	10	70	-25	-15	-45	-35	-15	-10
35	10	70	-30	-20	-45	-40	-10	-15
45	30	80	-30	-20	-55	-30	-20	10
40	20	85	-30	-20	-60	-35	-20	-5
40	15	85	-35	-20	-60	-45	-15	-15
50	20	100	-35	-20	-70	-40	-20	-5
50	15	105	-40	-25	-75	-50	-20	-10
60	35	115	-40	-25	-85	-45	-25	10
60	25	120	-45	-30	-90	-50	-25	-5
70	40	135	-45	-30	-95	-50	-30	15
70	25	140	-50	-30	-105	-60	-30	-5

1—9 变截面多跨刚架钢结构荷载、受力及柱基预埋螺栓

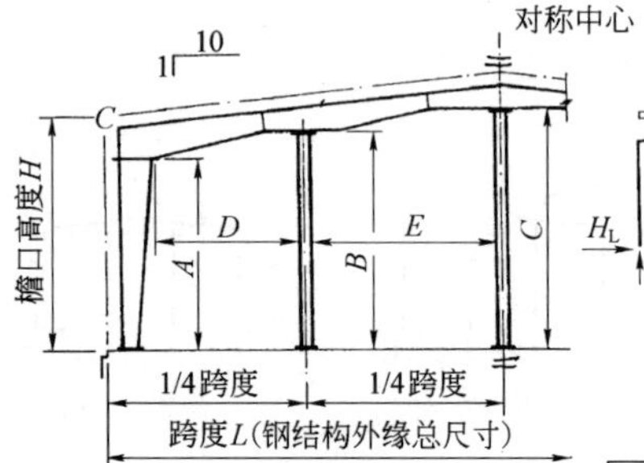

横剖面

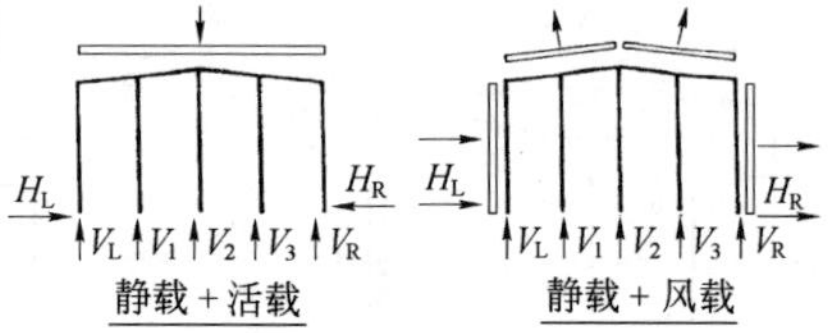

框架反力

说明：1. 箭头表示作用力及反作用力方向
2. 纵向柱距6m时作用力为图示的0.8倍
3. 纵向柱距9m时作用力为图示的1.25倍

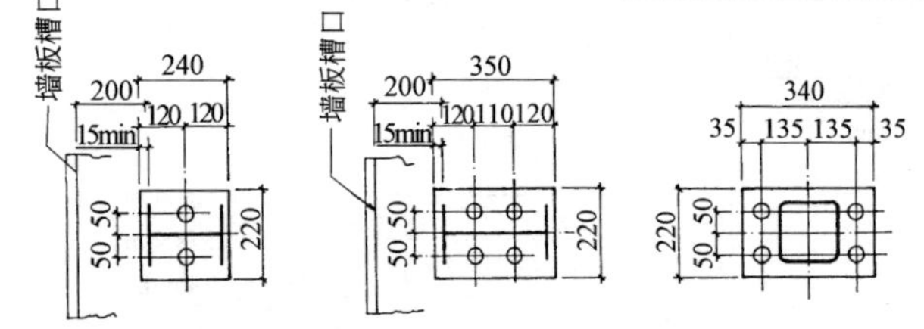

柱距=7.5m
静载=0.10kN/m²
活载=0.57kN/m²
风速=130km/h

柱基预埋螺栓布置

(mm)

跨度 L	檐高 H	净高 A	净高 B	净高 C	净宽 D	净宽 E
48000	4000	3540	4484	5584	11370	11800
	6000	5540	6484	7584	11370	11800
	8000	7359	8683	9584	11170	11800
60000	4000	3449	4684	6184	14270	14800
	6000	5450	6684	8184	14270	14800
	8000	7450	8682	10184	14270	14800
72000	6000	5358	6879	8784	17170	17800
	8000	7358	8879	10784	17170	17800
84000	6000	5356	7175	9283	20169	20800
	8000	7359	9175	11283	20169	20800
96000	6000	5177	7375	10185	22969	23800
	8000	7267	9373	12185	23069	23800

反力(kN)										
静载+活载				静载+风载						
$V_L=V_R$	$H_L=H_R$	$V_1=V_3$	V_2	V_L	H_L	V_1	V_2	V_3	V_R	H_R
30	10	75	60	-20	-10	-50	-30	-25	-15	-5
30	10	75	60	-25	-15	-55	-35	-30	-10	-10
35	10	65	70	-30	-20	-50	-45	-35	-15	-15
40	20	90	70	-25	-15	-60	-35	-30	-15	-5
40	15	95	75	-25	-15	-70	-40	-40	-15	-5
40	10	95	75	-30	-20	-75	-45	-45	-15	-15
45	20	115	85	-30	-20	-85	-45	-45	-20	-5
45	15	115	90	-35	-20	-90	-50	-55	-20	-10
55	25	130	105	-35	-20	-95	-55	-50	-25	5
55	15	130	105	-40	-20	-105	-60	-55	-25	-10
65	35	145	120	-40	-25	-110	-60	-50	-25	10
65	25	155	120	-45	-25	-120	-65	-60	-25	-5

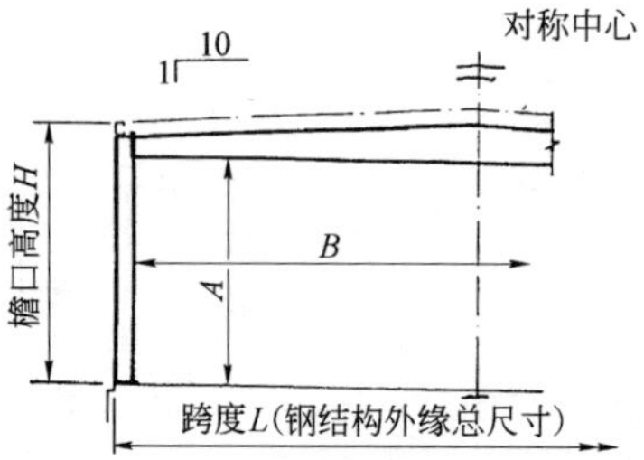

横剖面

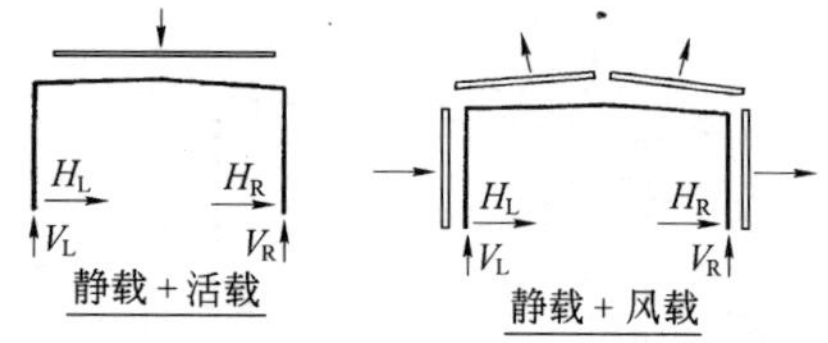

框架反力

说明：1. 箭头表示作用力及反作用力方向
2. 纵向柱距6m时作用力为图示的0.8倍
3. 纵向柱距9m时作用力为图示的1.25倍

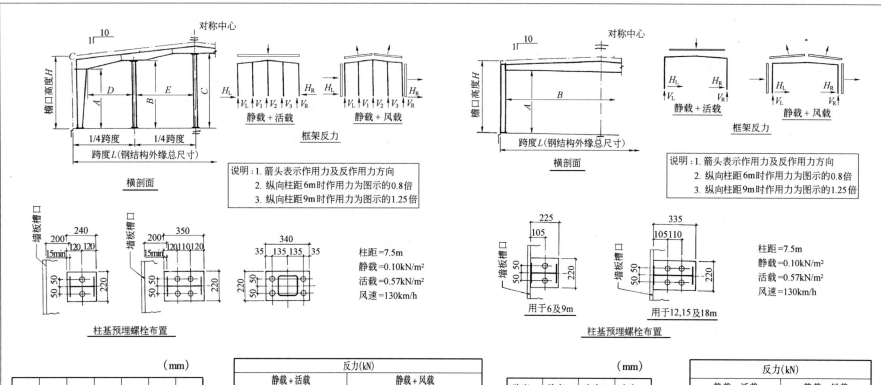

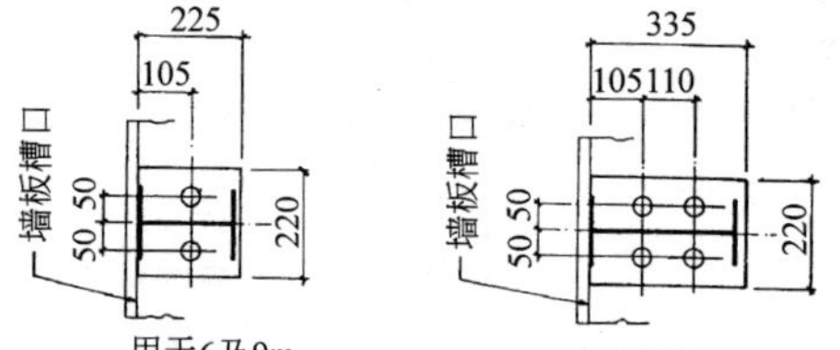

用于6及9m

用于12,15及18m

柱距=7.5m
静载=0.10kN/m²
活载=0.57kN/m²
风速=130km/h

柱基预埋螺栓布置

(mm)

跨度 L	檐高 H	净高 A	净宽 B
6000	4000	3580	5604
	6000	5580	5612
9000	4000	3580	8604
	6000	5530	8612
12000	4000	3535	11382
	6000	5535	11382
15000	4000	3484	14382
	6000	5484	14382
18000	4000	3483	17372
	6000	5485	17372

反力(kN)					
静载+活载		静载+风载			
$V_L=V_R$	$(+)H_L(-)H_R$	V_L	H_L	V_R	H_R
20	5	-15	-10	-5	-10
20	5	-25	-15	5	-15
25	5	-20	-10	-10	-10
30	5	-25	-12	-5	-15
35	15	-20	-15	-15	-5
35	10	-30	-15	-10	-10
50	15	-25	-15	-15	5
45	10	-30	-15	-15	-10
50	25	-30	-20	-20	5
50	15	-35	-20	-20	-10

1—10 变截面多跨、等截面单跨钢结构荷载、受力及柱基预埋螺栓

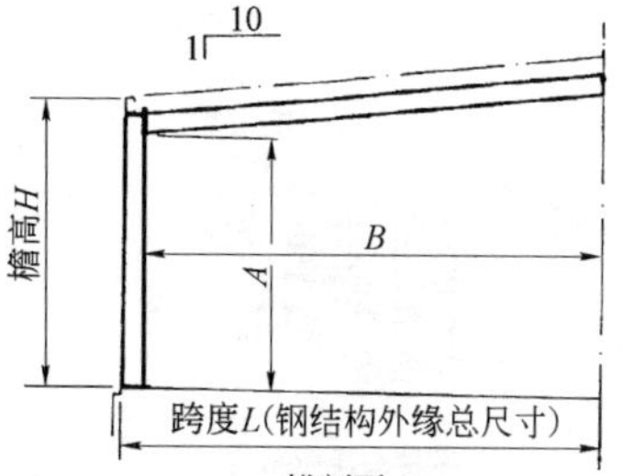

横剖面

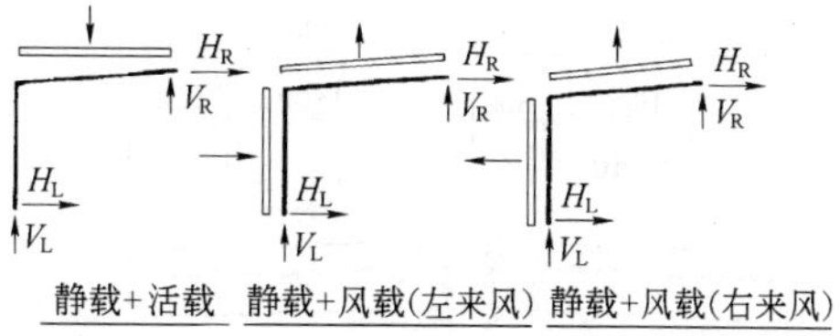

框架反力

说明：1. 箭头表示作用力及反作用力方向
2. 纵向柱距6m时作用力为图示的0.8倍
3. 纵向柱距9m时作用力为图示的1.25倍

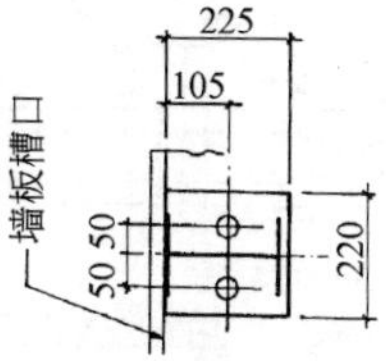

柱基预埋螺栓布置

柱距=7.5m
静载=0.10kN/m²
活载=0.57kN/m²
风速=130km/h

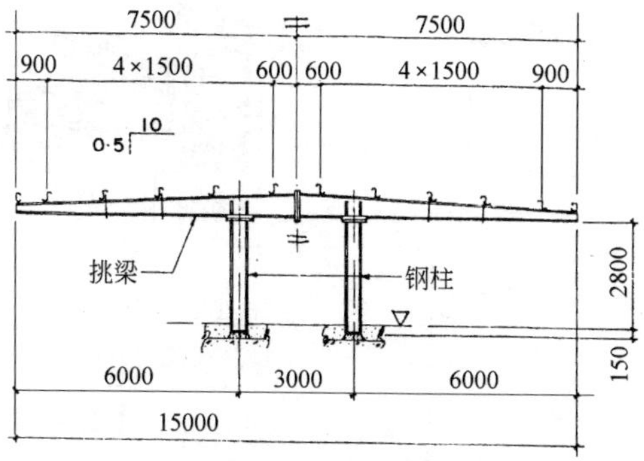

横剖面

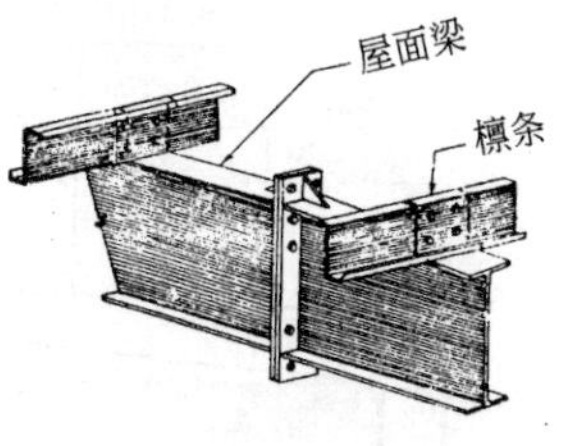

屋面梁节点

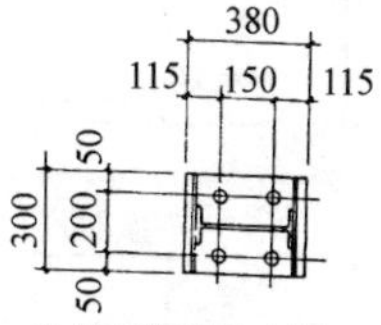

柱基预埋螺栓布置

(mm)

跨度 L	檐高 H	净高 A	净宽 B
6000	4000	3487	5800
	5000	4487	5800
	6000	5487	5800
9000	4000	3487	8800
	5000	4487	8800
	6000	5487	8800
12000	4000	3486	11800
	5000	4486	11800
	6000	5486	11800
15000	4000	3386	14800
	5000	4386	14800
	6000	5386	14800
18000	4000	3185	17800
	5000	4185	17800
	6000	5185	17800

反力(kN)									
静载+活载		静载+风载(左来风)				静载+风载(右来风)			
$V_L=V_R$	$H_L=H_R$	V_L	H_L	V_R	H_R	V_L	H_L	V_R	H_R
20	0	-10	-4	-15	2	-6	6	-6	8
20	0	-15	-4	-15	2	-8	8	-6	10
20	0	-15	-4	-15	-2	-8	8	-8	10
25	0	-20	-4	-20	2	-10	6	-10	8
25	0	-20	-4	-20	2	-10	8	-10	10
25	0	-20	-4	-20	2	-15	8	-10	15
35	0	-25	-4	-25	4	-15	6	-15	10
35	0	-25	-4	-25	4	-15	8	-15	10
35	0	-25	-4	-25	4	-15	8	-15	15
45	0	-25	-4	-30	6	-15	6	-15	10
45	0	-30	-4	-30	6	-15	6	-15	15
45	0	-30	-4	-30	6	-20	8	-20	15
50	0	-30	-4	-30	8	-20	6	-15	10
55	0	-35	-4	-35	6	-20	6	-20	15
55	0	-35	-4	-35	6	-20	8	-20	15

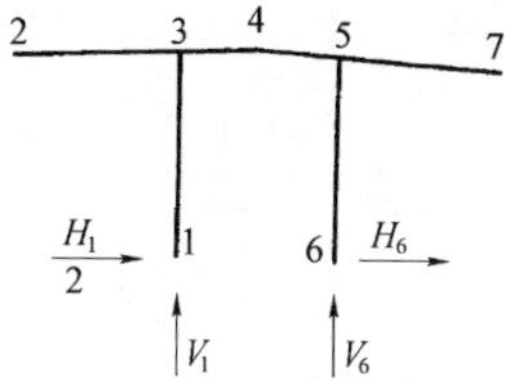

柱距=6000mm
静载=0.10kN/m²
活载=0.57kN/m²
风速=130km/h

力矩图	框架柱受力图
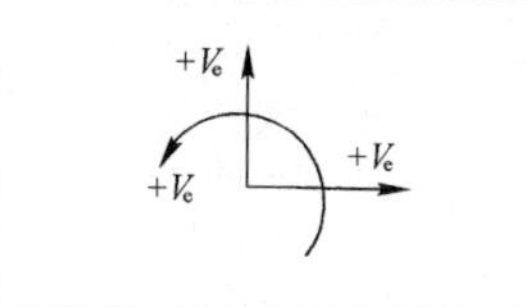	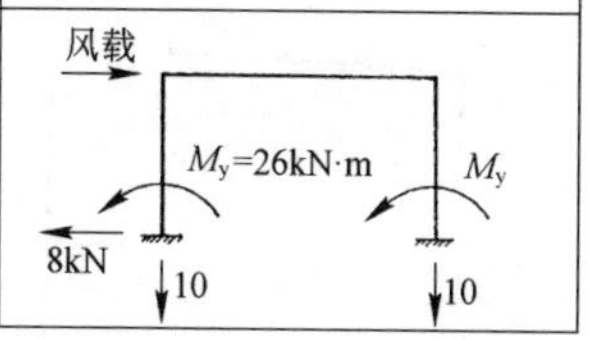

受力组合	反力(kN)				框架受力
	V_1	H_1	V_6	H_6	在轴上
静载+活载	40	-15	40	15	全部
只有静载	10	-5	10	5	全部
静载+活载(1/2跨距)	-15	-10	55	10	全部
静载+2kN(在边缘)	20	-5	10	5	全部
静载+风载(框架Ⅰ)	-25	-5	5	-10	全部
静载+风载(框架Ⅱ)	-35	-5	25	-10	全部

1—11 单柱和双柱挑梁刚架钢结构荷载、受力及柱基预埋螺栓

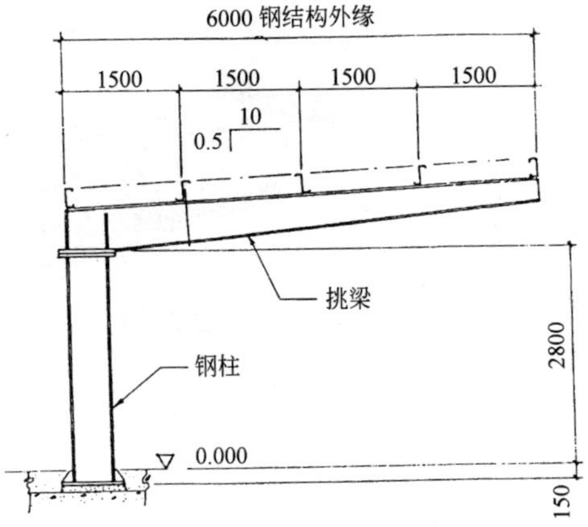

横剖面

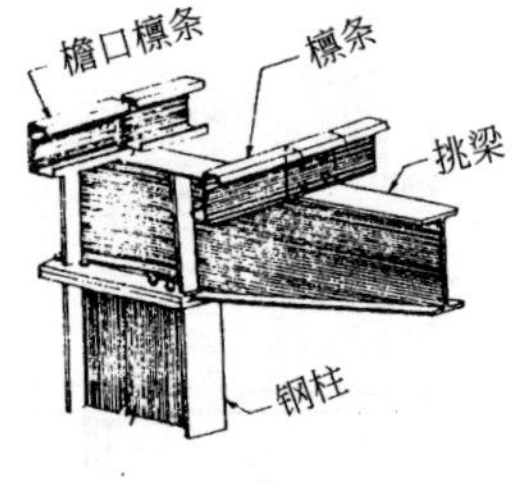

钢柱与挑梁节点

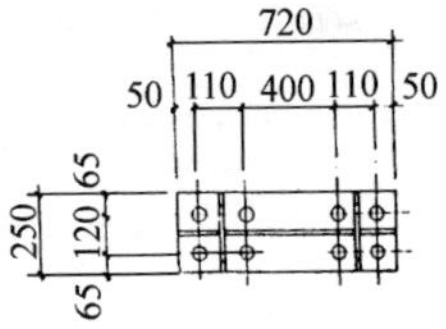

柱基预埋螺栓布置

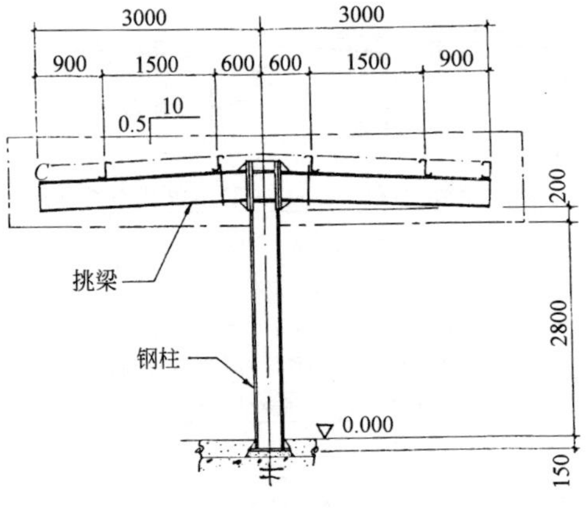

横剖面

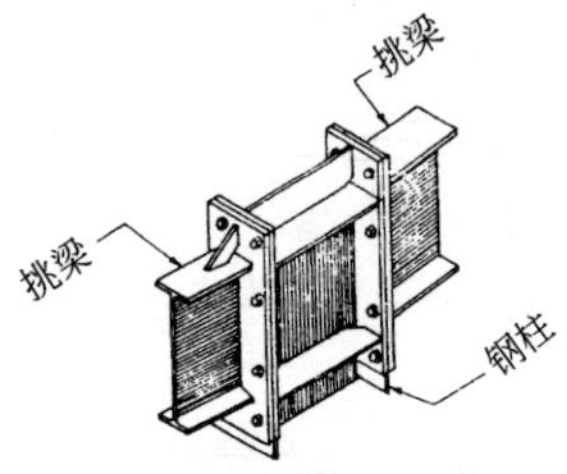

钢柱与挑梁节点

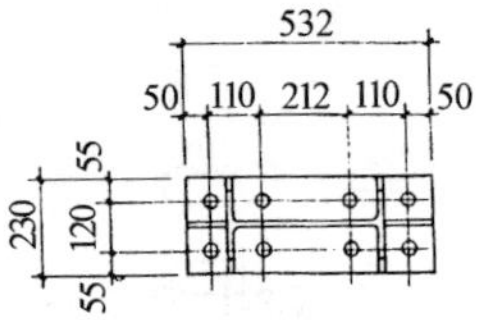

柱基预埋螺栓布置

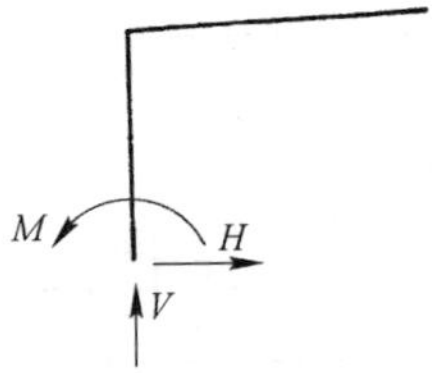

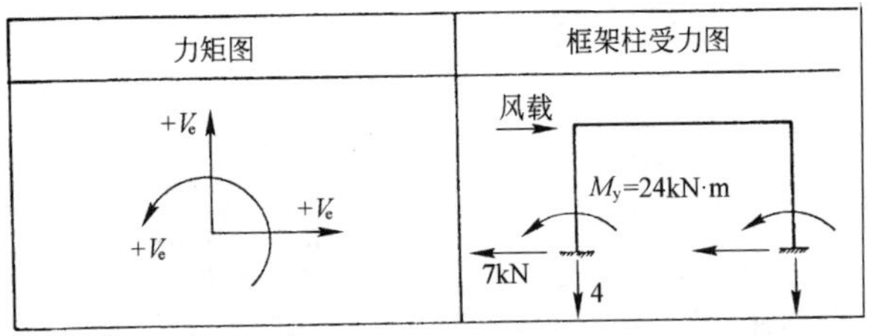

柱距=6000mm
静载=0.10kN/m²
活载=0.57kN/m²
风速=130km/h

受力组合	反作用力(kN)kN·m			框架受力在轴上
	V	H	M	
静载+活载	35	0	86	全部
静载+2kN(在边缘)	15	0	29	全部
静载+风载(右来风)	-5	15	-52	全部
静载+风载(左来风)	-5	-10	17	全部
只有静载	15	0	29	全部

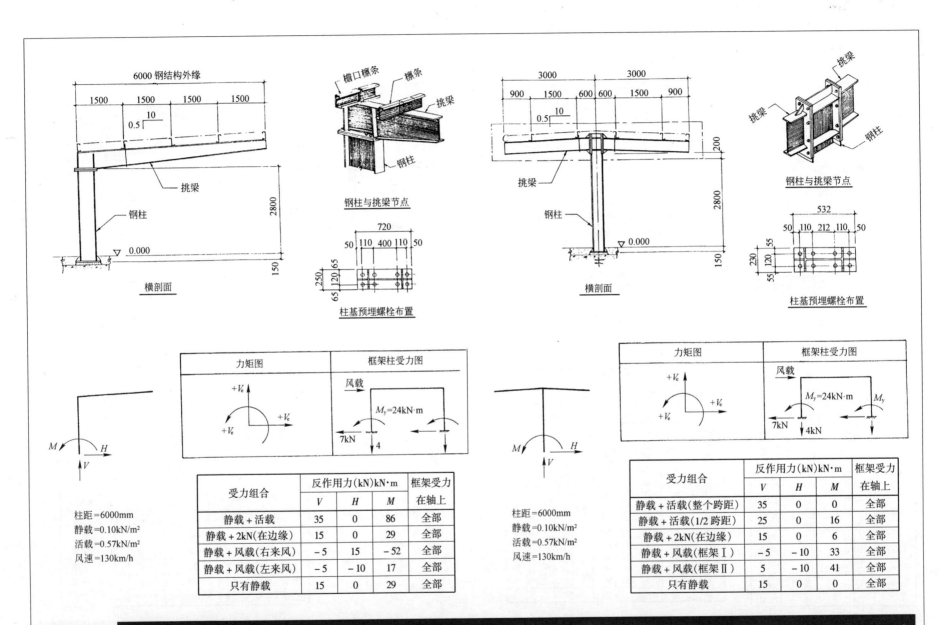

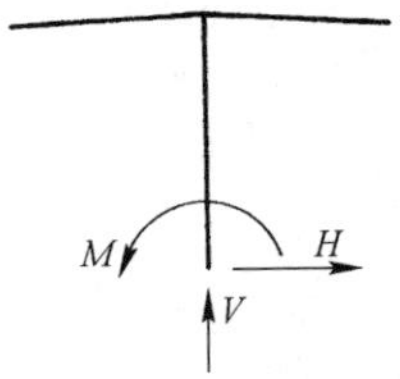

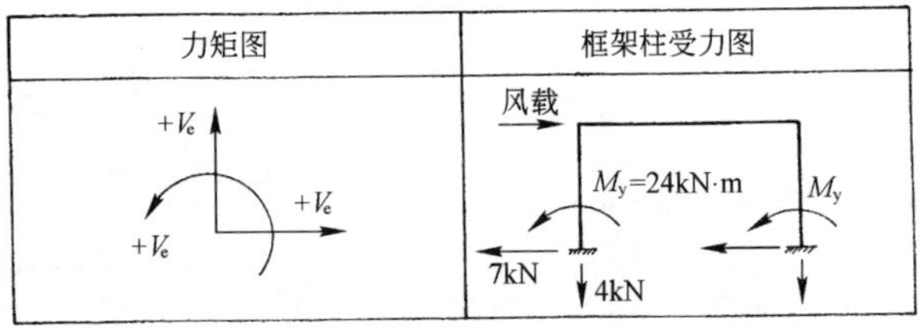

柱距=6000mm
静载=0.10kN/m²
活载=0.57kN/m²
风速=130km/h

受力组合	反作用力(kN)kN·m			框架受力在轴上
	V	H	M	
静载+活载(整个跨距)	35	0	0	全部
静载+活载(1/2跨距)	25	0	16	全部
静载+2kN(在边缘)	15	0	6	全部
静载+风载(框架Ⅰ)	-5	-10	33	全部
静载+风载(框架Ⅱ)	5	-10	41	全部
只有静载	15	0	0	全部

1—12 单柱单挑梁和双挑梁刚架钢结构荷载、受力及柱基预埋螺栓

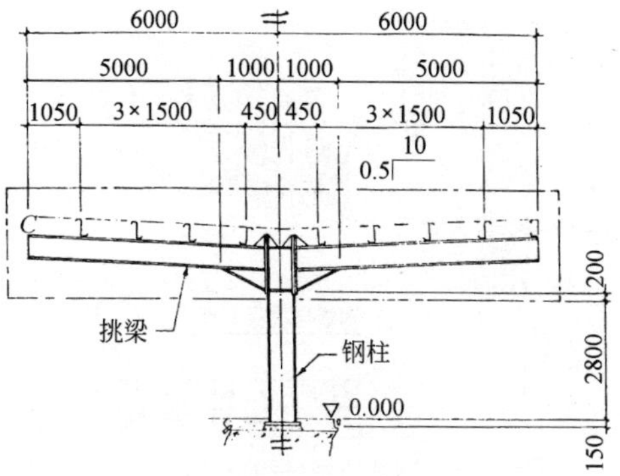

横剖面

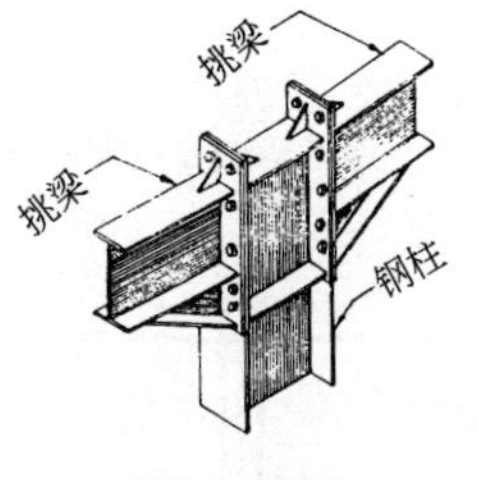

钢柱与挑梁节点

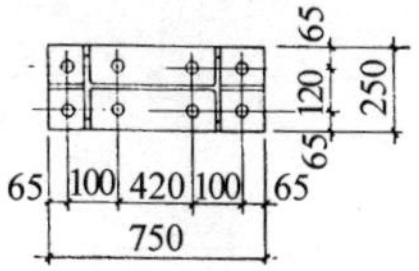

柱基预埋螺栓布置

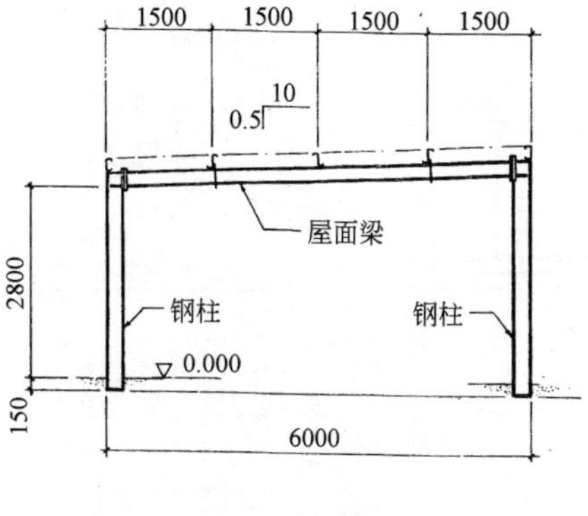

横剖面

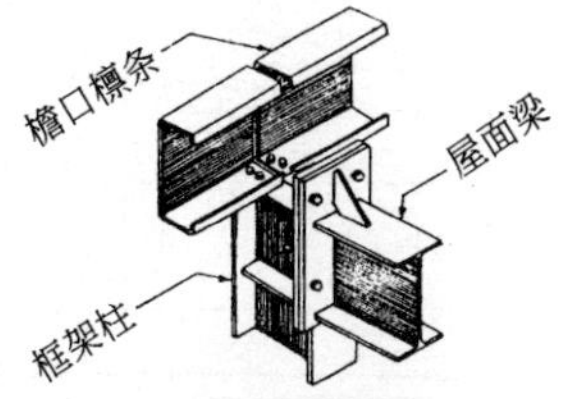

钢柱与钢梁节点

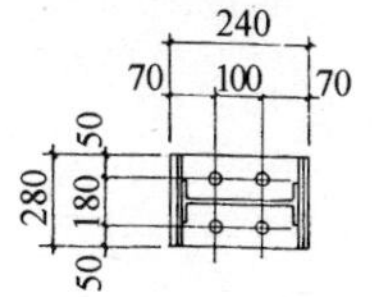

柱基预埋螺栓布置

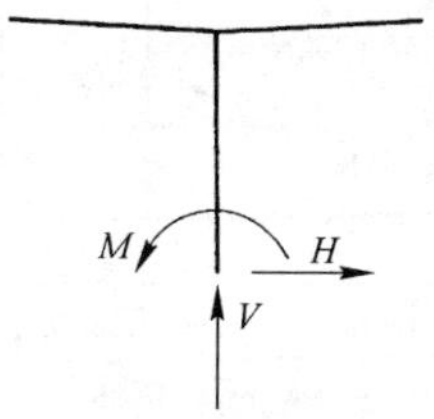

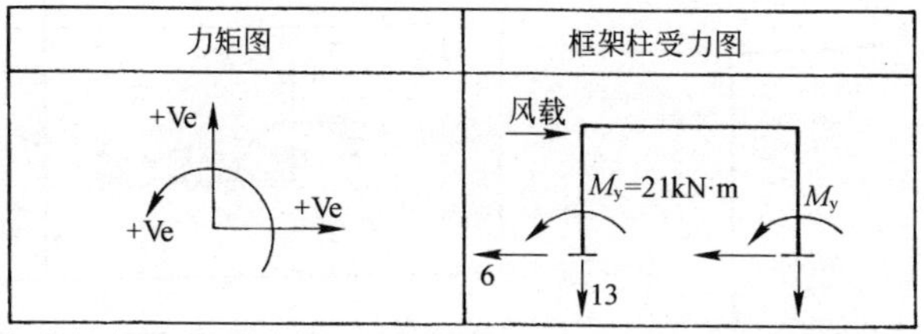

柱距=6000mm
静载=0.10kN/m²
活载=0.57kN/m²
风速=130km/h

受力组合	反作用力(kN)kN·m			框架受力
	V	H	M	在轴上
静载+活载(整个跨距)	65	0	0	全部
静载+活载(1/2跨距)	45	0	62	全部
静载+2kN(在边缘)	25	0	12	全部
静载+风载(框架Ⅰ)	-10	-10	41	全部
静载+风载(框架Ⅱ)	-5	-15	77	全部
只有静载	25	0	0	全部

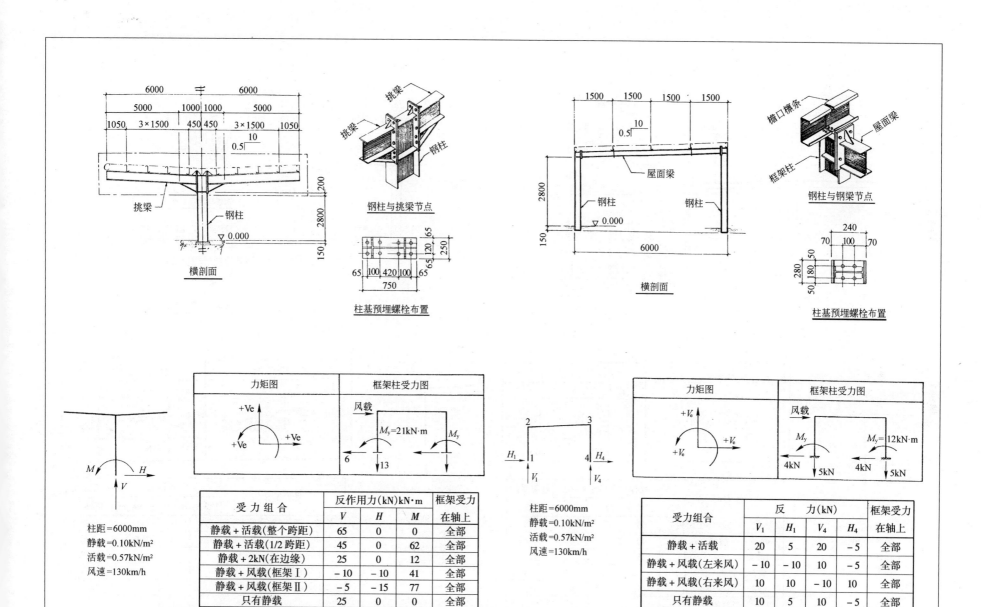

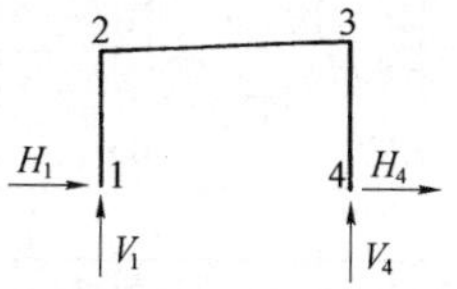

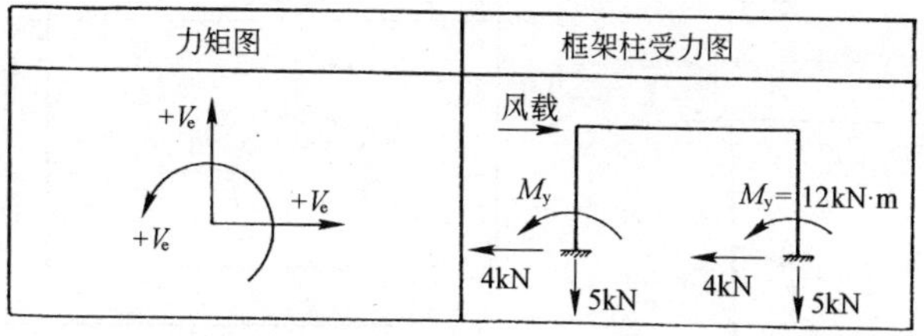

柱距=6000mm
静载=0.10kN/m²
活载=0.57kN/m²
风速=130km/h

受力组合	反力(kN)				框架受力
	V_1	H_1	V_4	H_4	在轴上
静载+活载	20	5	20	-5	全部
静载+风载(左来风)	-10	-10	10	-5	全部
静载+风载(右来风)	10	10	-10	10	全部
只有静载	10	5	10	-5	全部

1—13 单柱双挑梁和单坡单跨钢结构荷载、受力及柱基预埋螺栓

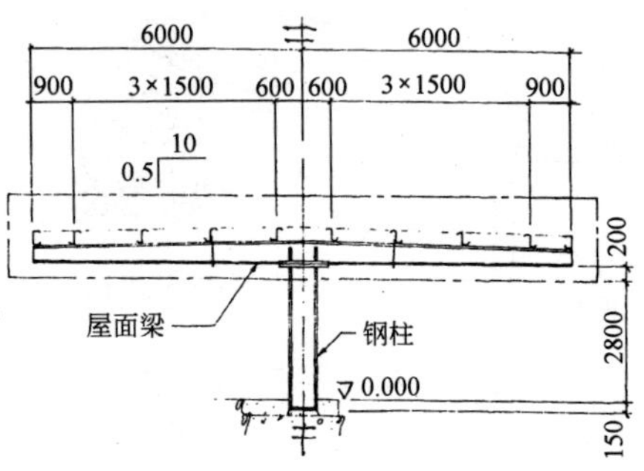

横剖面

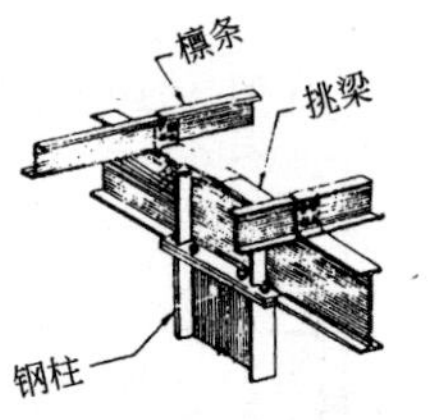

钢柱与挑梁节点

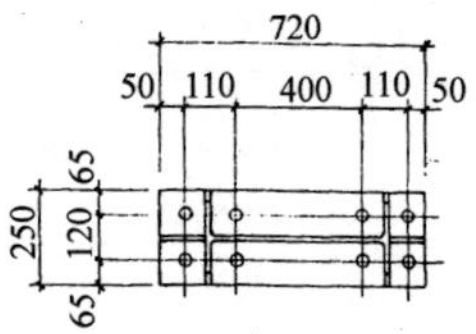

柱基预埋螺栓布置

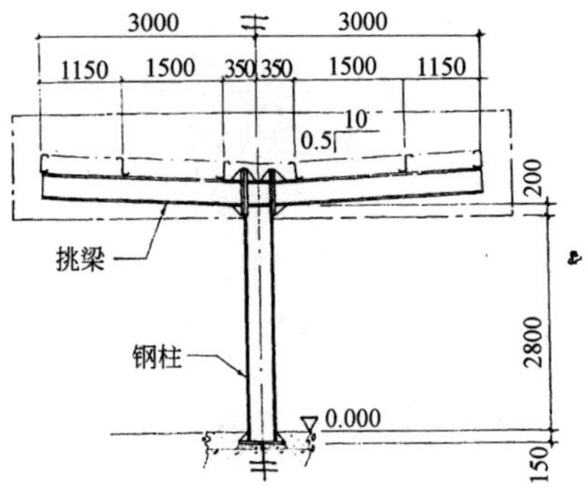

横剖面

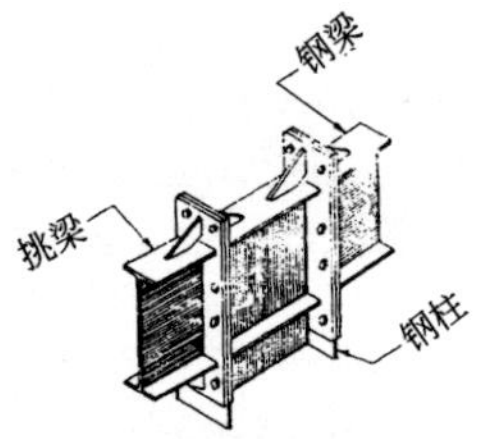

钢柱与挑梁节点

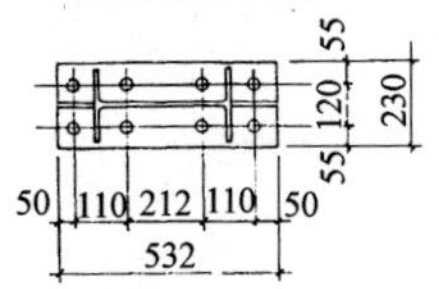

柱基预埋螺栓布置

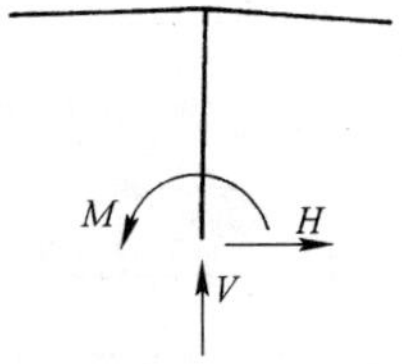

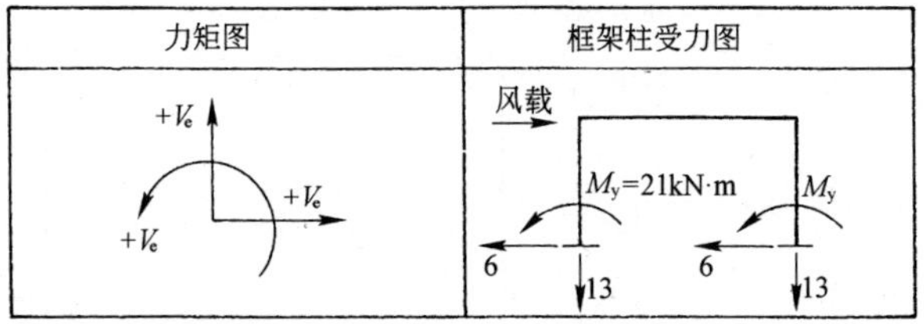

柱距=6000mm
静载=0.10kN/m²
活载=0.57kN/m²
风速=130km/h

受力组合	反作用力(kN)kN·m			框架受力在轴上
	V	H	M	
静载+活载(整个跨距)	60	0	0	全部
静载+活载(1/2跨距)	40	0	62	全部
静载+2kN(在边缘)	25	0	12	全部
静载+风载(框架Ⅰ)	−15	−10	33	全部
静载+风载(框架Ⅱ)	−10	−10	65	全部
只有静载	20	0	0	全部

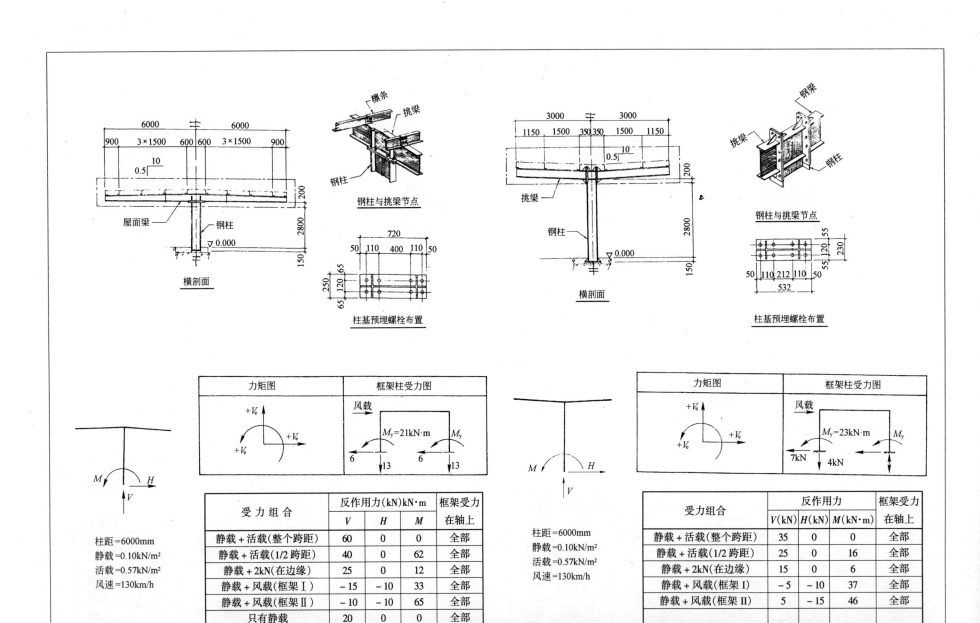

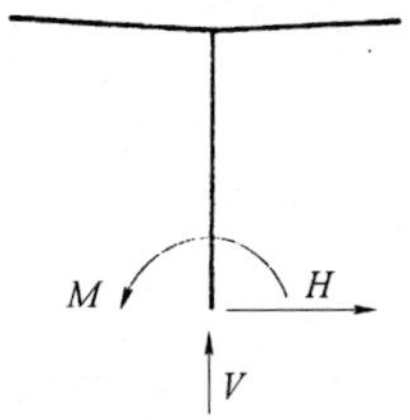

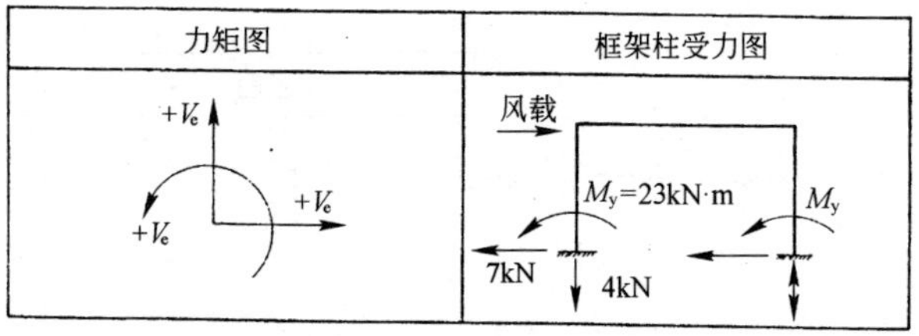

柱距=6000mm
静载=0.10kN/m²
活载=0.57kN/m²
风速=130km/h

受力组合	反作用力			框架受力在轴上
	V(kN)	H(kN)	M(kN·m)	
静载+活载(整个跨距)	35	0	0	全部
静载+活载(1/2跨距)	25	0	16	全部
静载+2kN(在边缘)	15	0	6	全部
静载+风载(框架Ⅰ)	−5	−10	37	全部
静载+风载(框架Ⅱ)	5	−15	46	全部

1—14 单柱双挑梁刚架钢结构荷载、受力及柱基预埋螺栓

二、轻钢结构外纵墙、端墙及屋面钢结构

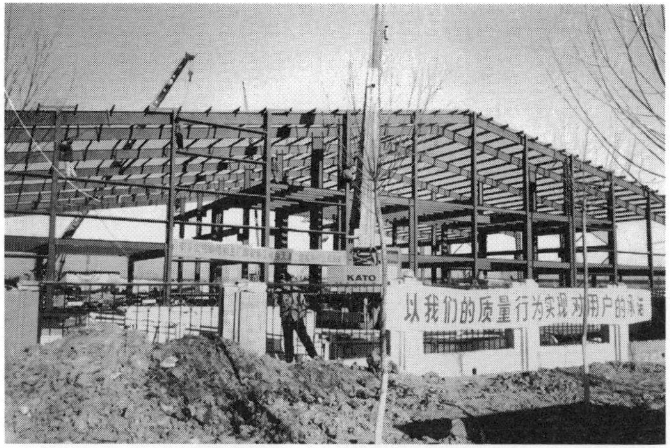
KATO
以我们的质量行为实现对用户的承诺

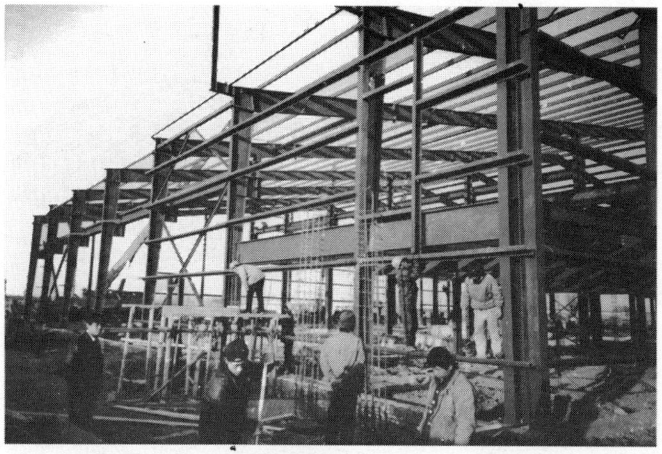

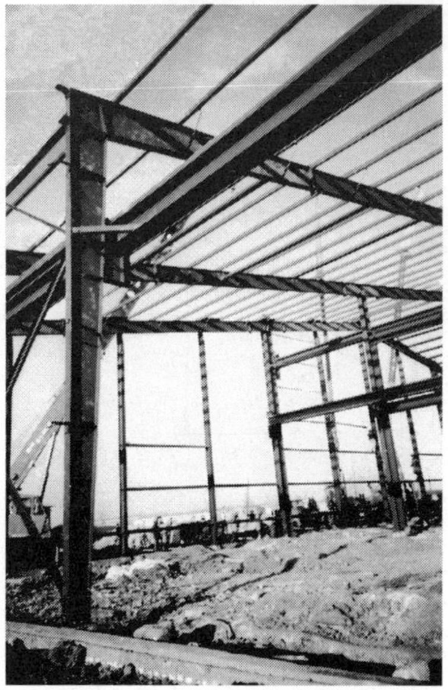

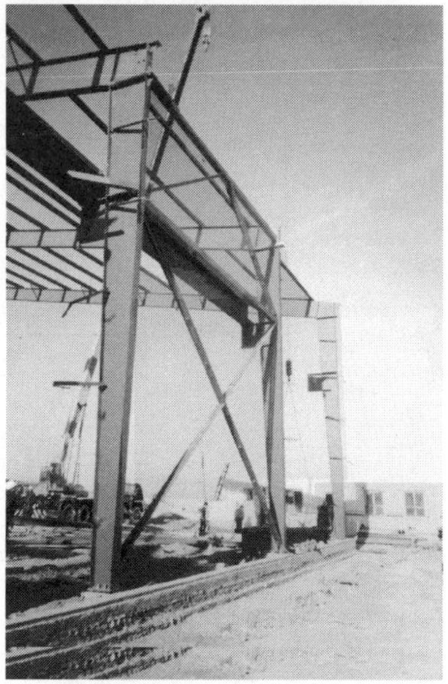

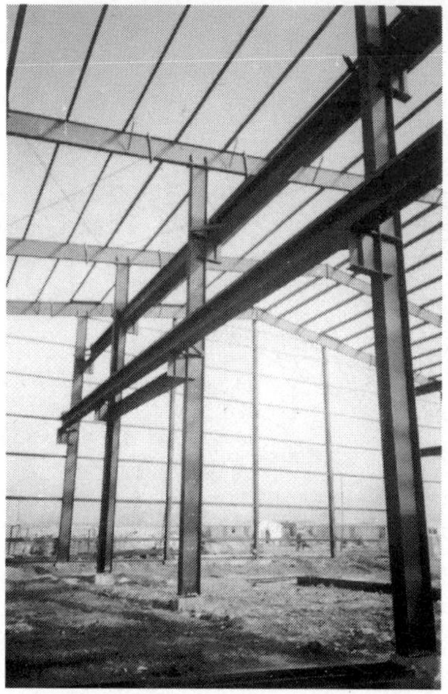

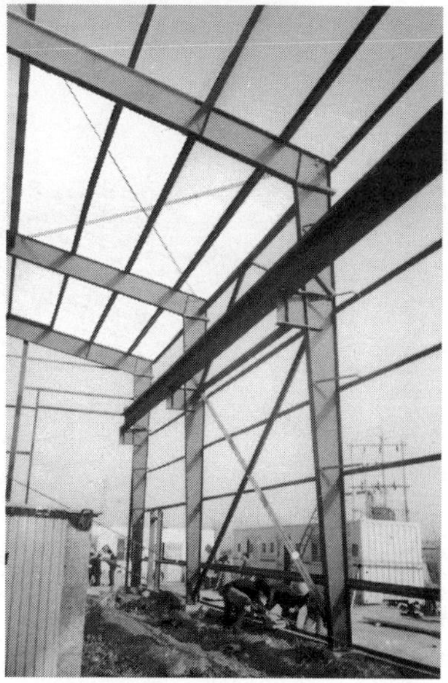

2—1　变截面钢柱、钢梁、柱间支撑及钢梁间斜拉条

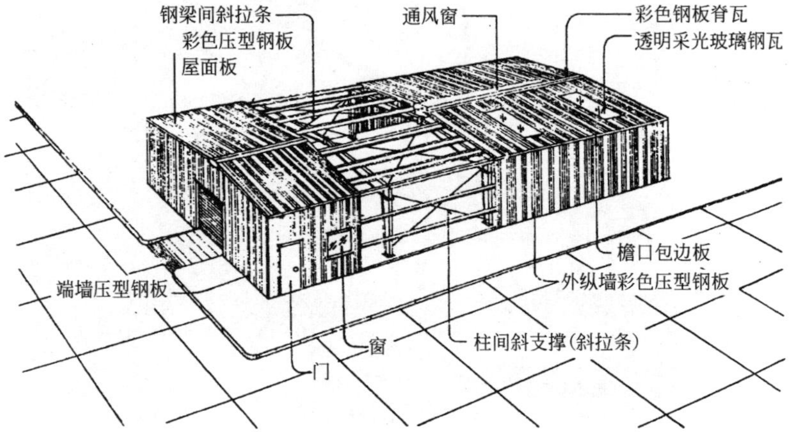

钢结构厂房屋面及柱间支撑(一)

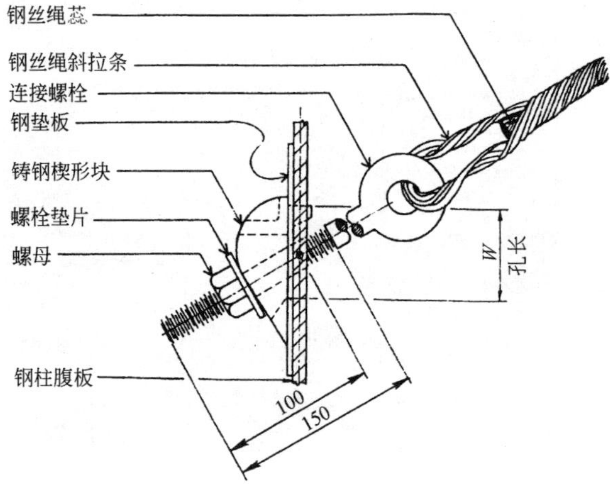

钢丝绳斜拉条连接节点①

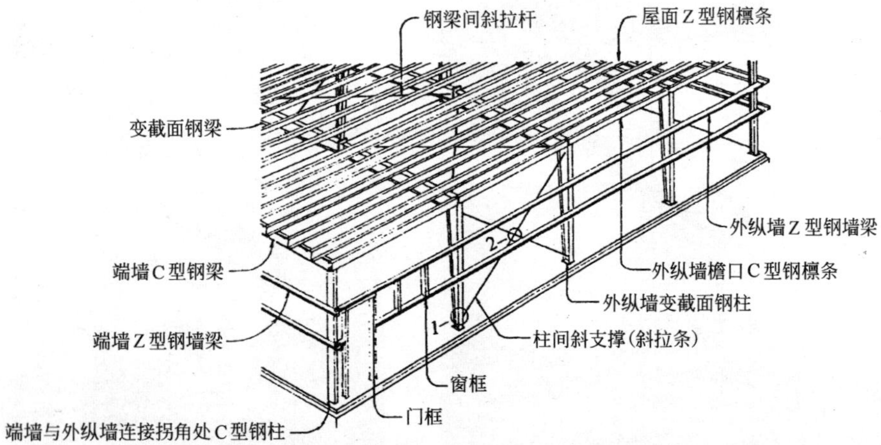

钢结构厂房屋面及柱间支撑(二)

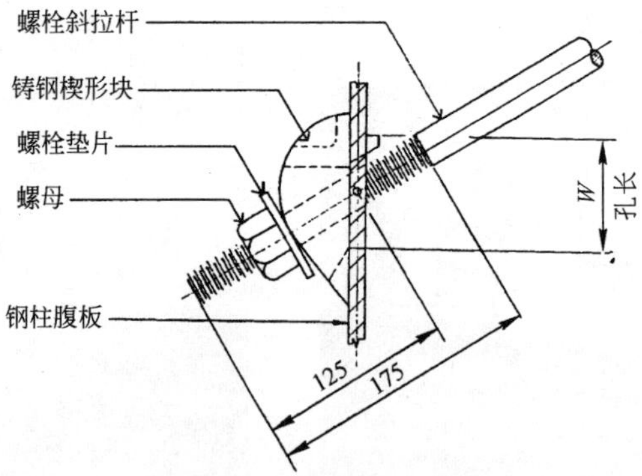

钢螺栓斜拉条连接节点①

2—2 钢结构厂房柱间及屋面梁间钢丝绳、钢螺栓斜拉条连接节点

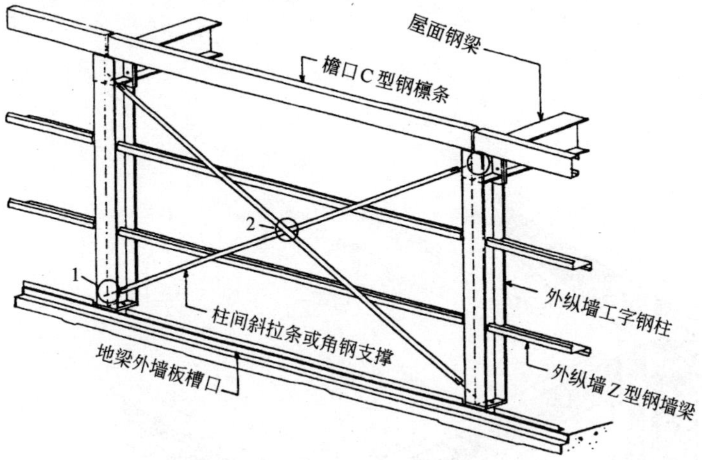

钢结构厂房柱间支撑设置

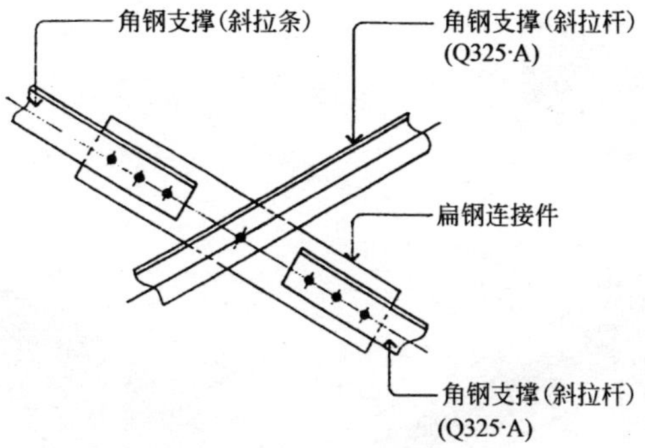

角钢支撑连接节点②

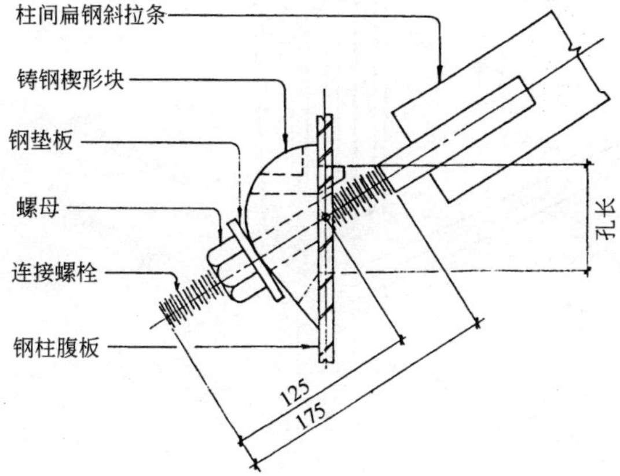

扁钢斜拉杆连接节点①

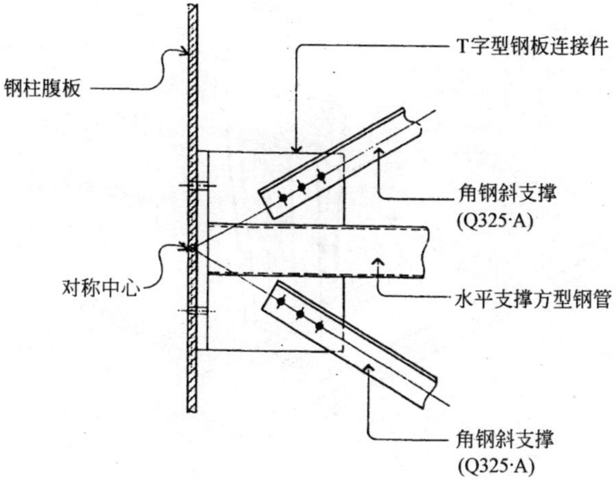

角钢及方钢管支撑连接节点③

2—3 钢结构厂房柱间及屋面梁间斜支撑连接节点

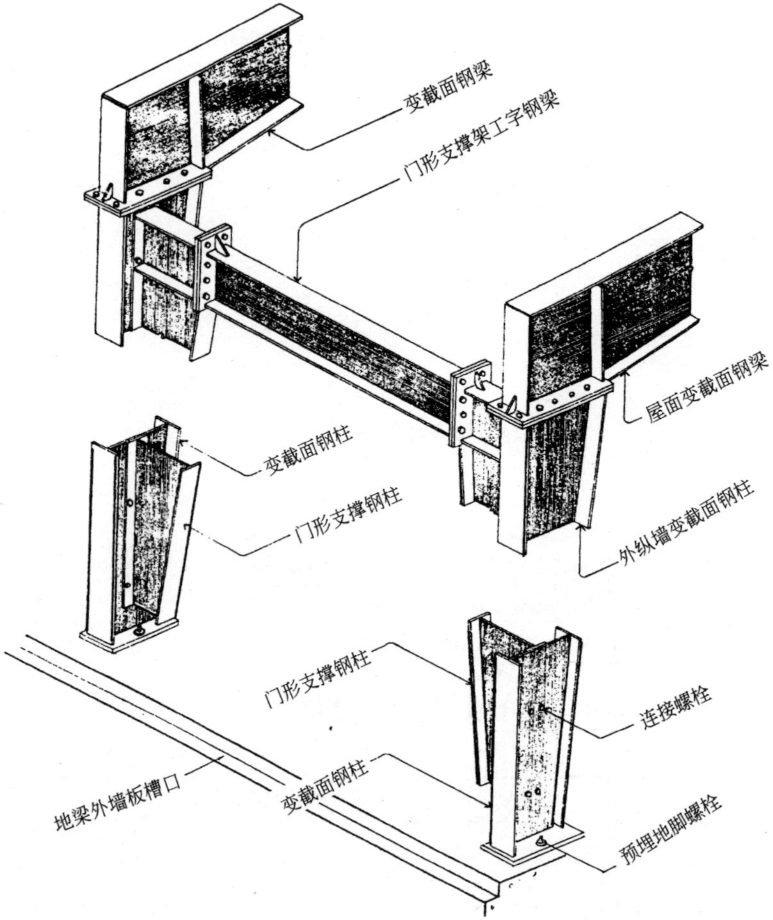

柱间门形支撑连接节点(一)

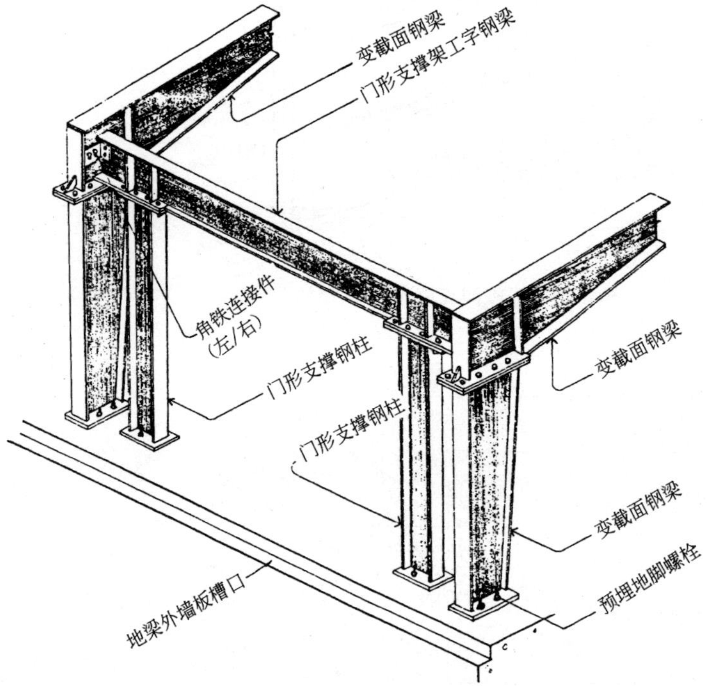

柱间门形支撑连接节点(二)

2—4 钢结构厂房柱间门形钢支撑连接节点

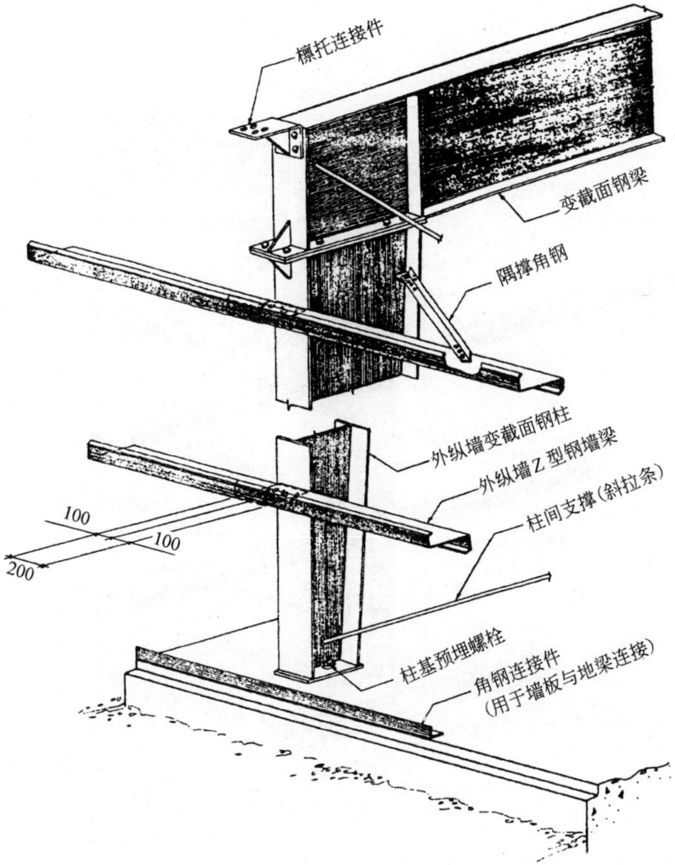

外纵墙钢柱、钢梁、墙梁、支撑(斜拉条)连接节点(一)

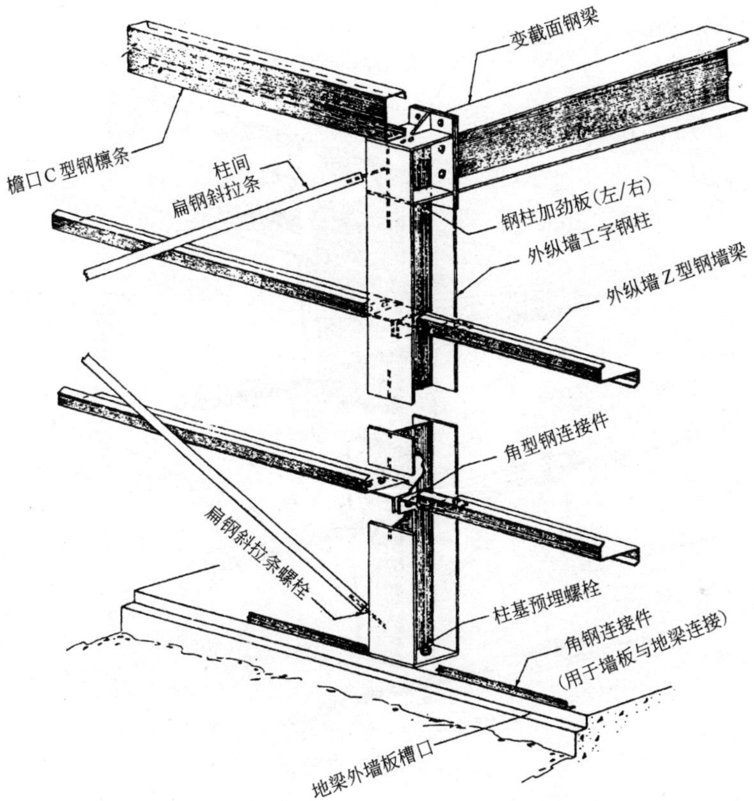

外纵墙钢柱、钢梁、墙梁、支撑(斜拉条)连接节点(二)

2—5 外纵墙钢结构连接节点(一)

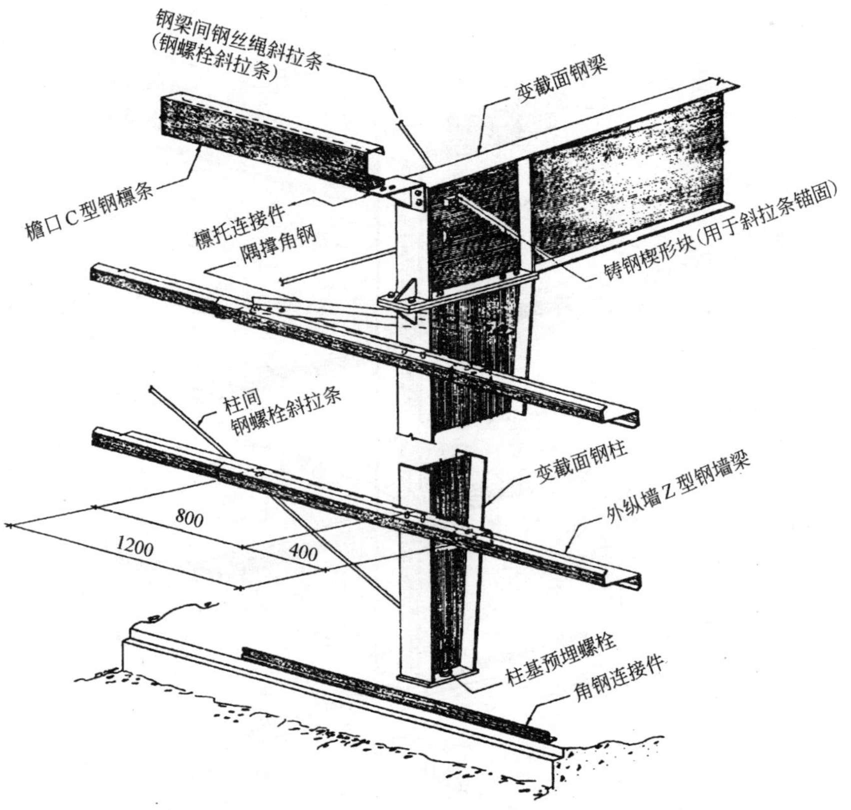

外纵墙钢柱、钢梁、墙梁、支撑(斜拉条)连接节点图(三)

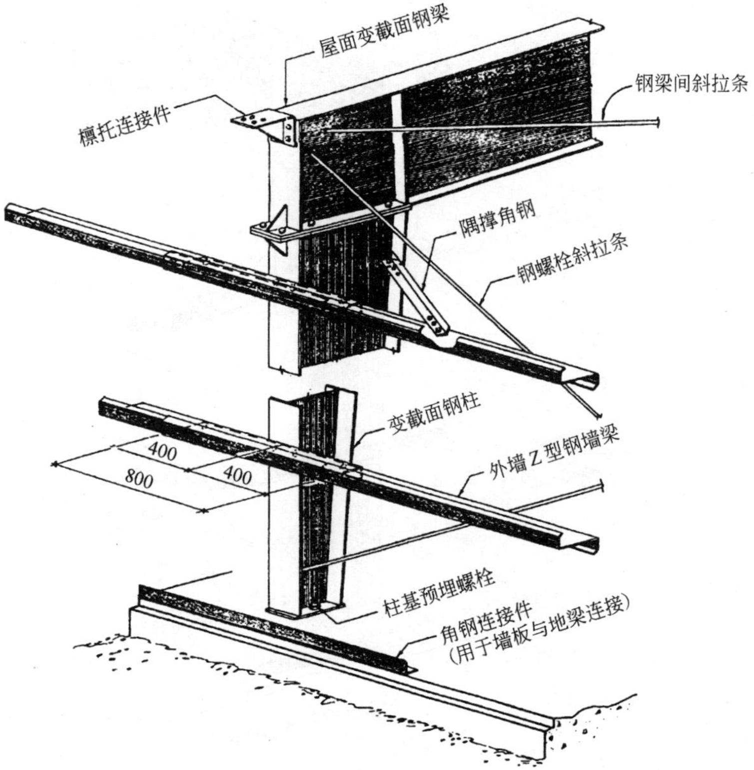

外纵墙钢柱、钢梁、墙梁、支撑(斜拉条)连接节点图(四)

2—6 外纵墙钢结构连接节点(二)

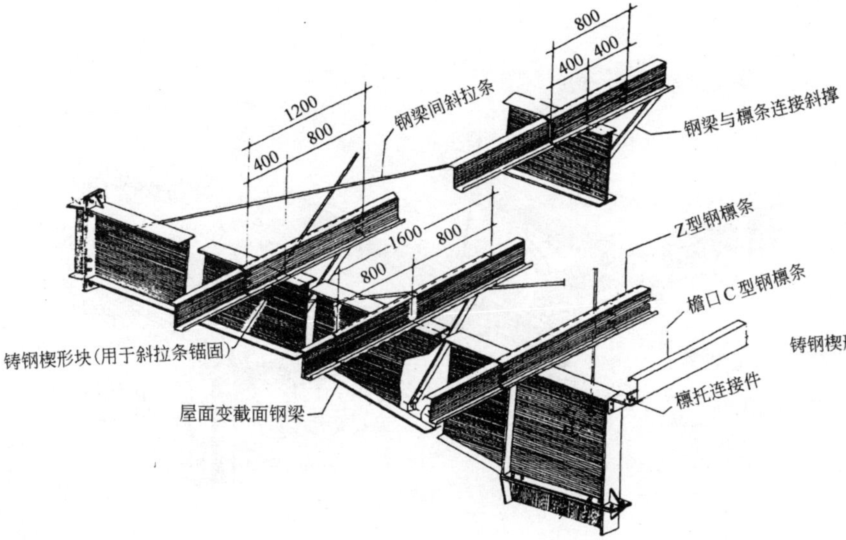

屋面钢梁、檩条、支撑(斜拉条)、斜撑连接节点透视图(一)

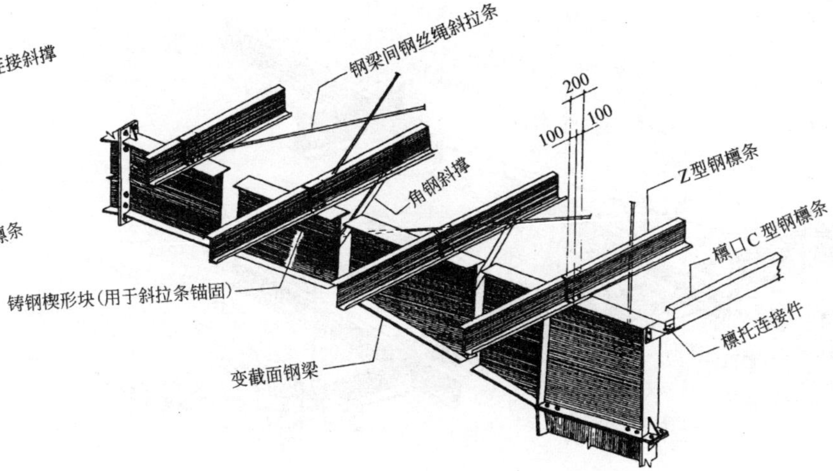

屋面钢梁、檩条、支撑(斜拉条)、斜撑连接节点透视图(二)

2—7 屋面钢结构连接节点(一)

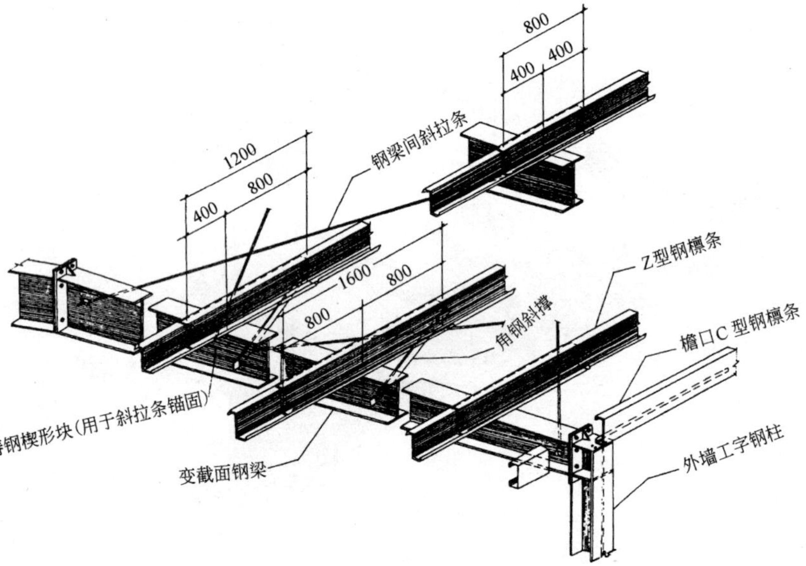

屋面钢梁、檩条、斜拉条、斜撑连接节点透视图(三)

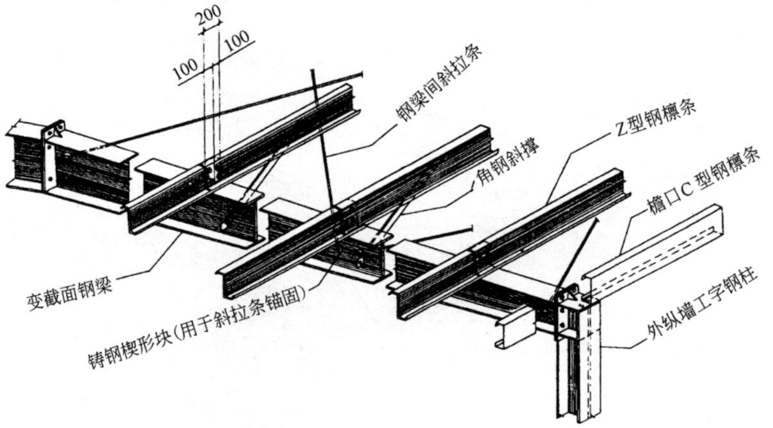

屋面钢梁、檩条、斜拉条、斜撑连接节点透视图(四)

2—8 屋面钢结构连接节点(二)

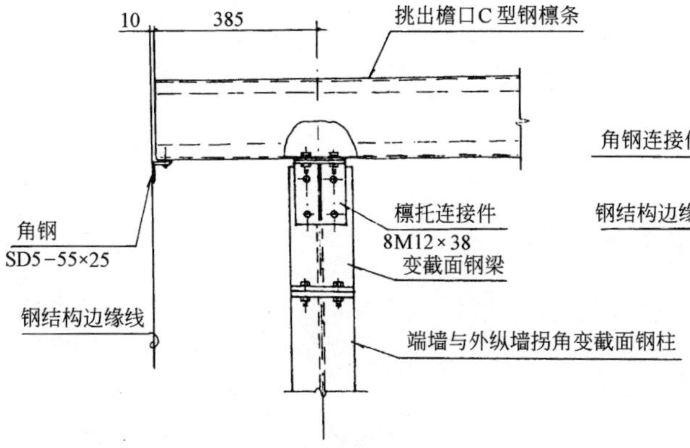

A—A

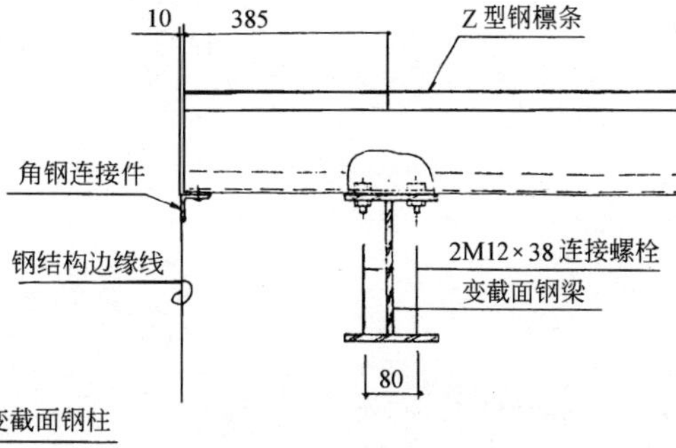

B—B

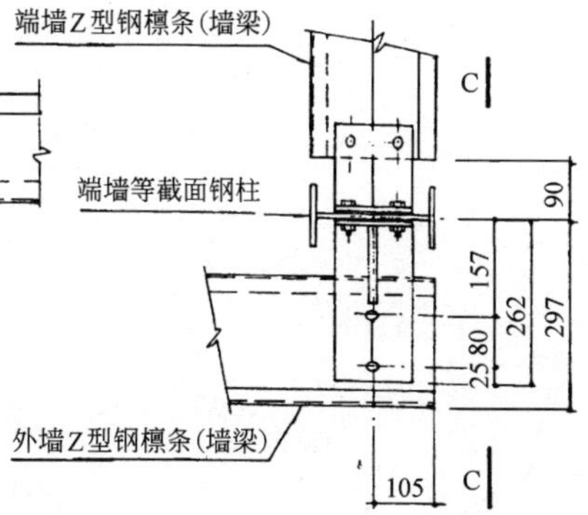

端跨拐角钢柱与外墙拐角Z型钢檩条(墙梁)连接节点

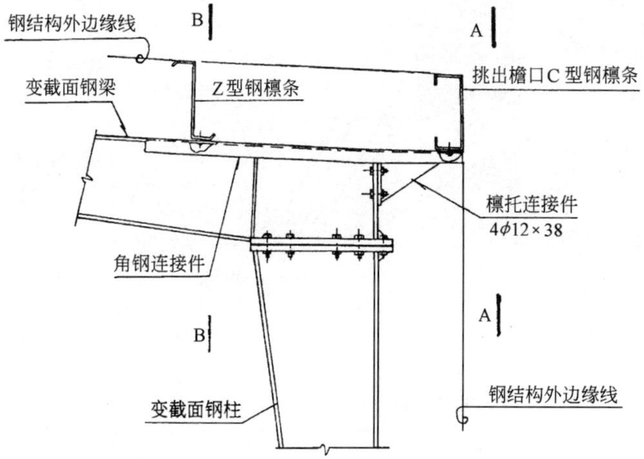

① 端跨拐角檩条连接节点

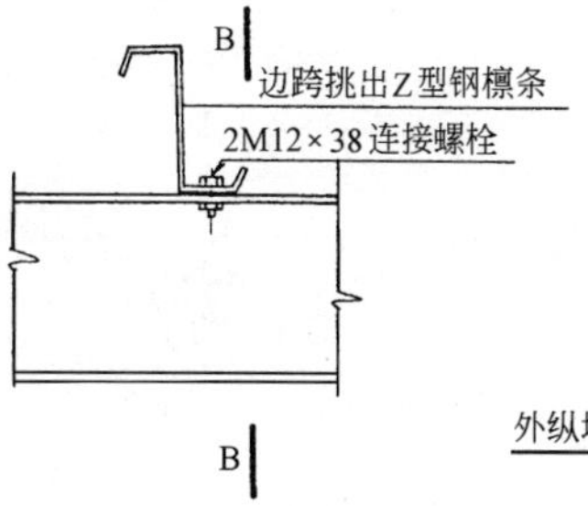

②

端跨檩条连接节点

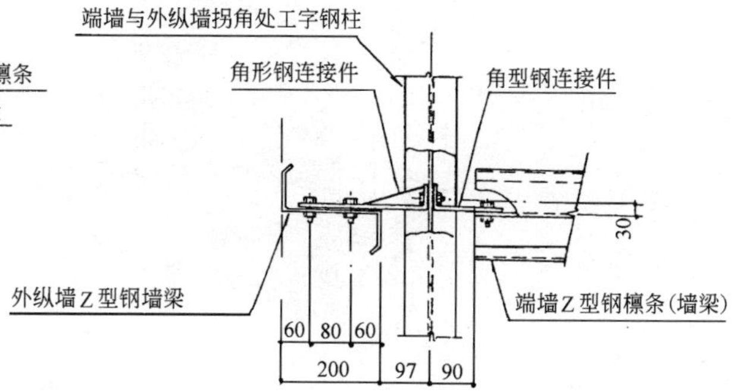

③ C—C

外纵墙与端墙拐角钢柱与檩条(墙梁)连接节点

2—9 屋面钢檩条安装连接节点

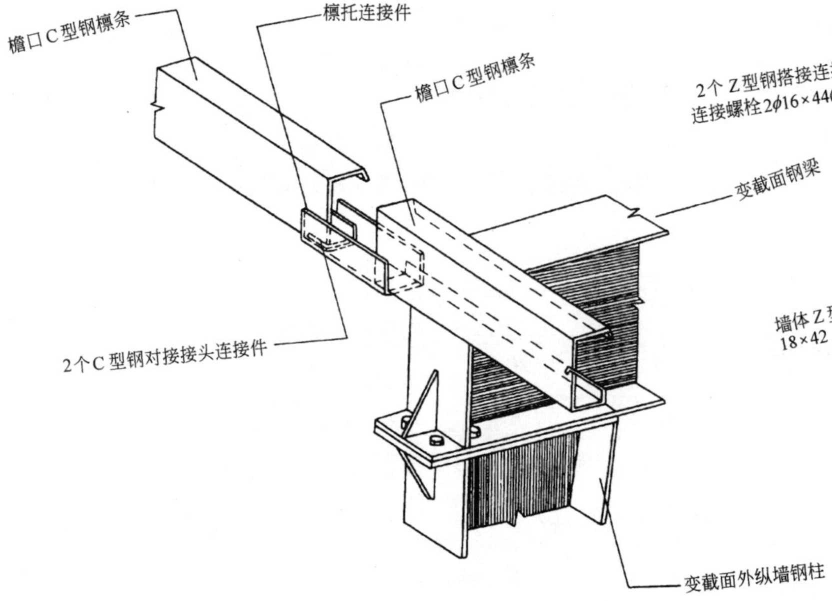

外纵墙檐口C型钢檩条安装

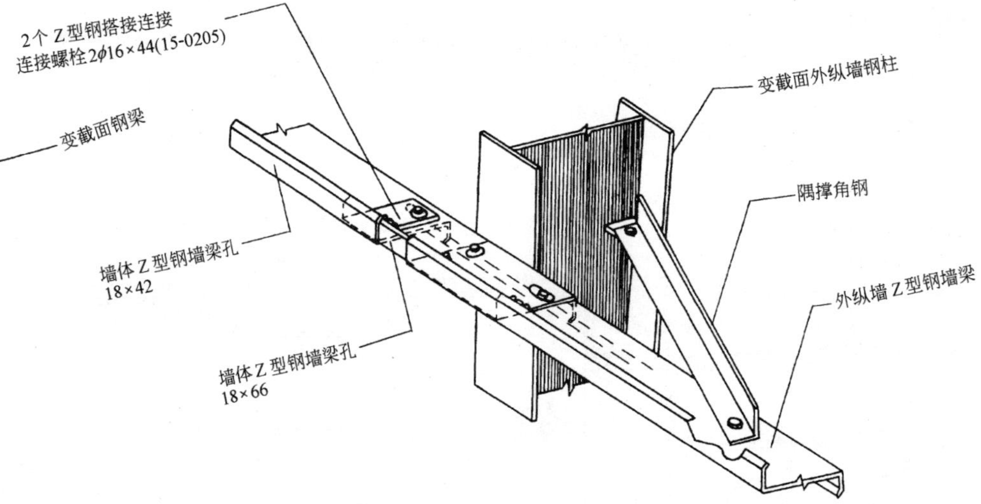

外纵墙Z型钢墙梁安装

2—10 外纵墙檐檩条及墙梁安装接点

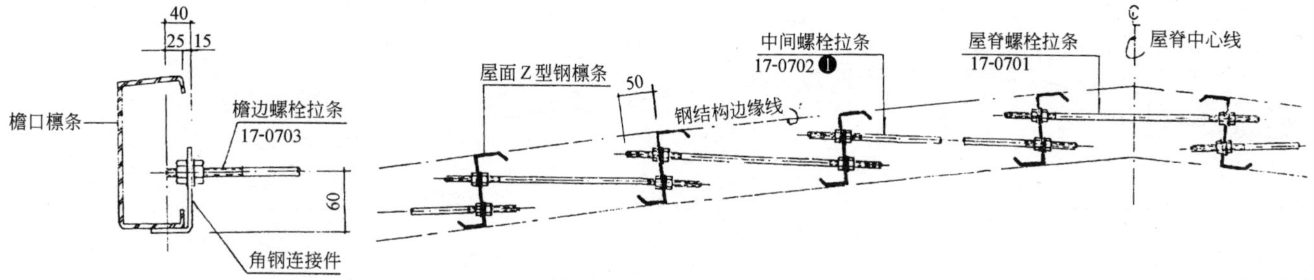

屋面Z型钢檩条螺栓拉条连接节点

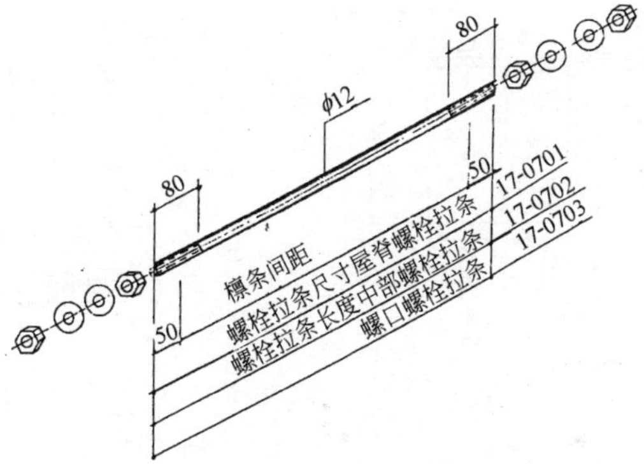

螺栓拉条详图

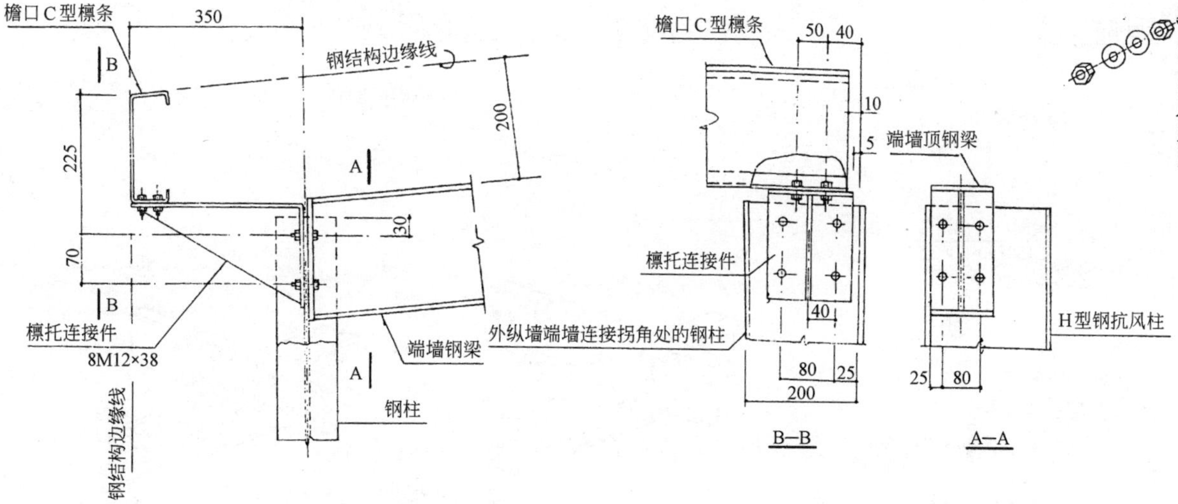

外纵墙端墙连接拐角处的柱、梁及檐口C型钢檩条安装连接节点

❶ 此为原工程图上的构件编号，部分照片中有注明，故保留供参考，以下同。

2—11　屋面钢檩条螺栓钢拉条连接节点

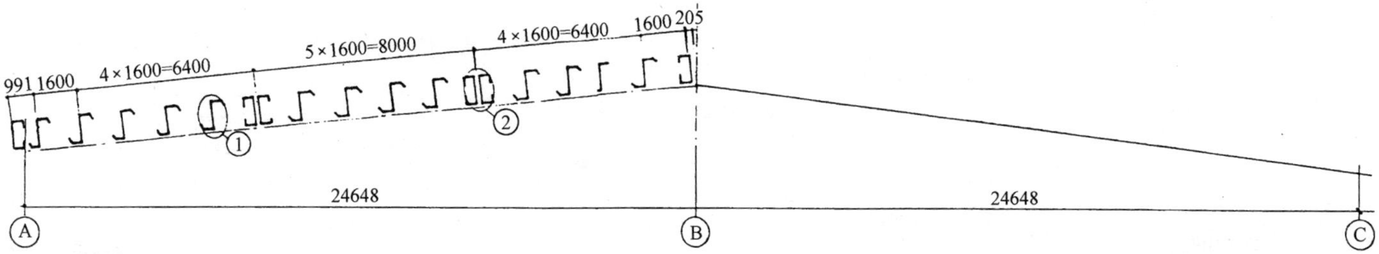

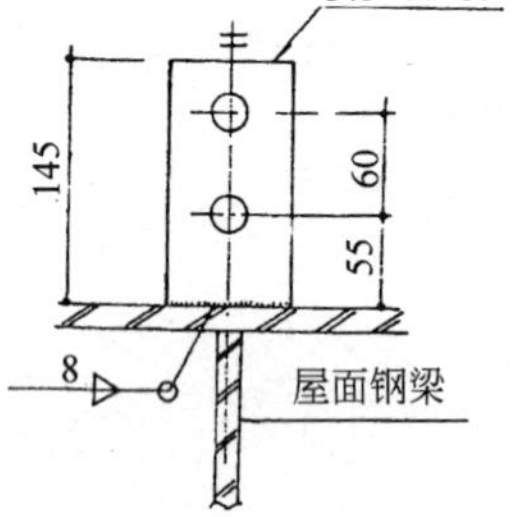

1—1

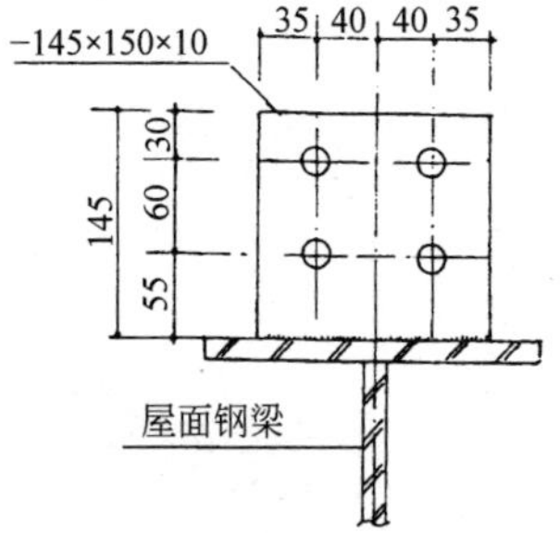

2—2

屋面钢檩条布置及安装A—A

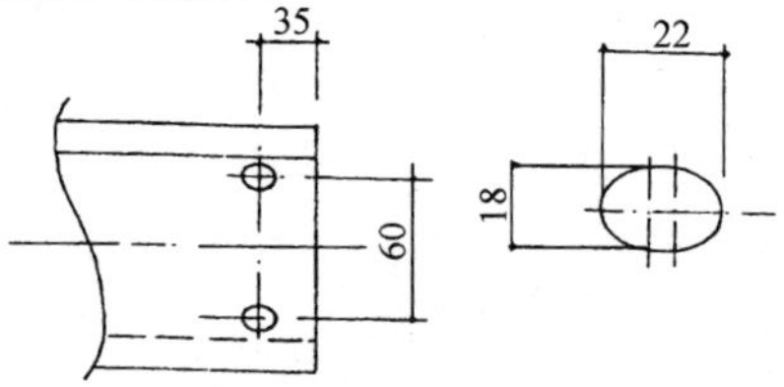

钻孔详图

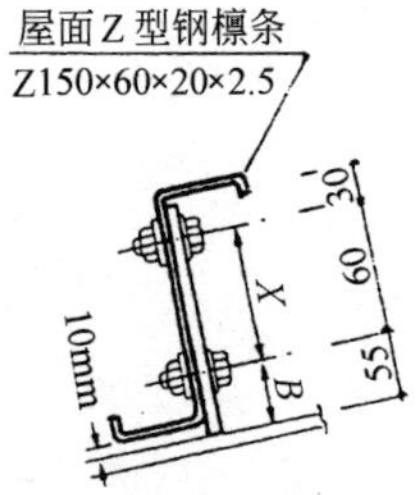

①

Z型钢檩条安装详图

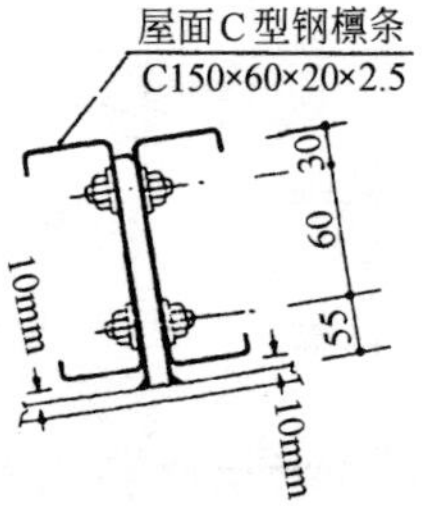

②

C型钢檩条安装详图

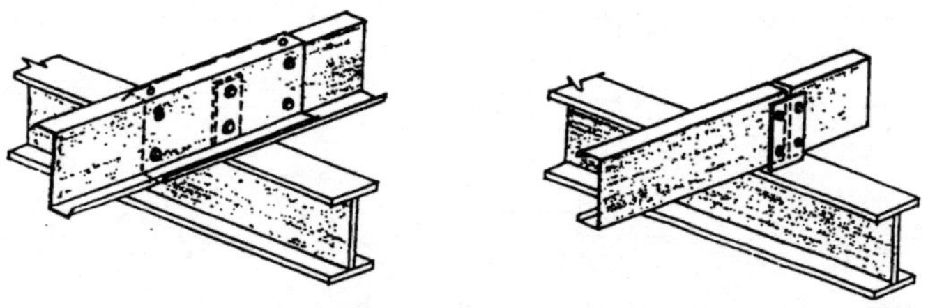

屋面钢檩条安装连接

2—12 屋面钢檩条布置及安装

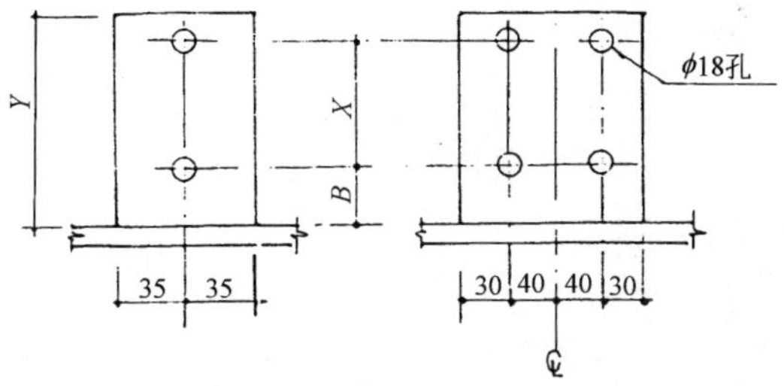

檩托
（开孔详图）

标准尺寸			
檩条腹板标称高度（mm）	尺寸(mm)		
	B	X	Y
100	40	40	105
150	55	60	145
200	55	110	195
250	55	160	245

说明：

建议采用的檩托厚度为 8mm。

C 型钢—尺寸和特性

产品编号	尺寸					截面面积	单位长度重量	截面惯性矩		截面模量		回转半径			形状系数	柱子特性	
	D (mm)	B (mm)	L (mm)	t (mm)	x (mm)	(mm²)	(kg/m)	I_X (10^6 mm⁴)	I_Y (10^6 mm⁴)	Z_X (10^3 mm³)	Z_Y (10^3 mm³)	r_X (mm)	r_Y (mm)	β_y (mm)		J (mm⁴)	I_w (10^6 mm⁶)
C10016	102	51	14	1.6	17.0	344	2.76	0.570	0.120	11.18	3.52	40.7	18.7	132.1	0.840	293	264
C10020	102	51	15	2.0	17.3	430	3.44	0.704	0.150	13.81	4.44	40.5	18.7	131.6	0.891	5.73	335
❶C15012	152	64	15	1.2	19.0	354	2.86	1.291	0.189	16.99	4.20	60.4	23.1	181.9	0.573	170	867
C15016	152	64	16	1.6	19.3	472	3.79	1.708	0.253	22.48	5.65	60.2	23.1	181.8	0.698	403	1172
C15020	152	64	17	2.0	19.6	590	4.72	2.119	0.316	27.89	7.11	59.9	23.1	181.3	0.771	787	1479
C15025	152	64	19	2.5	20.0	738	5.88	2.619	0.396	34.46	9.01	59.6	23.2	181.3	0.823	1536	1887
C20016	203	76	16	1.6	20.8	592	4.75	3.751	0.423	36.96	7.66	79.6	26.7	236.6	0.580	505	3364
C20020	203	76	19	2.0	21.8	750	6.00	4.735	0.558	46.65	10.31	79.5	27.3	233.8	0.669	1000	4575
C20025	203	76	21	2.5	22.3	938	7.47	5.873	0.700	57.85	13.03	79.1	27.3	233.8	0.737	1953	5809

❶ 非标准尺寸按要求另外制作。

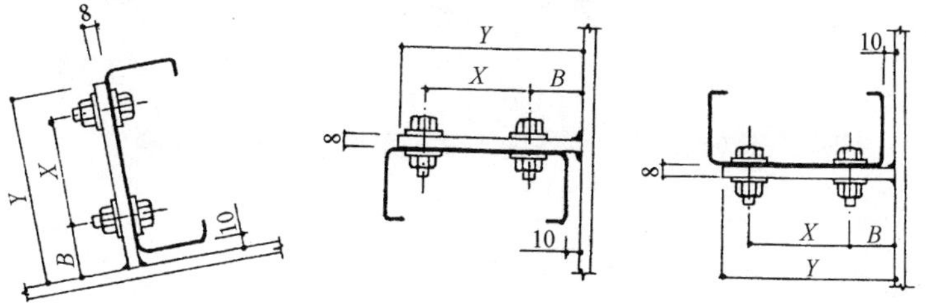

檩条与檩托的固定

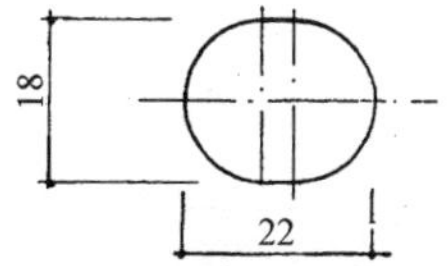

标准开孔

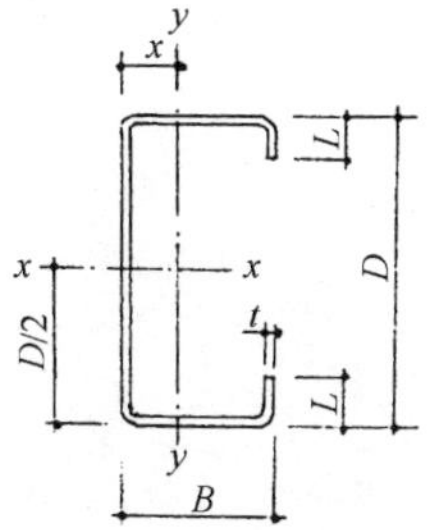

C 型钢檩条标准形式

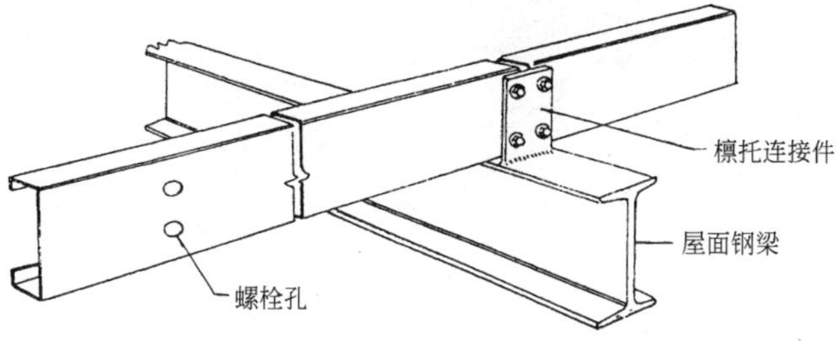

檐口 C 型钢檩条安装连接节点

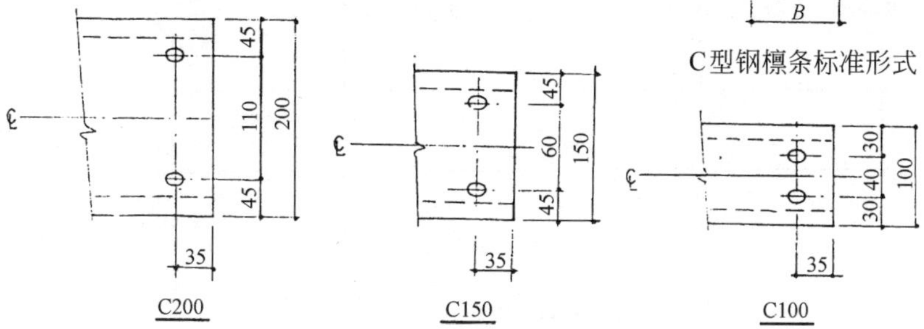

开洞详图及尺寸线-C 型钢

2—13 C 型钢各种规格型号檩条的制作及安装

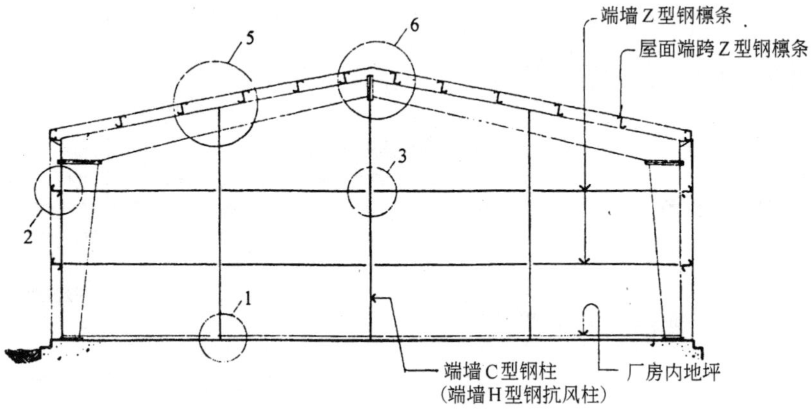

端墙钢结构剖面图及连接节点

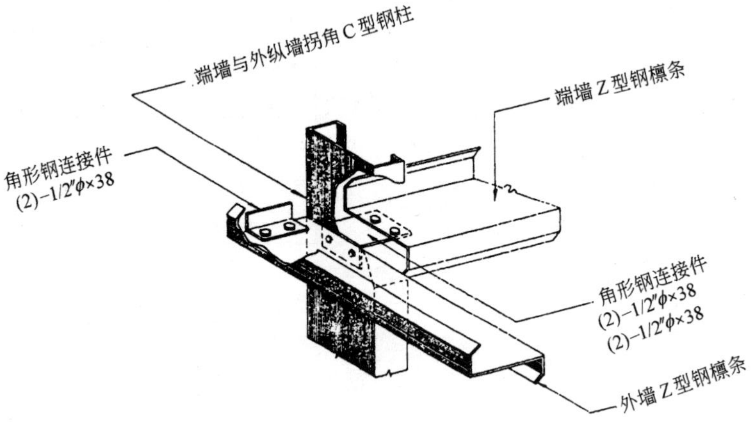

端墙与外纵墙拐角C型钢柱与Z型钢檩条连接节点②④

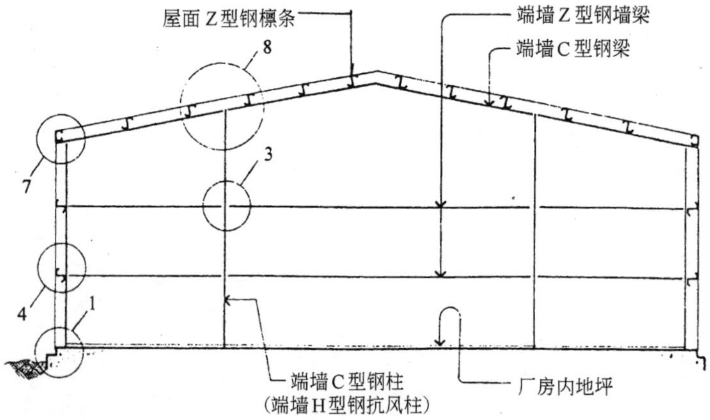

端墙C型钢柱钢梁剖面

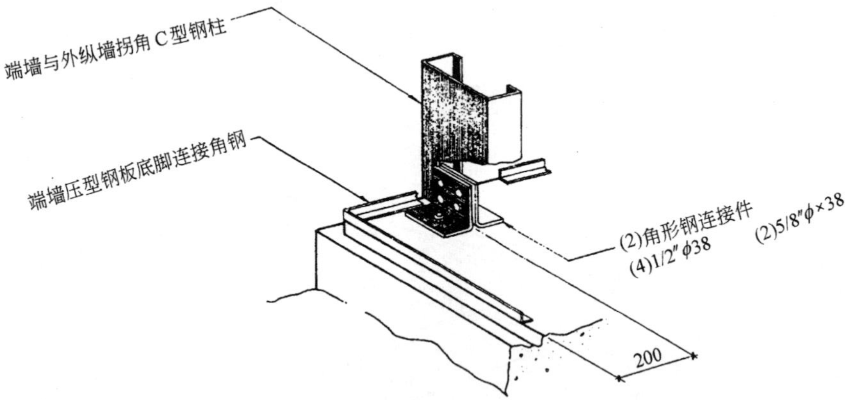

端墙与外纵墙拐角C型钢柱与钢梁连接节点①

2—14 端墙钢结构剖面及连接节点

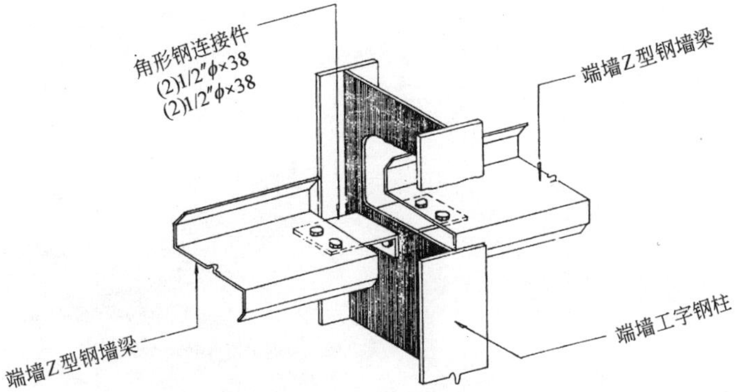

端墙工字钢柱与Z型钢墙梁连接节点(一)③

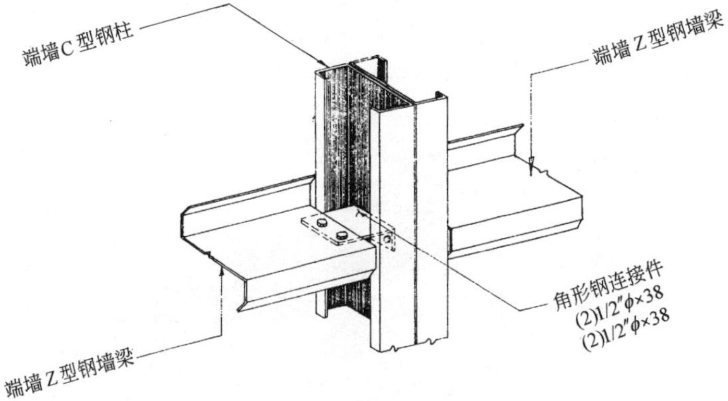

端墙C型钢柱与Z型钢墙梁连接节点(二)③

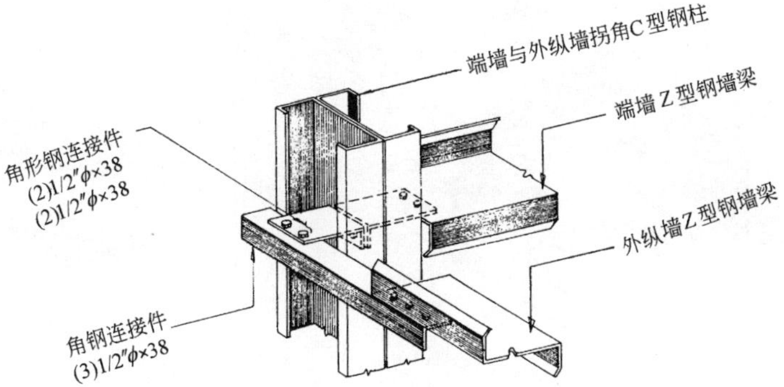

端墙与外纵墙拐角C型钢柱与Z型钢墙梁连接节点②

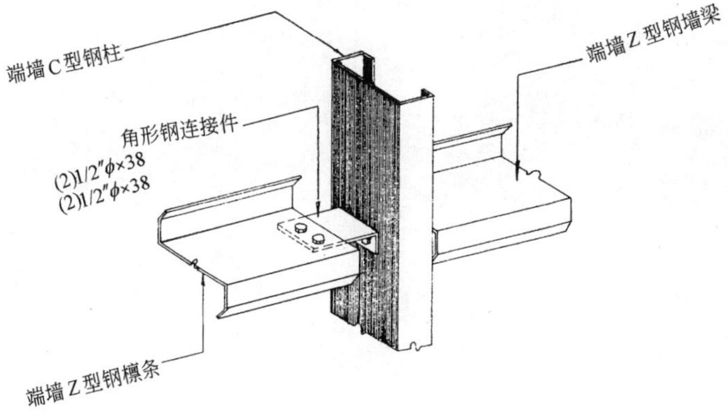

端墙C型钢柱与Z型钢墙梁连接节点(三)③

2—15 端墙钢结构连接节点(续 2-14)

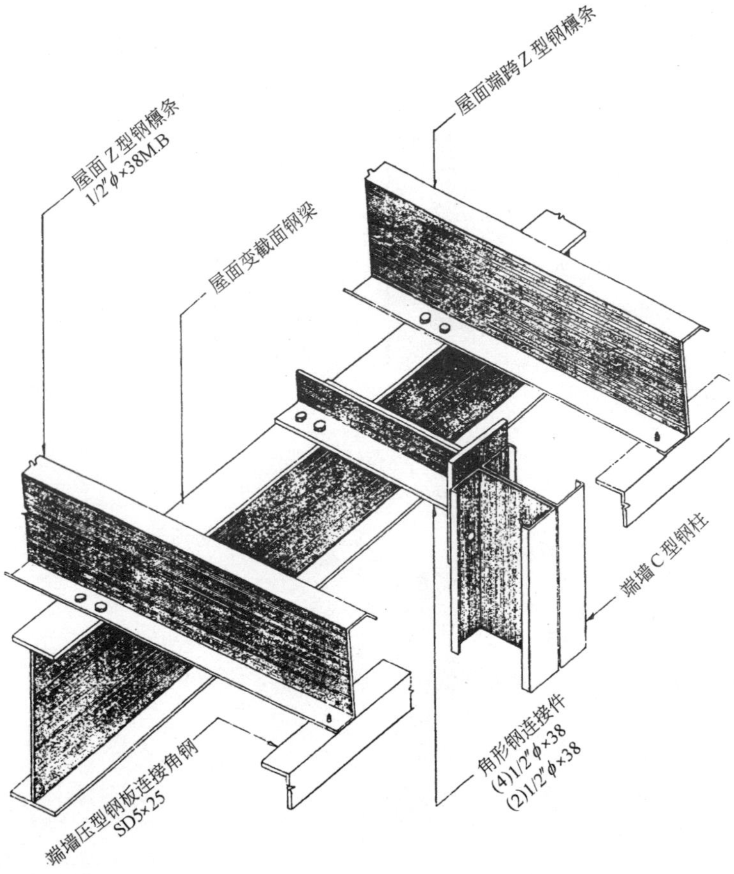

端墙变截面钢梁与C型钢柱封檐角钢连接节点(一)⑤

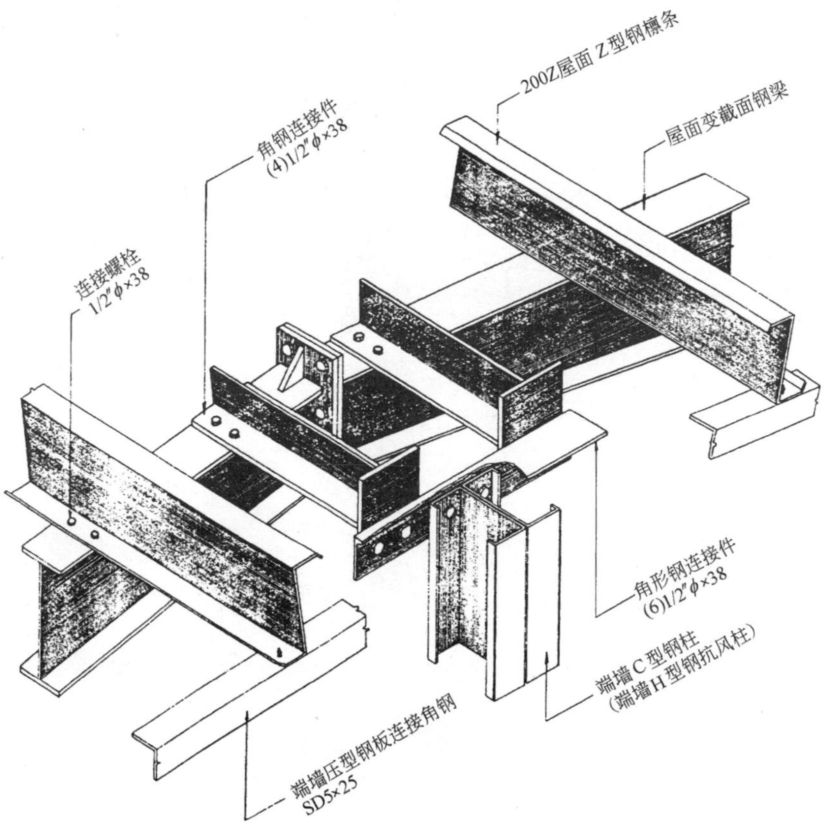

端墙变截面钢梁与C型钢柱封檐角钢连接节点(二)⑥

2—16 端墙变截面钢梁与C型钢柱封檐角钢连接节点(续2-14)

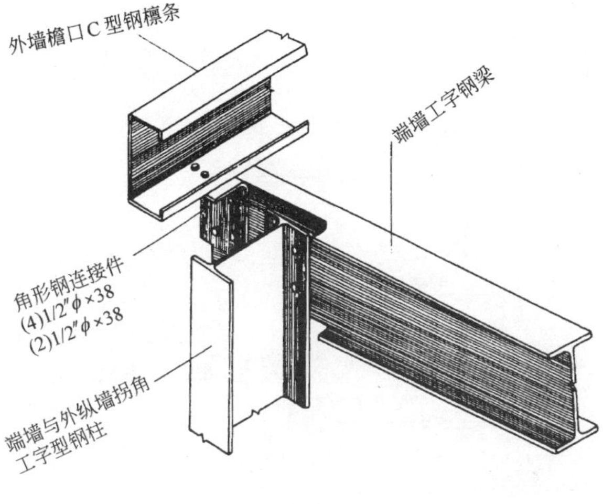

端墙与外纵墙拐角工字钢柱与工字钢梁连接节点⑦

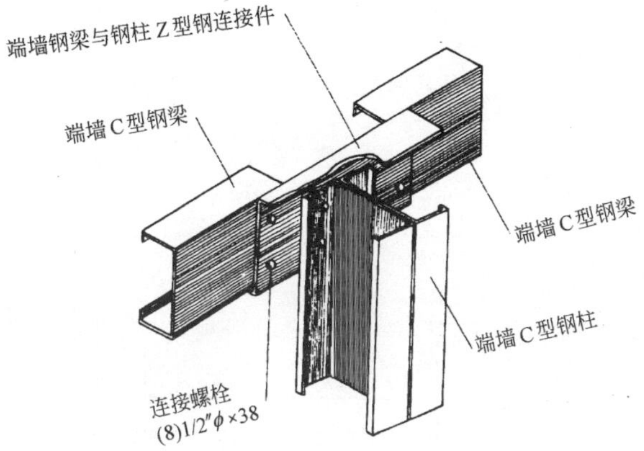

端墙C型钢柱与C型钢梁连接节点图(一)⑧

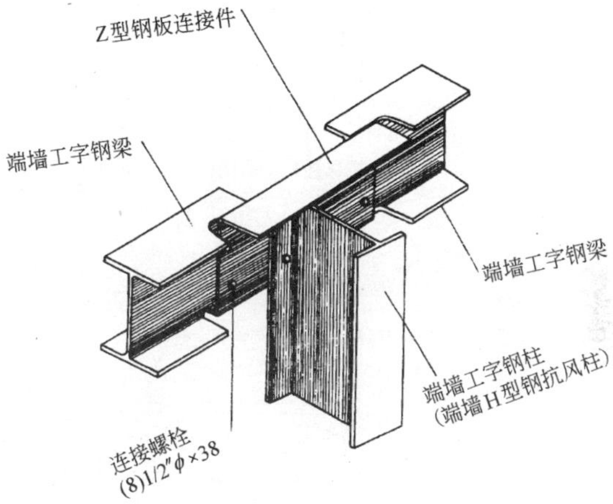

端墙工字钢柱与工字钢梁连接节点⑧

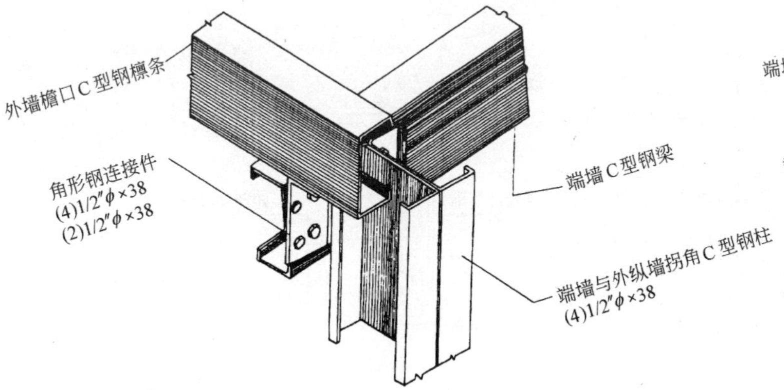

端墙与外纵墙拐角C型钢柱与C型钢梁连接节点⑦

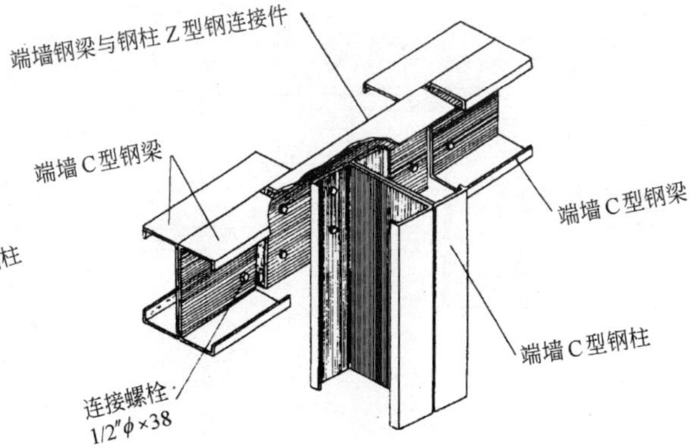

端墙C型钢柱与C型钢梁连接节点(二)⑧

2—17 端墙钢梁与钢柱连接节点(续2-14)

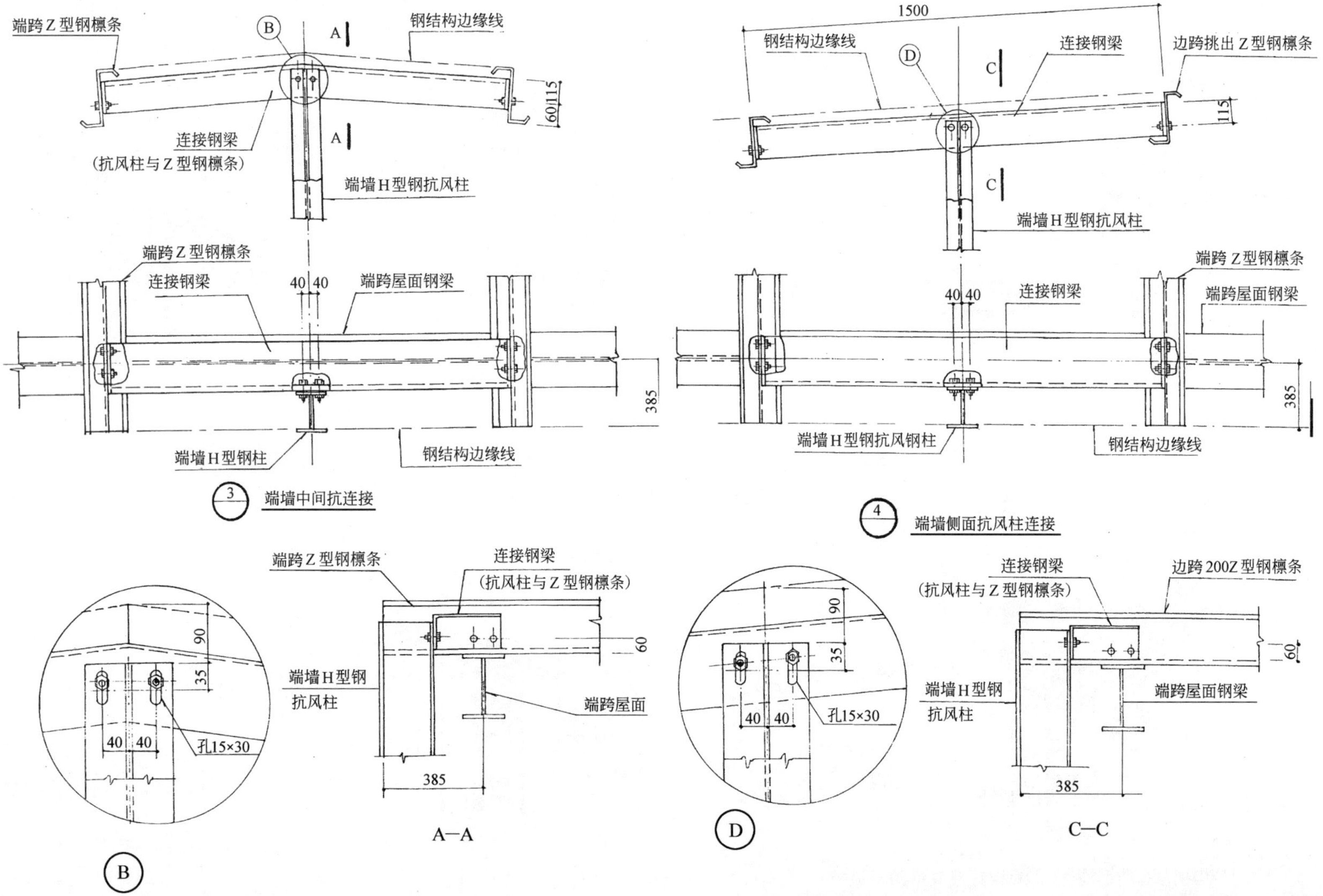

2—18 端墙抗风柱安装连接

C型钢和Z型钢檩条系杆及拉条典型布置

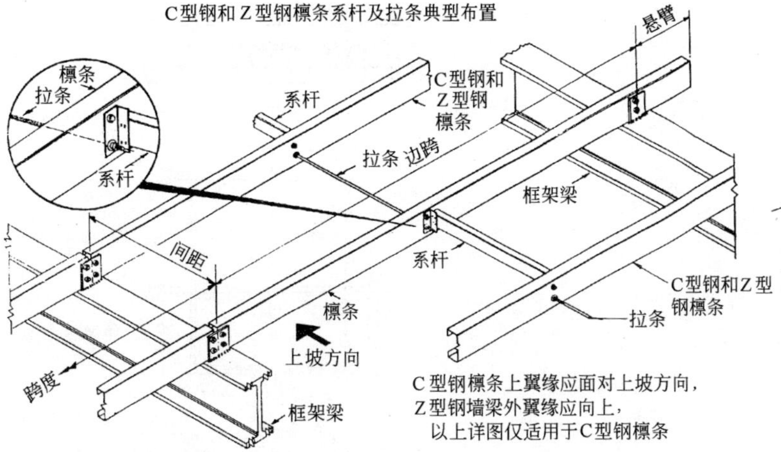

撑杆和拉条布置

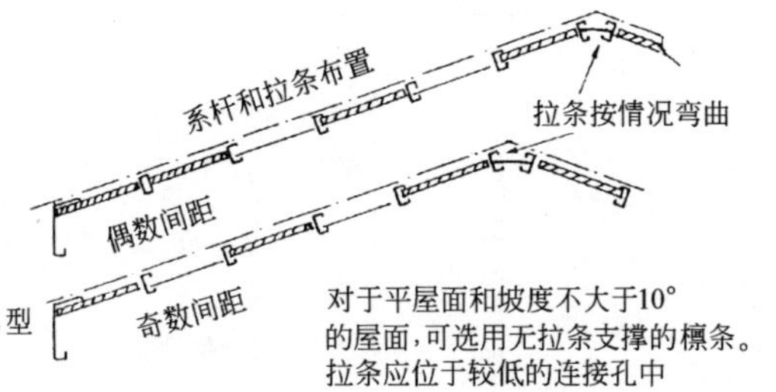

镀锌拉条

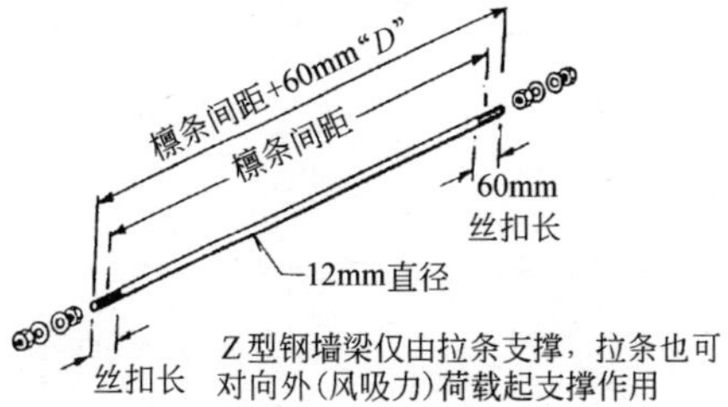

檩条一般是交替的系杆和拉条支撑的，对于平屋面和坡度不大于10°的屋面，使用无拉条支撑。

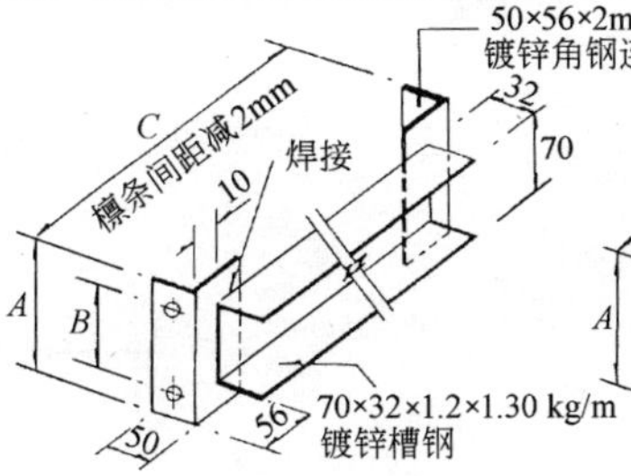

用于150,200,250檩条

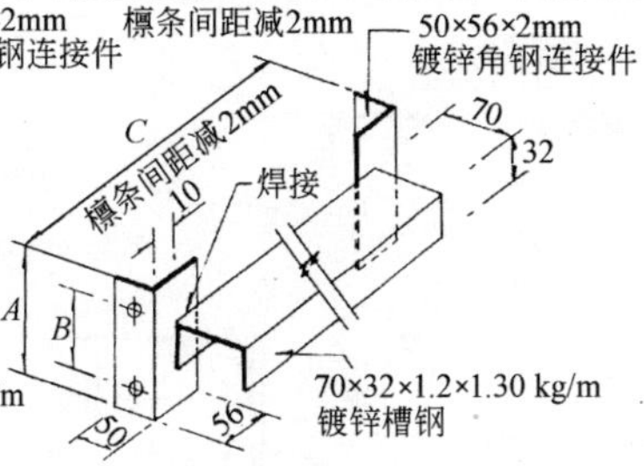

仅用于100型钢檩条

檩条高度(mm)	A(mm)	B(mm)	C
102(100B12)	65	40	檩条间距减 2mm
152(150B12)	115	60	
203(200B12)	160	110	
254(250B12)	210	160	

注：括号内为国外产品型号。

2—19 檩条的系杆及拉条

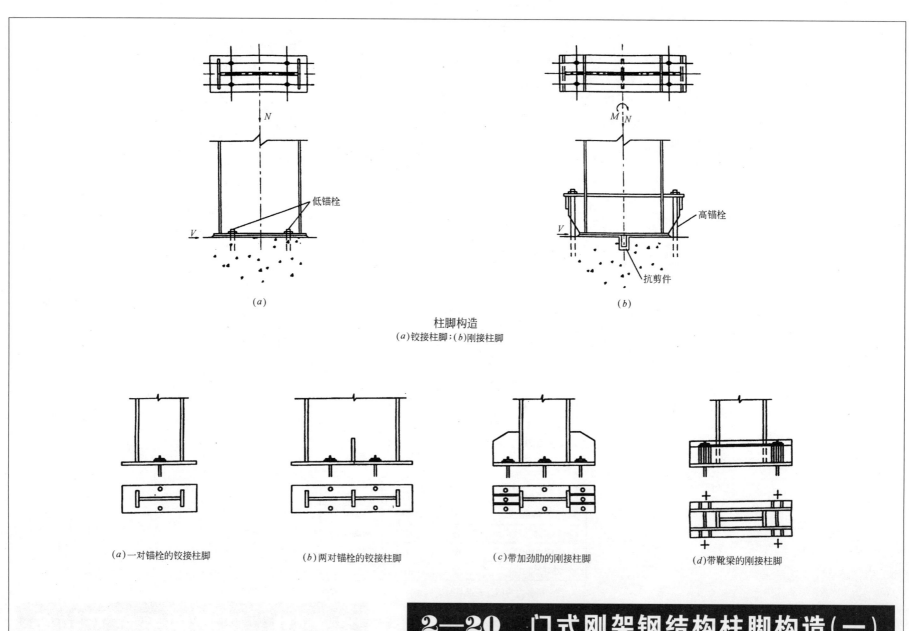

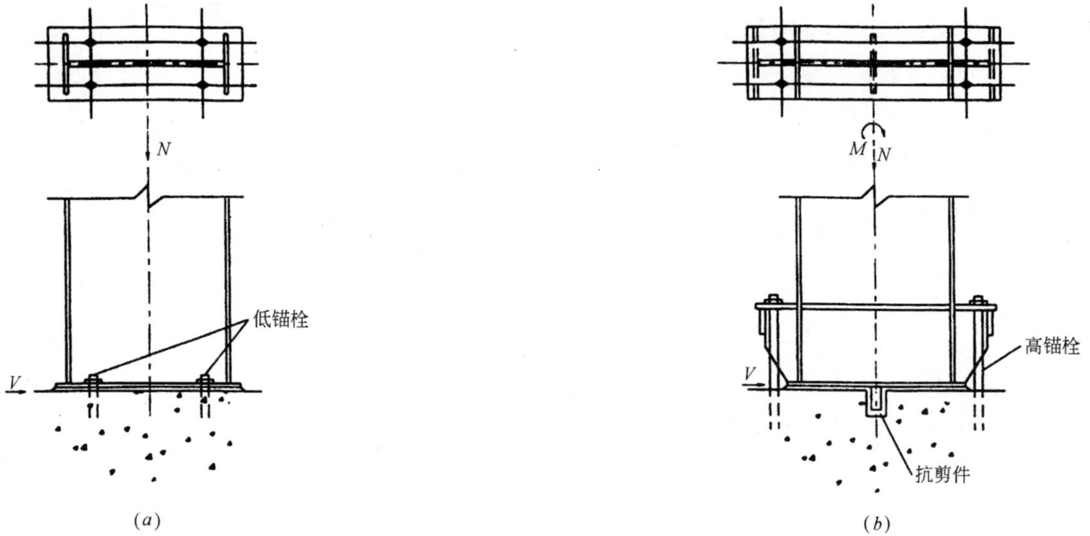

柱脚构造

(a)铰接柱脚;(b)刚接柱脚

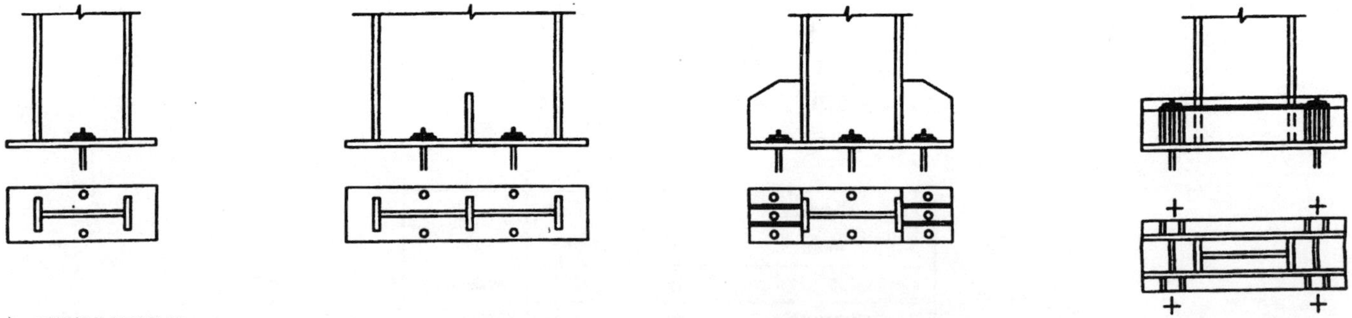

(a)一对锚栓的铰接柱脚　(b)两对锚栓的铰接柱脚　(c)带加劲肋的刚接柱脚　(d)带靴梁的刚接柱脚

2—20 门式刚架钢结构柱脚构造(一)

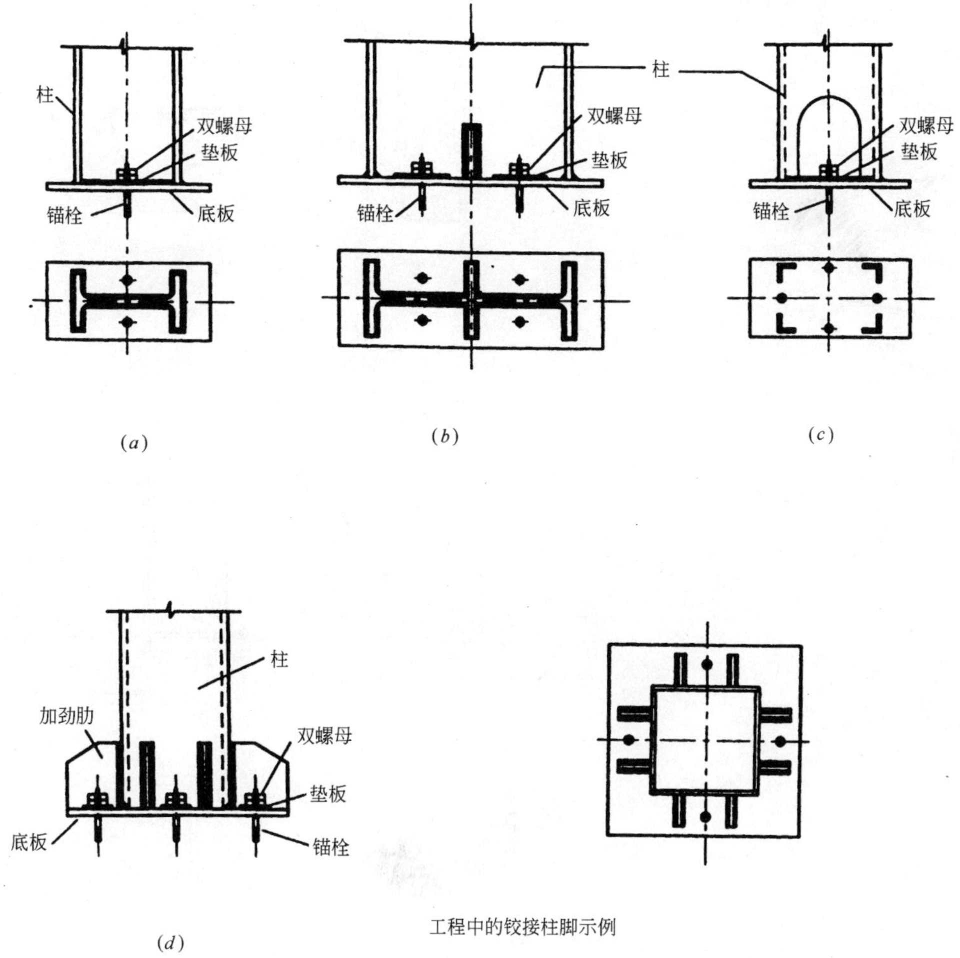

工程中的铰接柱脚示例

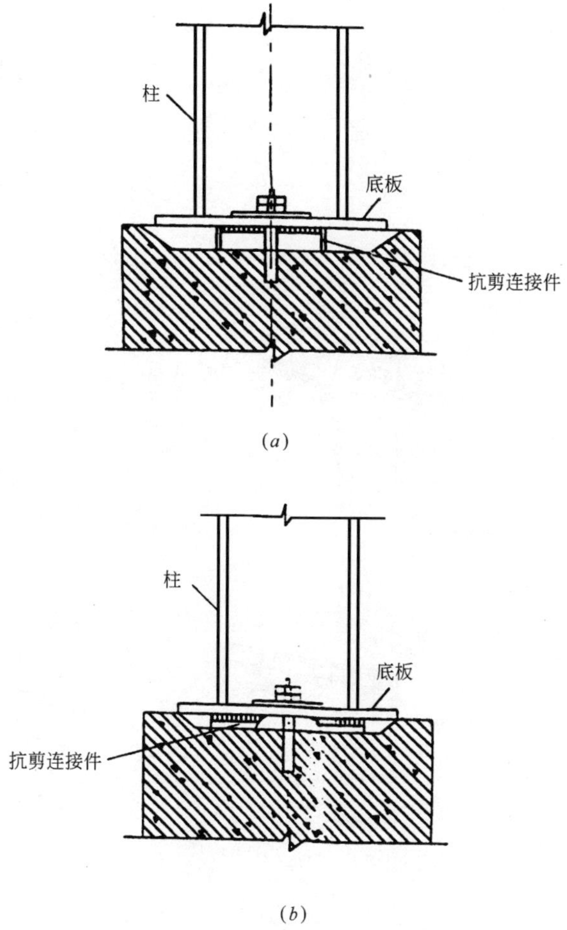

抗剪连接件设置图示

2—21 门式刚架钢结构柱脚构造(二)

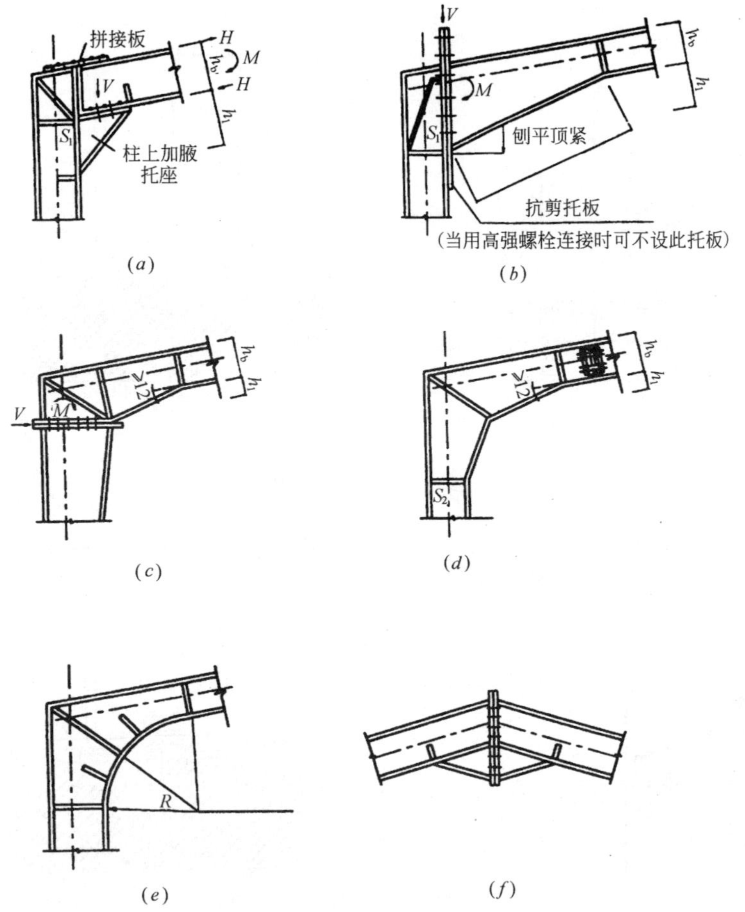

注：h_1−(0.5−1)h_s

梁柱加腋构造

(a)、(c) 直线加腋　(b)梁端变截面加腋　(d)折线加腋　(e)弧线加腋　(f)屋脊加腋

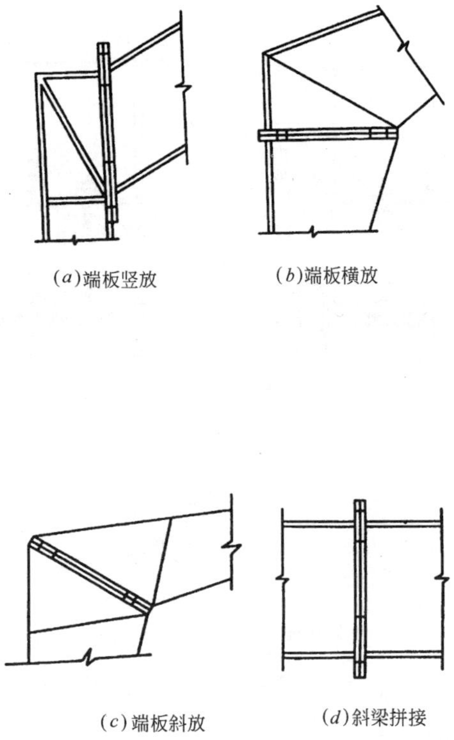

刚架斜梁的连接

2—22　门式刚架钢梁柱连接(一)

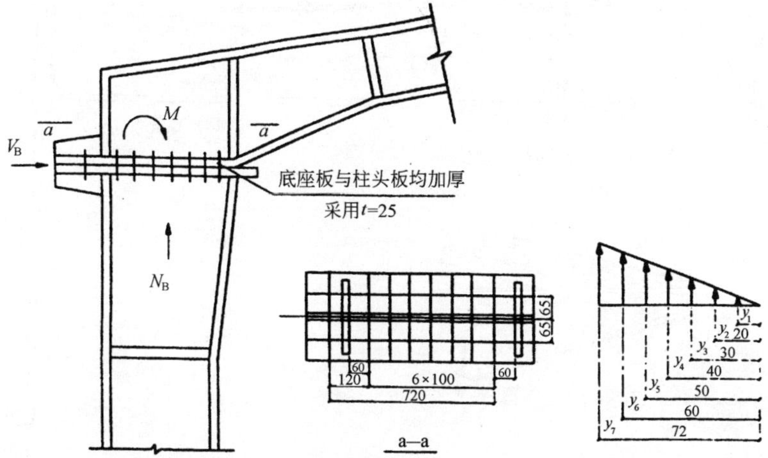

(*a*)　　(*b*)

节点连接简图

(*a*)节点连接简图；(*b*)螺栓水平距图

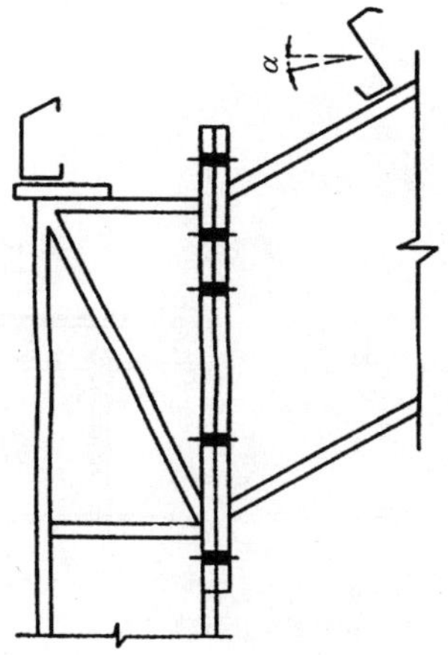

端板竖放时的螺栓和檐檩

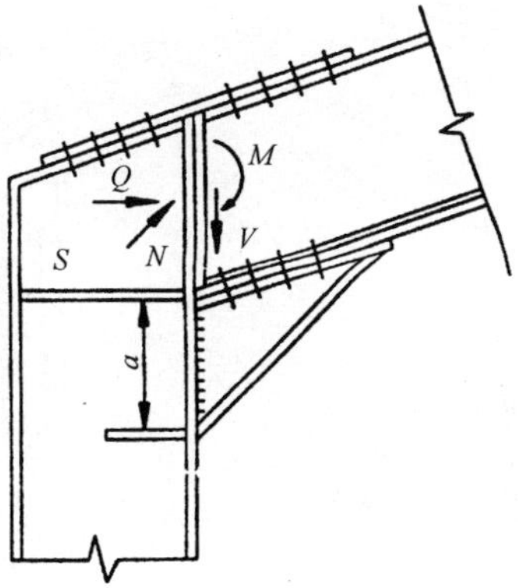

梁柱节点拼接连接

2—23　门式刚架钢梁柱连接(二)

钢结构系统

- 钢结构节点图

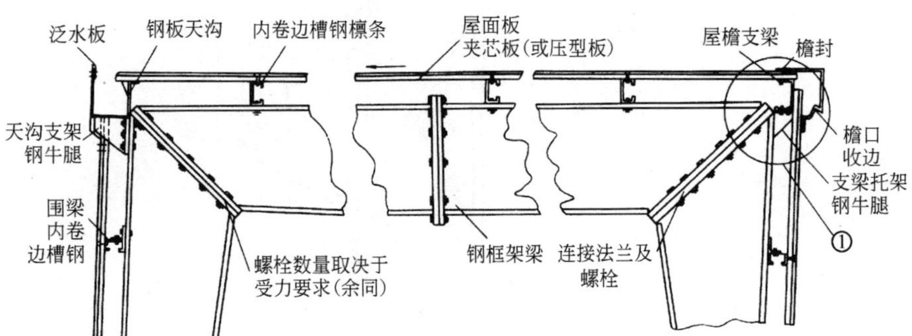

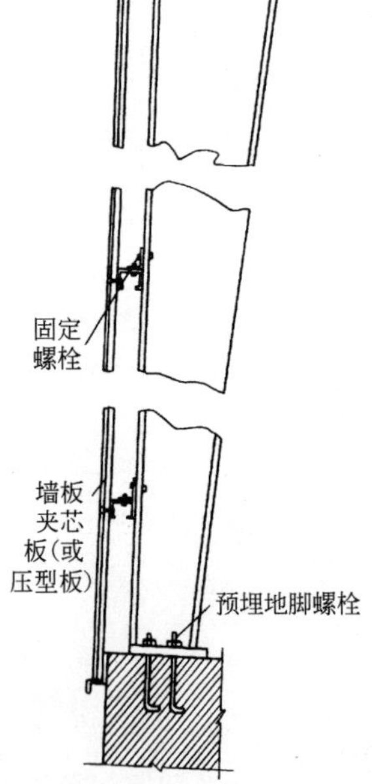

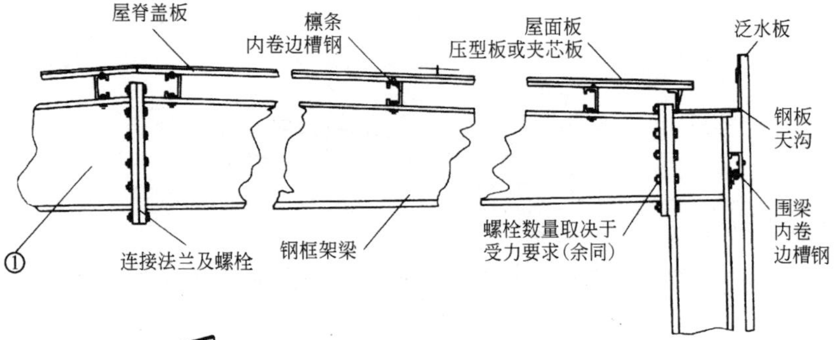

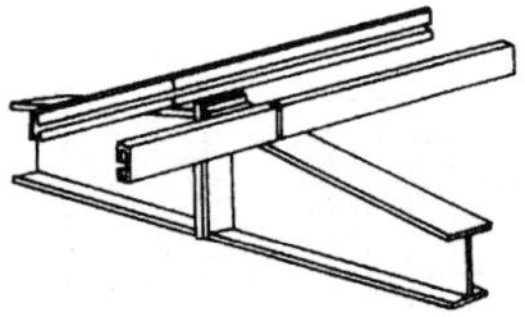

① 屋脊节点

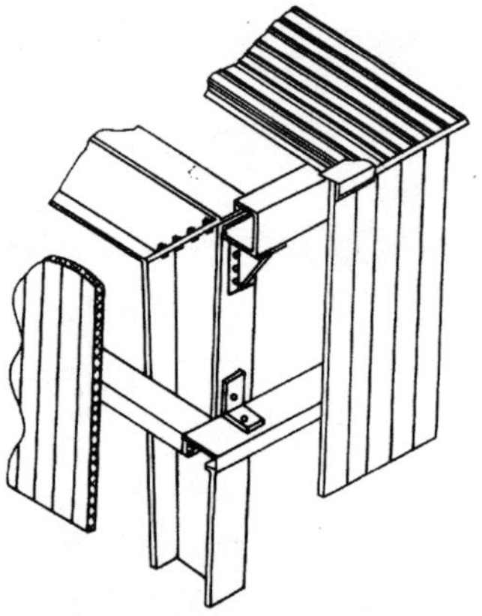

② 墙板节点

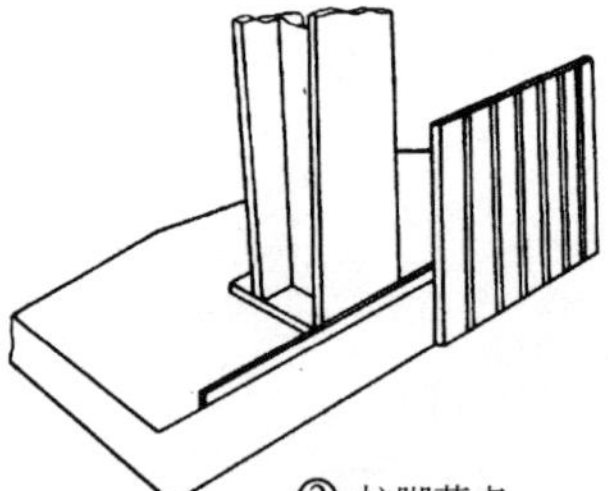

② 柱脚节点

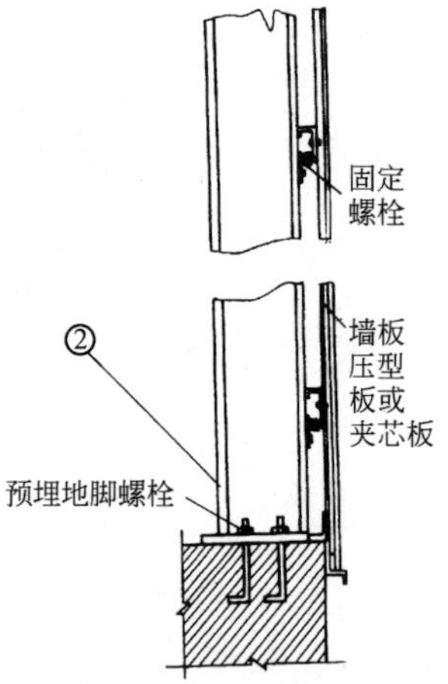

2—24 门式刚架钢结构系统节点

三、轻型钢结构内隔墙、楼层、吊车梁、雨篷及托架梁

(1)

(2)

(3)

(4)

(5)

(6)

轻型钢结构内设楼层安装情况

3—1 轻型钢结构楼层钢梁安装

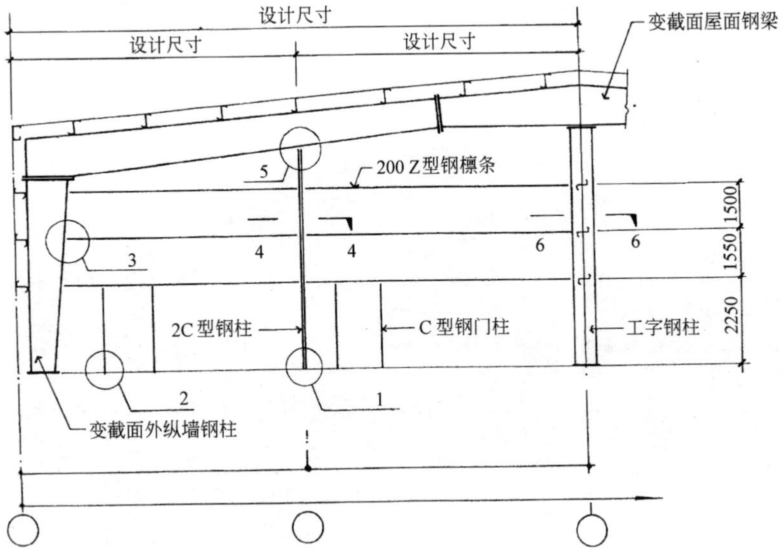

内隔墙钢结构横剖面

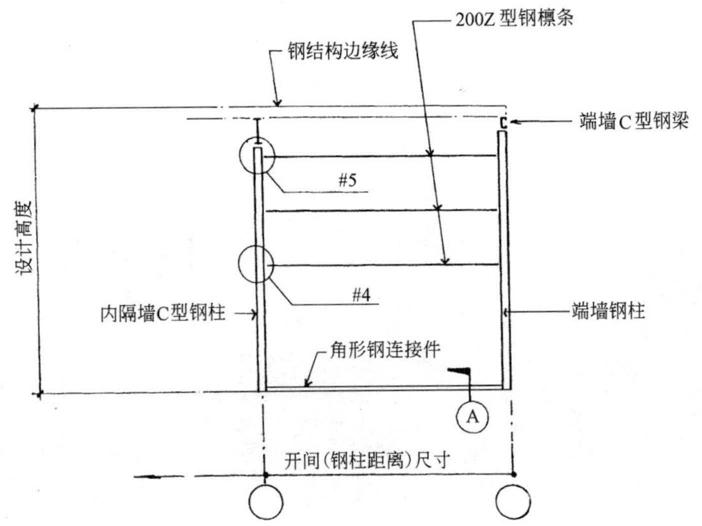

内隔墙钢结构纵剖面

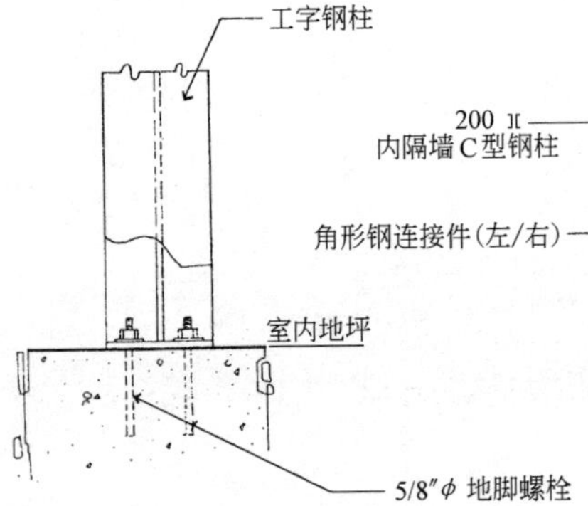

1

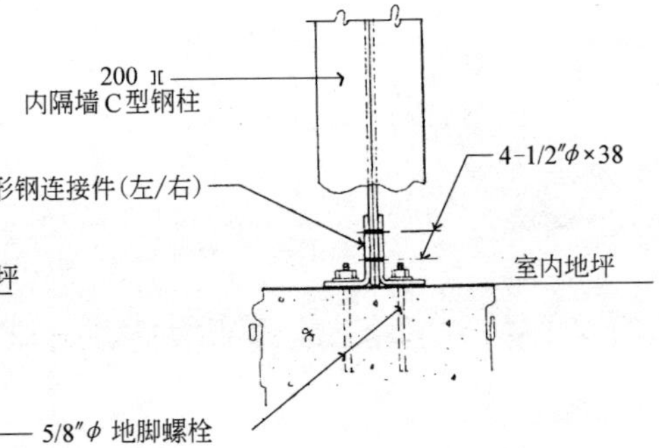

1

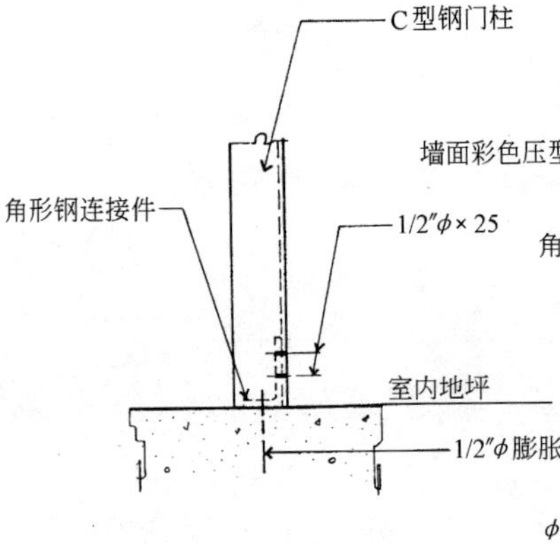

2

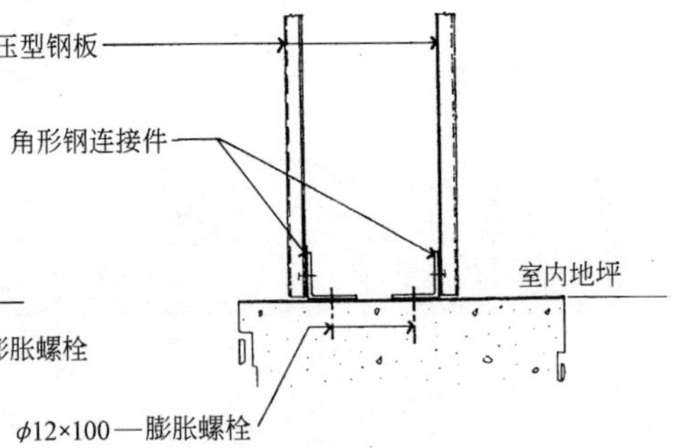

A—A

3—2 内隔墙钢结构连接节点(一)

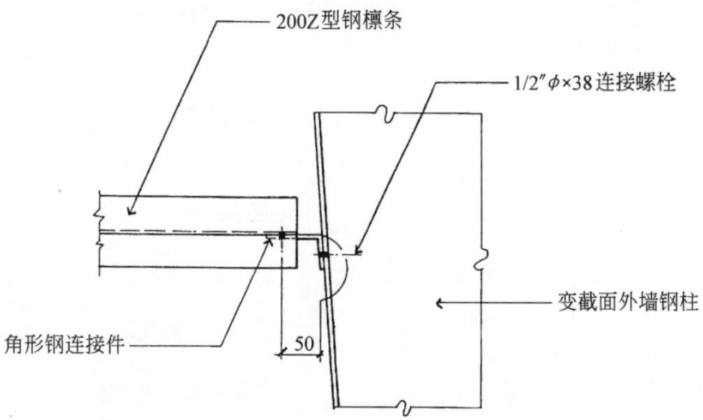

3

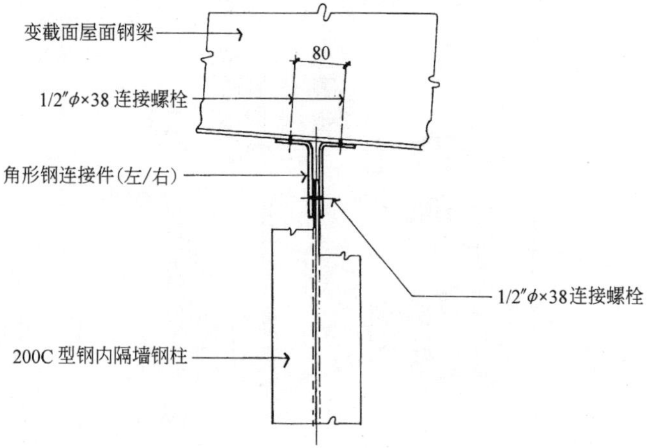

5

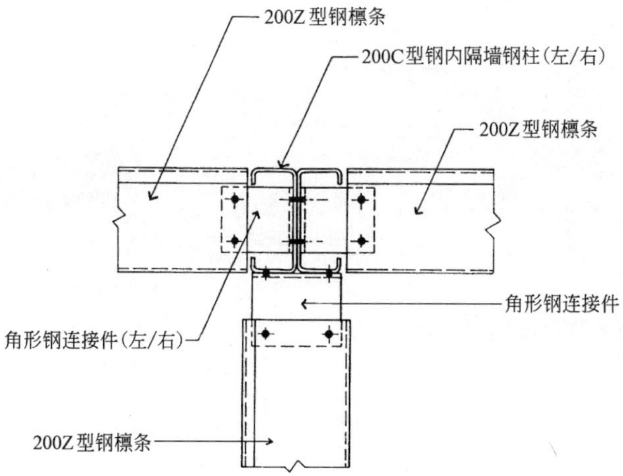

4—4 4

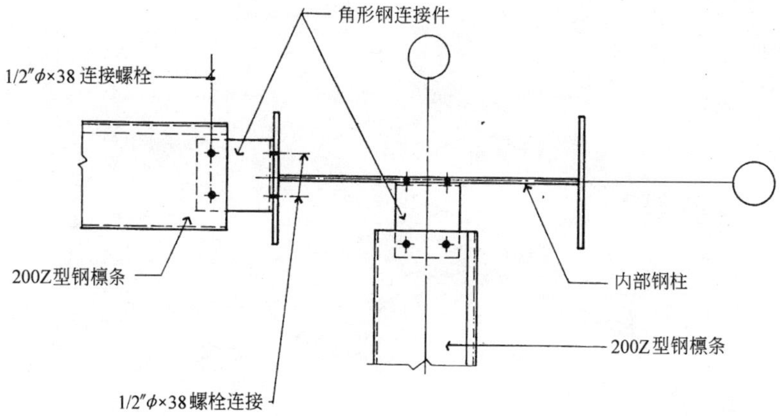

6—6 6

3—3 内隔墙钢结构连接节点(二)(续 3-2)

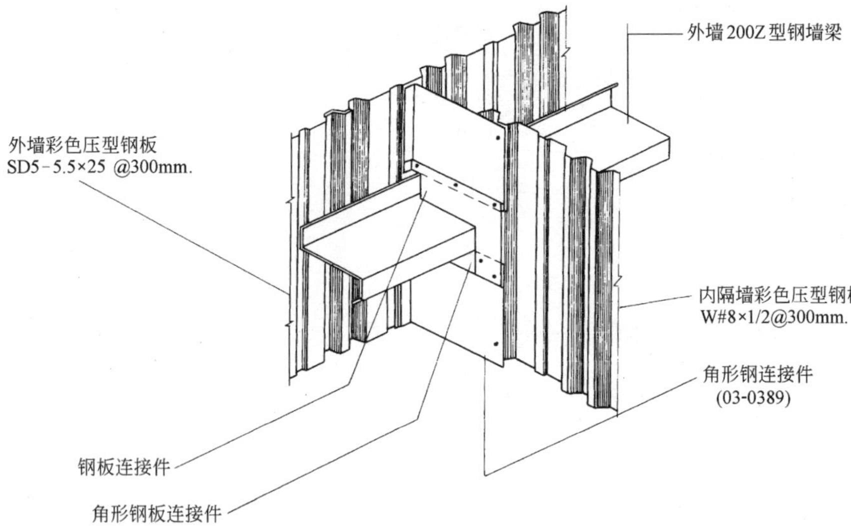

内隔墙与外纵墙拐角处彩色压型钢板连接节点透视

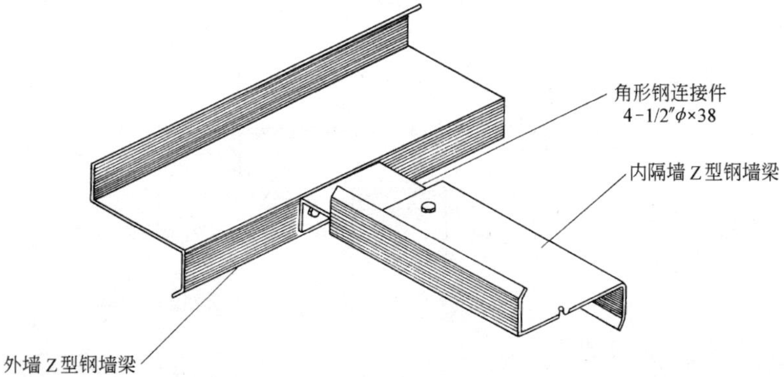

内隔墙与外纵墙拐角处Z型钢墙梁连接节点

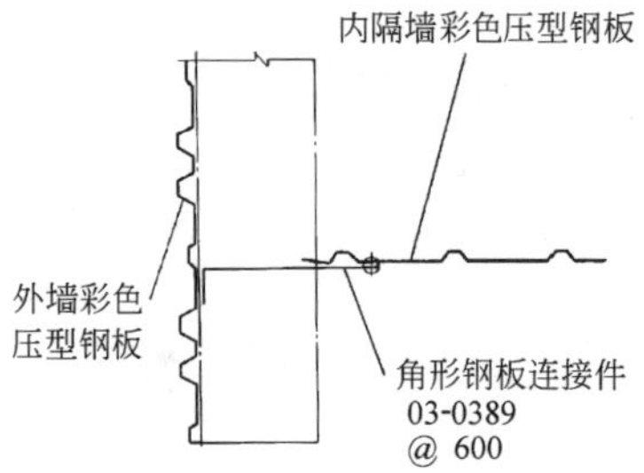

内隔墙与外纵墙拐角处彩色压型钢板连接节点平面

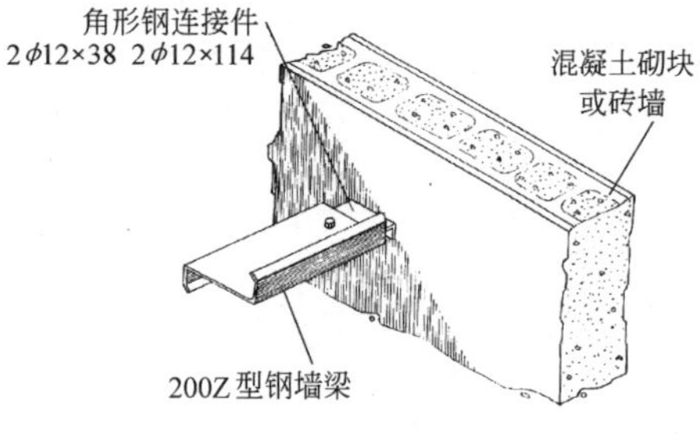

内隔墙Z型钢墙梁与外砖墙拐角连接节点

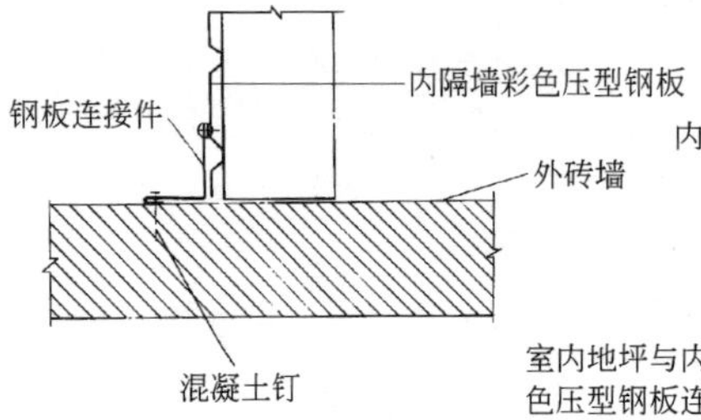

内隔墙彩色压型钢板与外砖墙拐角处连接节点

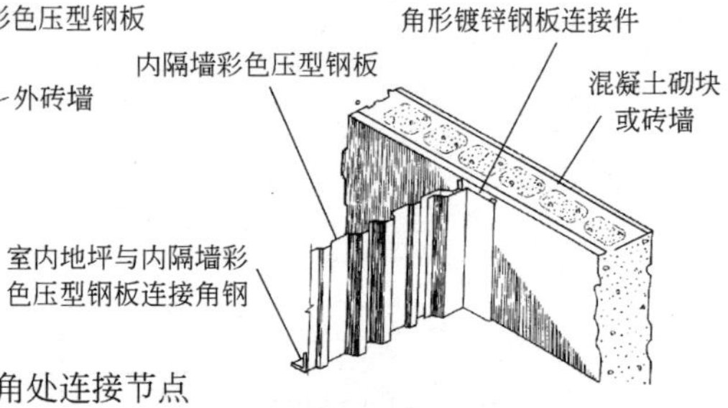

内隔墙彩色压型钢板与外砖墙拐角连接节点

3—4 内隔墙钢结构连接节点(三)(续3-2)

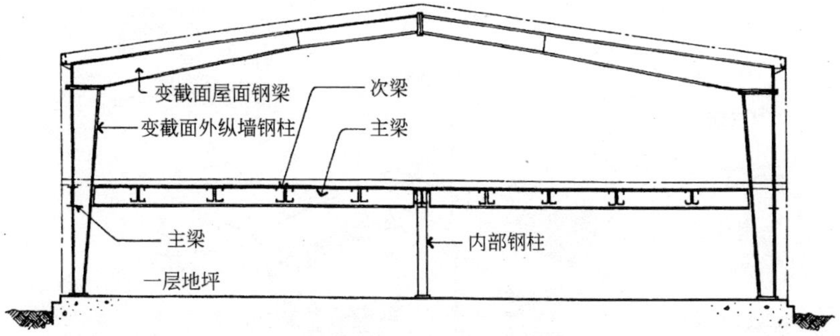

二层楼板钢结构剖面(A类)A—A

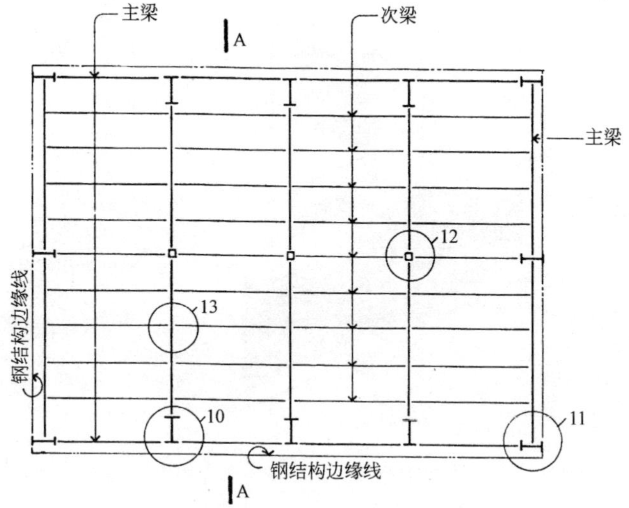

二层楼板钢结构平面布置(A类)

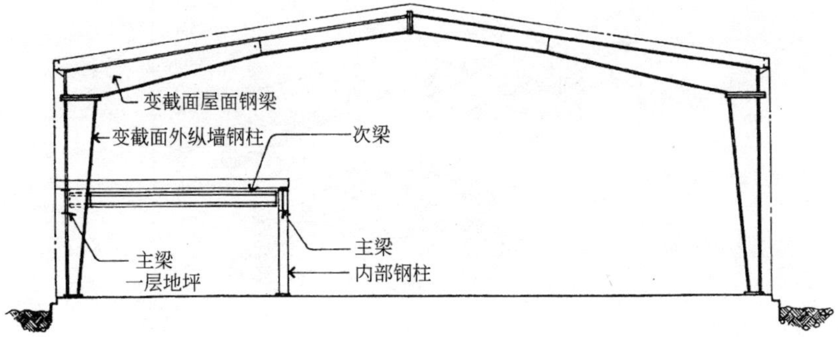

二层楼板钢结构剖面(B类)B—B

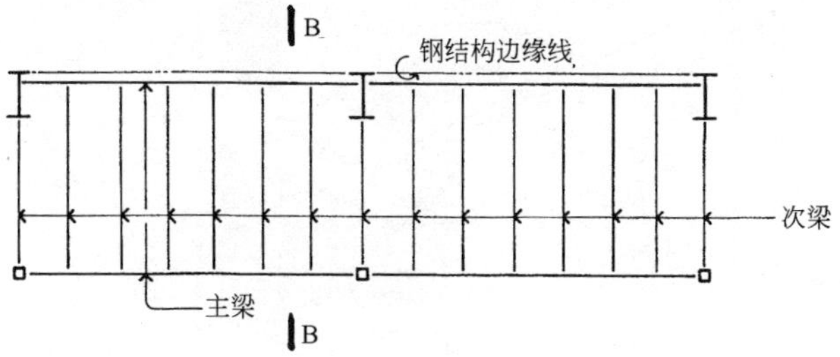

二层楼板钢结构平面布置(B类)

3—5 钢厂房内设楼层、剖面及楼层平面

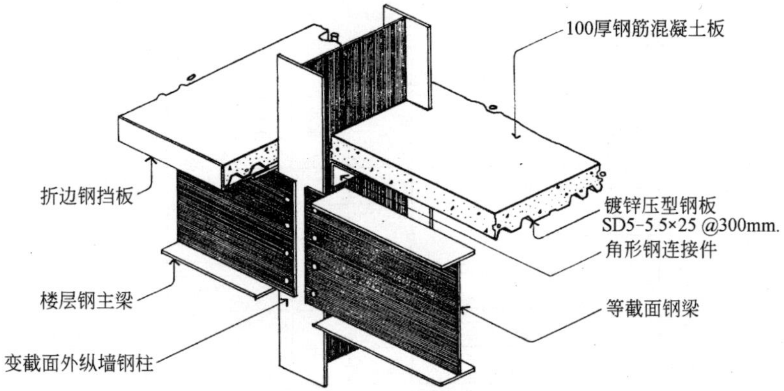

外墙钢柱与主梁连接节点 (10)

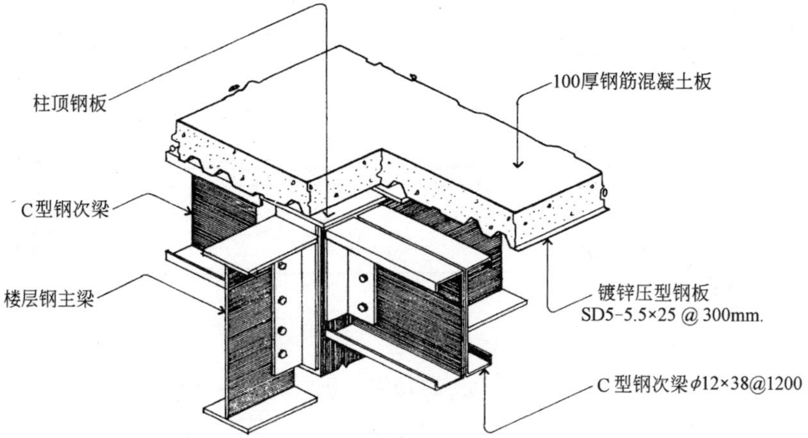

楼层钢柱与主梁、次梁连接节点 (12)

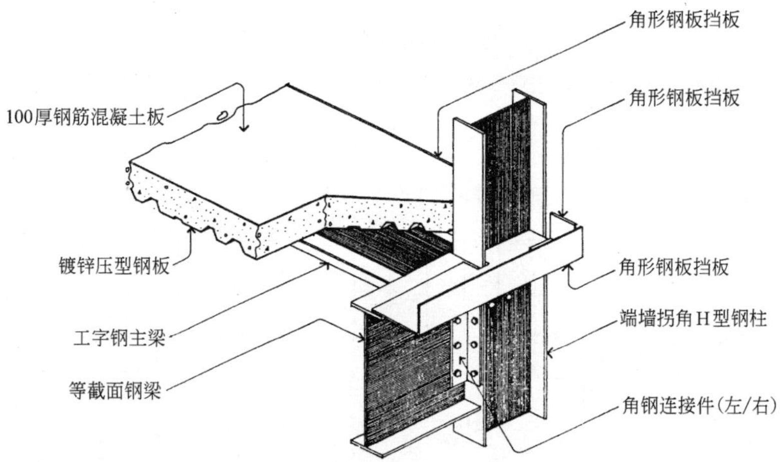

外纵墙与端墙拐角钢柱与主梁连接节点 (11)

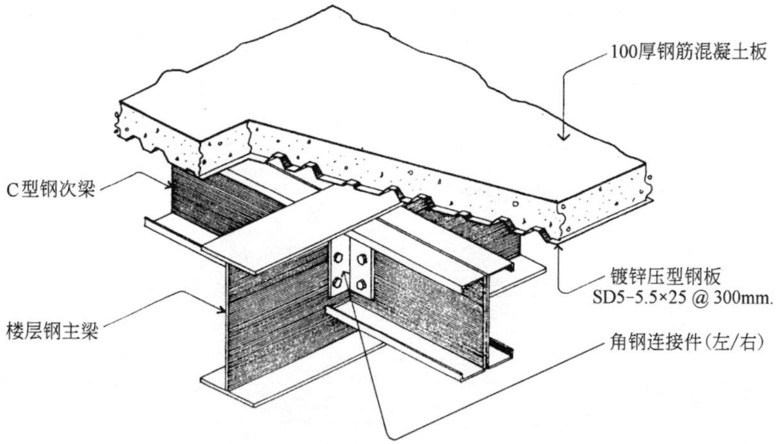

楼层主梁与次梁连接节点 (13)

3—6 二层楼板钢结构柱、梁连接节点

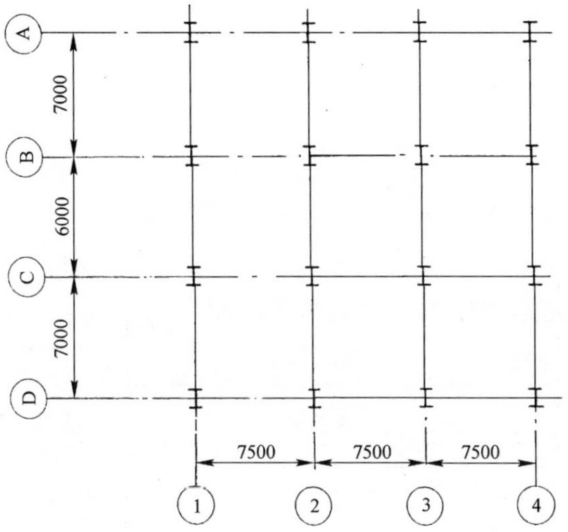

底层钢柱平面布置

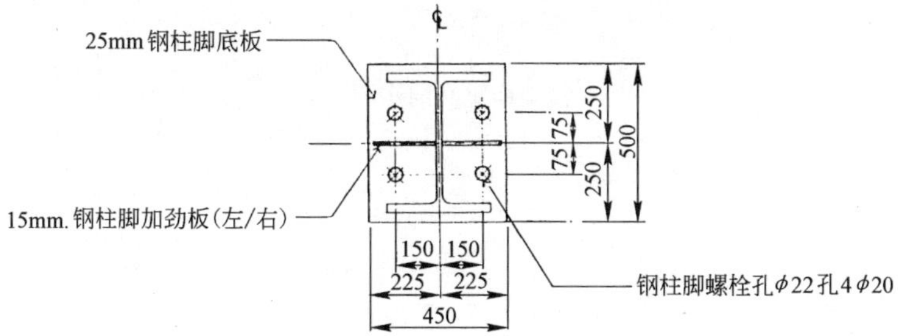

钢柱脚构造详图

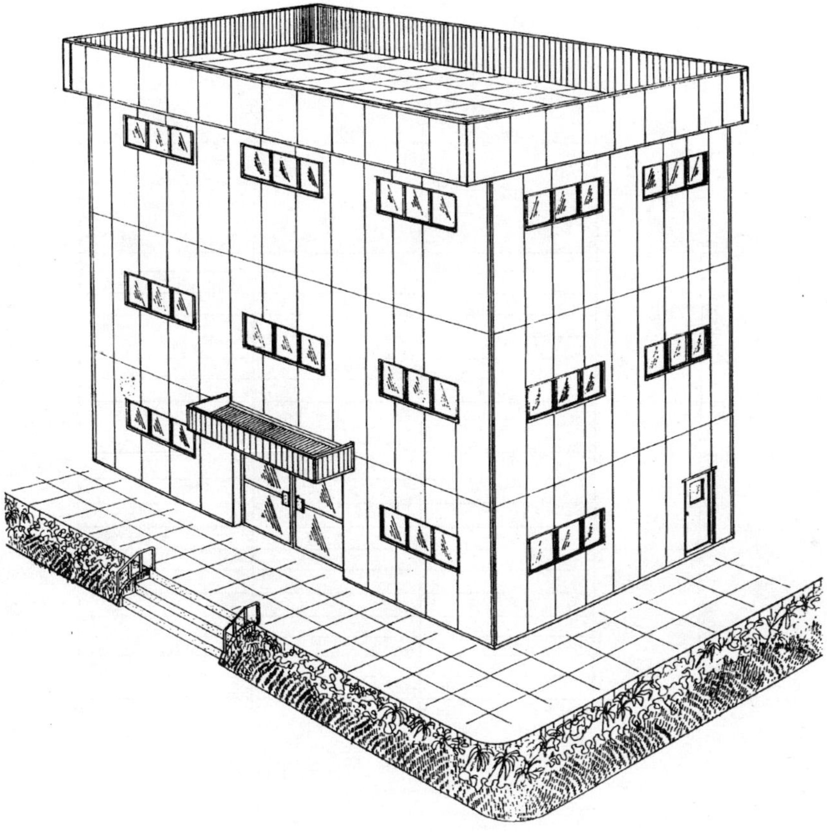

钢结构建筑物透视

3—7 钢结构建筑物透视图及底层平面

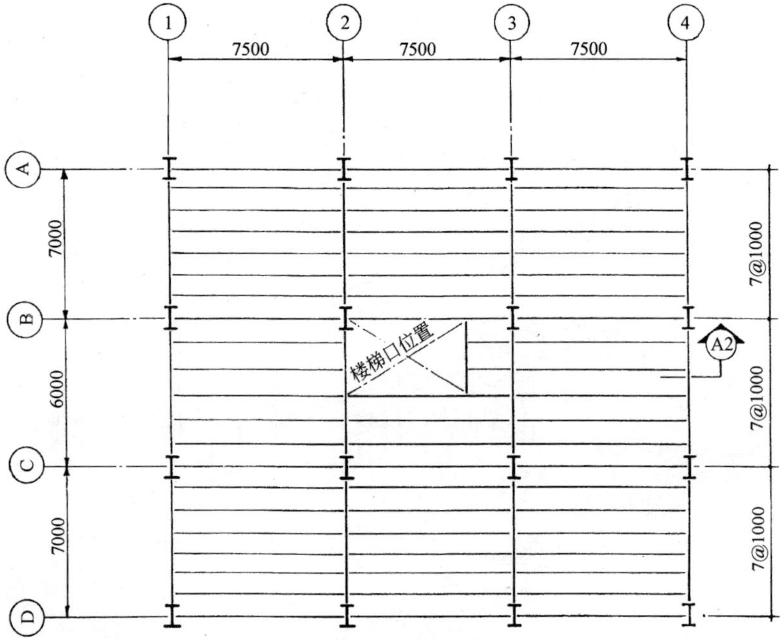

钢结构二层结构平面图

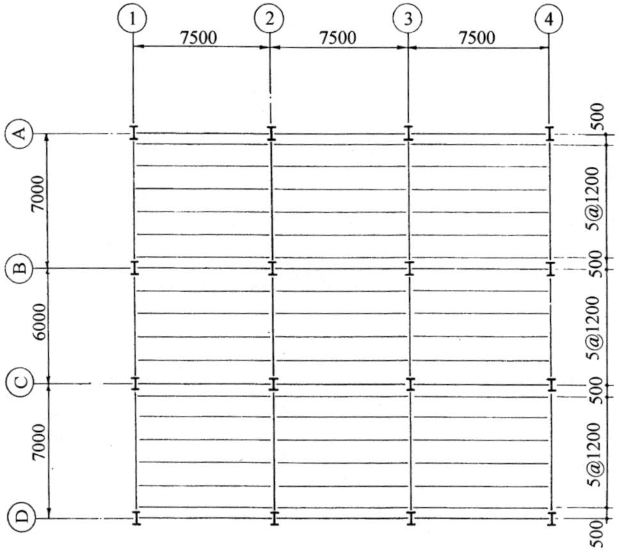

钢结构屋面结构图

3—8 钢结构二层及屋面平面图

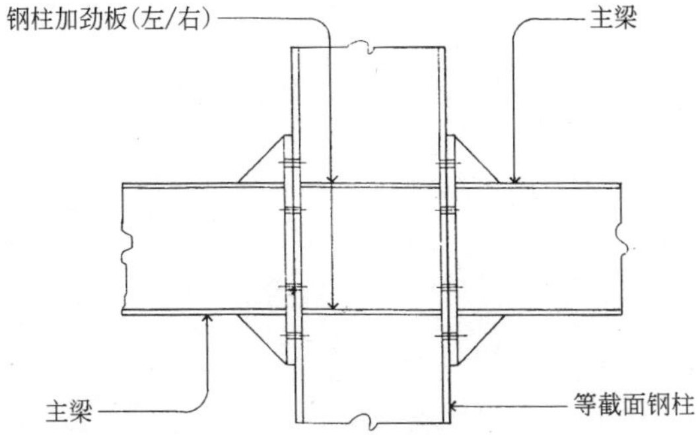

钢柱与钢梁连接 ②

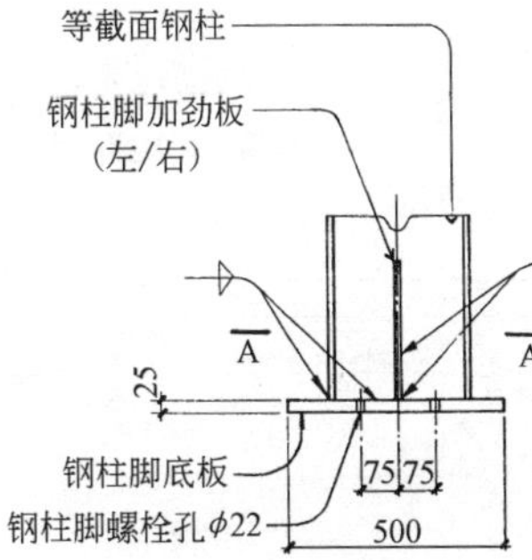

钢柱脚构造 ③

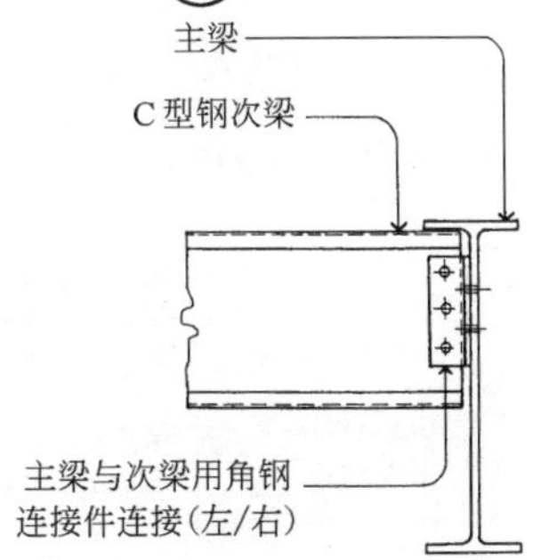

钢主梁与钢次梁连接 (A2)

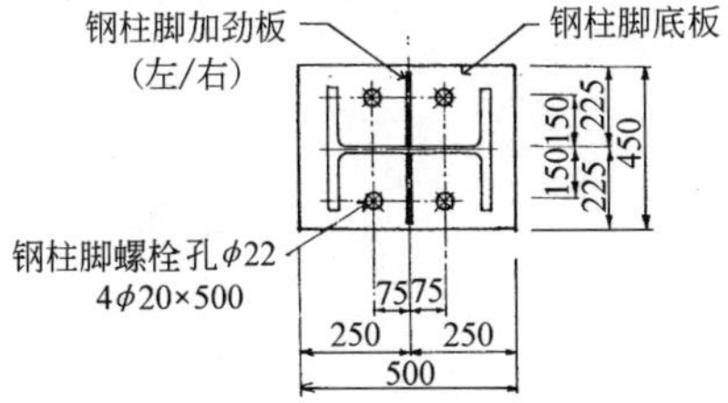

A—A

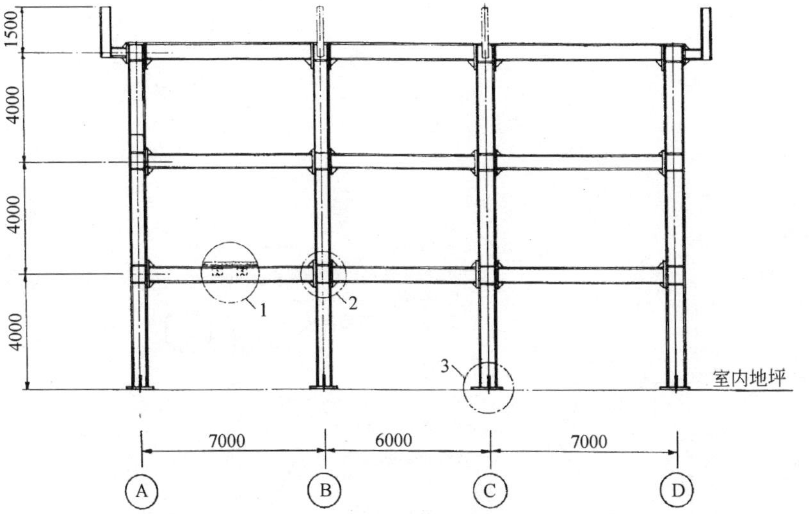

钢结构建筑剖面

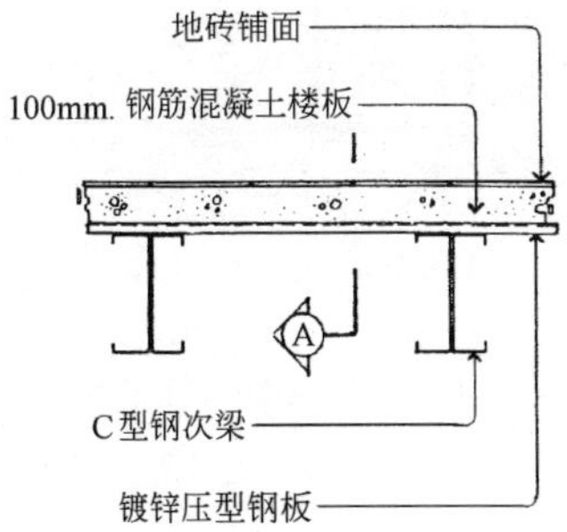

楼板构造详图 ①

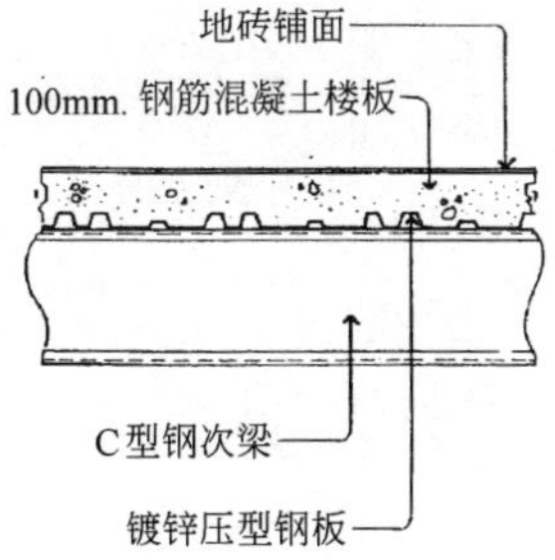

楼板构造详图 (A)

3—9 钢结构剖面及构造详图(续 3-8)

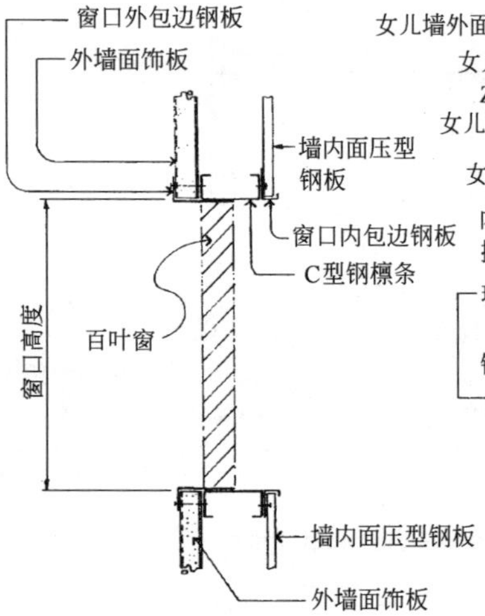

窗口安装构造详图

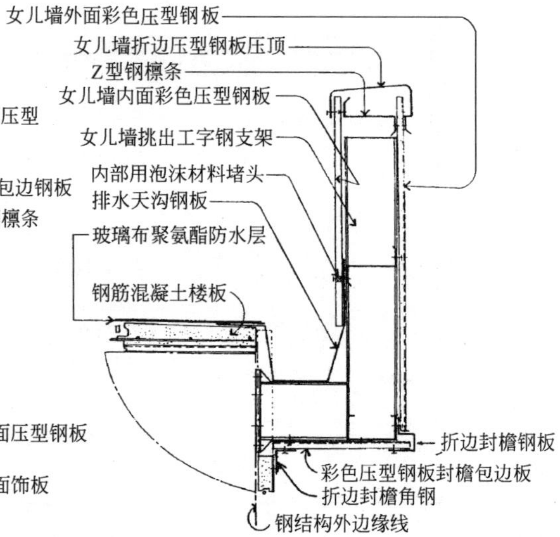

屋面女儿及排水天沟结构详图

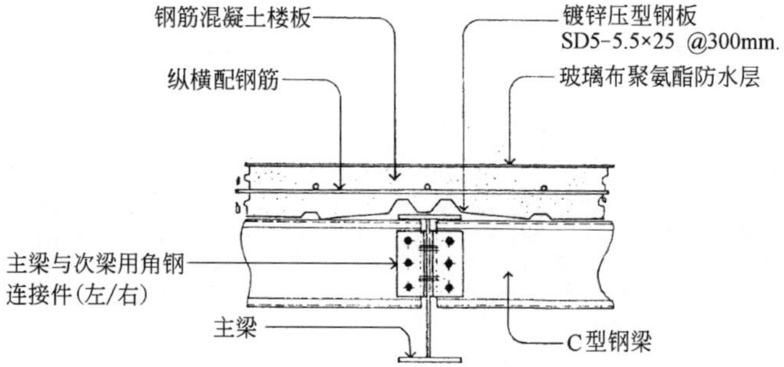

钢主梁与钢次梁连接及楼板构造详图

3—10 钢结构建筑构造详图(续 3-9)

3—11 双坡钢结构屋面女儿墙泛水及檐沟排水构造

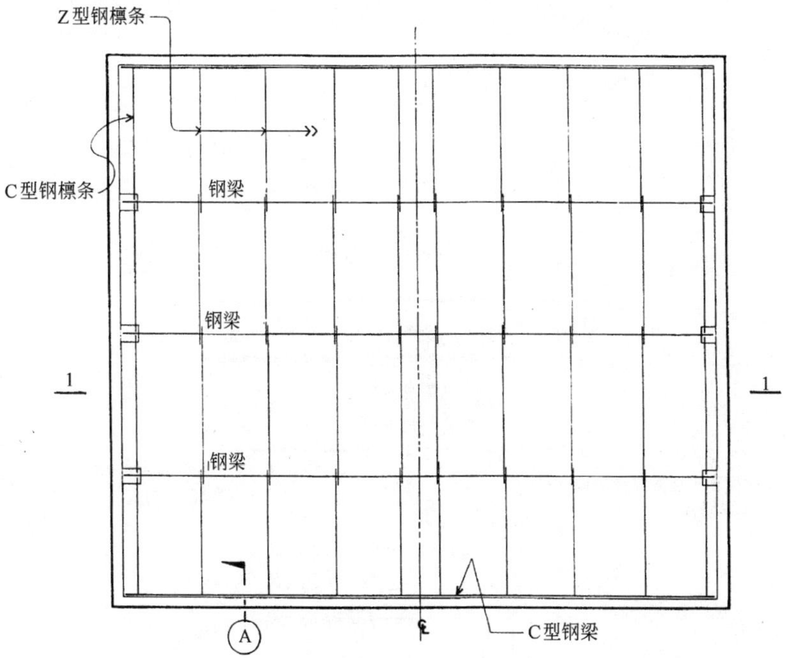

双坡带女儿墙屋面平面

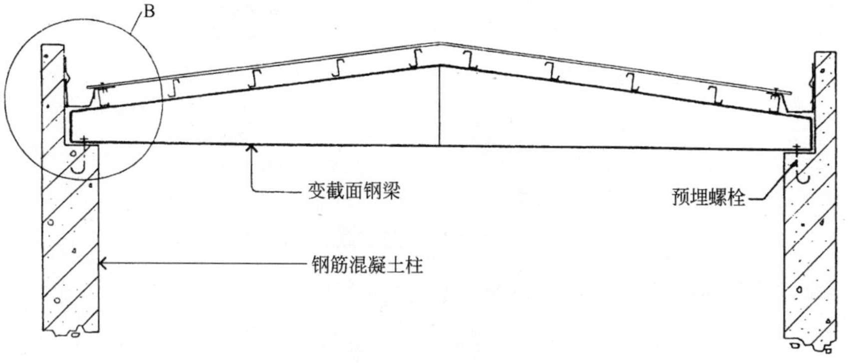

双坡带女儿墙屋面剖面1—1

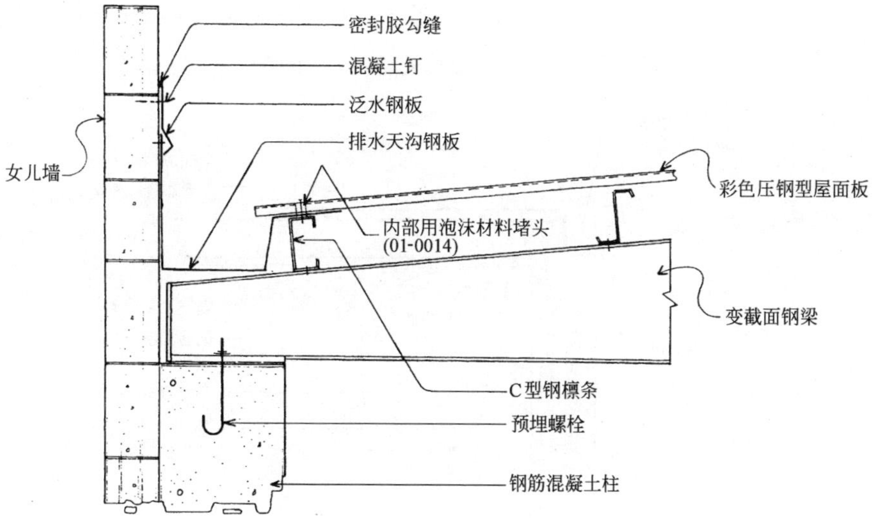

双坡带女儿墙屋面排水天沟详图 (B)

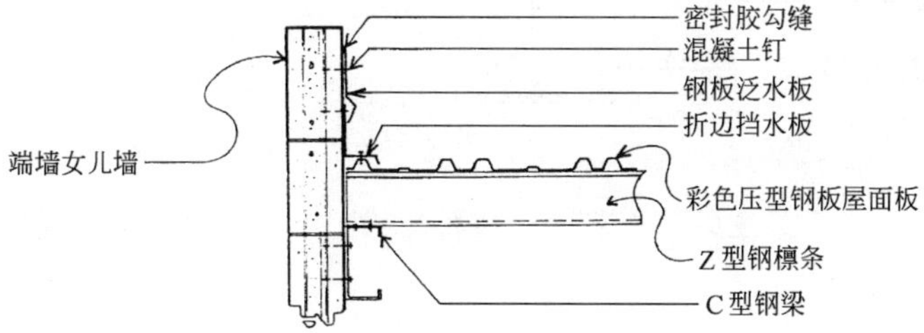

双坡带女儿墙屋面端墙泛水 (A)

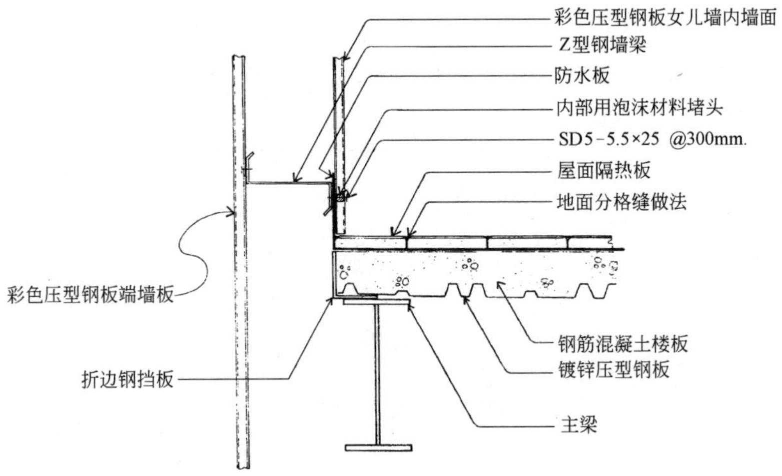

屋面端墙带女儿墙节点

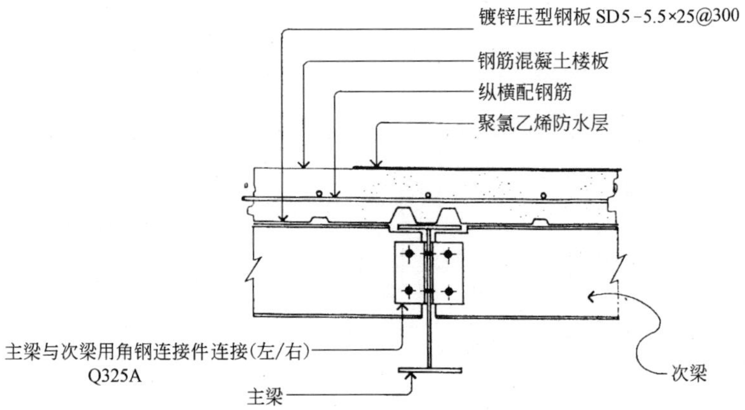

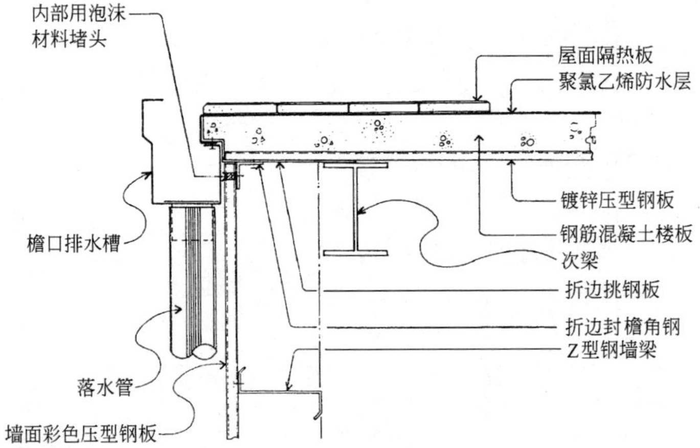

屋面檐口排水槽节点

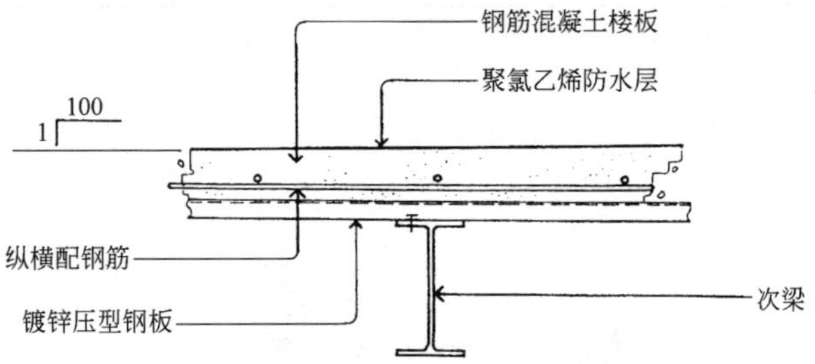

屋面主梁、次梁连接及屋面板结构

3—12 钢结构平屋面及屋面排水构造

3—13 钢结构屋面构造及其地漏

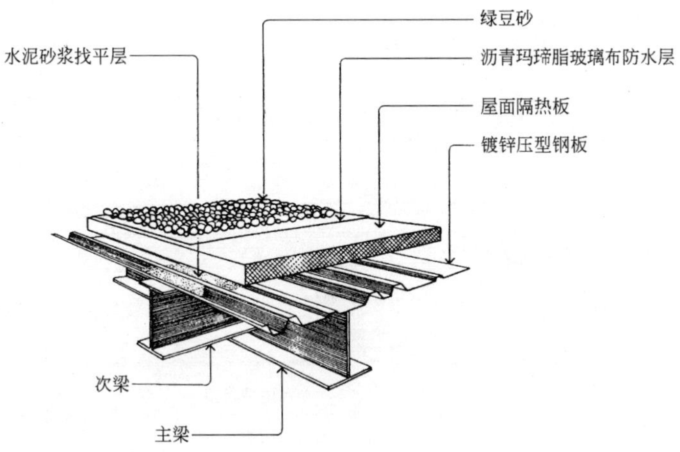

钢结构屋面结构(一)

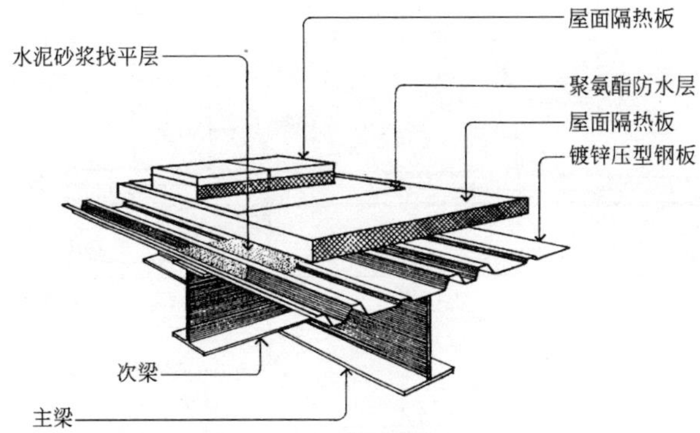

钢结构屋面结构(二)

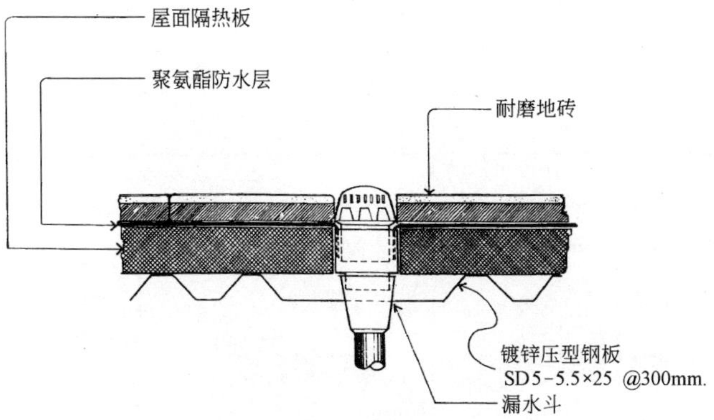

钢结构屋面板与排水地漏

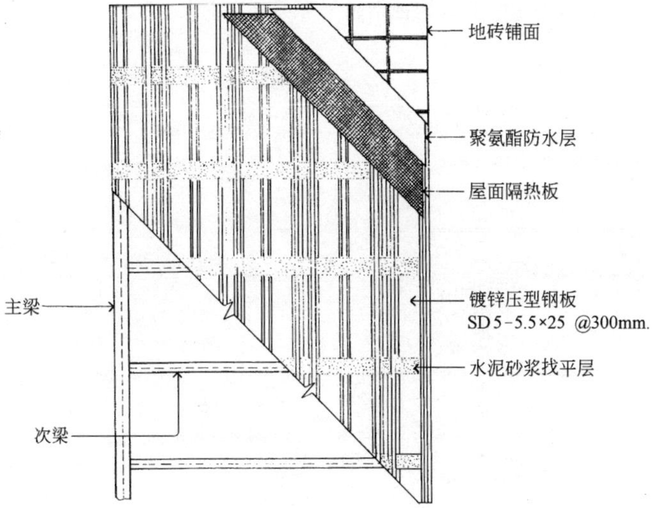

钢结构屋面结构(三)

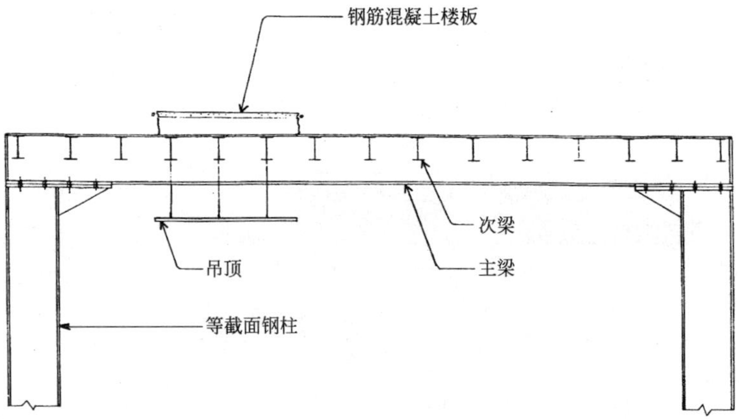

钢结构平屋顶剖面

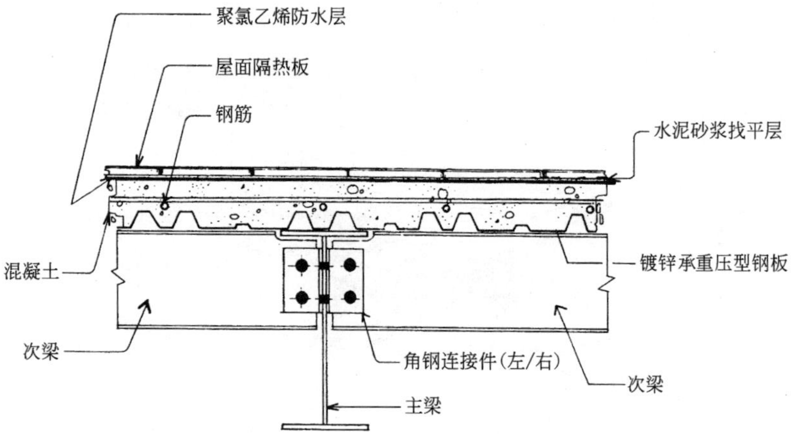

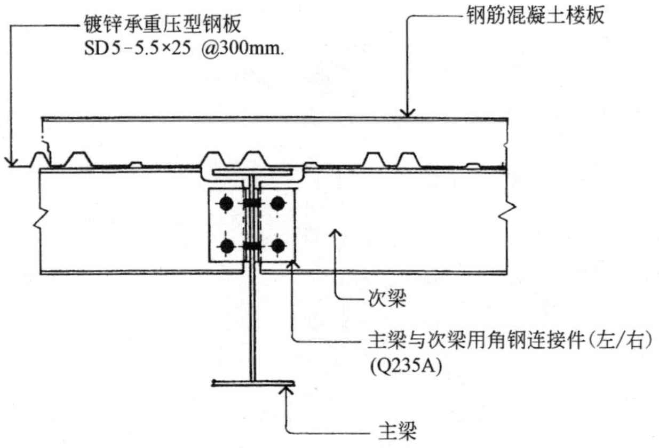

主梁、次梁连接及屋面板结构之一

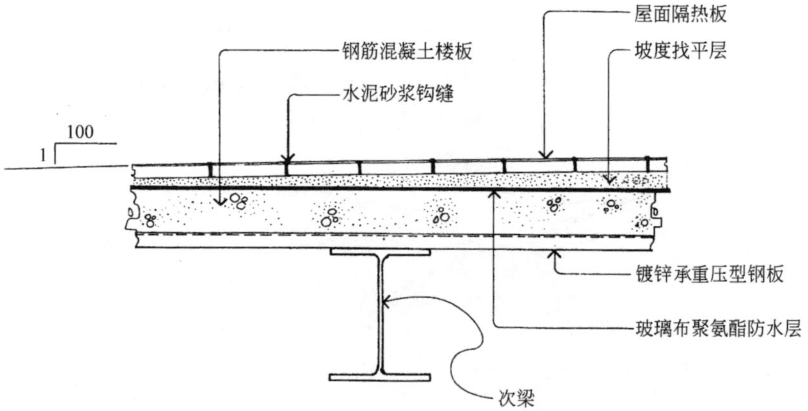

主梁、次梁连接及屋面板结构之二

3—14 钢结构平屋顶构造

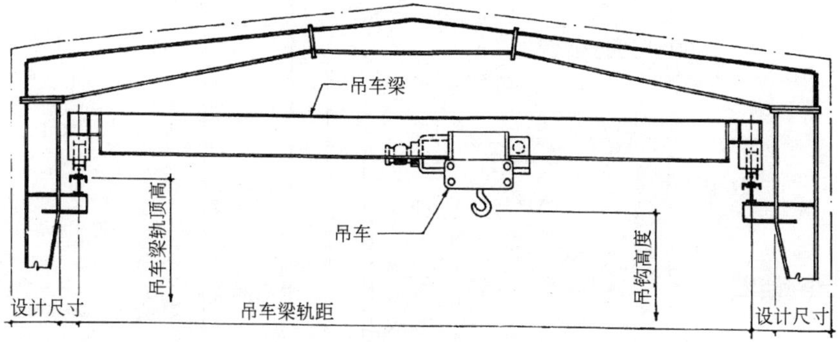

桥式吊车梁设置

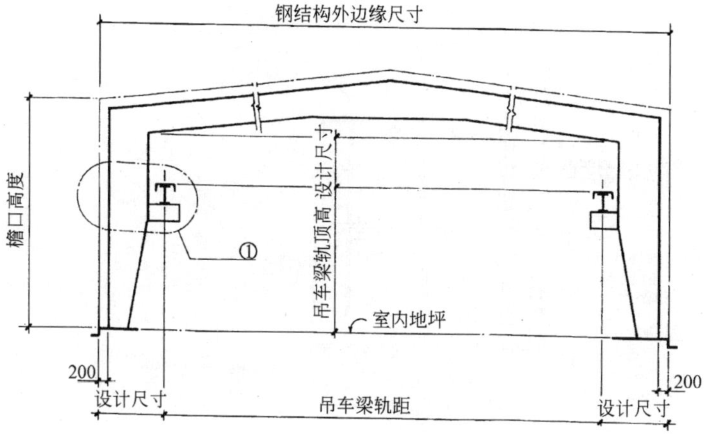

桥式吊车设置剖面

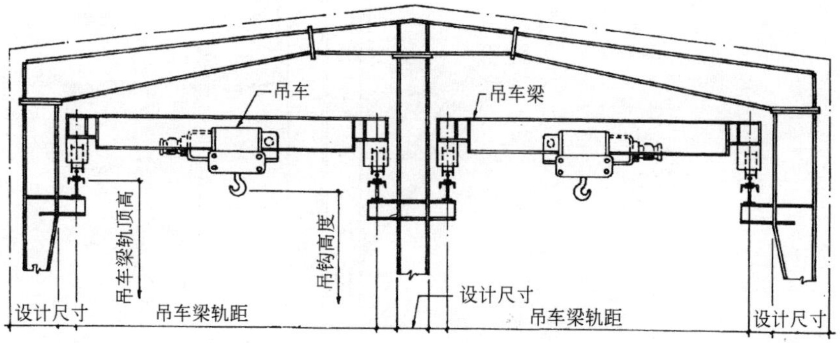

桥式吊车设置剖面

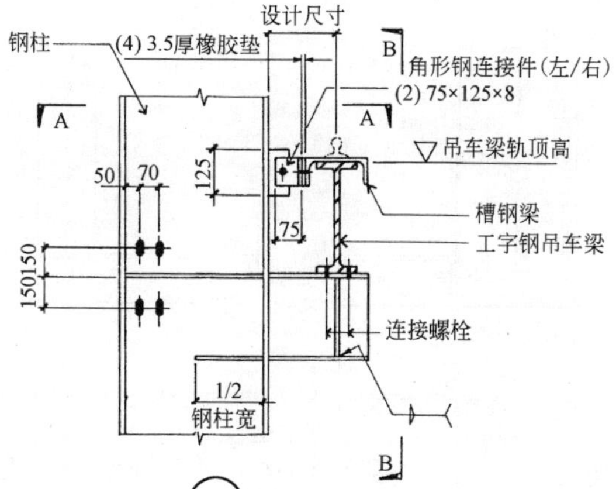

①

3—15 桥式吊车梁设置

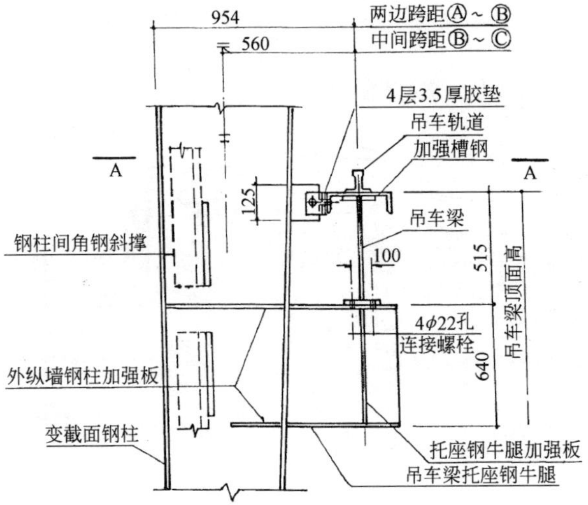

外纵墙钢柱挑出钢牛腿及吊车梁安装

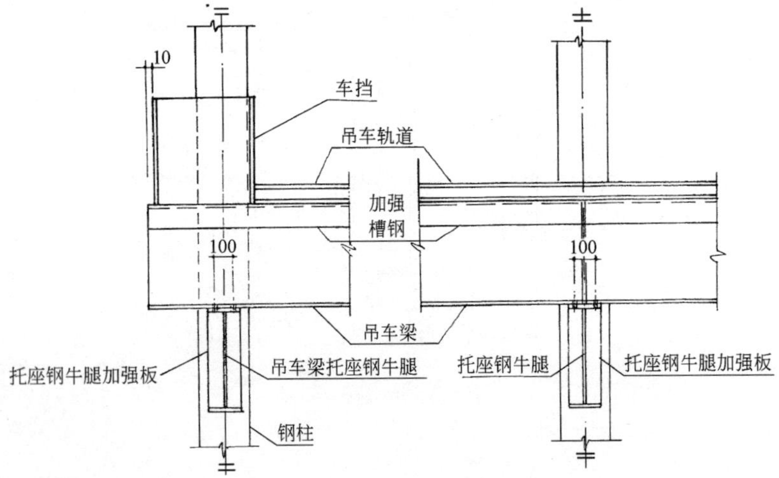

吊车钢梁立面 B—B

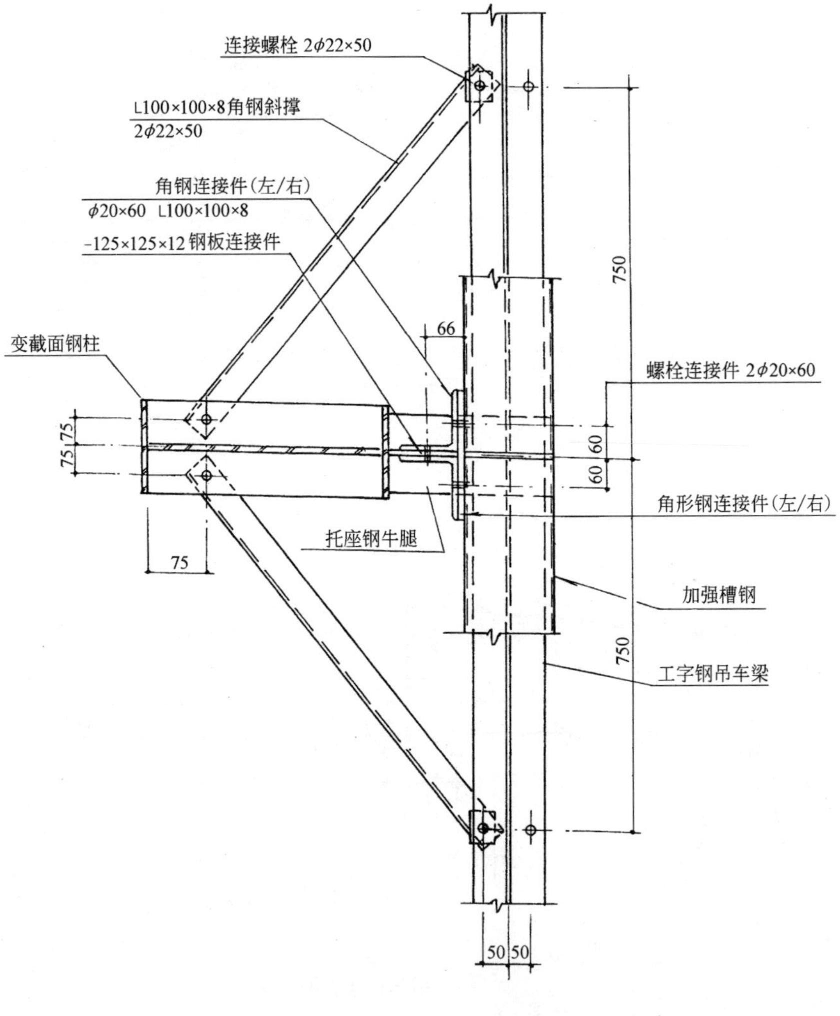

A—A

3—16 桥式吊车轨道钢梁安装

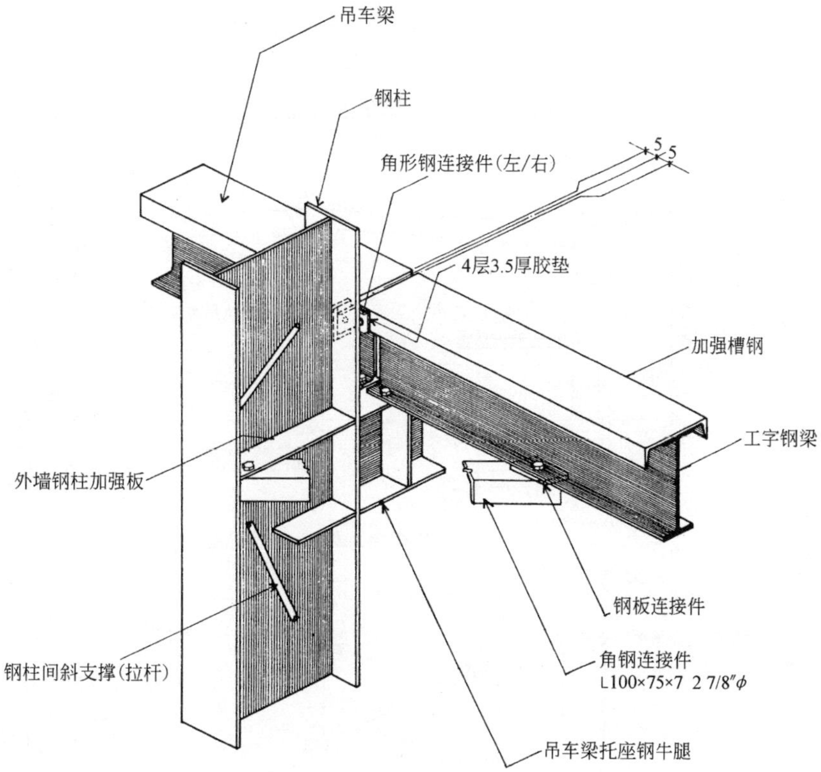

钢柱牛腿与吊车轨道连接节点

吊车梁

3—17 钢柱牛腿与吊车轨道连接节点

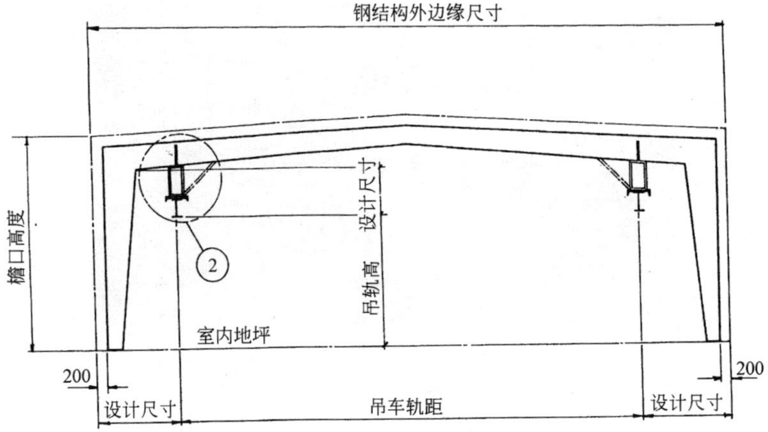

单轨吊车钢梁设置剖面

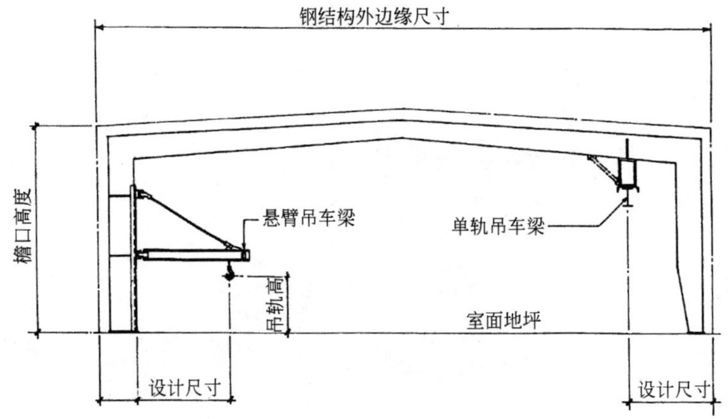

悬臂吊车钢梁设置剖面

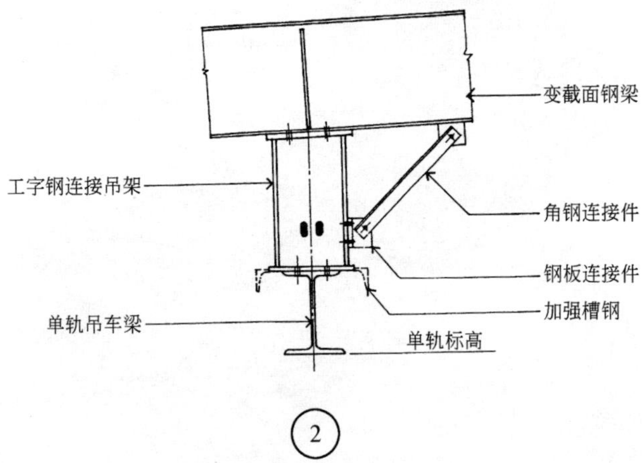

单轨悬臂吊车梁

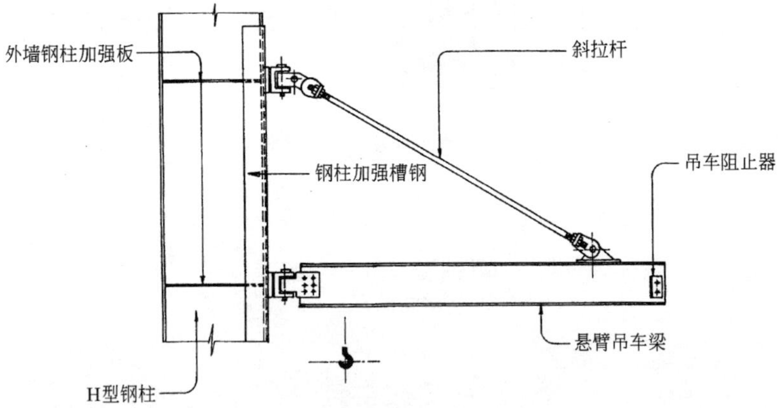

悬臂吊车钢结构

3—18 单轨悬臂吊车梁

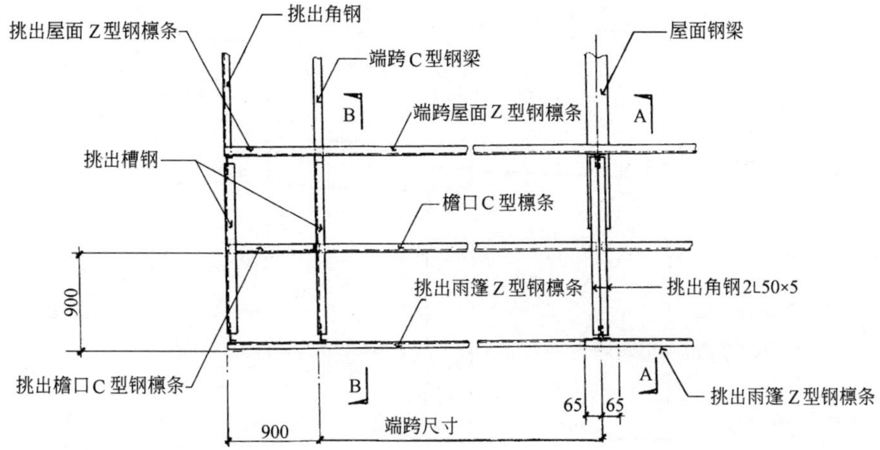

端跨屋面钢结构双向挑出雨篷连接节点(一)

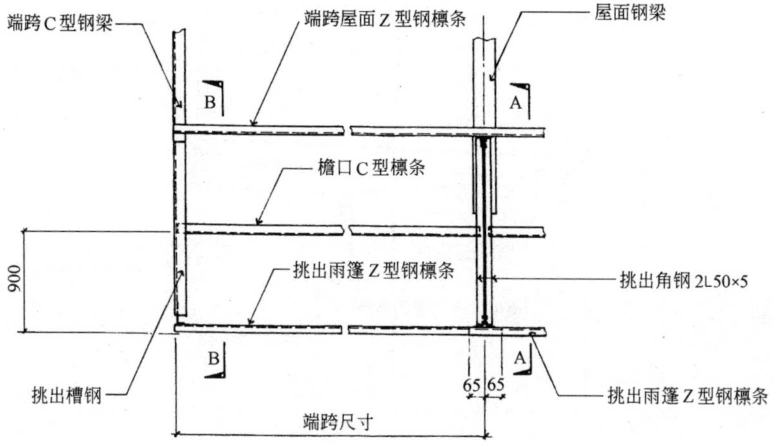

端跨屋面钢结构单向挑出雨篷连接节点(一)

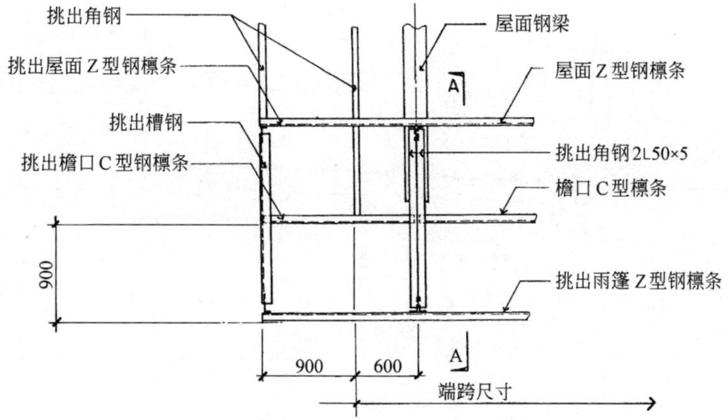

端跨屋面钢结构双向挑出雨篷连接节点(二)

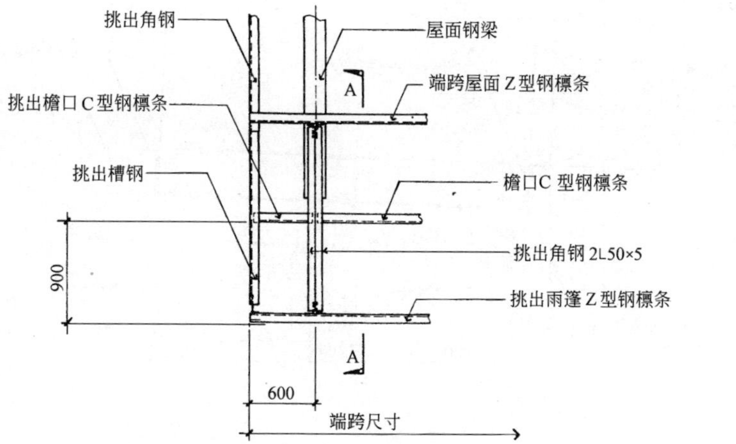

端跨屋面钢结构单向挑出雨篷连接节点(二)

3—19 屋面钢结构悬臂挑出雨篷连接节点

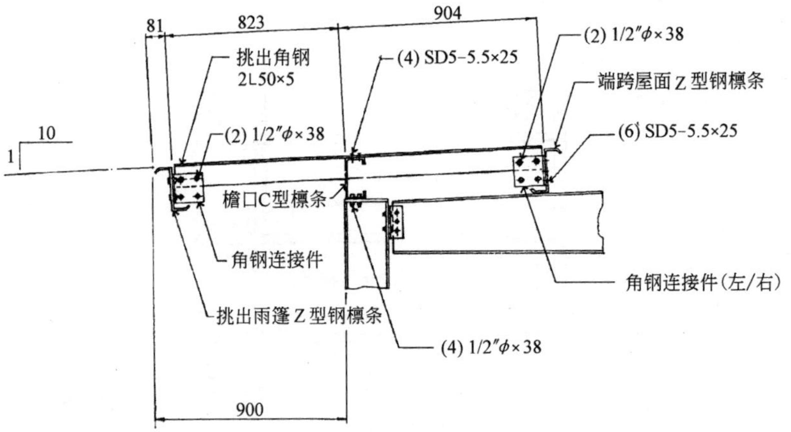

A—A

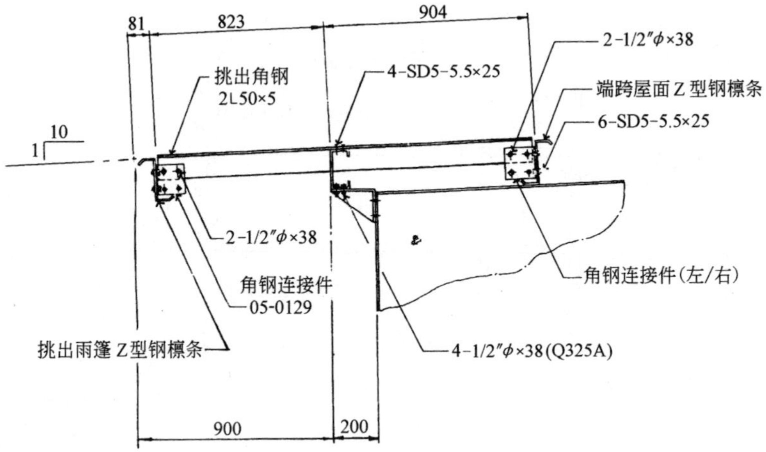

A—A

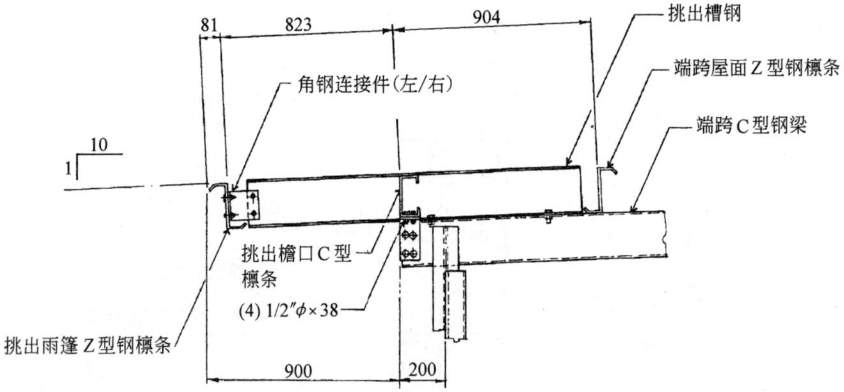

屋面钢结构悬臂挑出雨篷B—B剖面

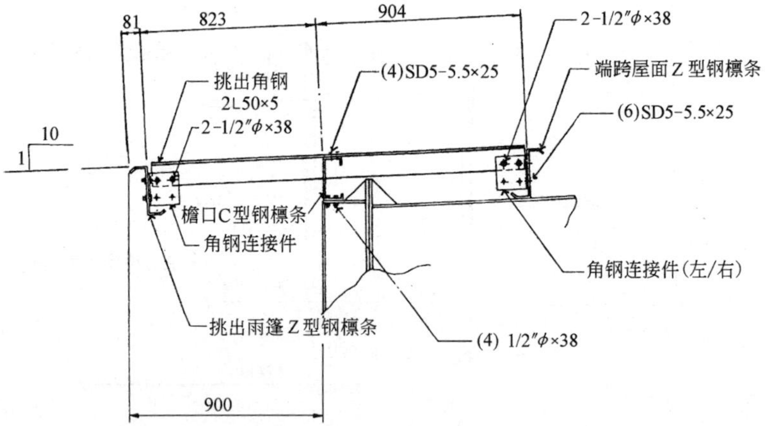

A—A

3—20 屋面钢结构悬臂挑出雨篷剖面(续 3-19)

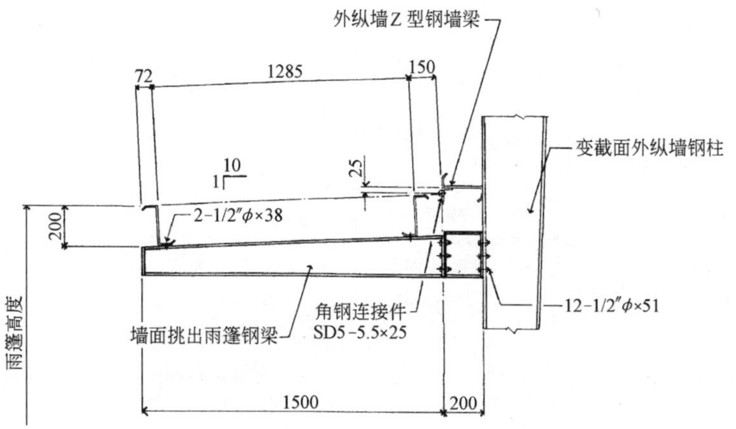

外纵墙或端墙面钢结构悬臂挑出雨篷连接节点

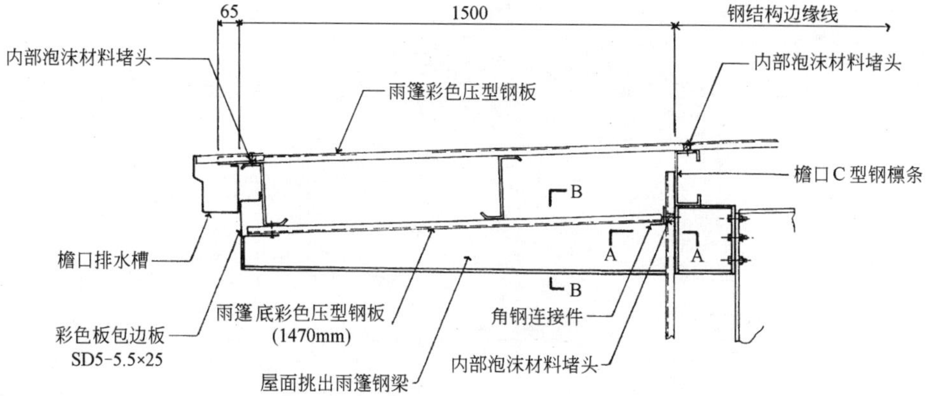

屋面钢结构挑出雨篷剖面连接节点

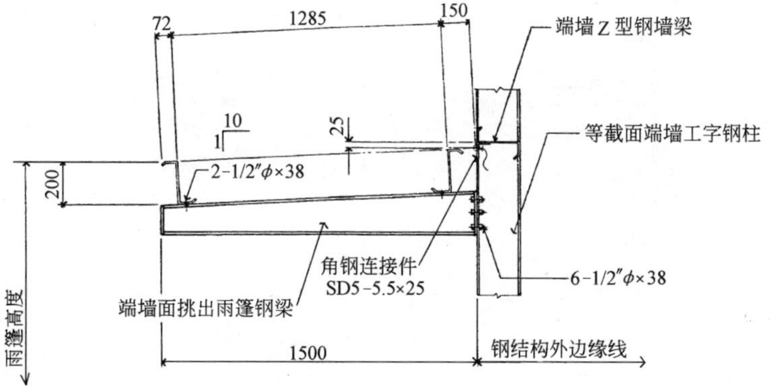

端墙面钢结构挑出雨篷剖面连接节点

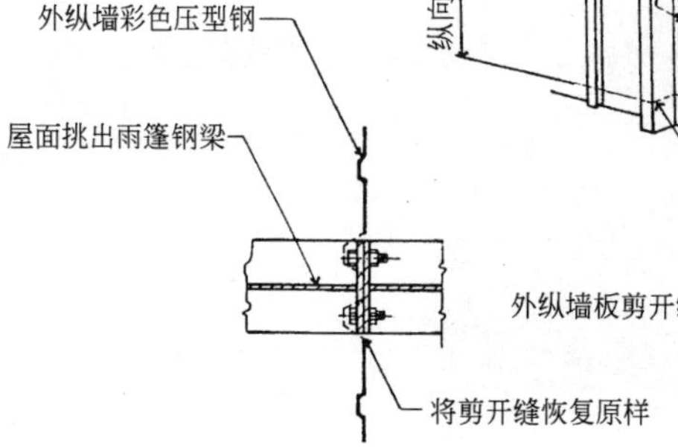

A—A

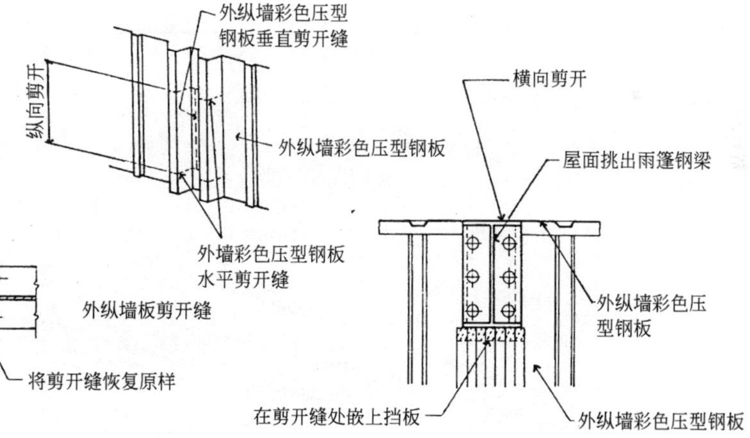

B—B

3—21 外纵墙墙面钢结构挑出雨篷剖面连接节点

3—22 外纵墙托架钢梁

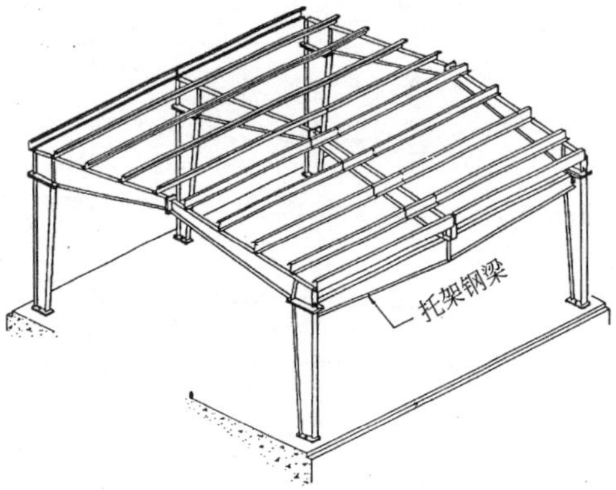

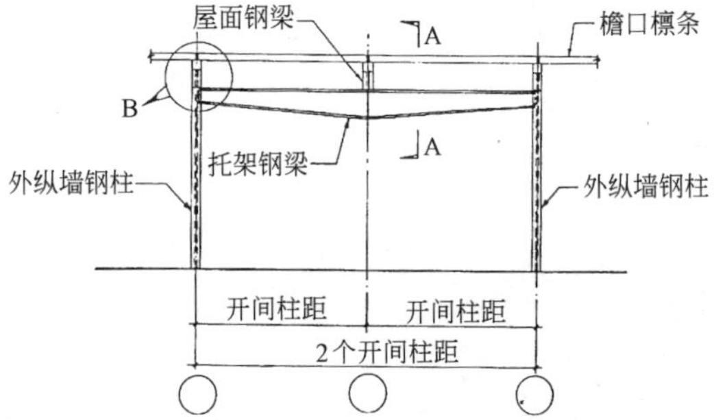

外墙托架钢梁设置

托加钢梁

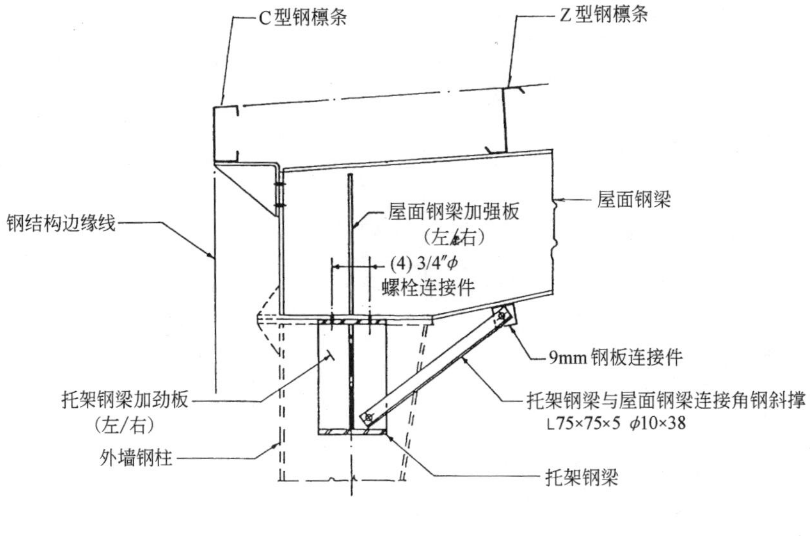

A—A

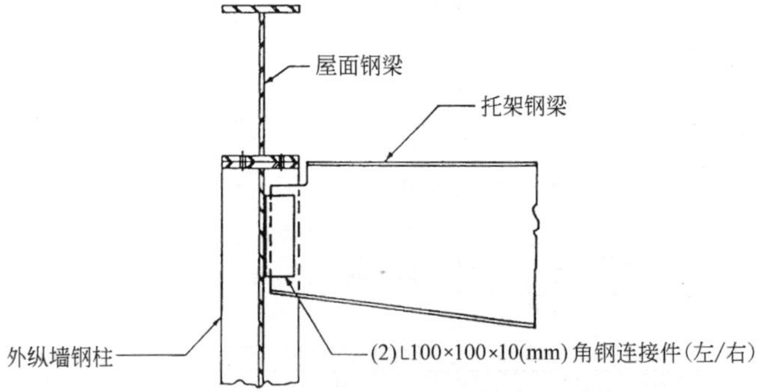

B

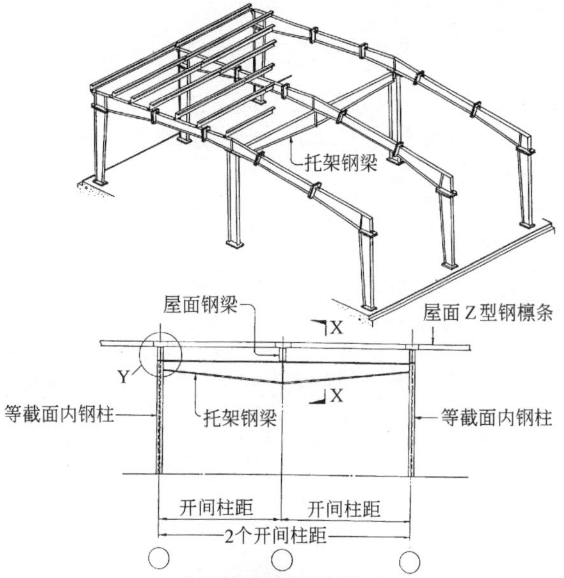

内部托架钢梁设置图

内部托架钢梁

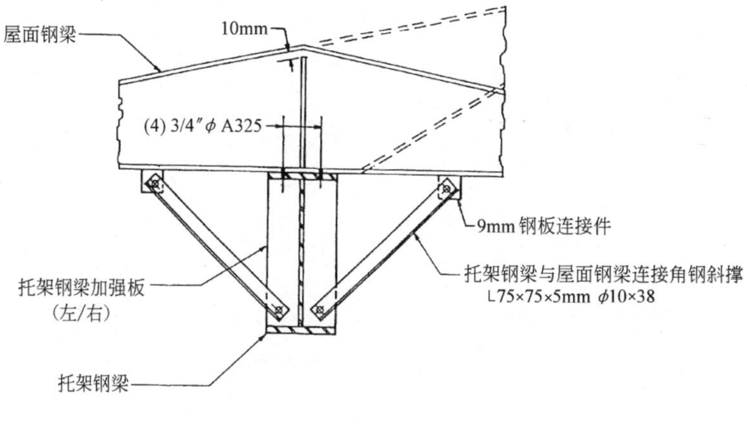

X—X

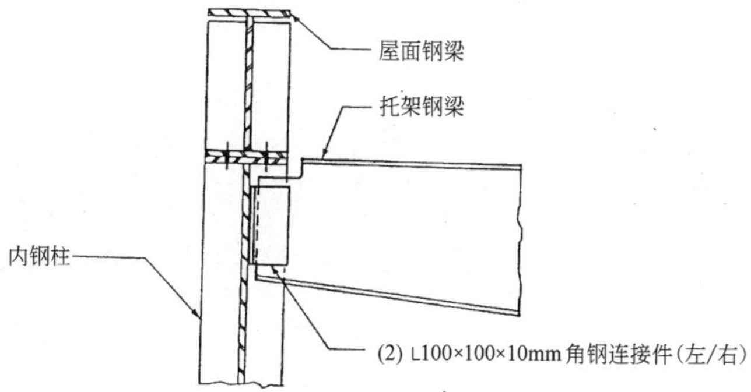

Y

3—23 内部托架钢梁

四、钢　楼　梯

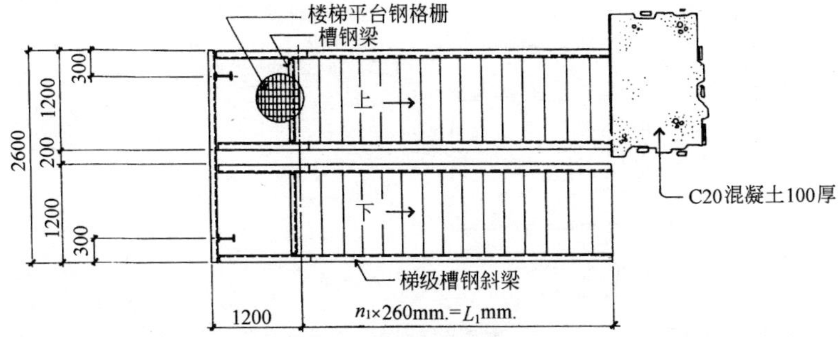

钢楼梯平面
n_1为梯阶数

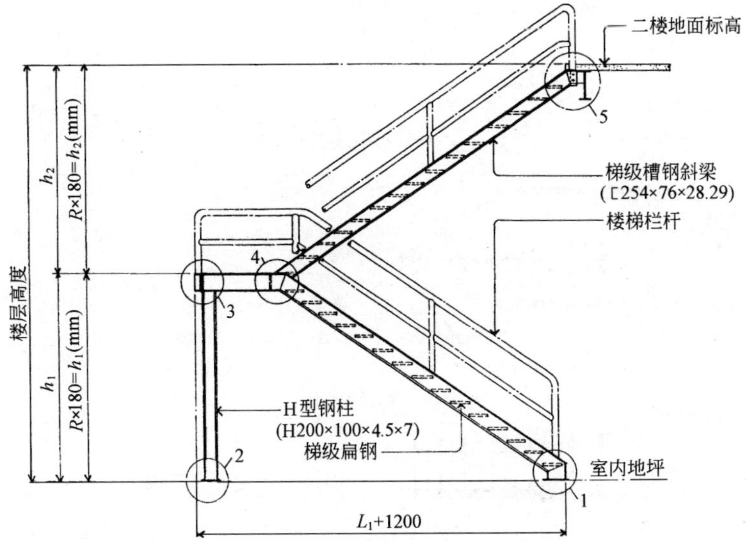

钢楼梯剖面
R为踏步高度

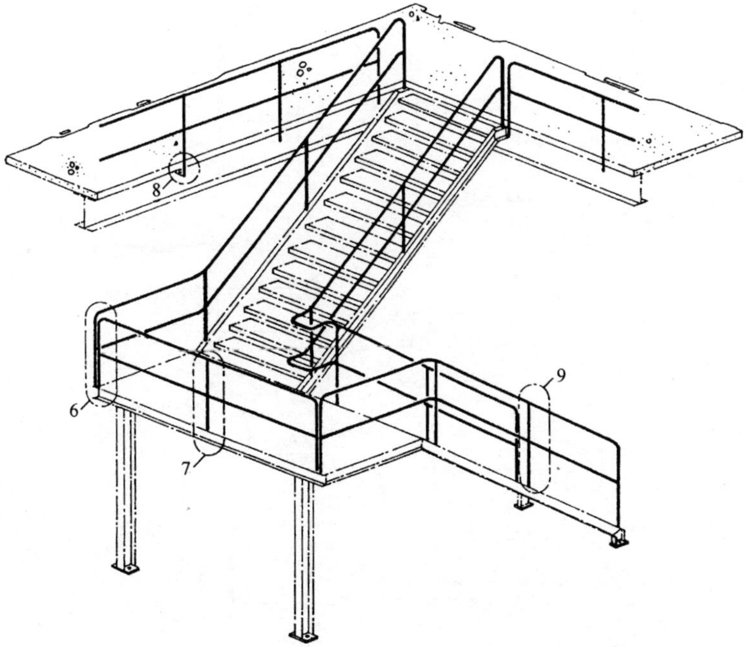

钢楼梯透视

4—1 钢楼梯平面、剖面及透视

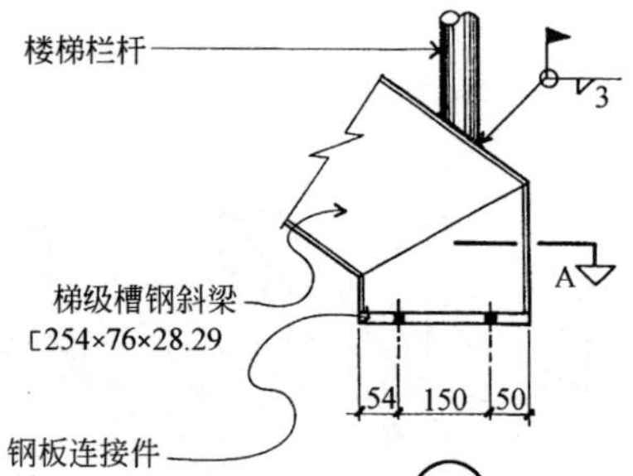

1

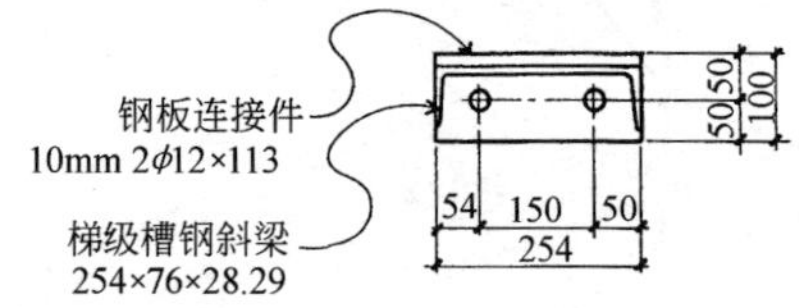

A—A

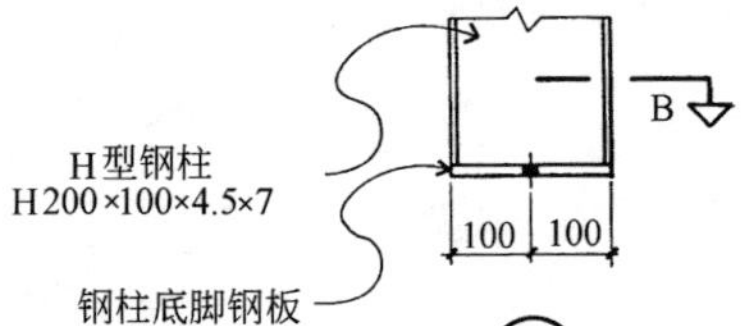

2

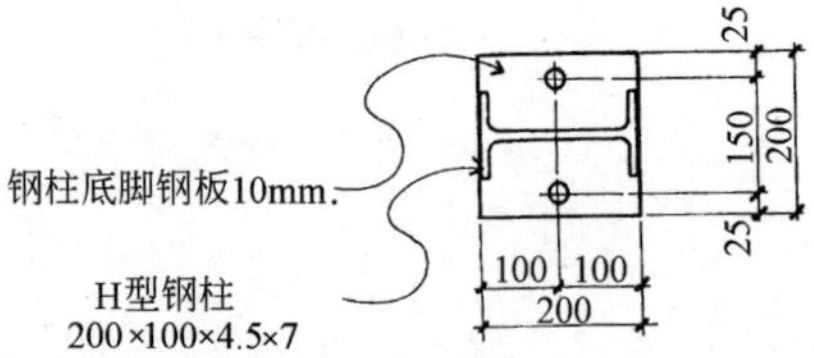

B—B

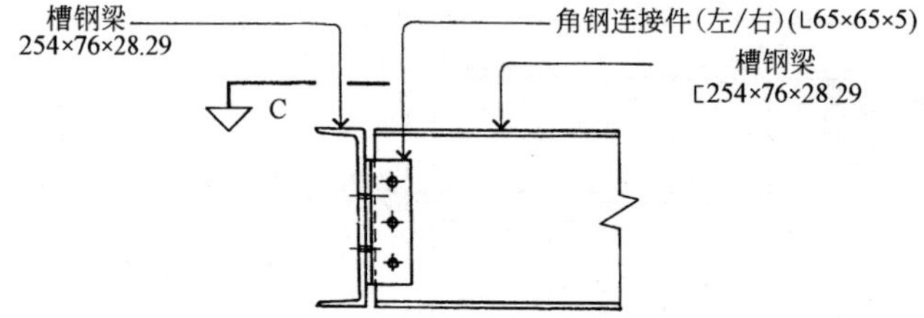

3

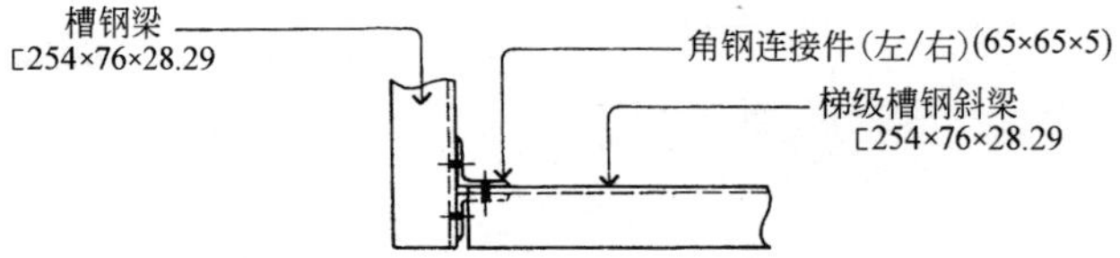

C—C

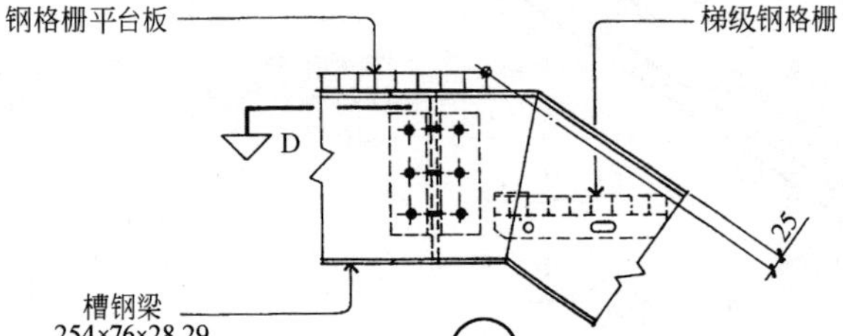

4

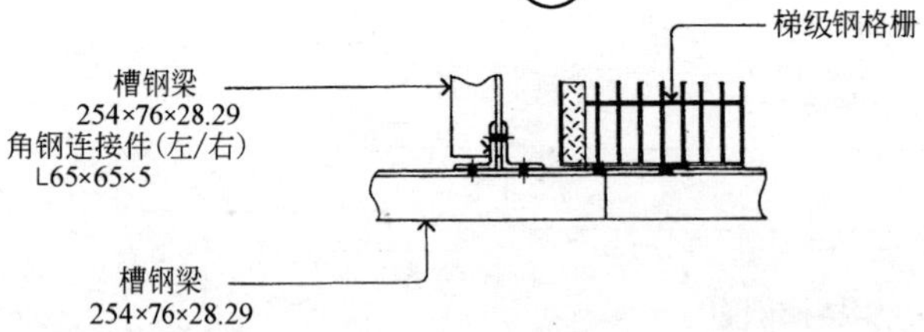

D—D

4—2 楼梯钢柱、钢梁及梯级连接节点

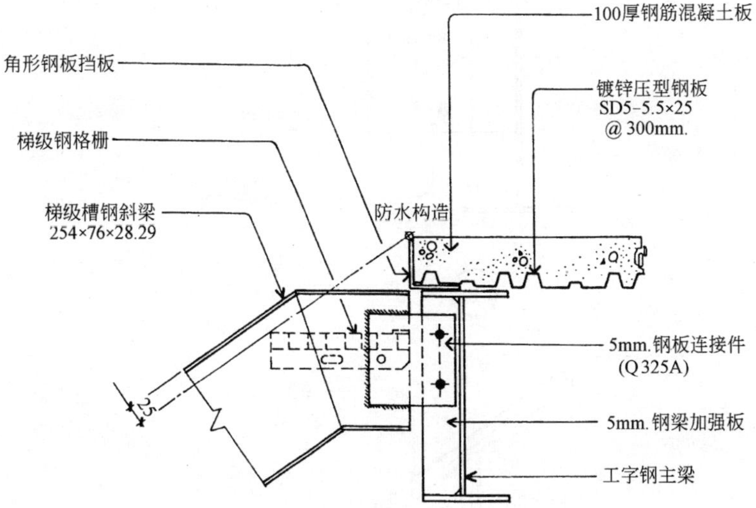

5

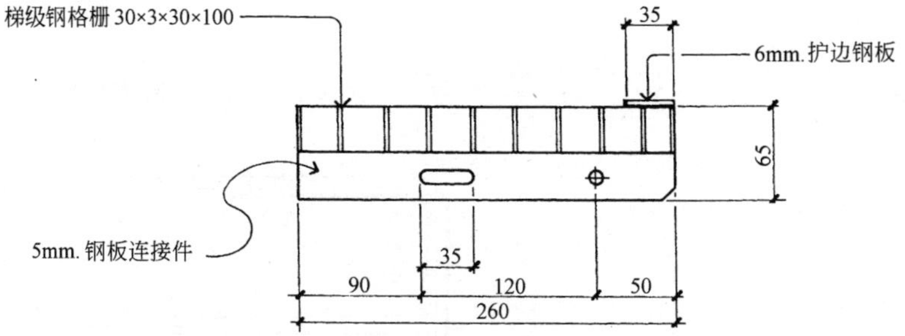

钢格栅梯级详图

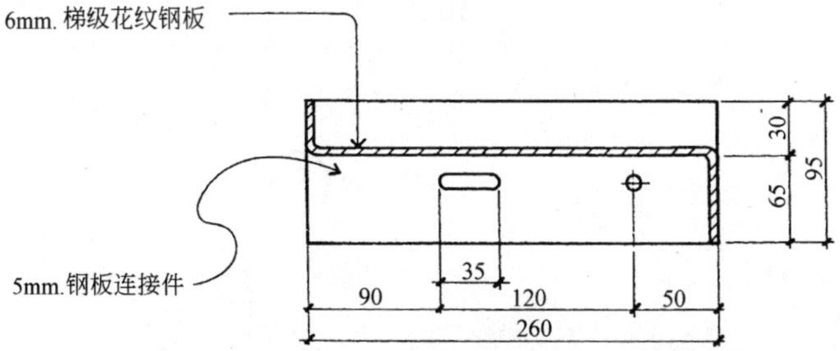

钢板梯级详图

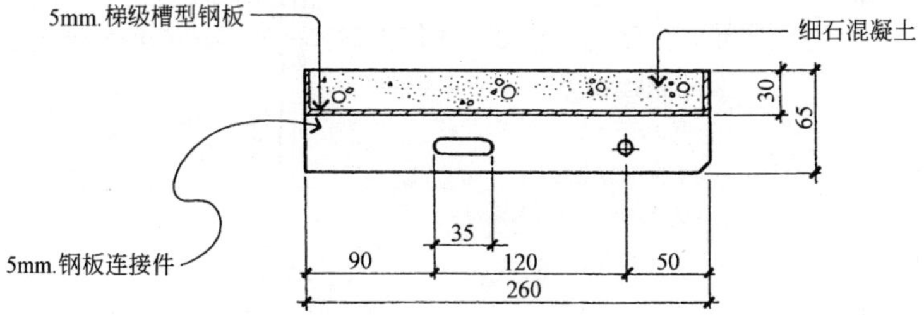

钢板槽细石混凝土梯级详图

4—3 钢楼梯梯级详图

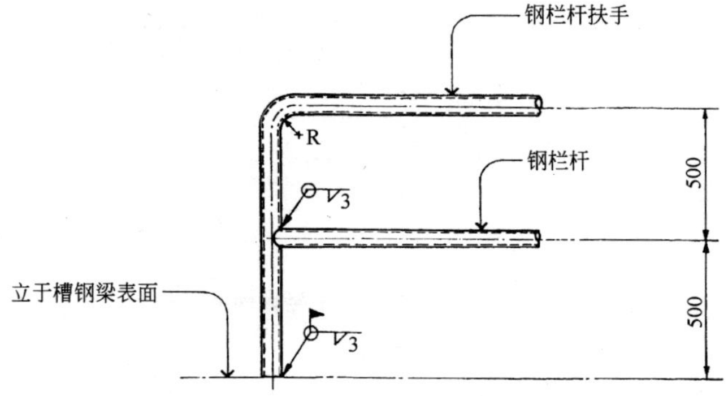

6

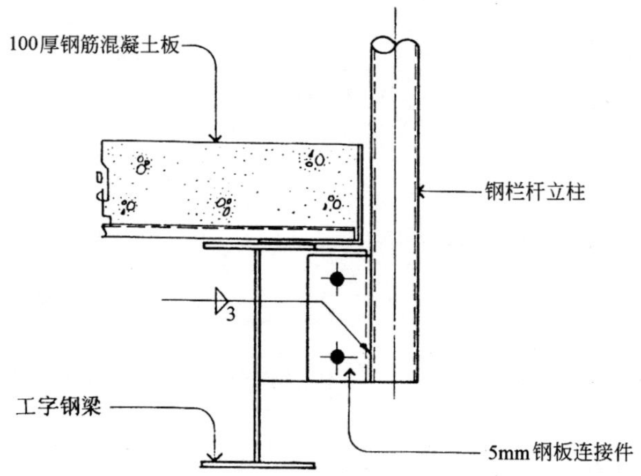

8

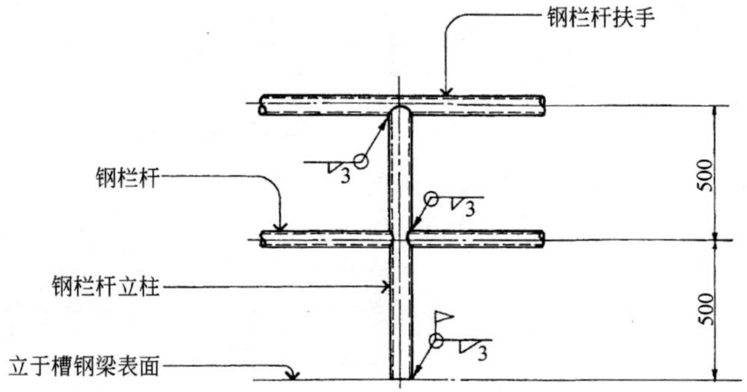

7

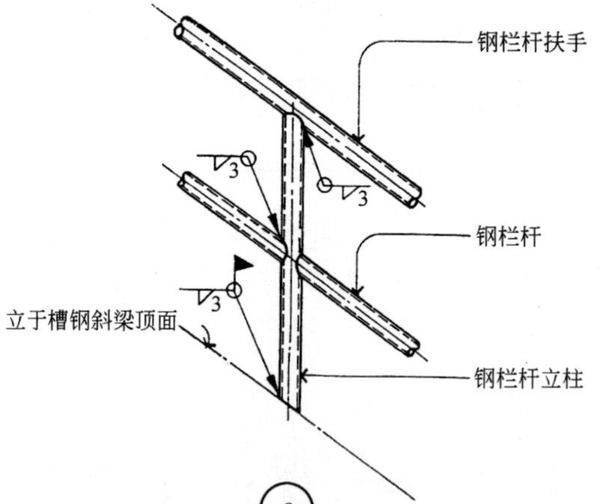

9

4—4 楼梯钢栏杆连接节点

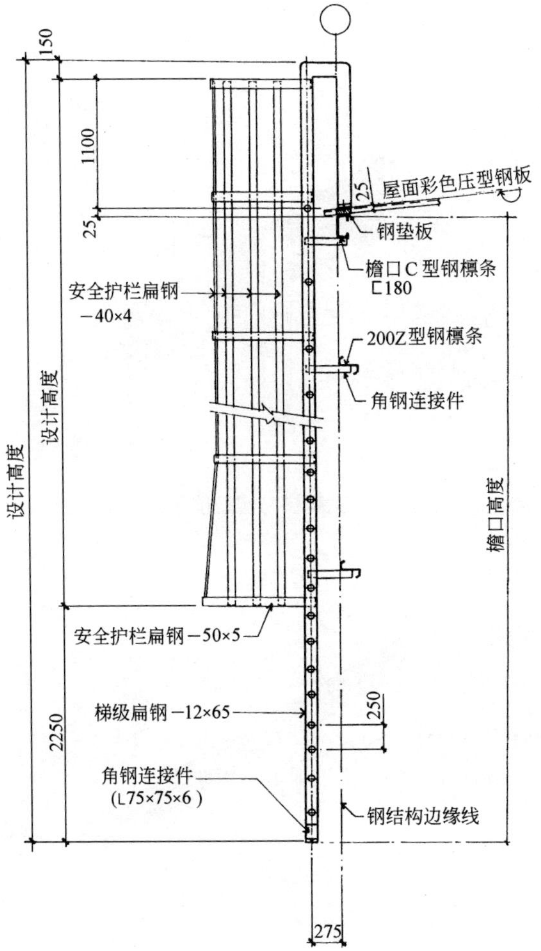

钢爬梯(屋面检修梯)侧面

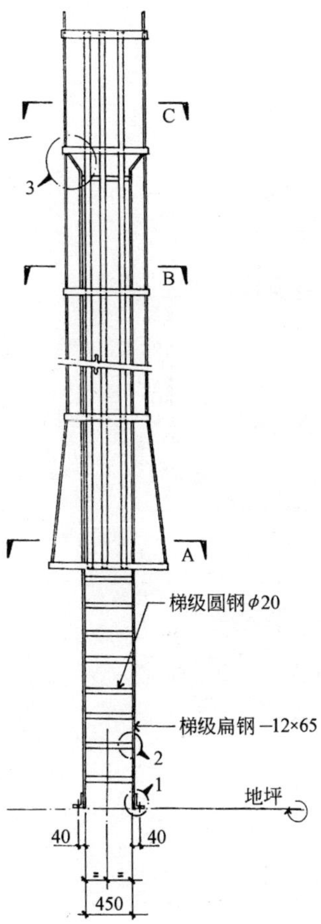

钢爬梯(屋面检修梯)立面

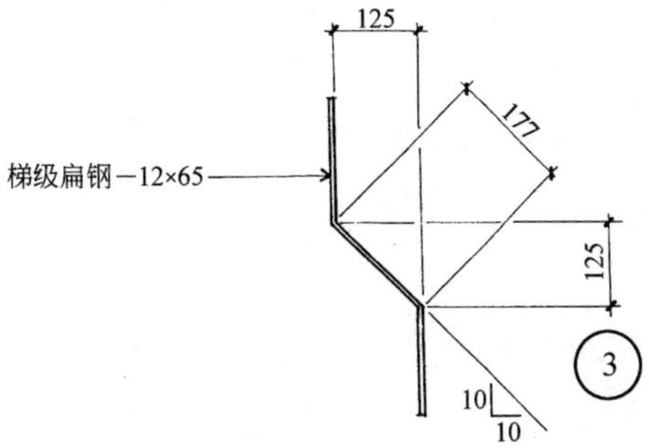

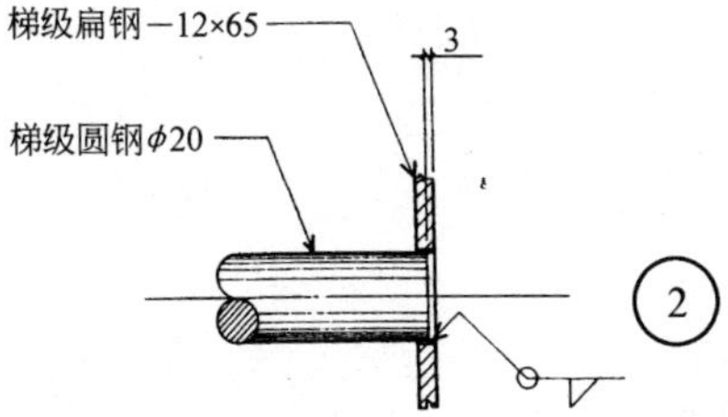

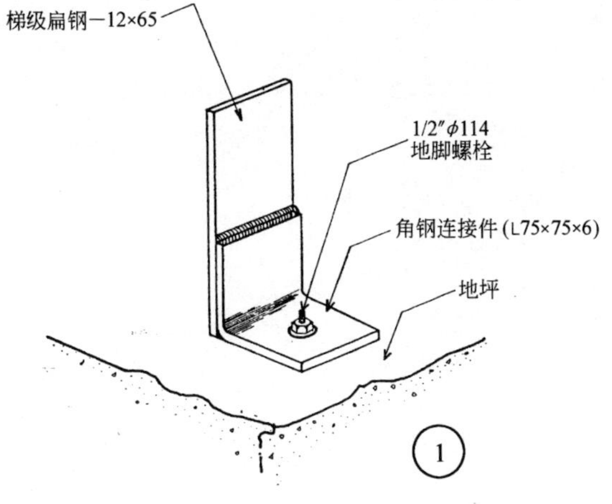

4—5 钢爬梯(屋面检修梯)结构连接节点(一)

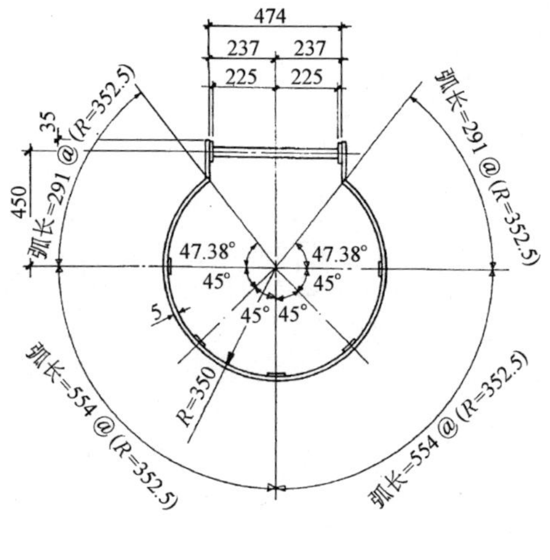

B—B

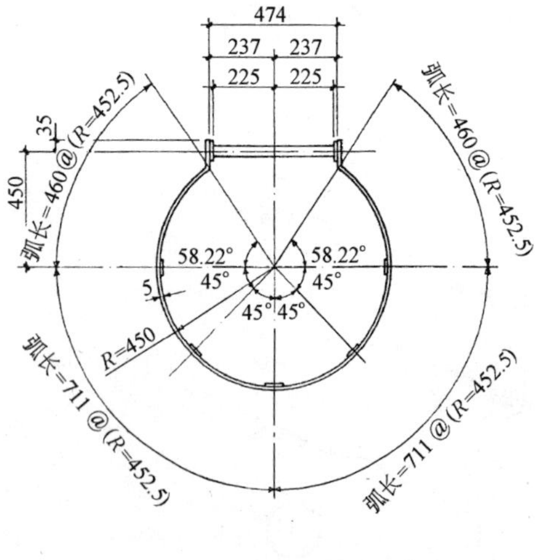

A—A

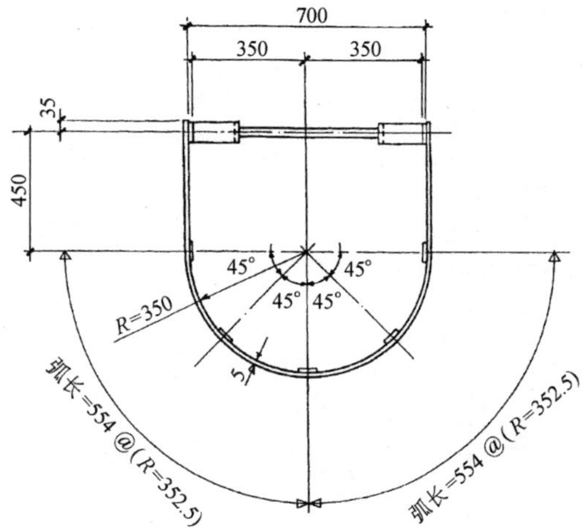

C—C

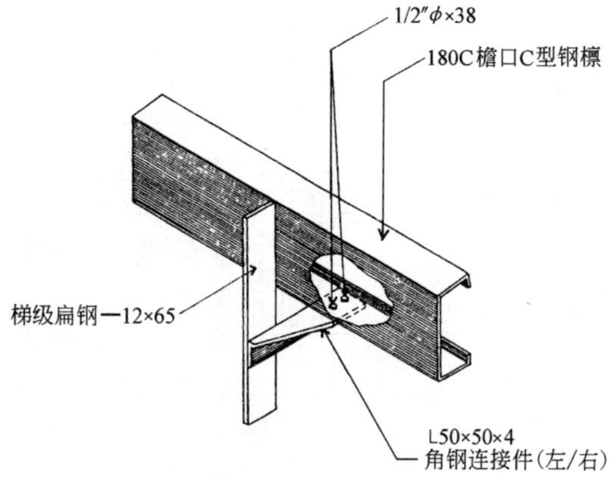

钢爬梯与檐口檩条连接详图

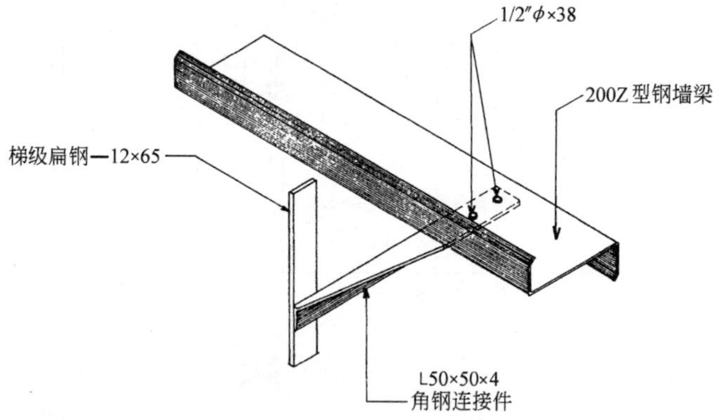

钢爬梯与外墙墙梁连接详图

4—6 钢爬梯(屋面检修梯)结构连接节点(二)

五、墙身开洞、开门及开窗

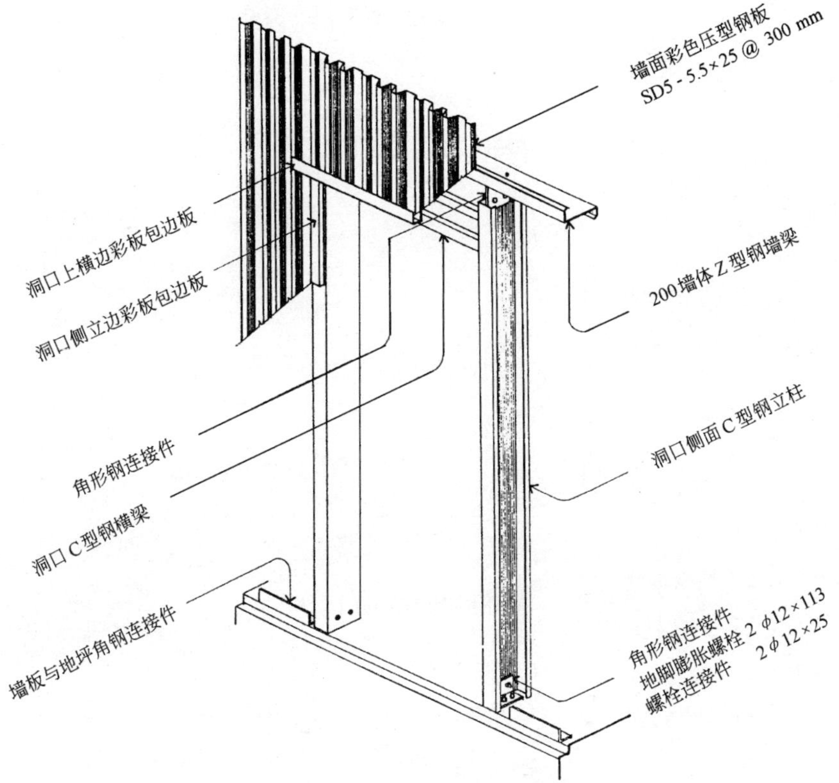

墙身下部开洞钢结构安装

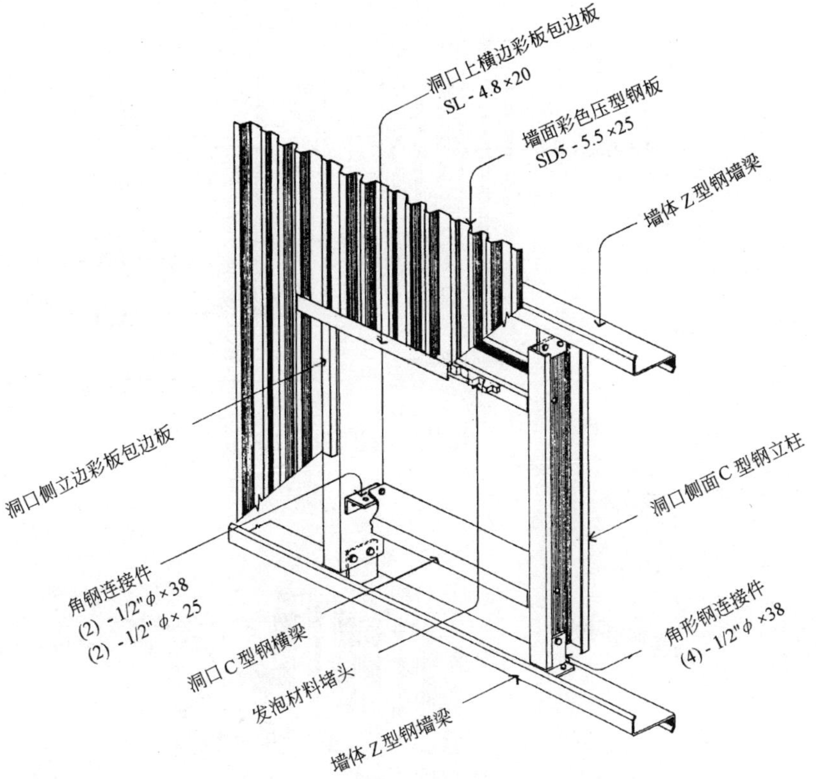

墙身中部开洞钢结构安装

5—1 墙身开洞钢结构安装透视

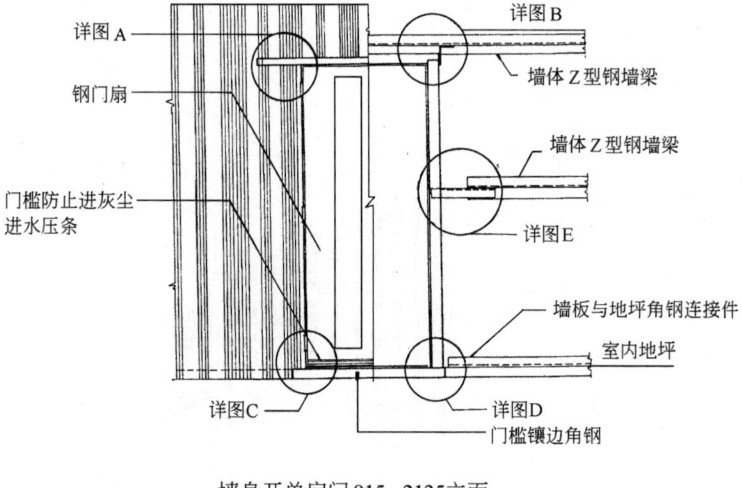

墙身开单扇门915×2135立面

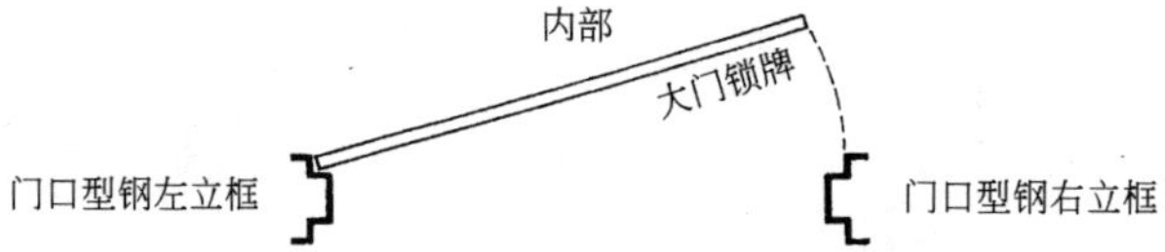

单扇门扇向内左开门

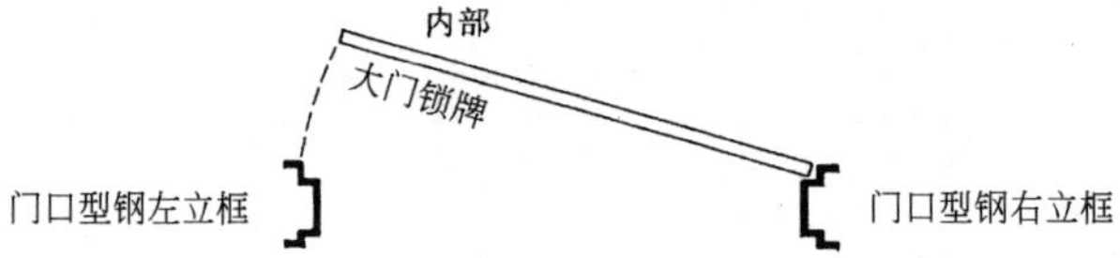

单扇门扇向内右开门

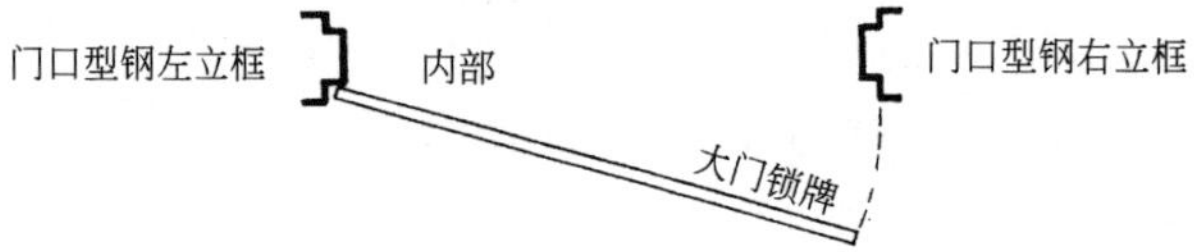

单扇门扇向内左开门

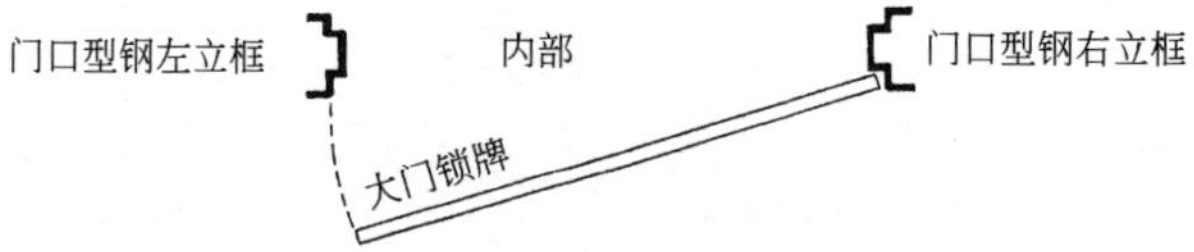

单扇门扇向外右开门

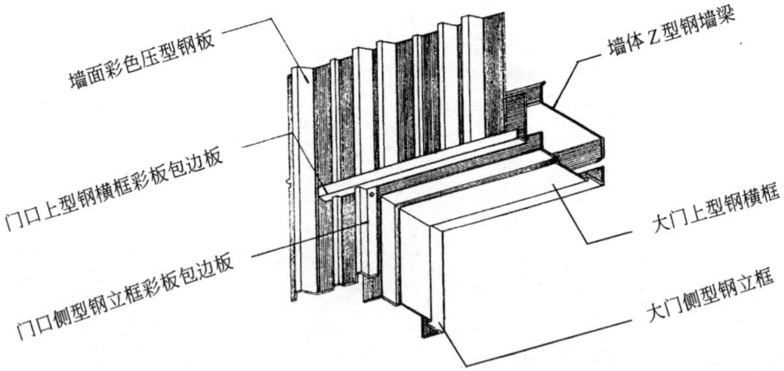

A

5—2 墙身开单扇门的立面及节点

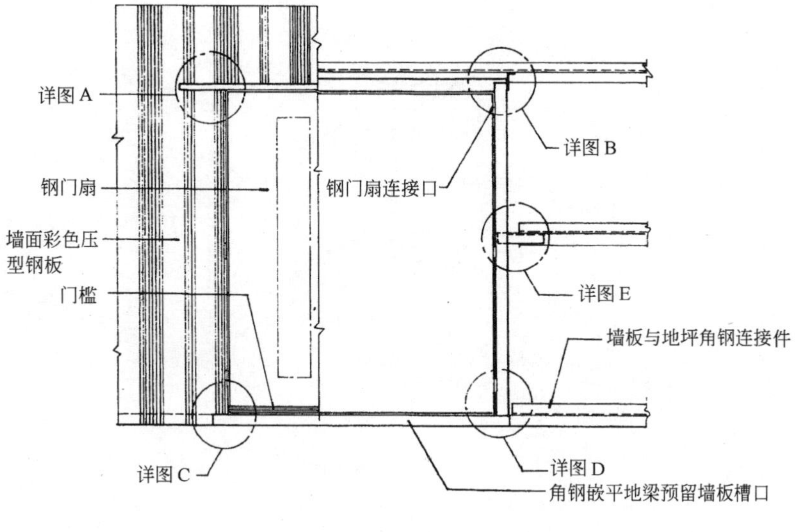

墙面开双扇1830×2135门立面

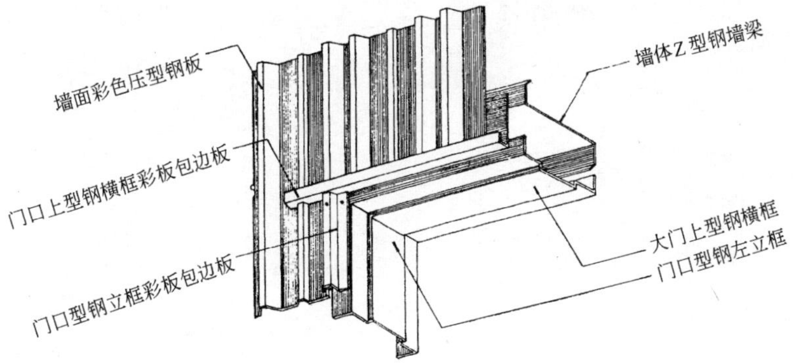

A

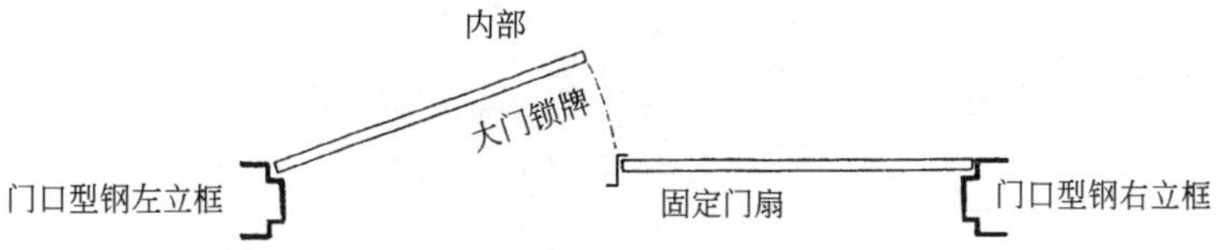

双扇门扇向内左扇开

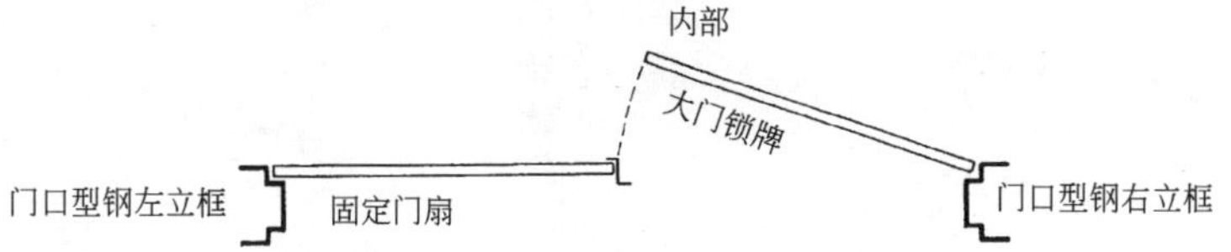

双扇门扇向内右扇开

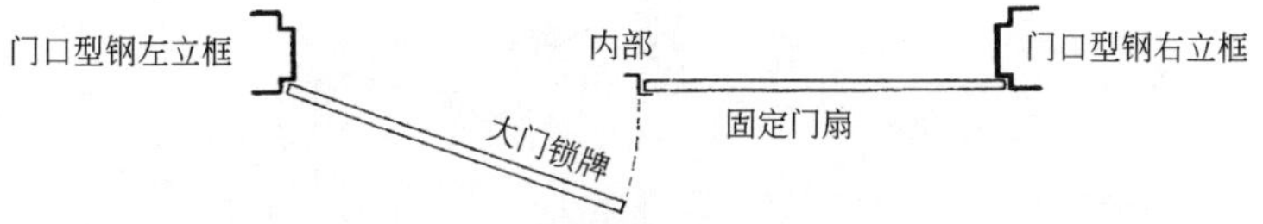

双扇门扇向内左扇开

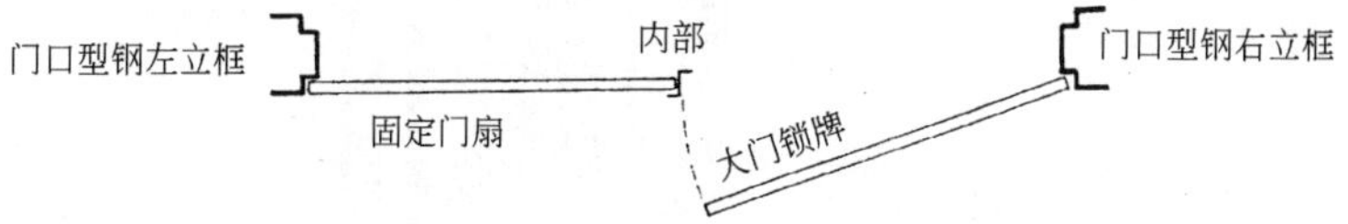

双扇门扇向内右扇开

5—3 墙身开双扇门的立面及节点

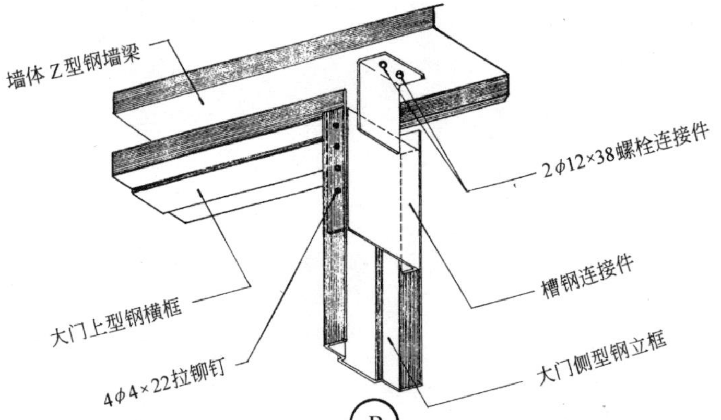

B

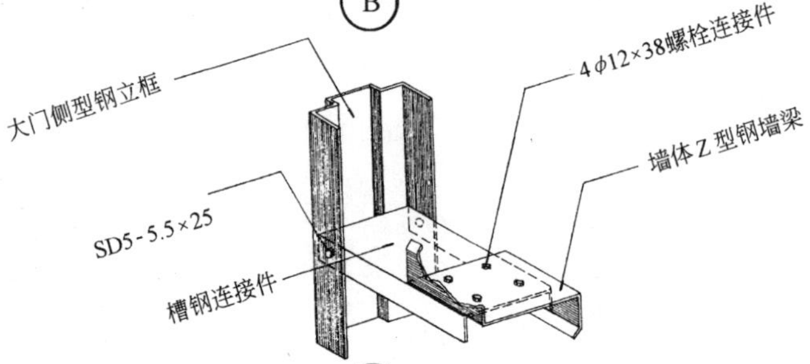

E

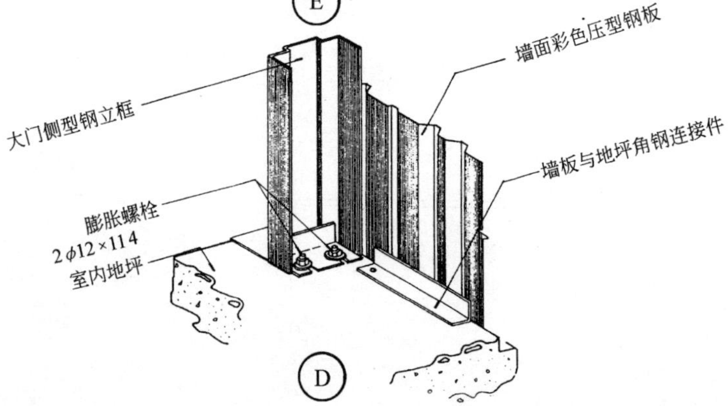

D

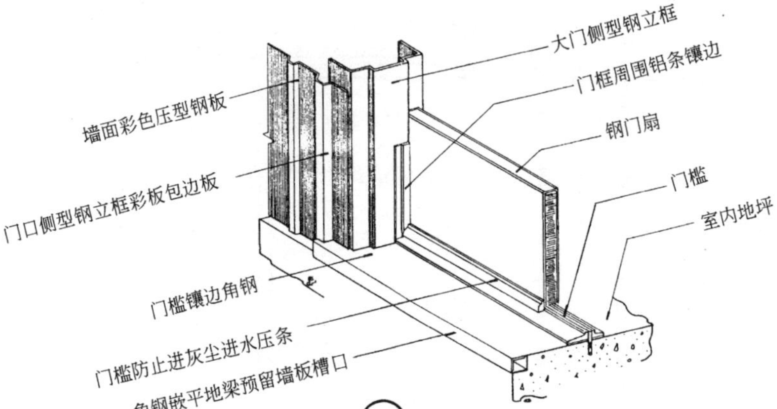

C

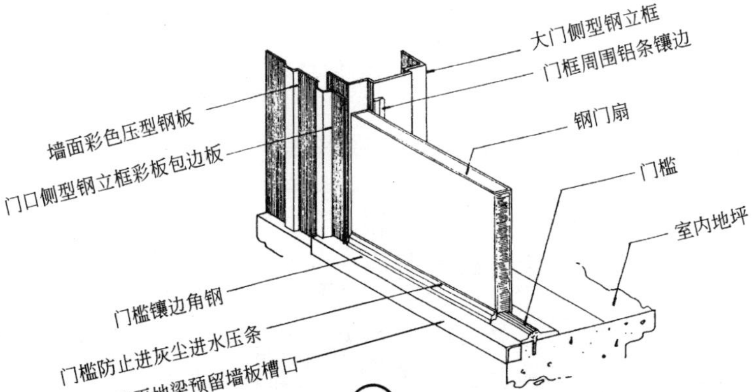

C

5—4 门框安装连接(续 5-2、5-3)

墙体 Z 型钢墙梁

2φ12×38螺栓连接件

槽钢连接件

大门上型钢横框

大门侧型钢立框

4φ4×22拉铆钉

大门侧型钢立框

4φ12×38螺栓连接件

墙体 Z 型钢墙梁

SD5-5.5×25

槽钢连接件

大门侧型钢立框

墙面彩色压型钢板

墙板与地坪角钢连接件

膨胀螺栓
2φ12×114
室内地坪

大门侧型钢立框

门框周围铝条镶边

墙面彩色压型钢板

钢门扇

门口侧型钢立框彩板包边板

门槛

门槛镶边角钢

室内地坪

门槛防止进灰尘进水压条

角钢嵌平地梁预留墙板槽口

大门侧型钢立框

门框周围铝条镶边

墙面彩色压型钢板

钢门扇

门口侧型钢立框彩板包边板

门槛

门槛镶边角钢

室内地坪

门槛防止进灰尘进水压条

角钢嵌平地梁预留墙板槽口

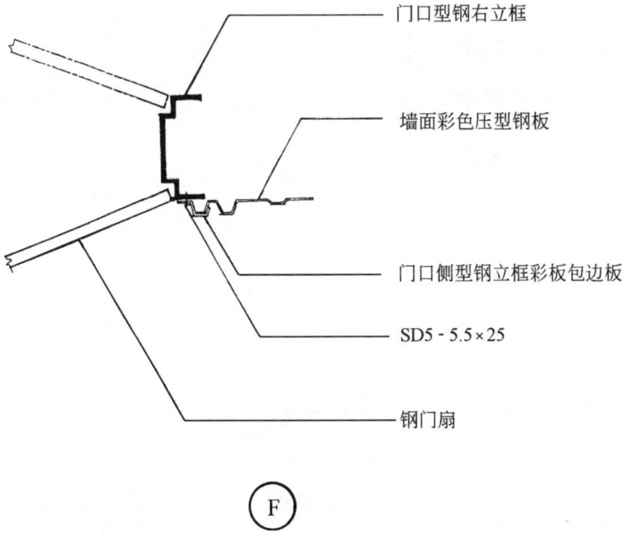

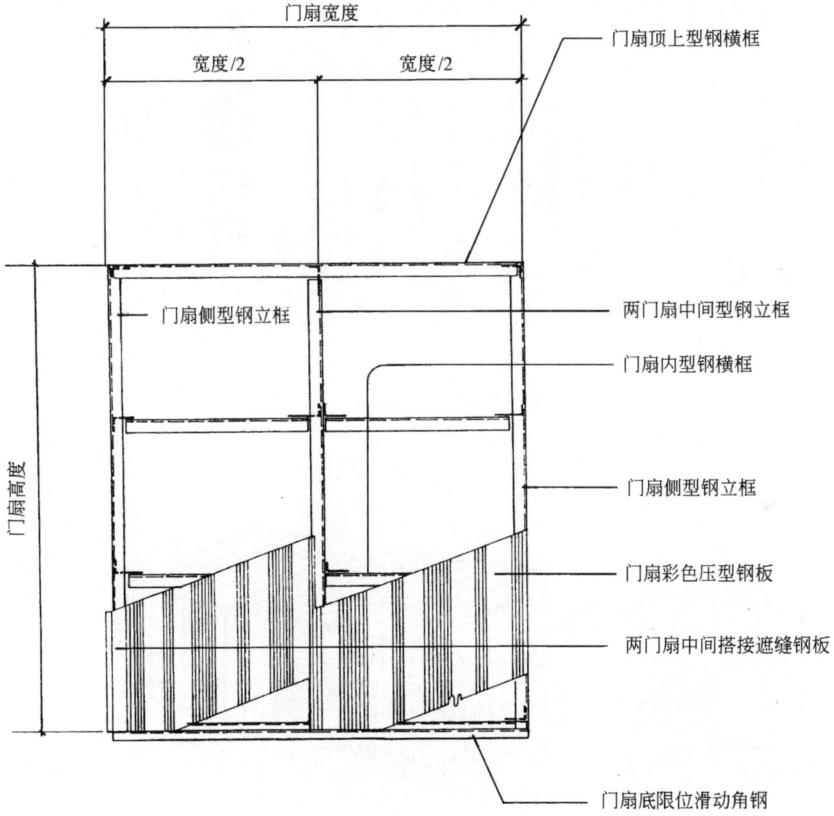

单扇钢门制作图

5—5 门侧立框与单扇钢门(续 5-3)

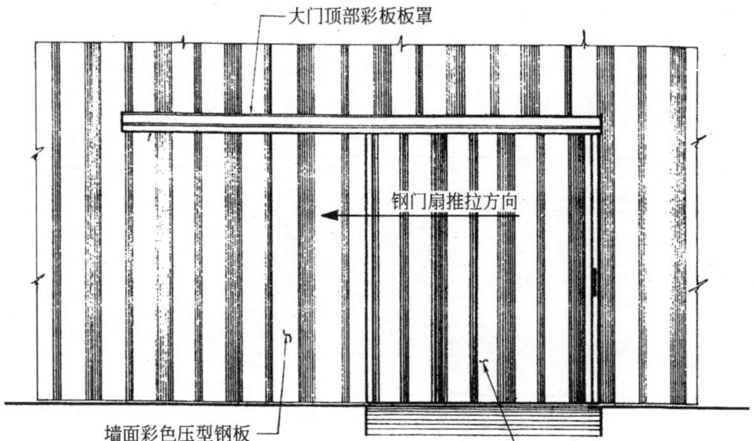

单扇推拉钢门扇立面

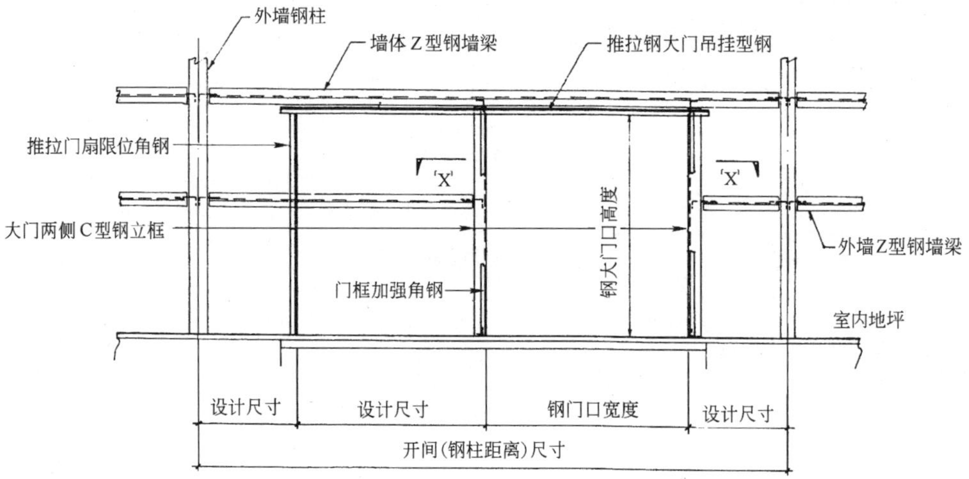

单扇推拉钢门扇门框立面安装连接

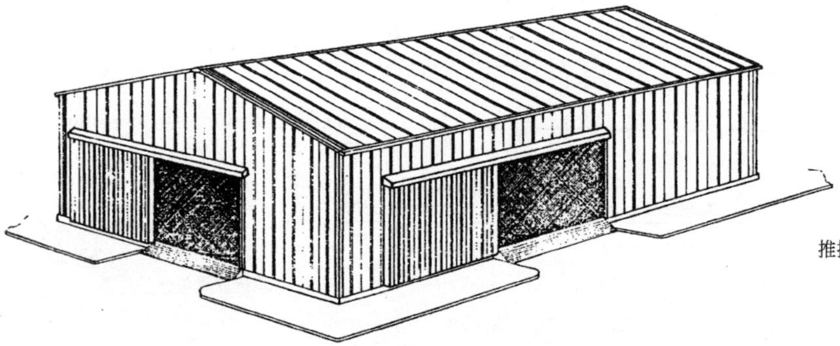

单扇推拉钢门扇透视

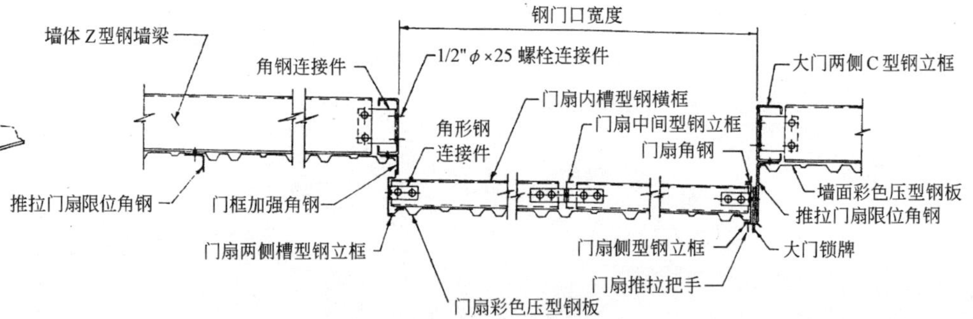

单扇推拉钢门框门扇平面安装连接X-X

5—6 单扇推拉钢门扇立面、透视及其安装连接

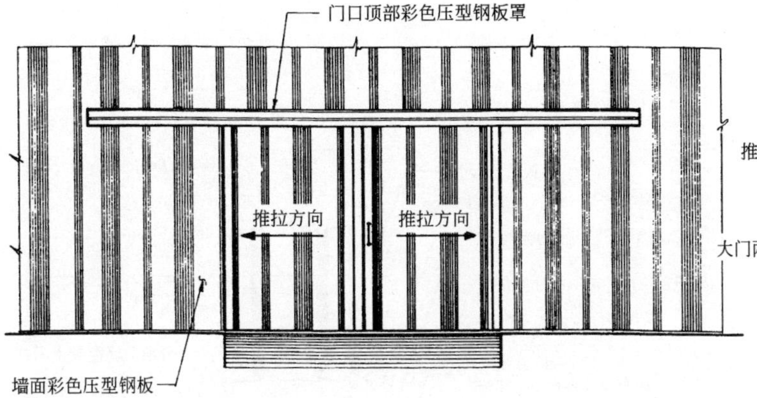

双扇推拉钢大门立面

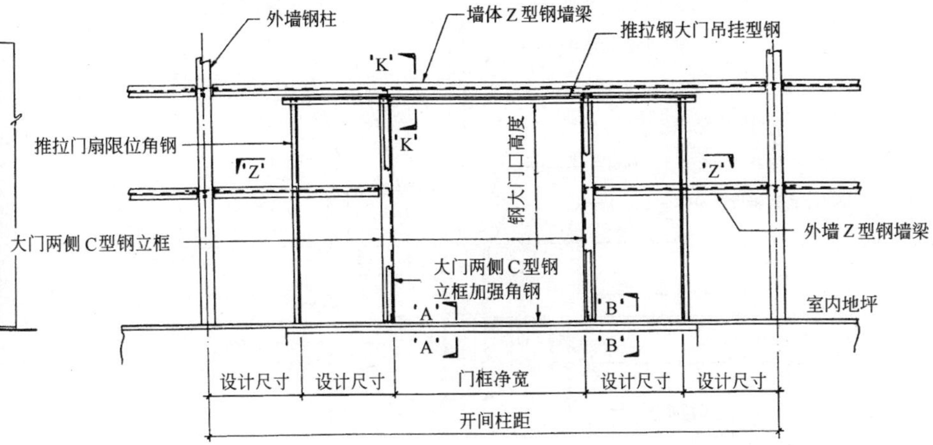

双扇推拉钢大门钢结构立面安装连接

双扇推拉钢大门透视

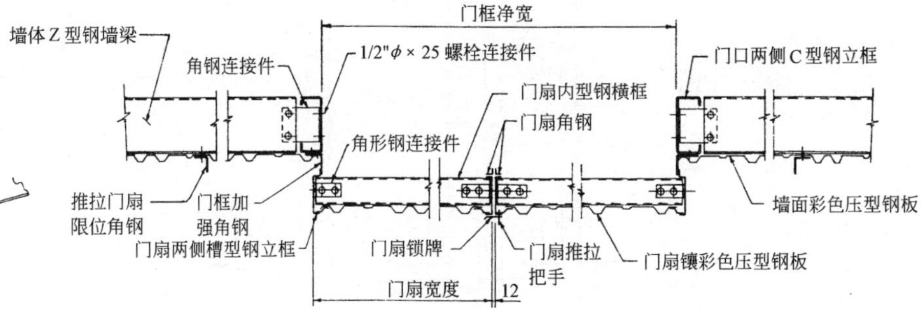

双扇推拉钢大门钢结构安装连接Z－Z

5—7 双扇推拉钢大门立面、透视及其安装连接

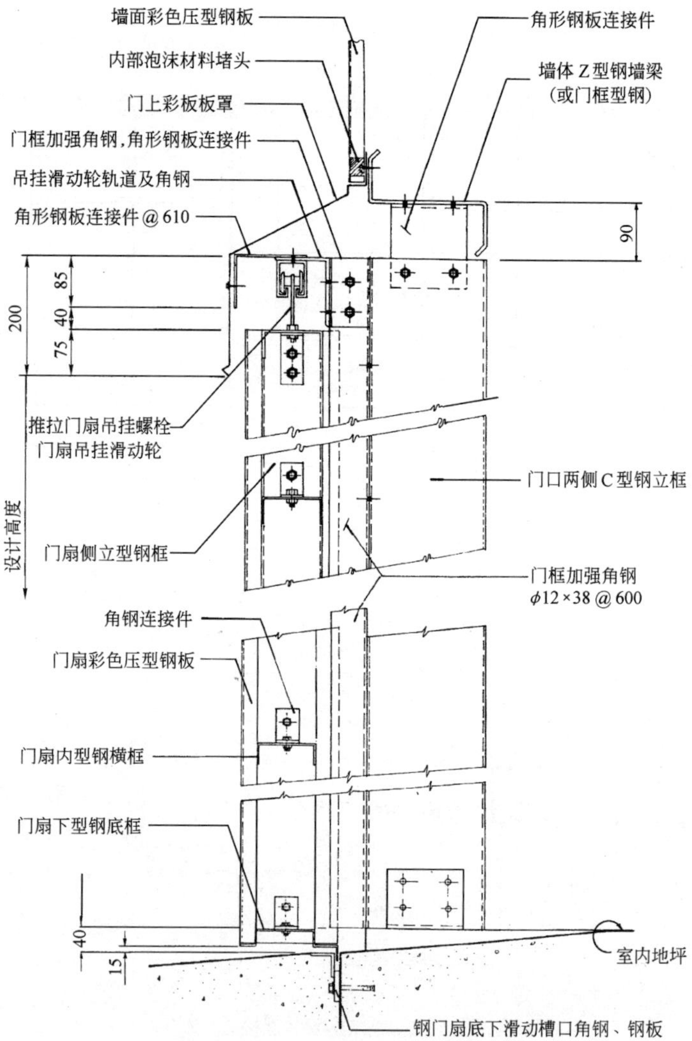

外墙钢结构推拉钢大门扇剖面 K-K

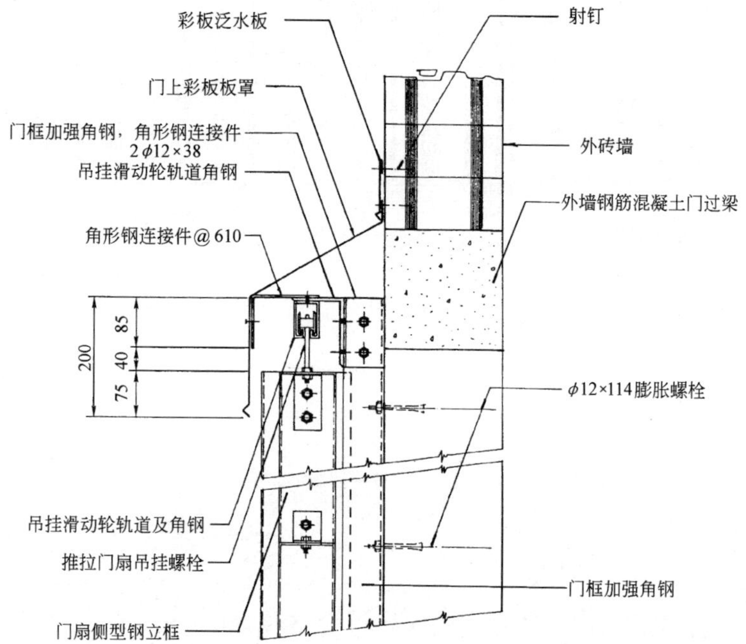

外纵墙钢筋混凝土结构推拉钢大门扇剖面 K1-K1

5—8 推拉钢大门C型钢立框、门槛及门扇连接(续5-7)

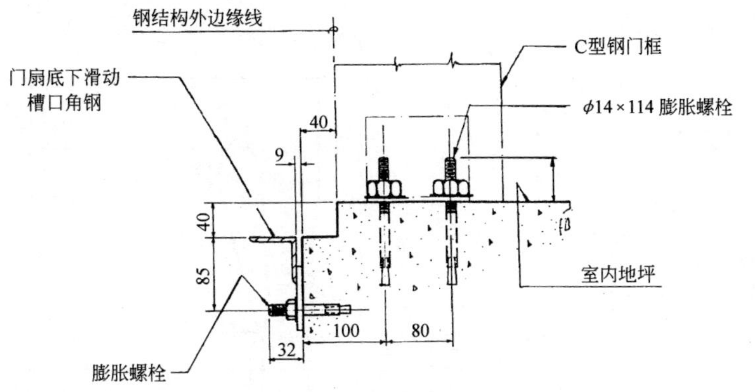

A－A (A)

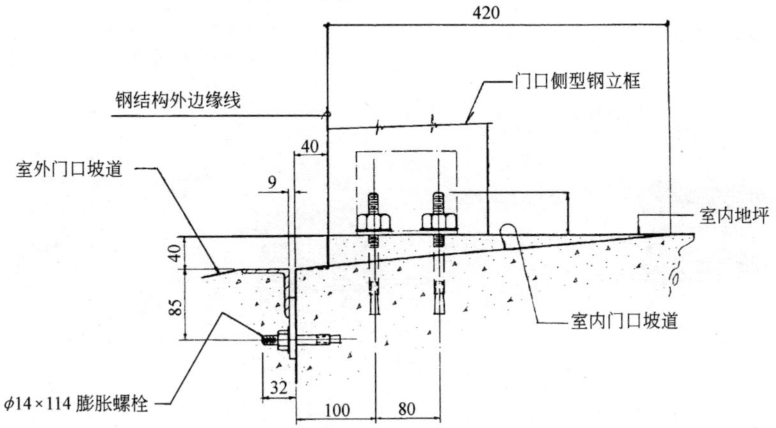

B－B (B)

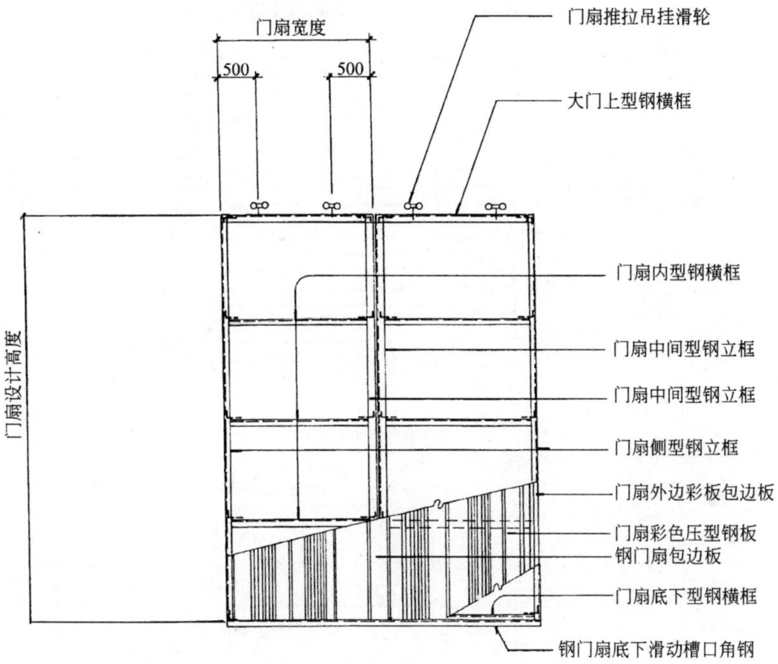

双扇推拉钢大门门扇钢及其连接

5—9 双扇推拉钢大门门扇立面安装连接(续 5-7)

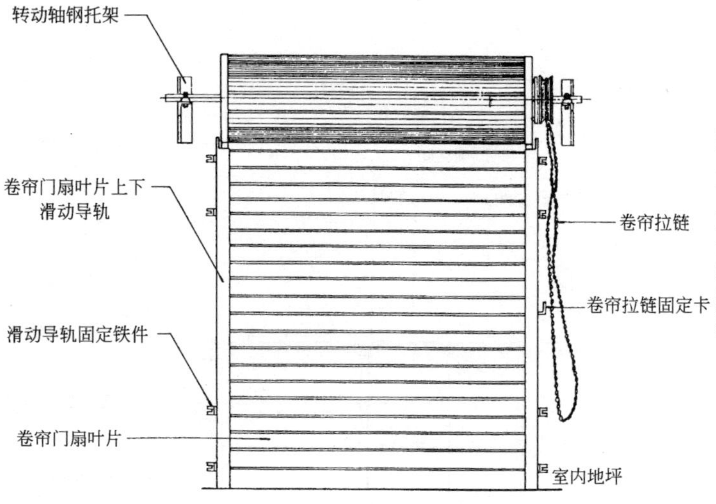

卷帘门立面安装

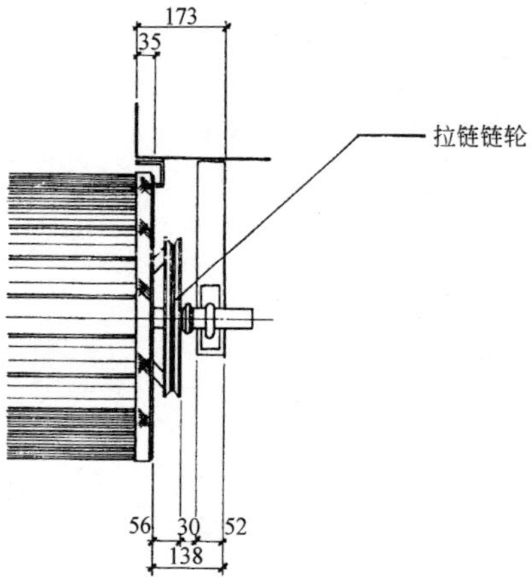

拉链卷帘门安装

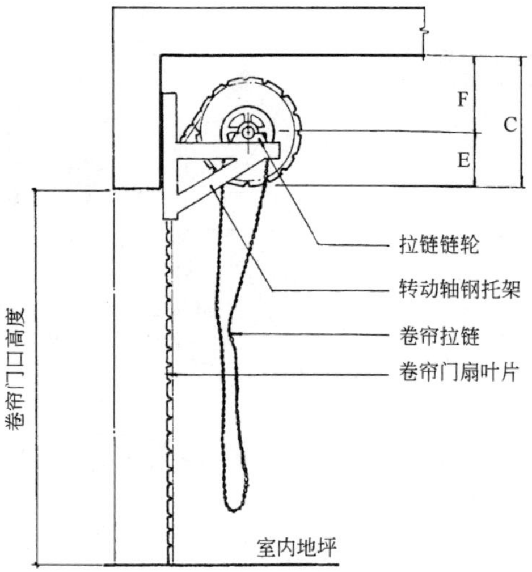

卷帘门轴转动托架

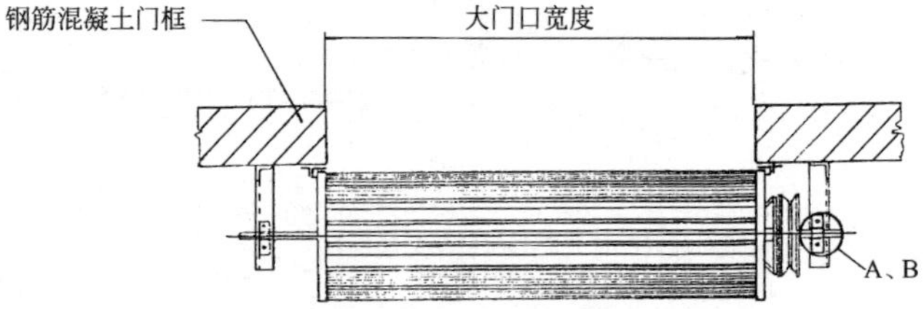

卷帘门平面安装

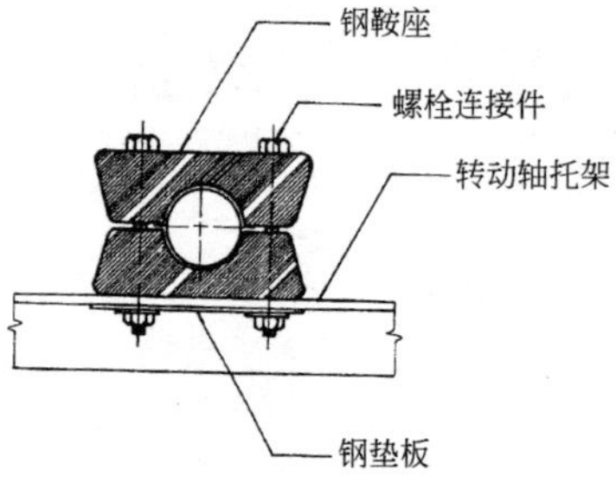

A

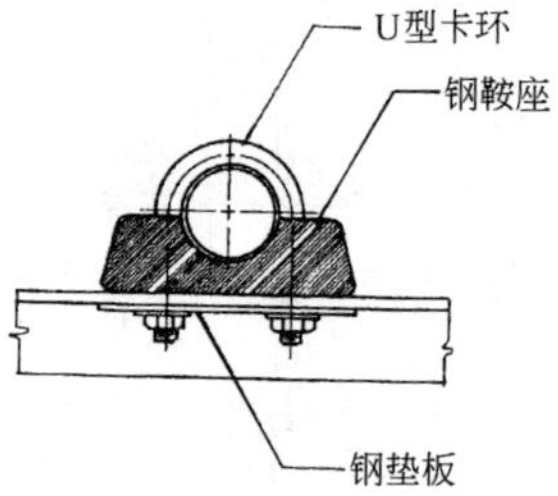

B

5—10 卷帘门立面、平面及安装节点

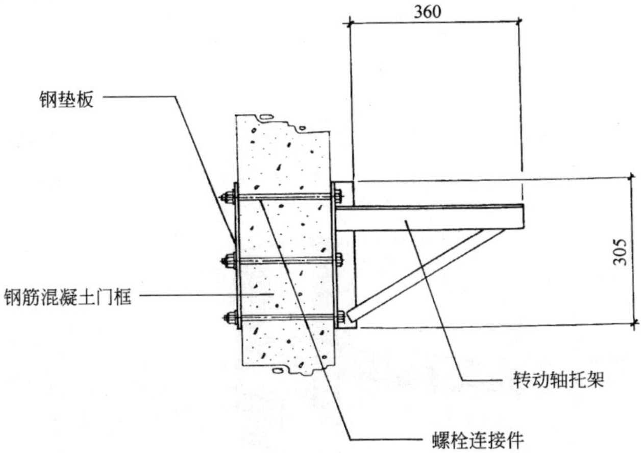

钢筋混凝土门框转动轴托架安装连接

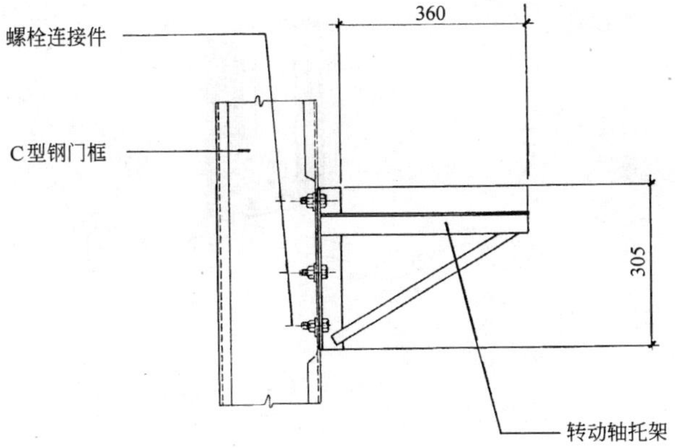

钢结构C型钢门框转动轴托架安装连接

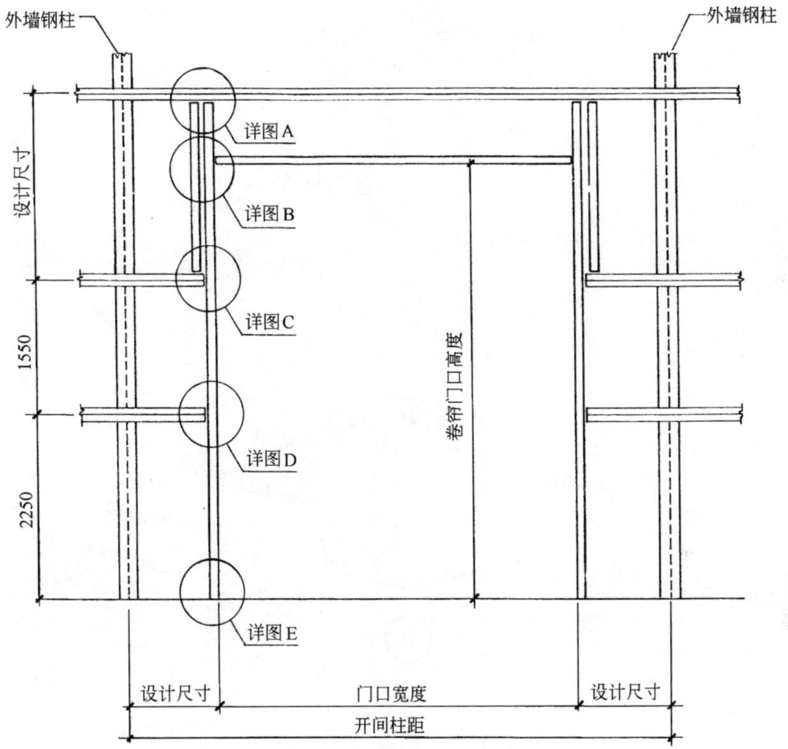

钢结构外墙卷帘门框安装连接

5—11 外墙卷帘门框安装连接

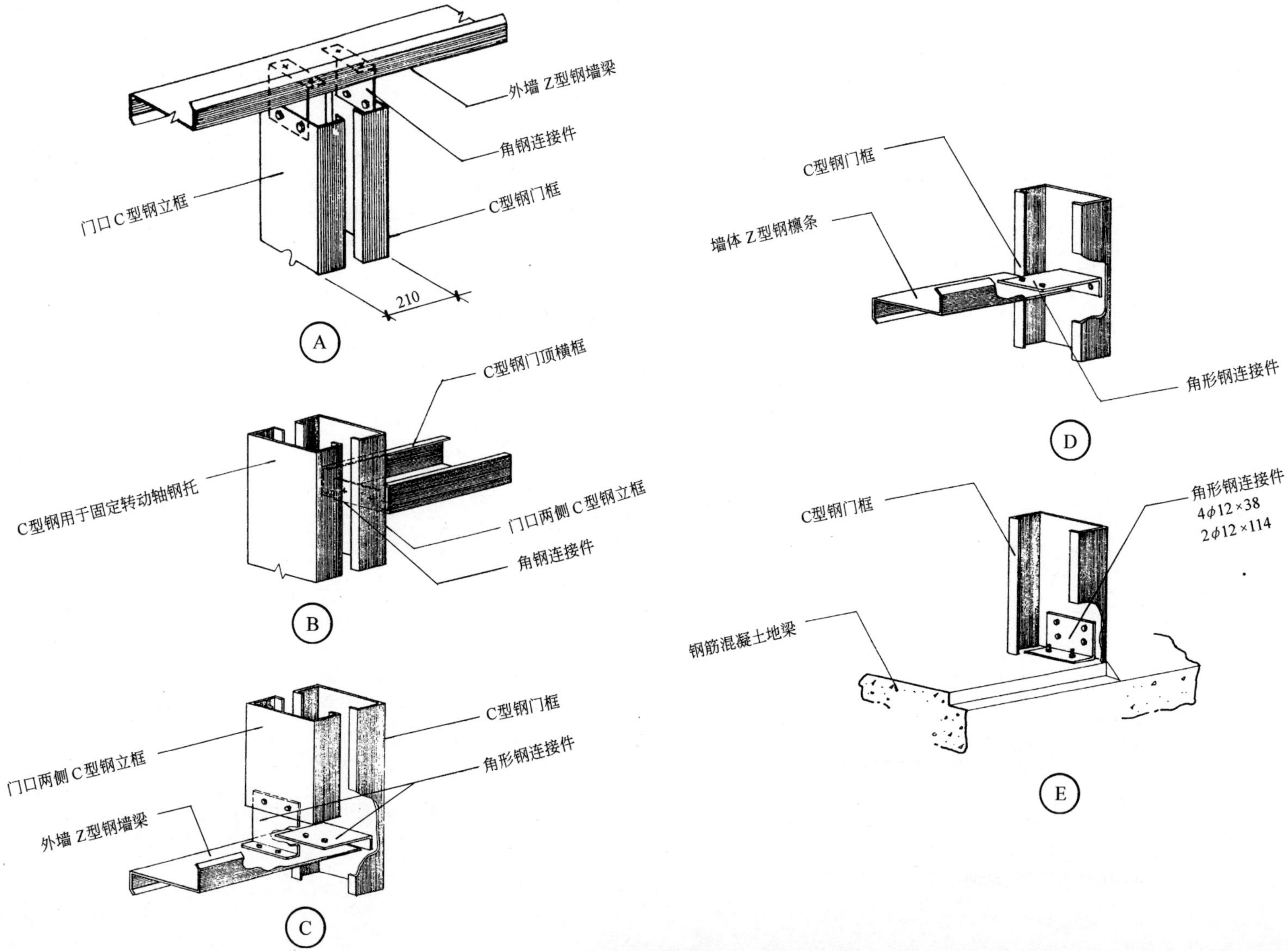
外墙 Z型钢墙梁
角钢连接件
门口C型钢立框
C型钢门框
210
A
C型钢门顶横框
C型钢用于固定转动轴钢托
门口两侧C型钢立框
角钢连接件
B
C型钢门框
门口两侧C型钢立框
角形钢连接件
外墙 Z型钢墙梁
C
C型钢门框
墙体 Z型钢檩条
角形钢连接件
D
C型钢门框
角形钢连接件
4φ12×38
2φ12×114
钢筋混凝土地梁
E

5—12　卷帘门框结构节点(续 5-11)

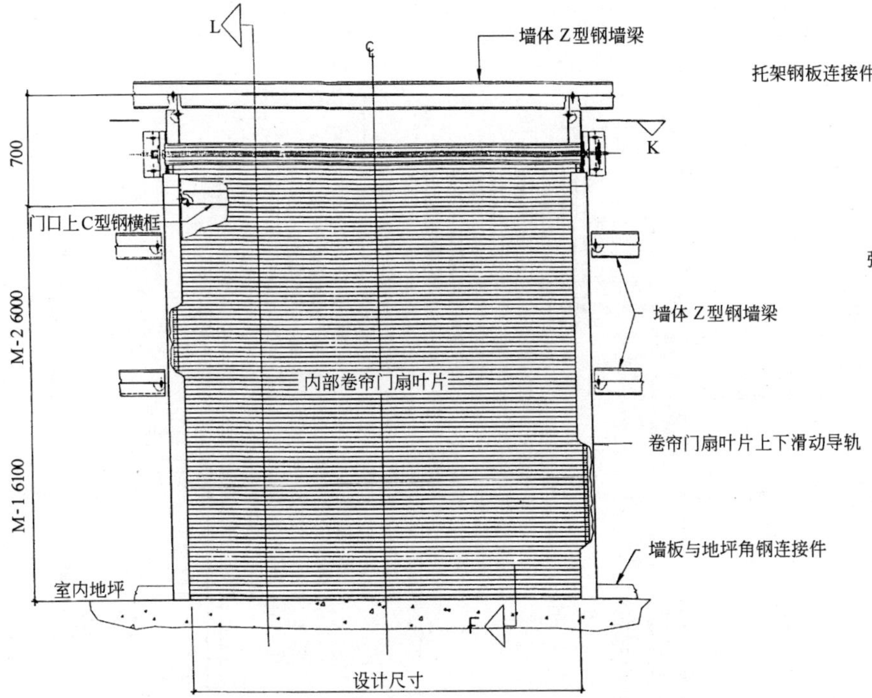
L
C
墙体Z型钢墙梁
K
700
门口上C型钢横框
墙体Z型钢墙梁
M-2 6000
内部卷帘门扇叶片
卷帘门扇叶片上下滑动导轨
M-1 6100
墙板与地坪角钢连接件
室内地坪
F
设计尺寸

卷帘门立面

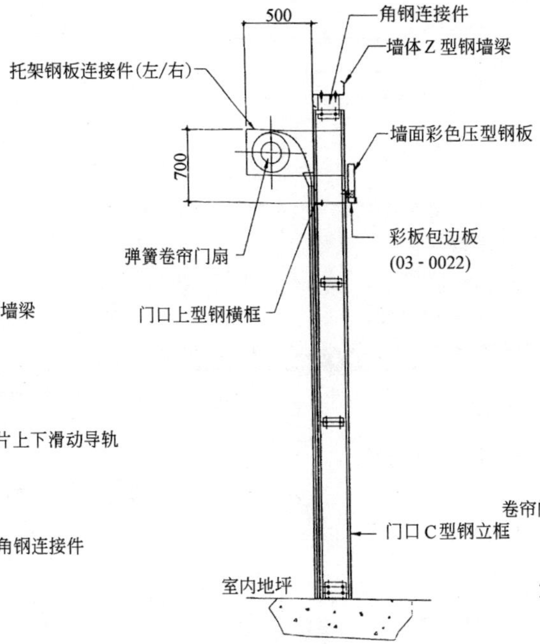
500
角钢连接件
墙体Z型钢墙梁
托架钢板连接件(左/右)
墙面彩色压型钢板
700
彩板包边板
(03-0022)
弹簧卷帘门扇
门口上型钢横框
门口C型钢立框
室内地坪

L－L

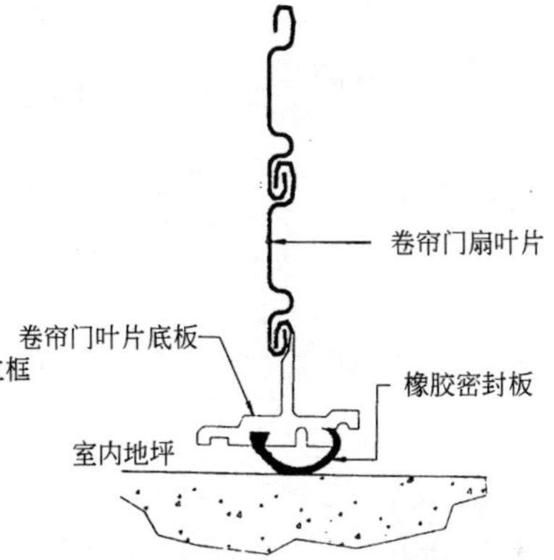
卷帘门扇叶片
卷帘门叶片底板
橡胶密封板
室内地坪

F－F

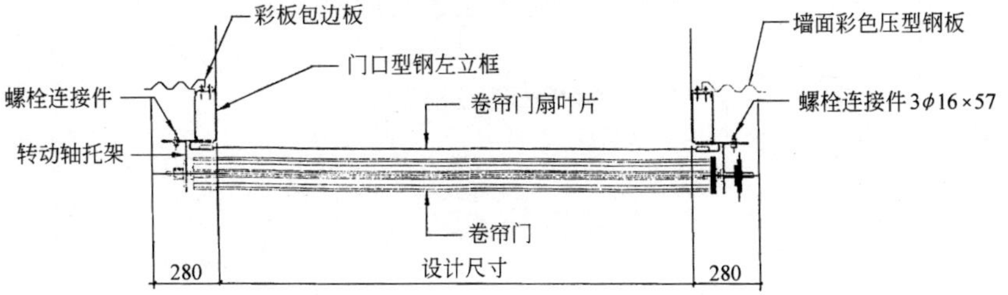
彩板包边板
墙面彩色压型钢板
门口型钢左立框
螺栓连接件
卷帘门扇叶片
螺栓连接件3φ16×57
转动轴托架
卷帘门
280
设计尺寸
280

K－K

5—13 卷帘门安装

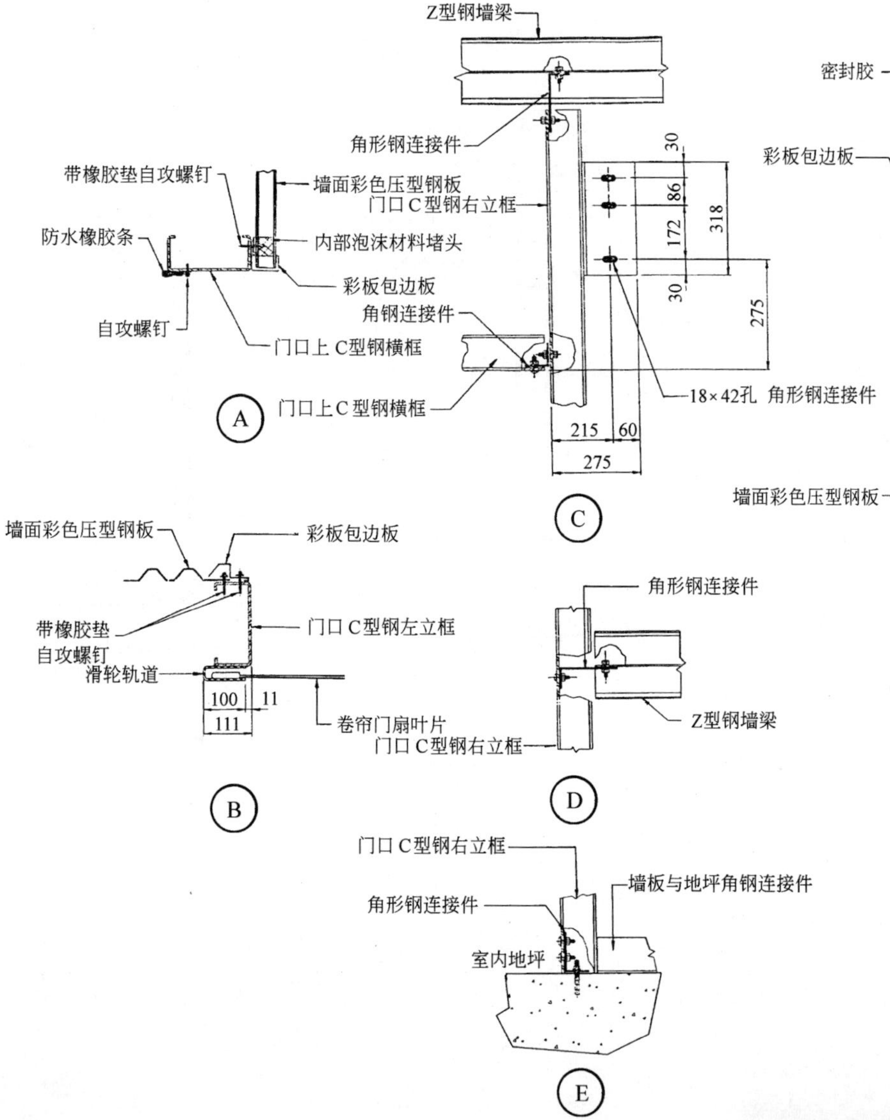
Z型钢墙梁
角形钢连接件
带橡胶垫自攻螺钉
墙面彩色压型钢板
门口C型钢右立框
防水橡胶条
内部泡沫材料堵头
彩板包边板
角钢连接件
自攻螺钉
门口上C型钢横框
门口上C型钢横框
18×42孔 角形钢连接件
30
86
172
30
318
275
215
60
275
A
C
墙面彩色压型钢板
彩板包边板
带橡胶垫
自攻螺钉
门口C型钢左立框
滑轮轨道
100
11
111
卷帘门扇叶片
B
角形钢连接件
Z型钢墙梁
门口C型钢右立框
D
门口C型钢右立框
墙板与地坪角钢连接件
角形钢连接件
室内地坪
E

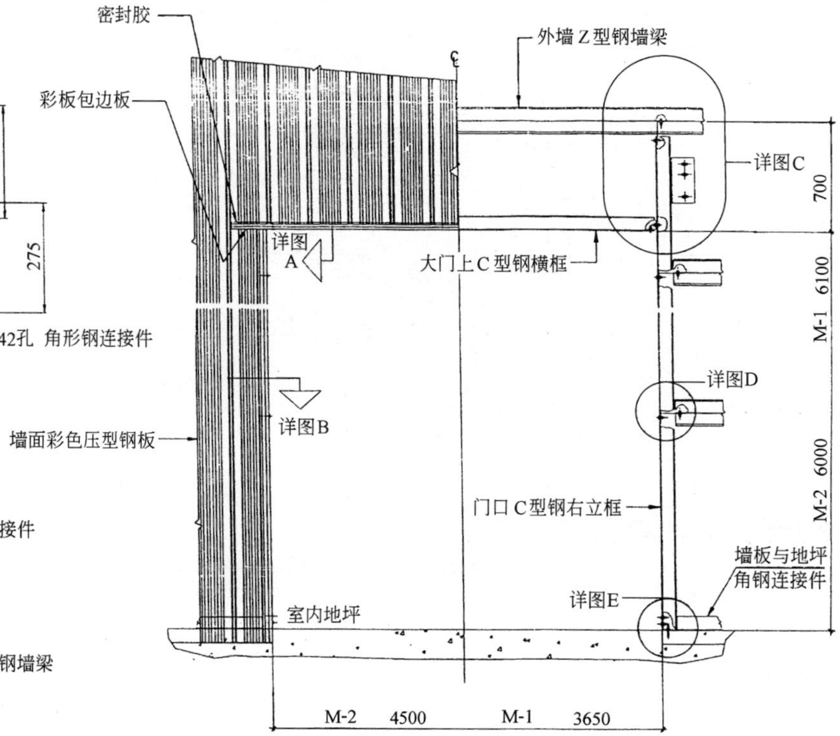
密封胶
外墙Z型钢墙梁
彩板包边板
详图C
700
详图A
大门上C型钢横框
M-1 6100
详图D
详图B
墙面彩色压型钢板
M-2 6000
门口C型钢右立框
墙板与地坪
角钢连接件
详图E
室内地坪
M-2 4500
M-1 3650

卷帘门框钢结构节点

5—14 卷帘门C型钢门框安装连接

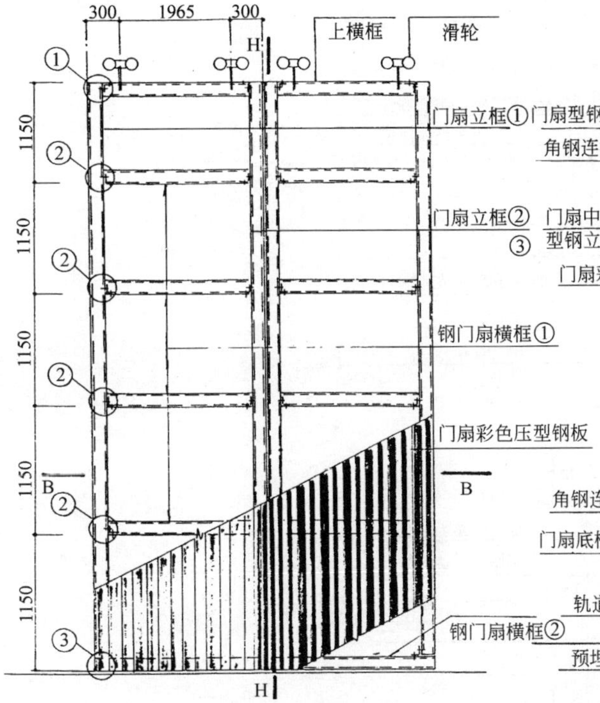

推拉钢门扇立面

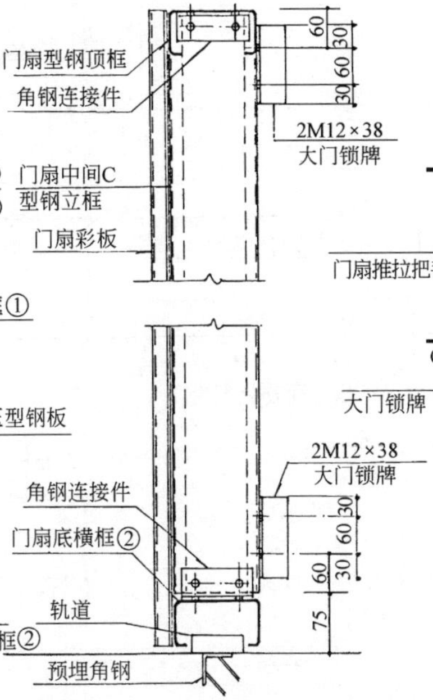

H—H 剖面图

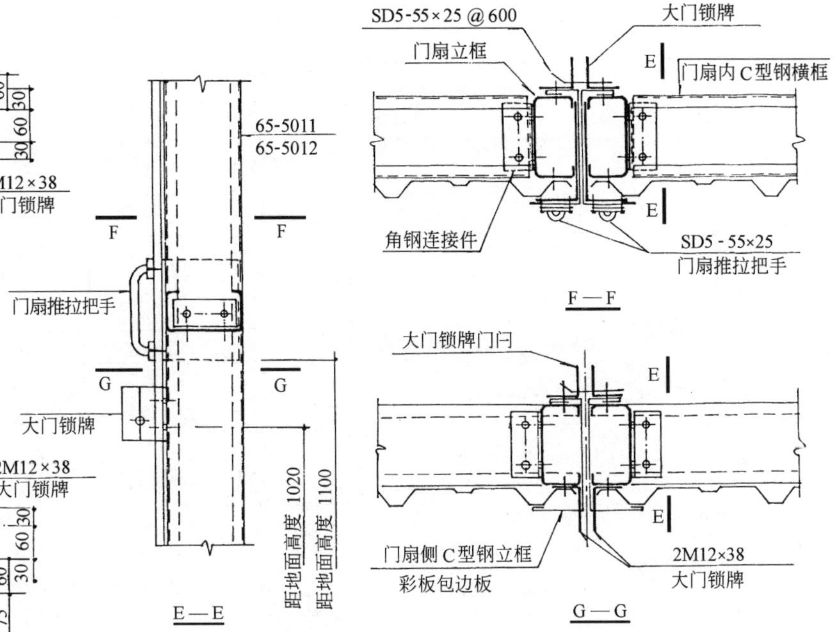

推拉门扇把手、锁牌、门闩

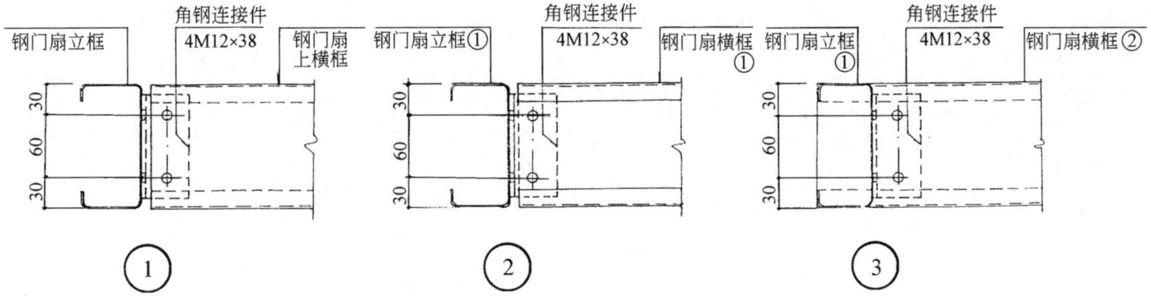

（推拉钢门5000 mm×5000 mm）

5—15 推拉钢门扇

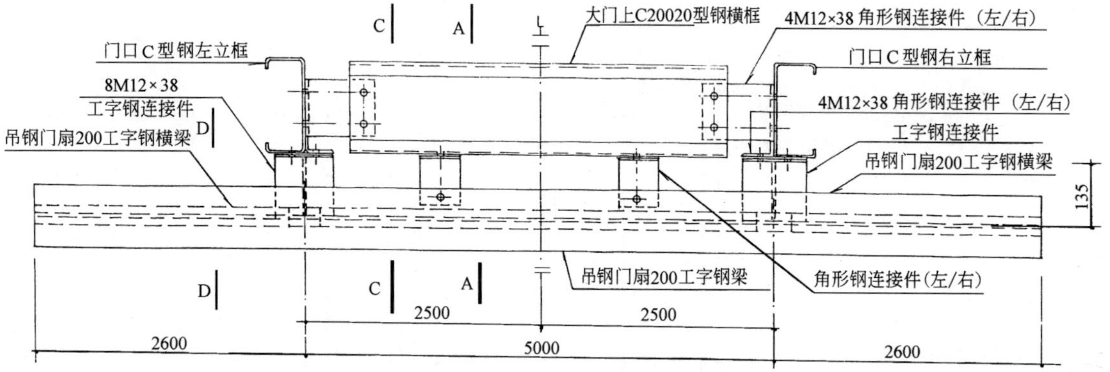

门口C型钢左立框 C | A| 大门上C20020型钢横框 4M12×38 角形钢连接件（左/右）
8M12×38 门口C型钢右立框
工字钢连接件 4M12×38 角形钢连接件（左/右）
吊钢门扇200工字钢横梁 D| 工字钢连接件
 吊钢门扇200工字钢横梁
 135

D| C | A| 吊钢门扇200工字钢梁 角形钢连接件（左/右）
2600 2500 2500 2600
 5000

双扇推拉钢大门结构平面安装连接

门口C型钢左立框 N| M| 门口C型钢右立框
 2M14×110膨胀螺栓
 钢结构外边缘线
 预埋连接角钢
 40
 200
N| 2500 2500 M|
50 5100 5100 50

40 钢结构外边缘线 门框及门扇滑动轨道安装
门口C型钢立框
门扇底框 2M14×110膨胀螺栓固定 轨道
轨道 角钢连接件 ▽0.000室内地坪
10 60 ▽ 0.000 10 60
40 60 门口混凝土坡道
 100 100
200 60 80 200

M—M N—N

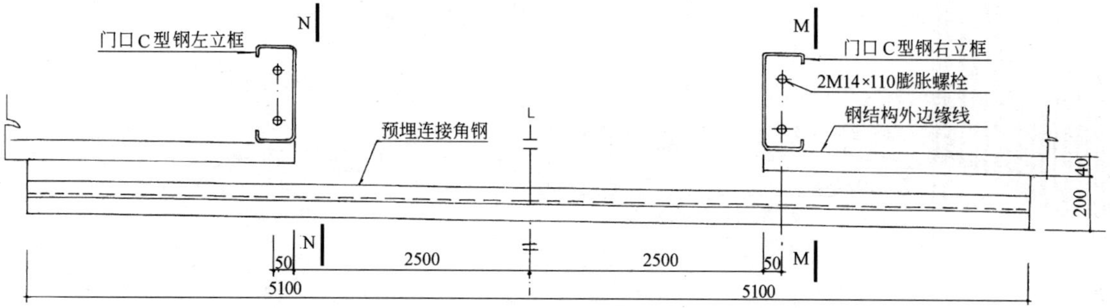

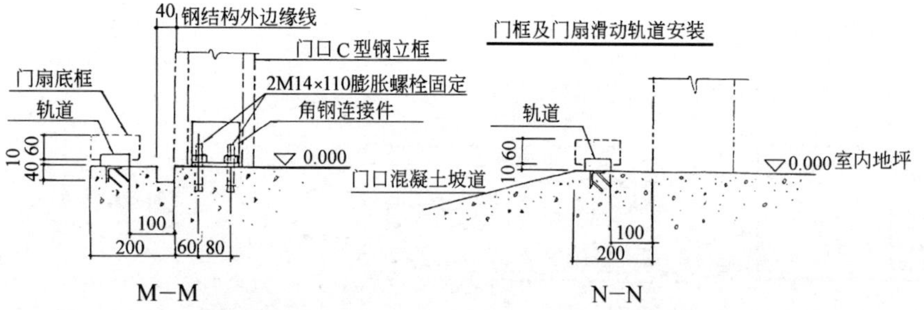

5—16 推拉钢门框、门扇平面安装连接(续 5-15)

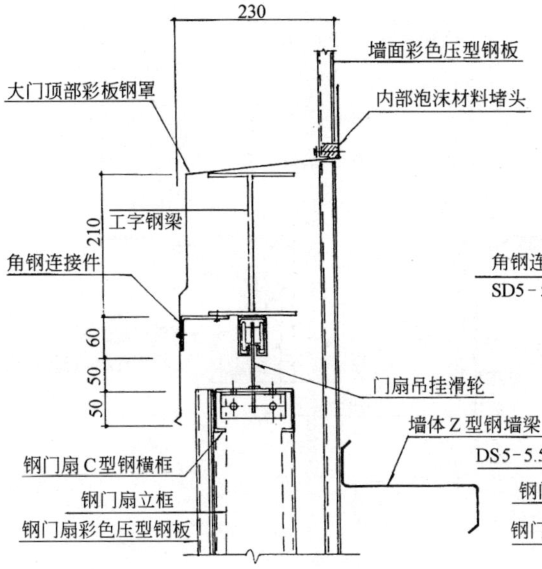

墙面彩色压型钢板

大门顶部彩板钢罩

内部泡沫材料堵头

工字钢梁

角钢连接件

门扇吊挂滑轮

墙体Z型钢墙梁

钢门扇C型钢横框

钢门扇立框

钢门扇彩色压型钢板

230

210

60

50　50

D — D

大门顶部彩板钢罩

墙面彩色压型钢板

工字钢梁

角钢连接件
SD5－5.5×25 @ 300

钢门扇C型钢横框

钢门扇彩色压型钢板

Z型钢墙梁

角形钢连接件
4M12×38

大门上C型钢横框

角形钢连接件
4M12×38

角形钢连接件
3M12×38

门口侧C型钢立框

推拉门扇限位角钢

230

105

90

370

DS5－5.5×25 @ 300

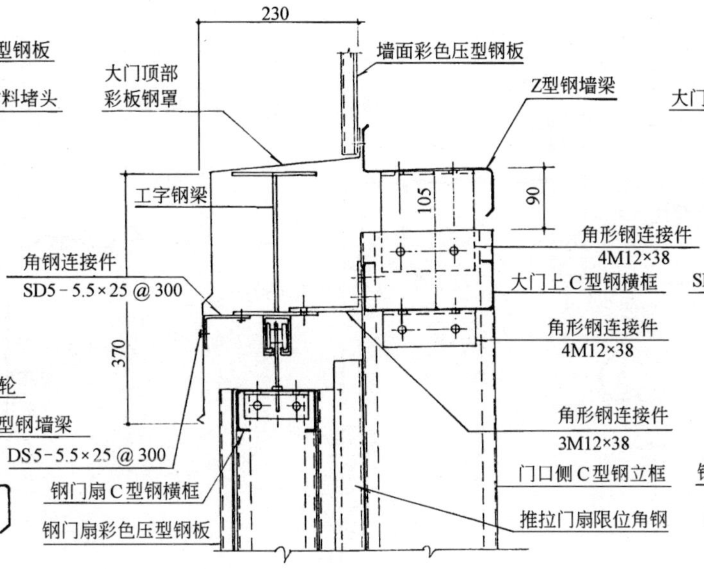

A — A

外墙面彩色压型钢板

大门顶部彩板钢罩

工字钢梁

8M12×38

SD5－5.5×25 @ 300

钢门扇C型钢横框

门扇彩色压型钢板

Z型钢墙梁

角形钢连接件
4M12×38

门口立框

滑轮轨道

限位角钢

挡头角钢

限位角钢

挡头角钢

230

210

60

50　50

90

角钢连接件

门扇底框

门扇推拉轨道

角形钢连接件
4M12×38

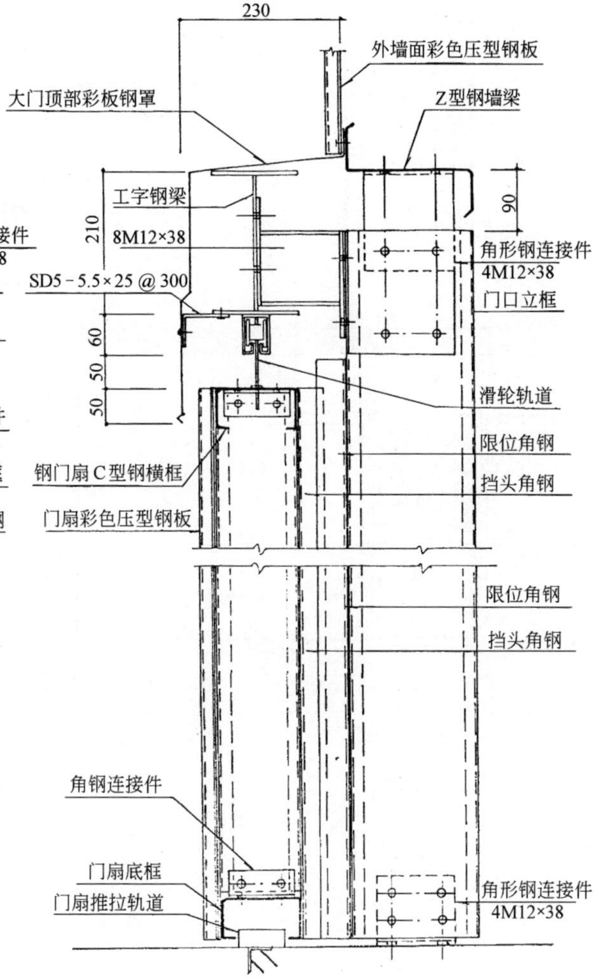

C — C

角钢连接件

门口C型钢左立框

推拉大门限位角钢

门扇内型钢横框

墙面彩色
压型钢板

角钢连接件

SD2－4.8×20 @ 300

立边彩板包边板

包边板

门口C型钢右立框

角钢连接件

推拉门扇限位角钢

大门锁牌

角钢连接件

墙体Z型钢墙梁

立边彩板包边板

SD5－5.5×25 @ 500

包边板

钢门扇彩色压型钢板

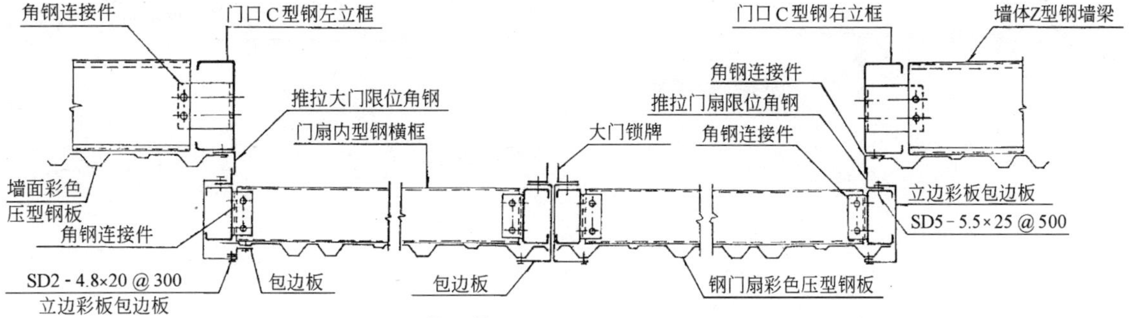

B — B

5—17 推拉钢门框、门扇立面安装连接(续 5-15)

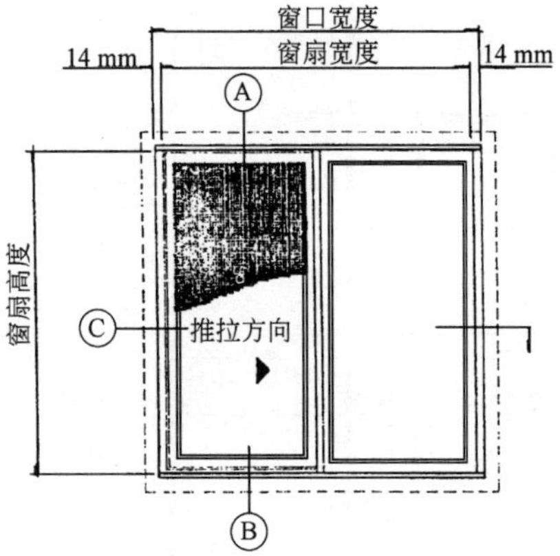

窗口宽度
窗扇宽度
14 mm
14 mm
A
窗扇高度
C
推拉方向
B

推拉窗立面

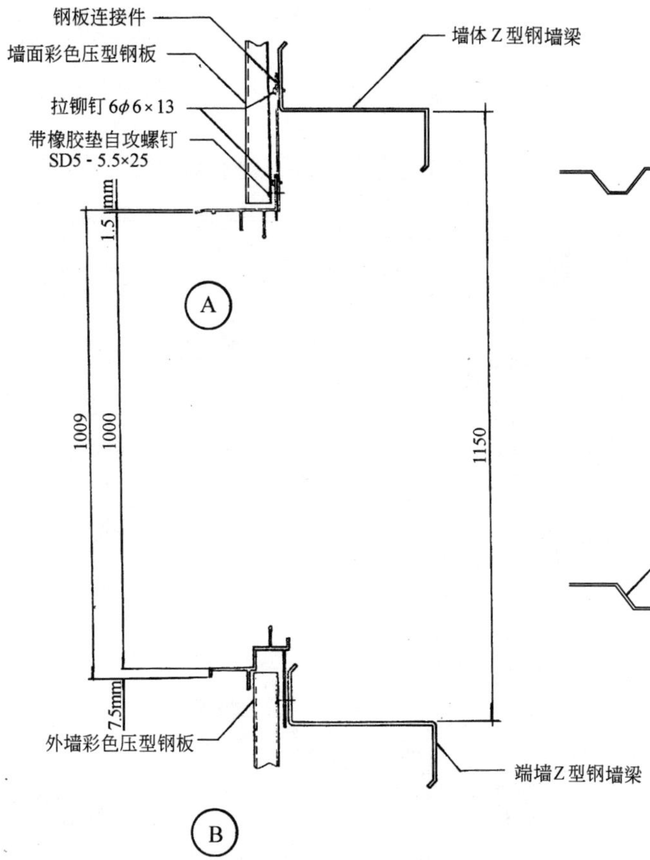

钢板连接件
墙面彩色压型钢板
拉铆钉 6φ6×13
带橡胶垫自攻螺钉
SD5 - 5.5×25
墙体Z型钢墙梁
1.5 mm
A
1009
1000
1150
7.5mm
外墙彩色压型钢板
端墙Z型钢墙梁
B

推拉窗剖面

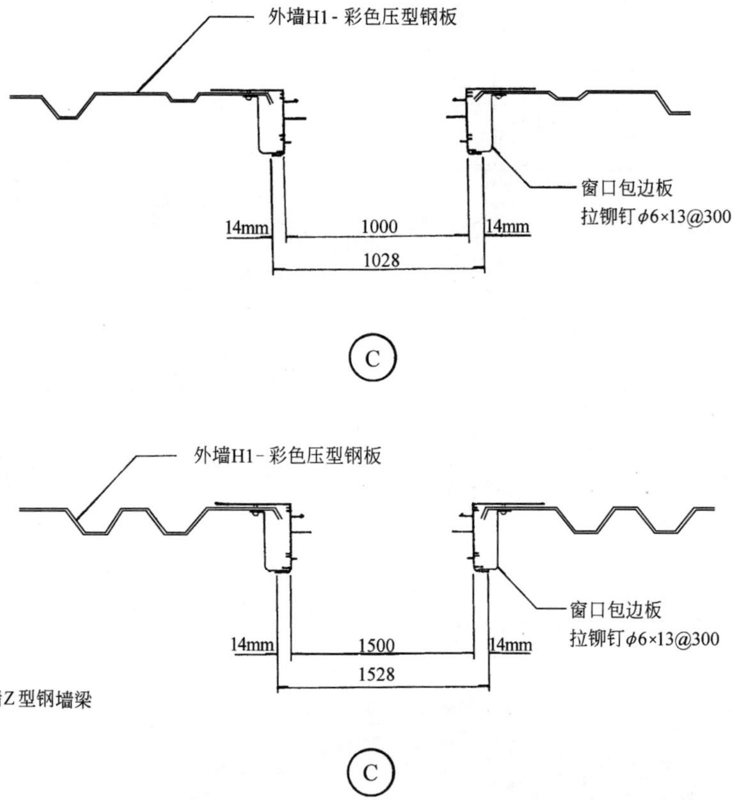

外墙H1 - 彩色压型钢板
窗口包边板
拉铆钉 φ6×13@300
14mm
1000
14mm
1028
C
外墙H1 - 彩色压型钢板
窗口包边板
拉铆钉 φ6×13@300
14mm
1500
14mm
1528
C

5—18 推拉窗立面、剖面

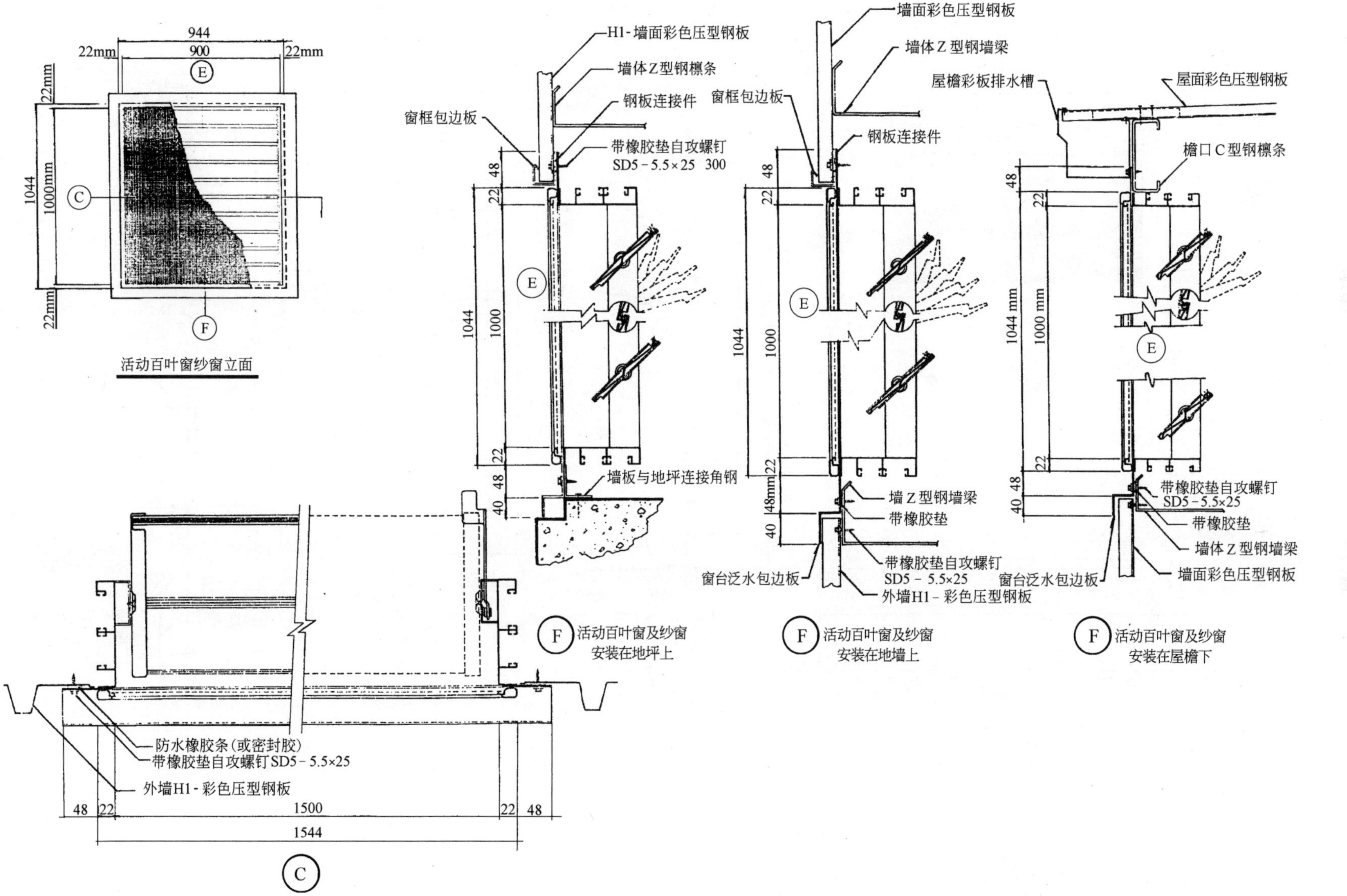

944
22mm
900
22mm
E
22mm
1044
1000mm
C
22mm
F
活动百叶窗纱窗立面
H1-墙面彩色压型钢板
墙体Z型钢檩条
钢板连接件
窗框包边板
带橡胶垫自攻螺钉
SD5-5.5×25 300
48
22
E
1044
1000
22
48
40
墙板与地坪连接角钢
墙面彩色压型钢板
墙体Z型钢墙梁
窗框包边板
钢板连接件
48
22
E
1044
1000
22
48mm
40
墙Z型钢墙梁
带橡胶垫
带橡胶垫自攻螺钉
SD5 - 5.5×25
窗台泛水包边板
外墙H1-彩色压型钢板
屋檐彩板排水槽
屋面彩色压型钢板
檐口C型钢檩条
48
22
1044 mm
1000 mm
E
22
48
40
带橡胶垫自攻螺钉
SD5-5.5×25
带橡胶垫
墙体Z型钢墙梁
墙面彩色压型钢板
窗台泛水包边板
F 活动百叶窗及纱窗安装在地坪上
F 活动百叶窗及纱窗安装在地墙上
F 活动百叶窗及纱窗安装在屋檐下
防水橡胶条(或密封胶)
带橡胶垫自攻螺钉SD5-5.5×25
外墙H1-彩色压型钢板
48
22
1500
22
48
1544
C

5—19 活动百叶窗及纱窗安装连接

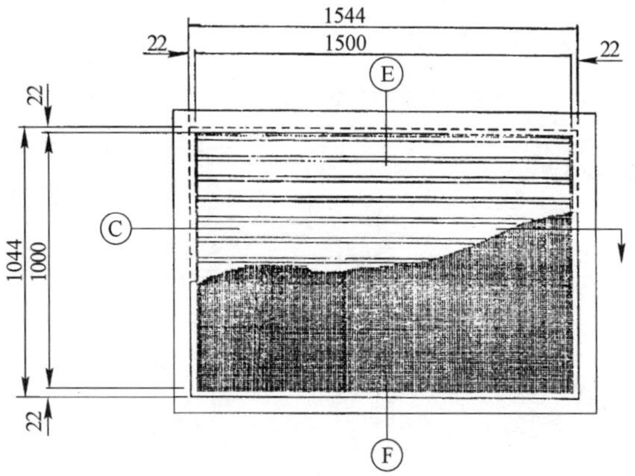

固定百叶窗带纱窗立面

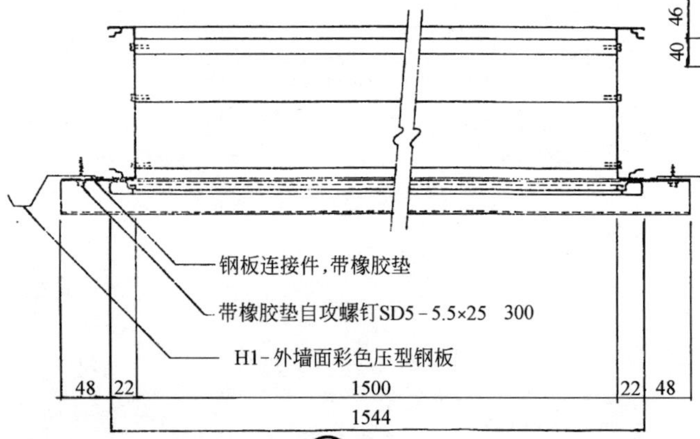

C

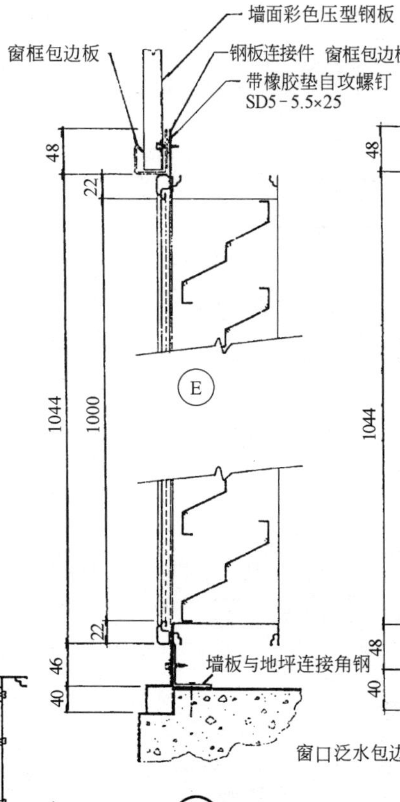

F

百叶窗及纱窗安装
在地坪上

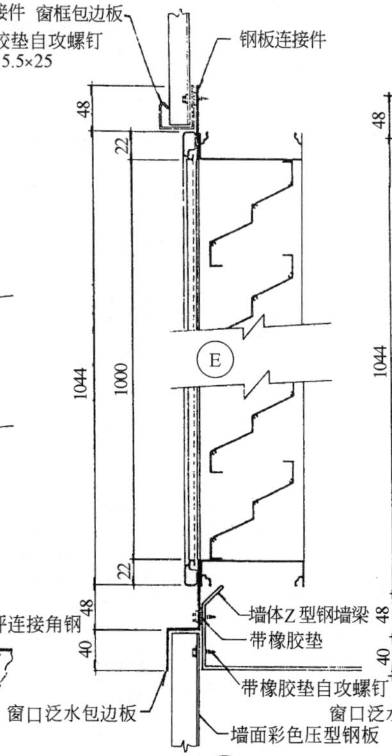

F

百叶窗及纱窗安装
在地墙上

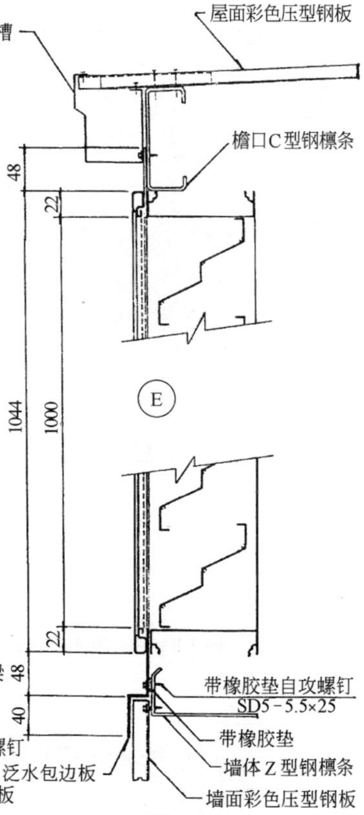

F

百叶窗及纱窗安装
在屋檐下

5—20 固定百叶窗及纱窗安装连接

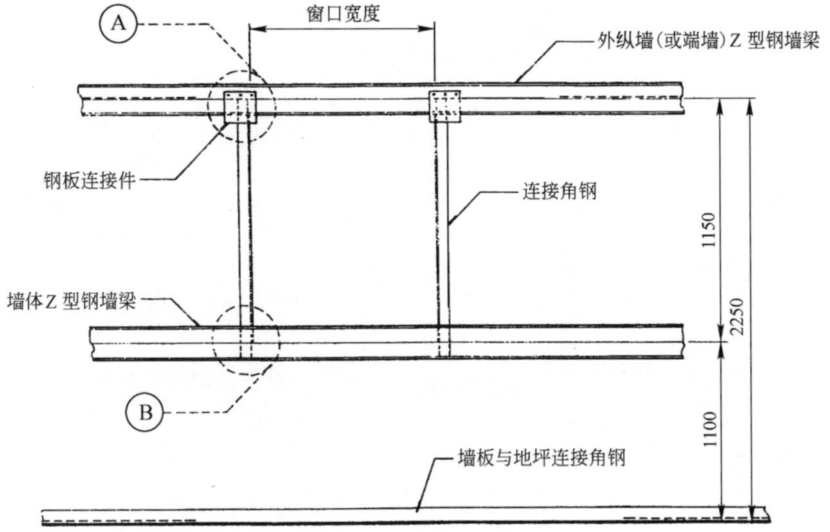

窗框钢结构 (一)

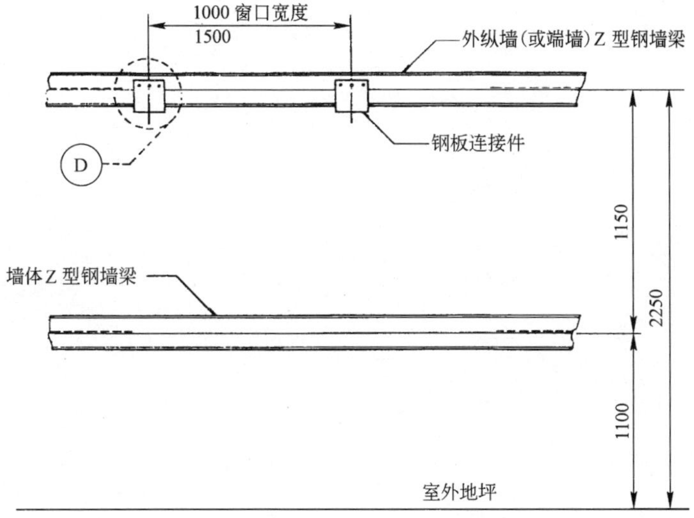

窗框钢结构(二)

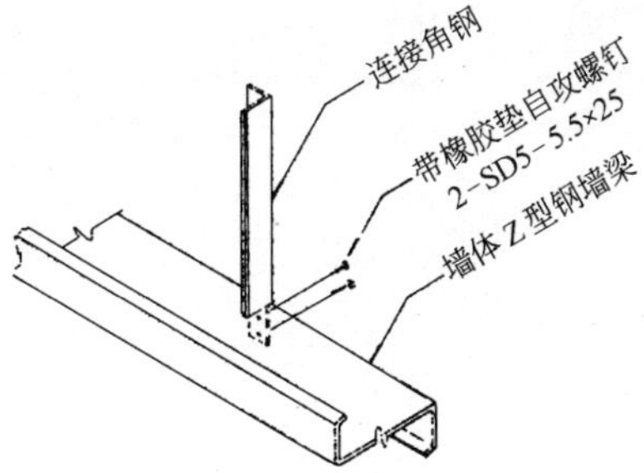

B

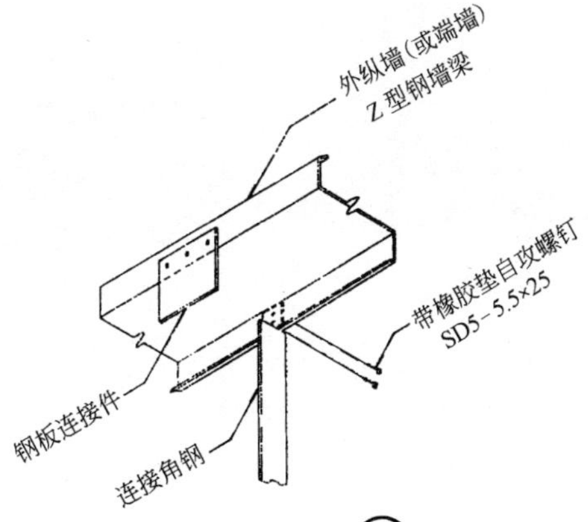

A

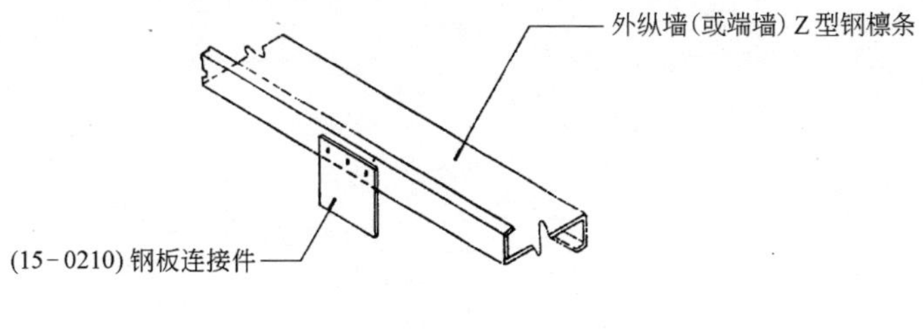

D

5—21 窗框钢结构安装构造

六、轻钢维护结构——彩色压型钢板建筑构造

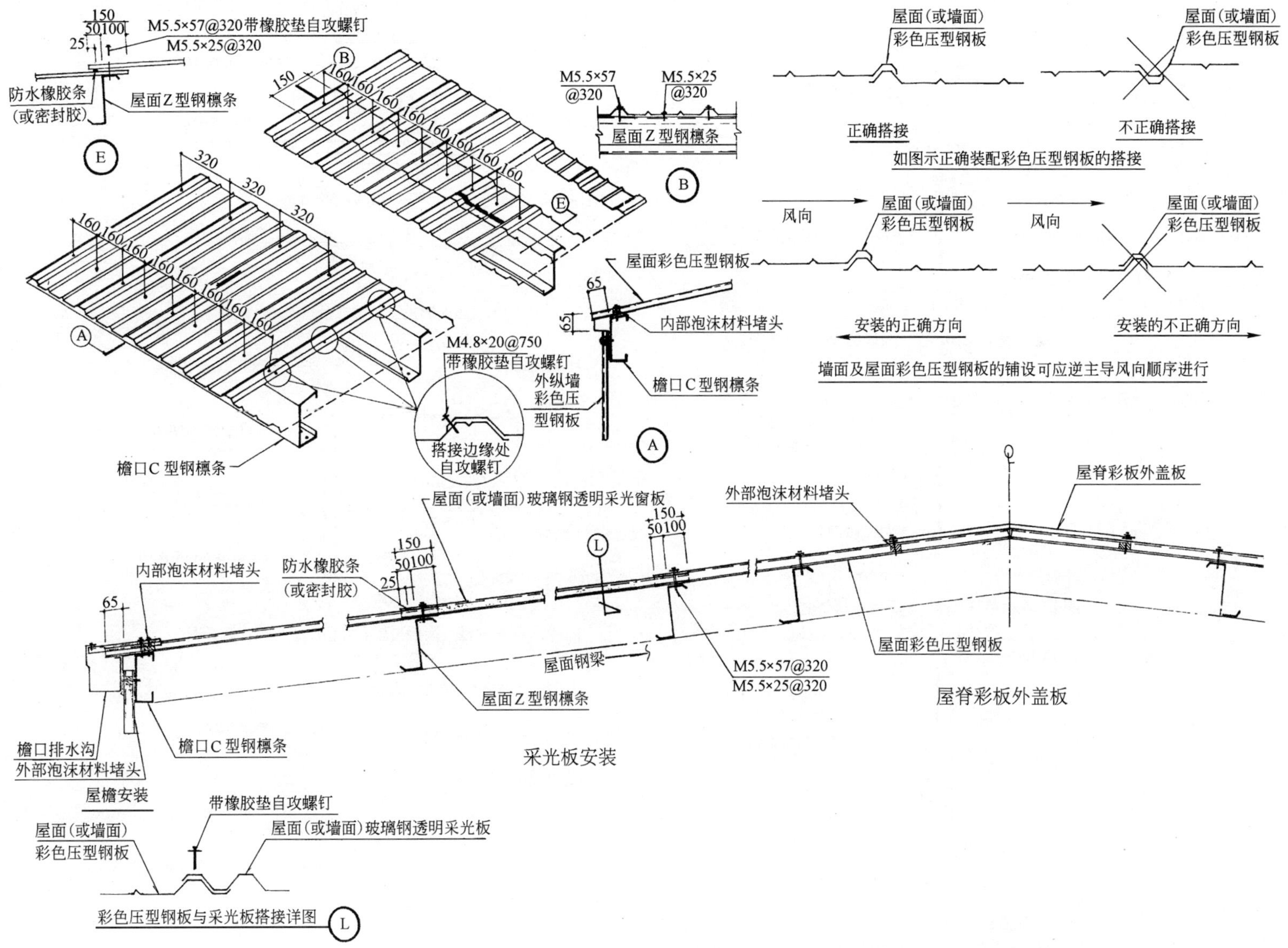
150
50 100
25
M5.5×57@320带橡胶垫自攻螺钉
M5.5×25@320
防水橡胶条
(或密封胶)
屋面Z型钢檩条
E
B
150
160
M5.5×57
@320
M5.5×25
@320
屋面Z型钢檩条
320
A
屋面彩色压型钢板
65
内部泡沫材料堵头
M4.8×20@750
带橡胶垫自攻螺钉
外纵墙
彩色压
型钢板
搭接边缘处
自攻螺钉
檐口C型钢檩条
屋面(或墙面)
彩色压型钢板
正确搭接
不正确搭接
如图示正确装配彩色压型钢板的搭接
风向
安装的正确方向
安装的不正确方向
墙面及屋面彩色压型钢板的铺设可应逆主导风向顺序进行
屋面(或墙面)玻璃钢透明采光窗板
外部泡沫材料堵头
屋脊彩板外盖板
L
内部泡沫材料堵头
屋面钢梁
屋面Z型钢檩条
M5.5×57@320
M5.5×25@320
屋面彩色压型钢板
屋脊彩板外盖板
檐口排水沟
外部泡沫材料堵头
檐口C型钢檩条
屋檐安装
采光板安装
带橡胶垫自攻螺钉
屋面(或墙面)玻璃钢透明采光板
彩色压型钢板与采光板搭接详图

6—1 屋面彩色压型钢板安装节点

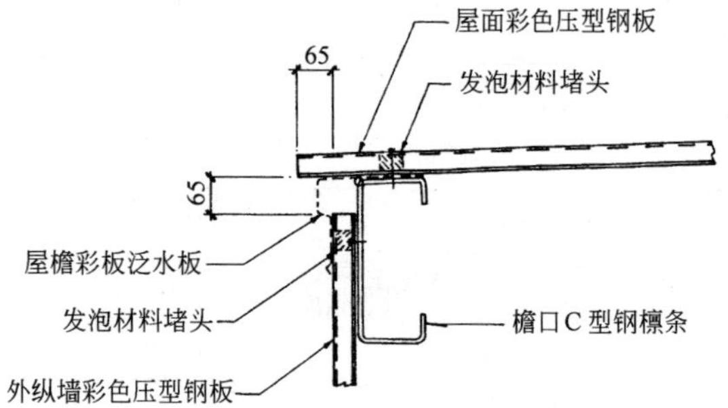

外纵墙檐口彩色压型钢板安装连接详图

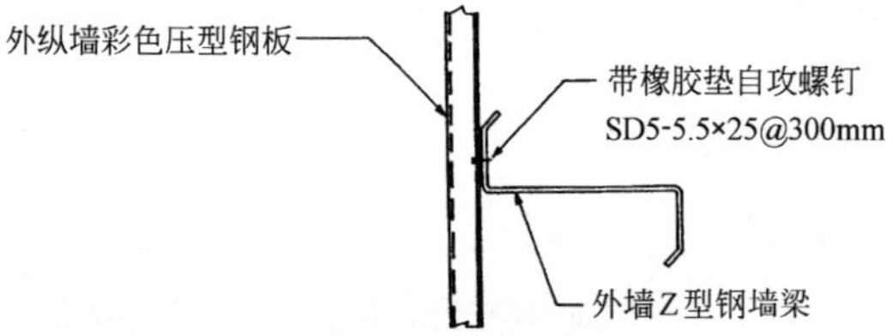

外纵墙彩色压型钢板安装连接详图

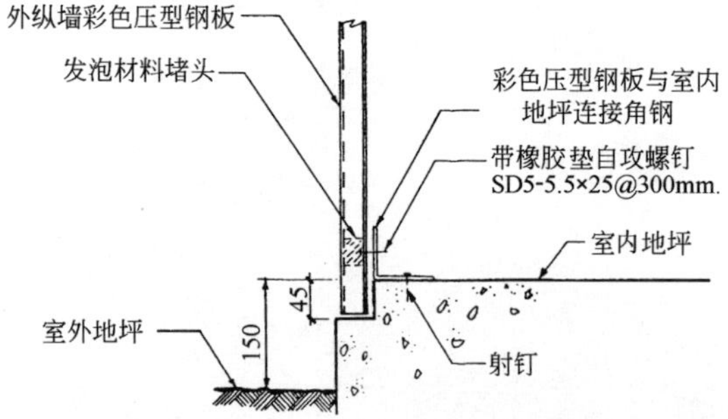

外纵墙底脚彩色压型钢板安装连接详图

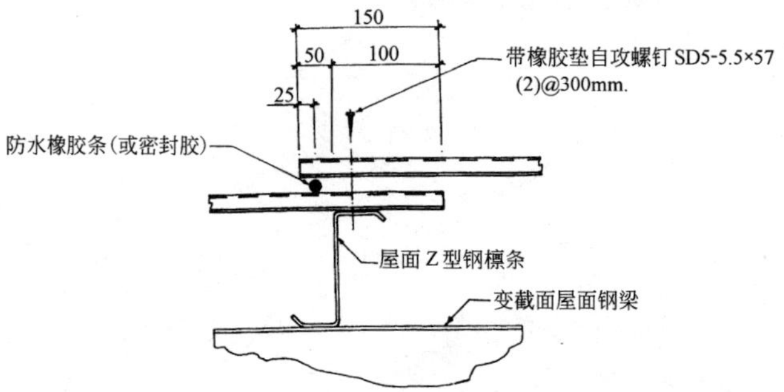

屋面彩色压型钢板搭接详图

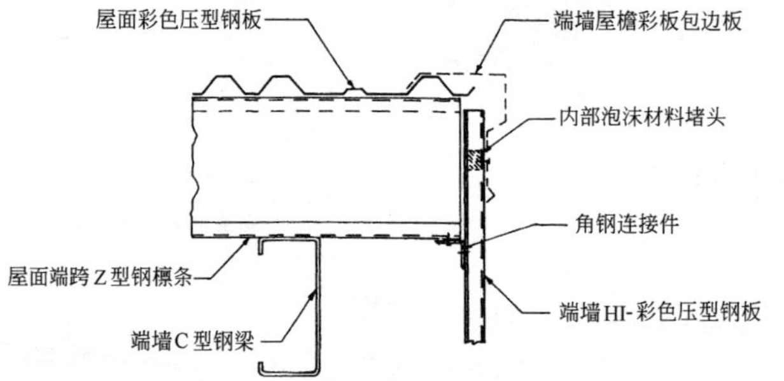

端墙屋檐、端墙与屋面彩色压型钢板安装详图

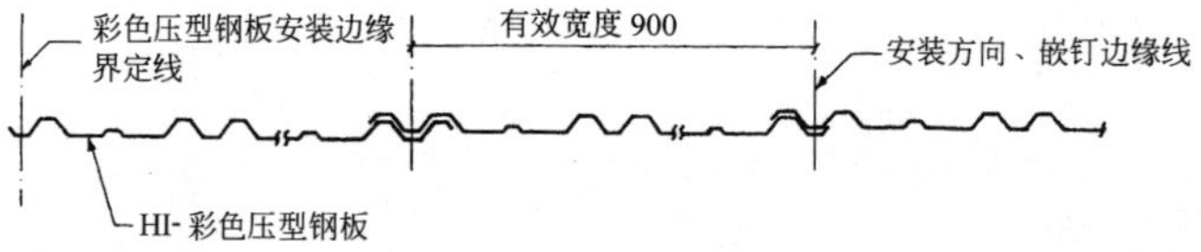

彩色压型钢板板型及搭接详图

6—2 外纵墙及屋面高肋彩色压型钢板安装连接

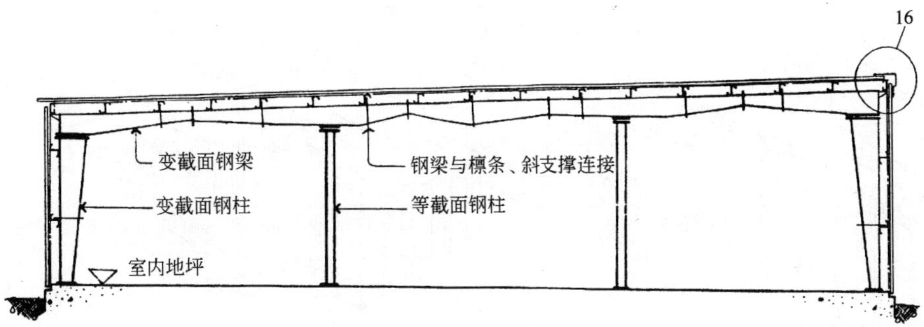

多跨单坡钢结构建筑剖面

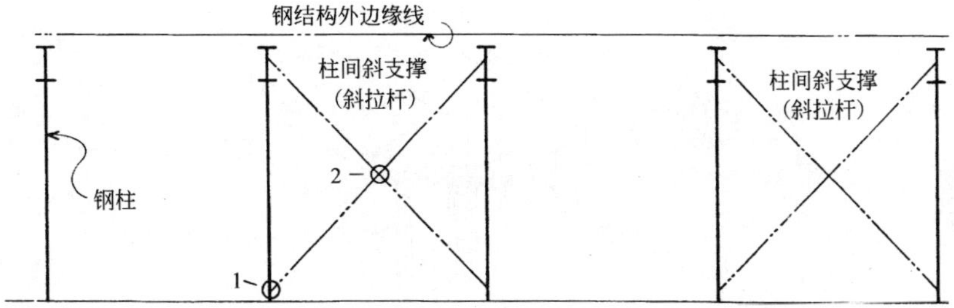

柱间斜支撑(斜拉杆)

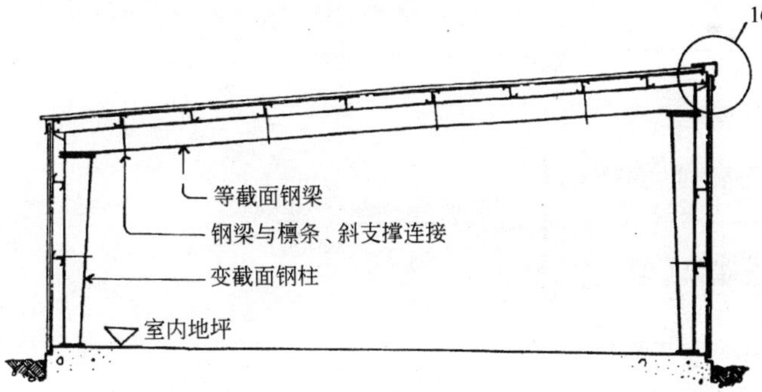

单跨单坡钢结构建筑剖面

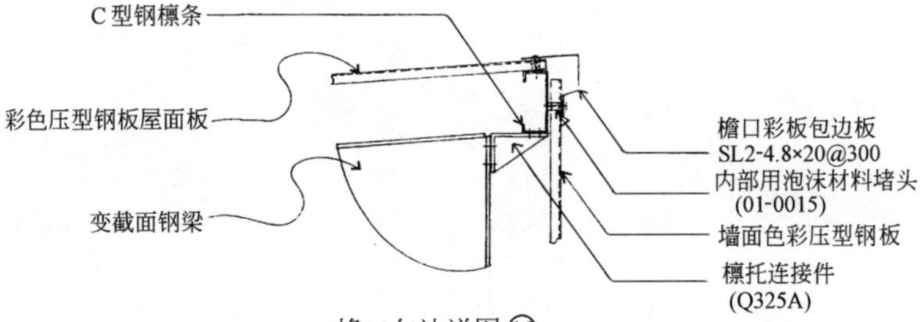

檐口包边详图⑯

6—3 多跨单坡钢结构建筑物屋面檐口彩板包边

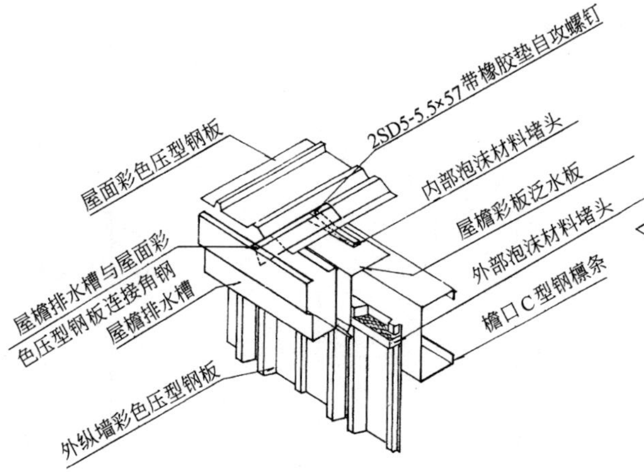

① 外纵墙屋檐排水槽、泛水板及屋面彩色压型钢板安装

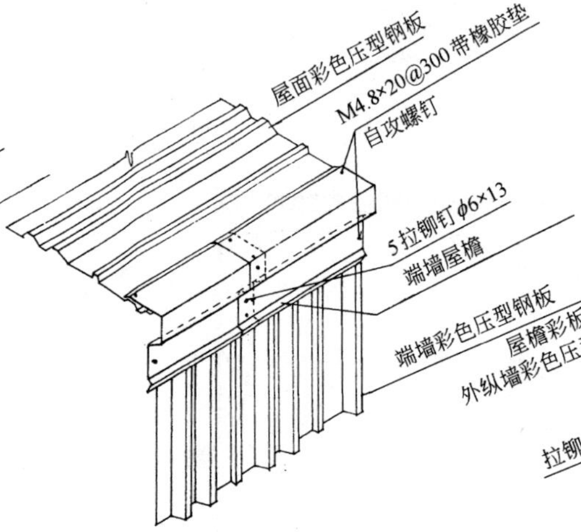

② 端墙屋檐包边板安装

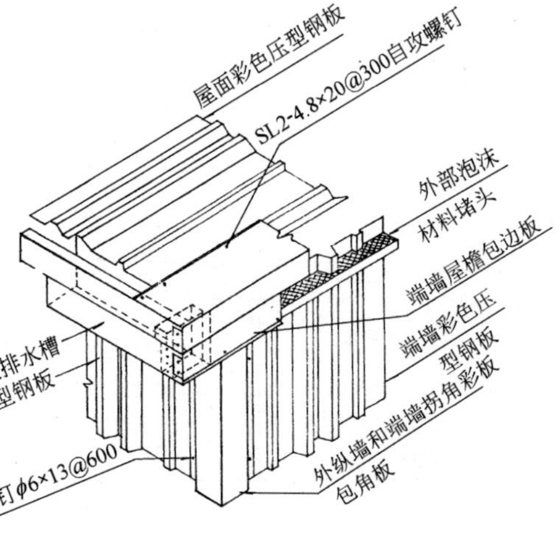

③ 外纵墙与端墙屋檐拐角排水沟、包边板、包角板安装

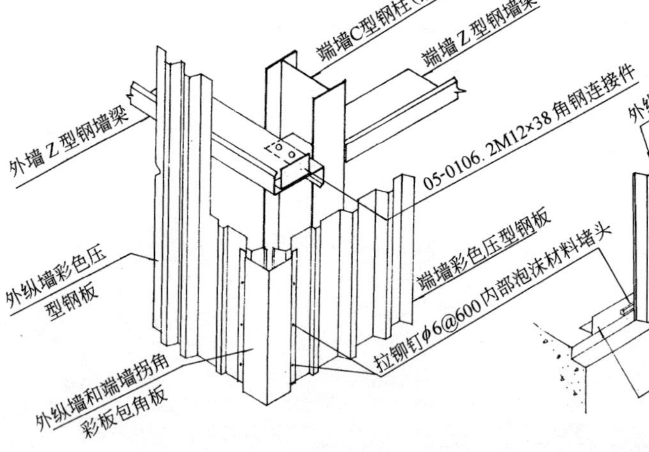

④ 外纵墙与端墙拐角处钢柱、檩条、包角板、墙板安装

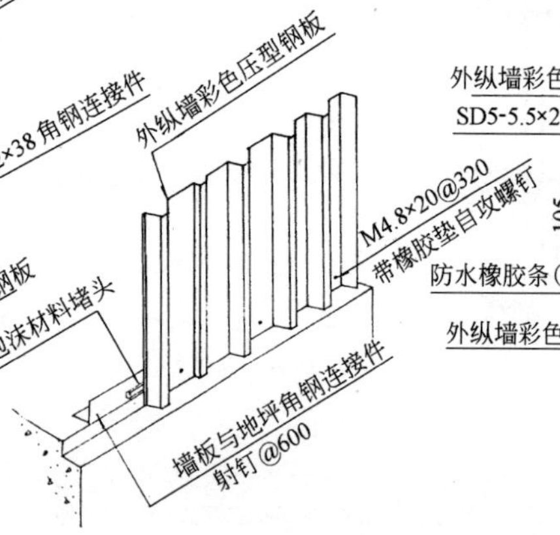

⑤ 外墙彩色压型钢板与地基安装透视

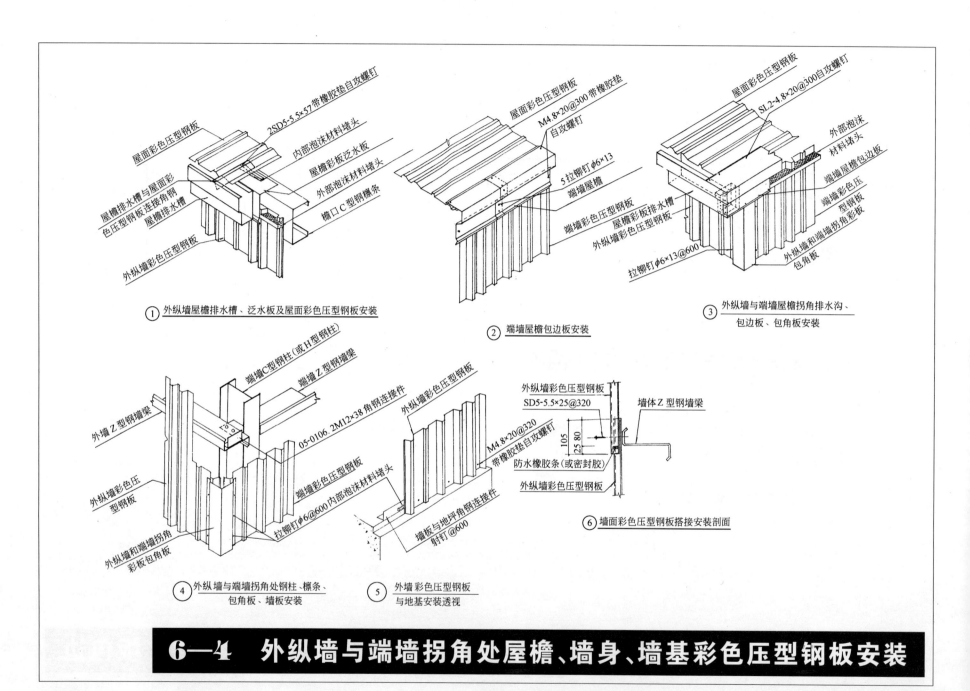

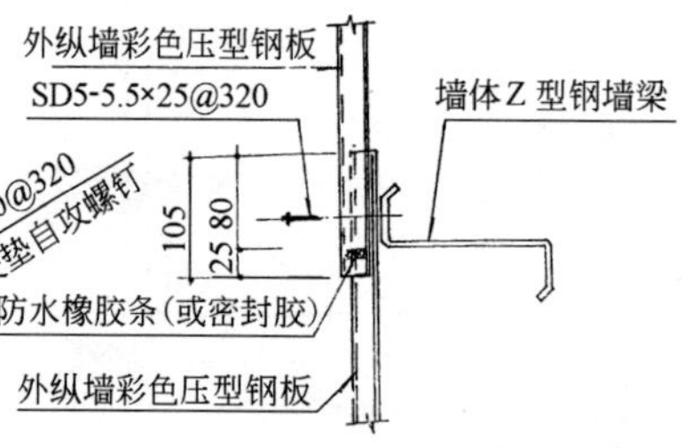

⑥ 墙面彩色压型钢板搭接安装剖面

6—4 外纵墙与端墙拐角处屋檐、墙身、墙基彩色压型钢板安装

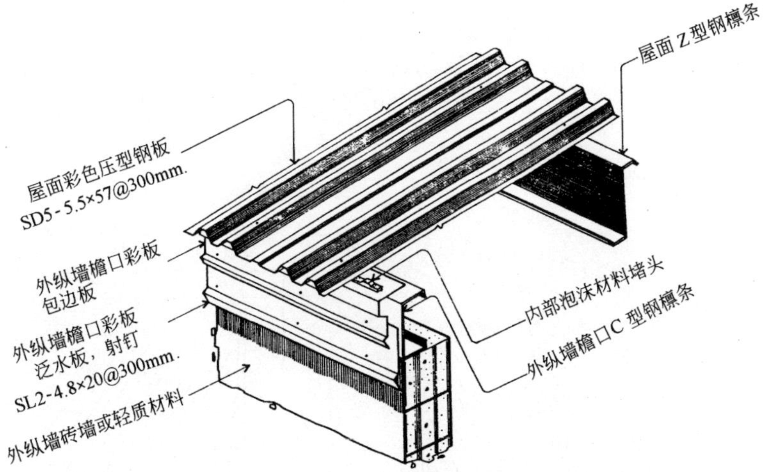

外纵墙檐口砖墙与屋面彩色压型钢板连接

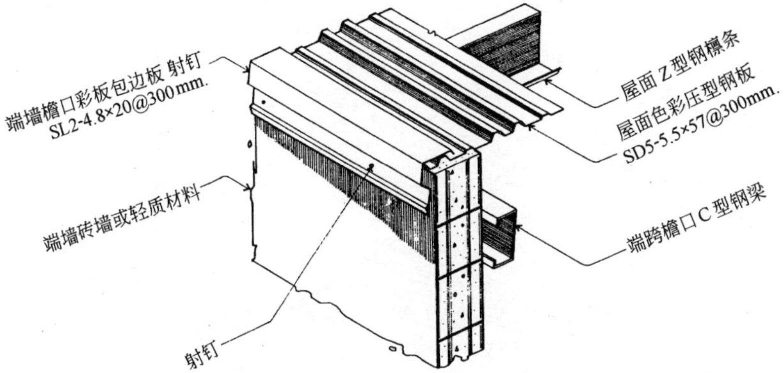

端墙檐口处砖墙与屋面彩色压型钢板连接

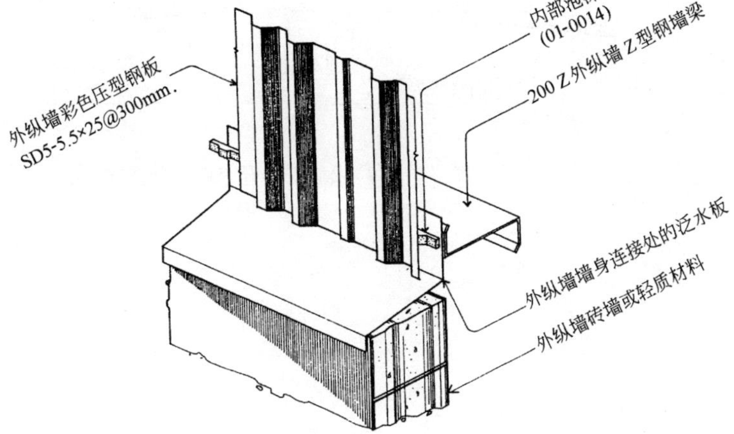

外纵墙墙身彩色压型钢板与砖墙连接

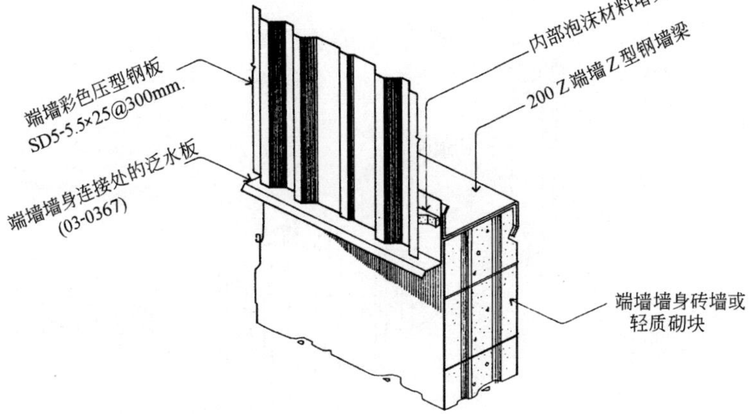

端墙墙身彩色压型钢板墙面与砖墙连接

6—5 外纵墙及端墙墙面彩色压型钢板连接构造

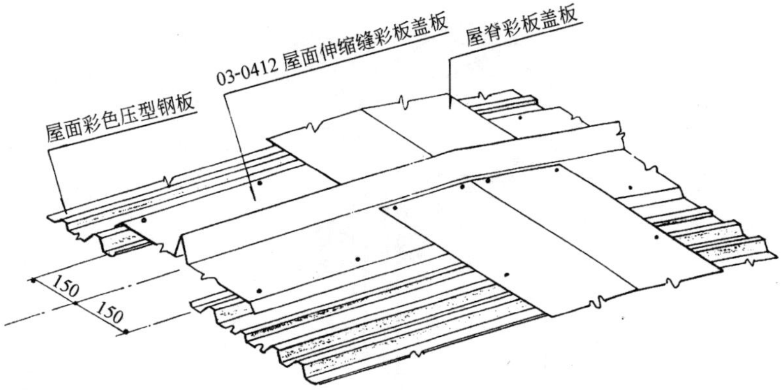

① 屋面伸缩缝处彩色压型钢板的连接

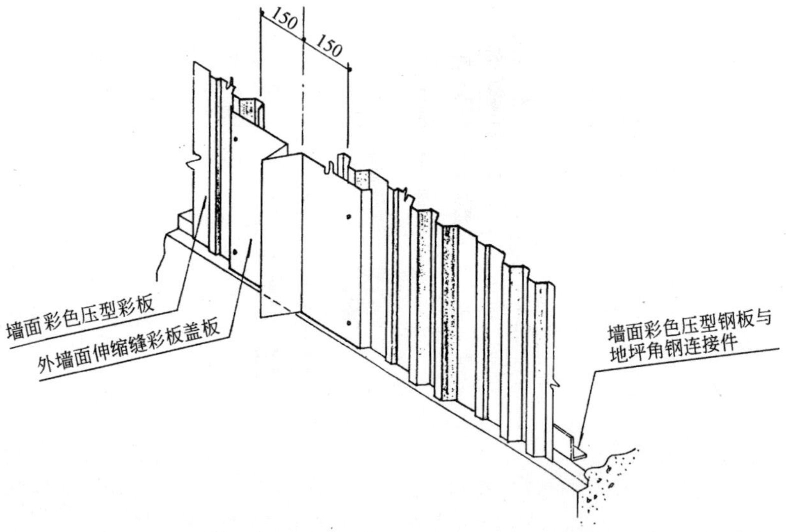

② 外纵墙墙面伸缩缝处彩色压型钢板的连接

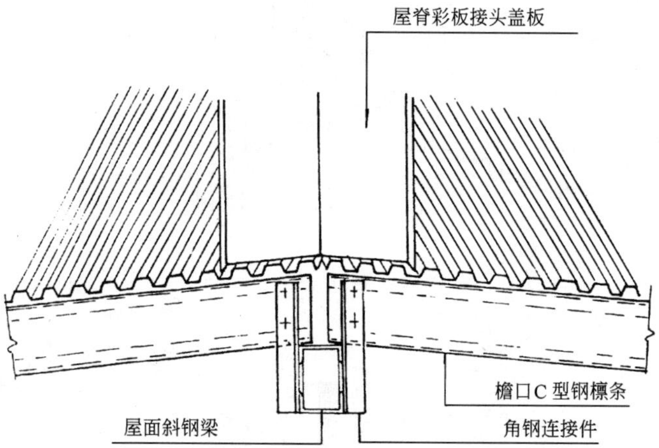

③ 屋面斜屋脊盖板安装连接

6—6　墙面、屋面伸缩缝彩色压型钢板安装连接

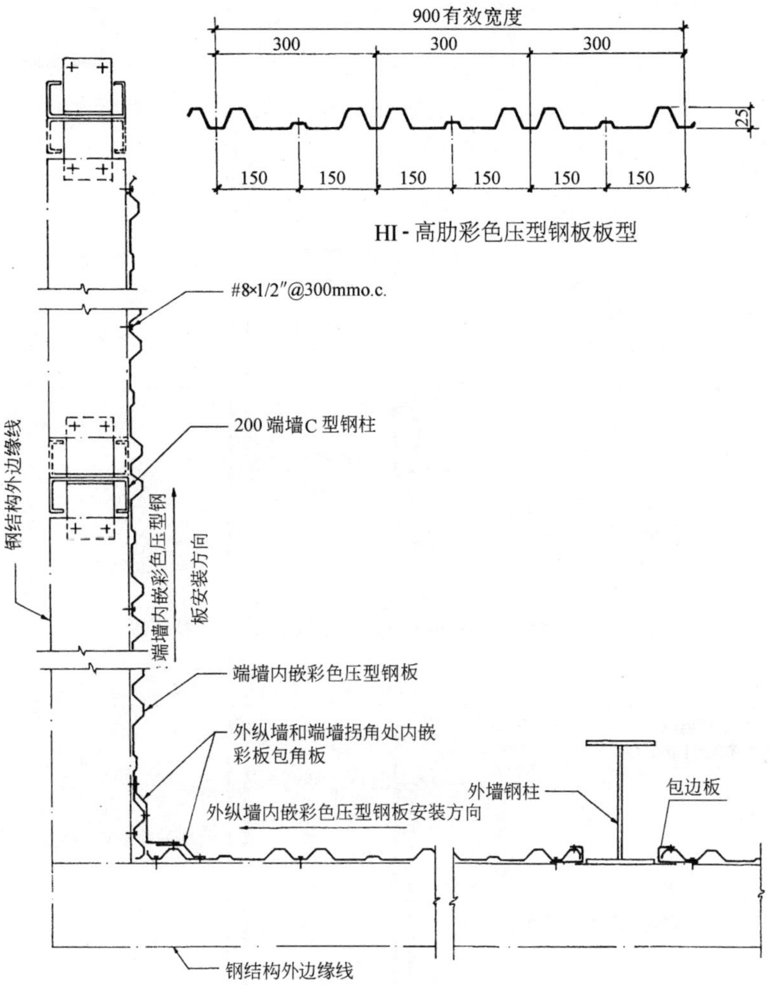

HI-高肋彩色压型钢板板型

外纵墙内嵌彩色压型钢板连接

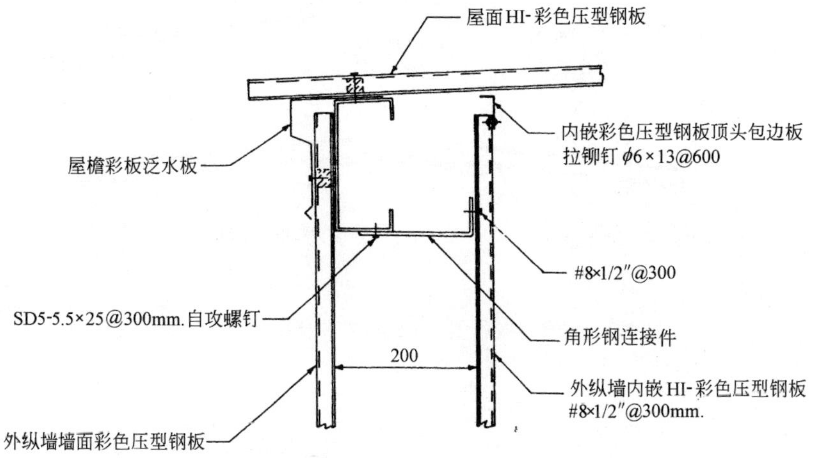

外纵墙内嵌彩色压型钢板时屋檐处安装连接

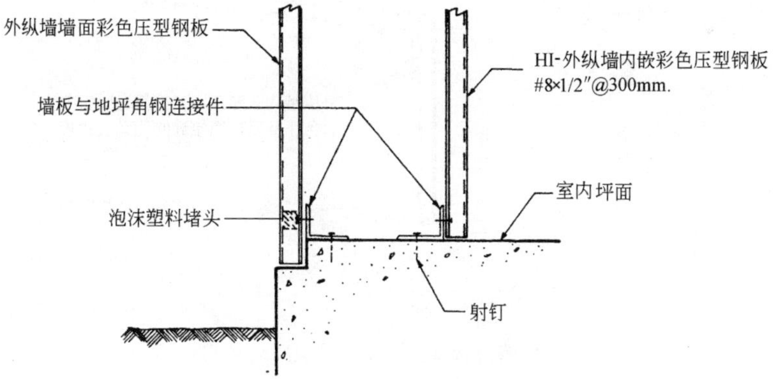

外纵墙内嵌彩色压型钢板墙基安装连接

6—7 外纵墙内嵌彩色压型钢板安装连接(H1—高肋彩色压型钢板)

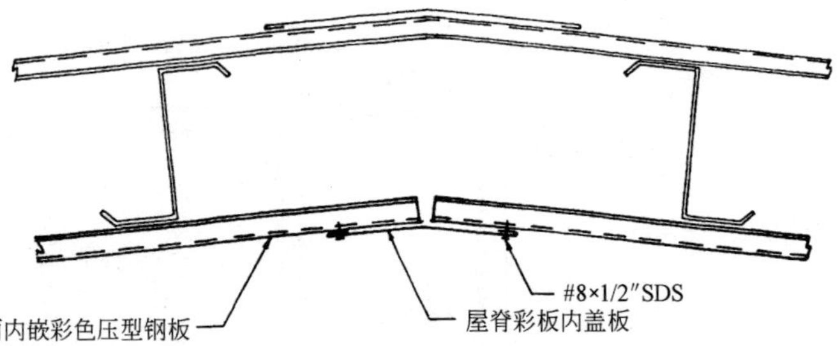

屋脊内嵌彩色压型钢板安装连接

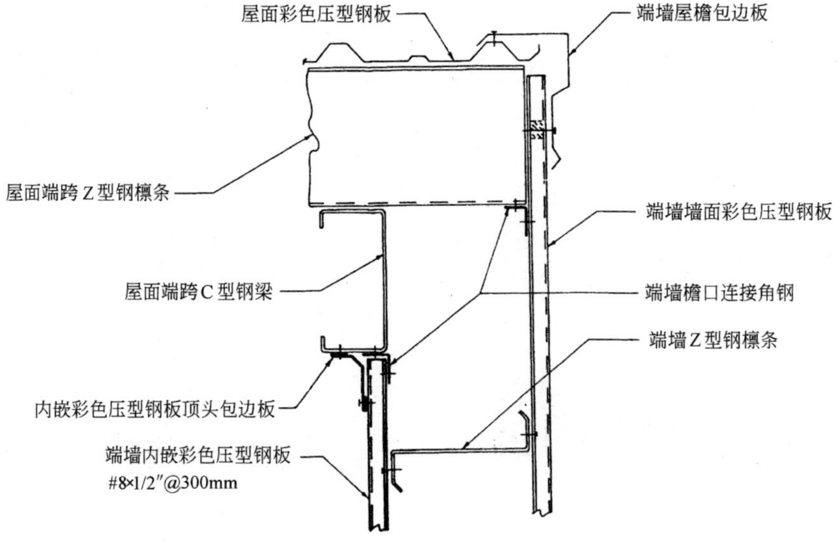

端墙内嵌彩色压型钢板屋檐处安装连接

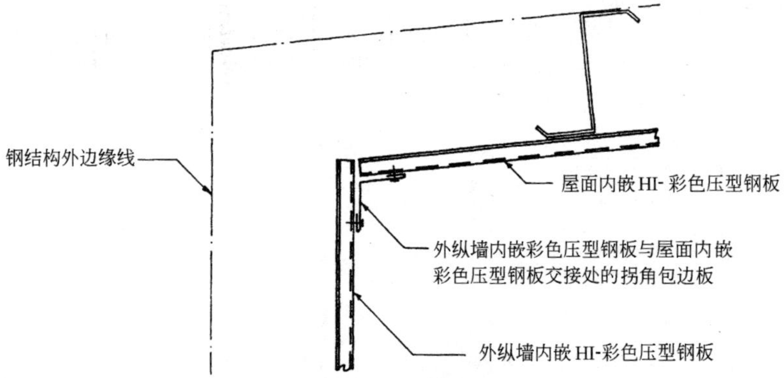

外纵墙内嵌彩色压型钢板顶部的连接

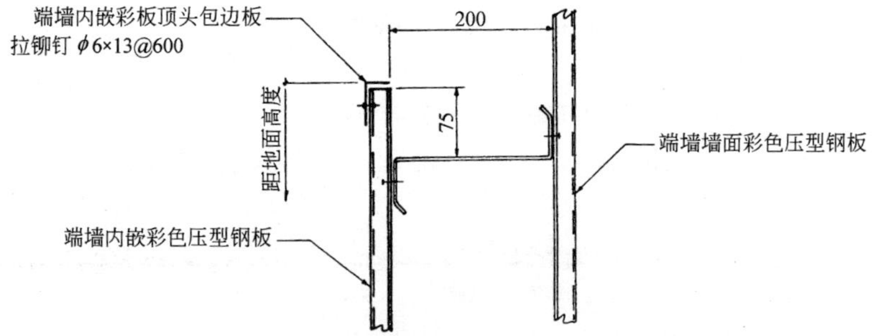

墙身内嵌彩色压型钢板安装连接

6—8 端墙、屋面内嵌彩色压型钢板安装连接(H1—高肋彩色压型钢板)

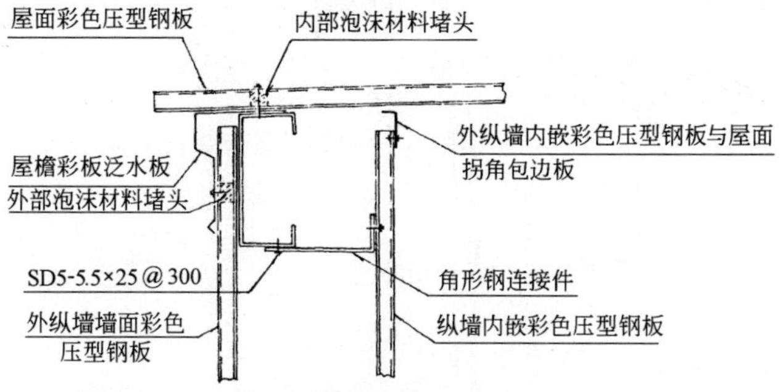

外纵墙内外双层彩色压型钢板屋檐安装连接

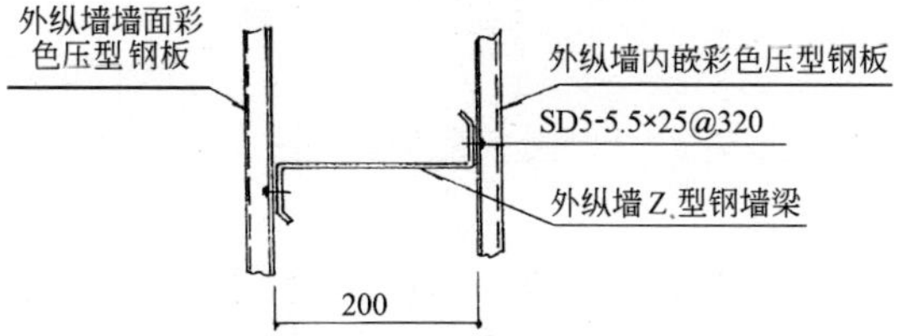

墙体内外双层彩色压型钢板连接

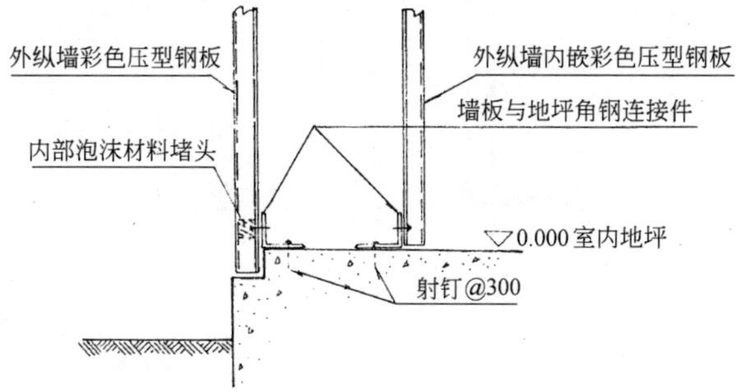

外纵墙底部内外双层彩色压型钢板安装连接

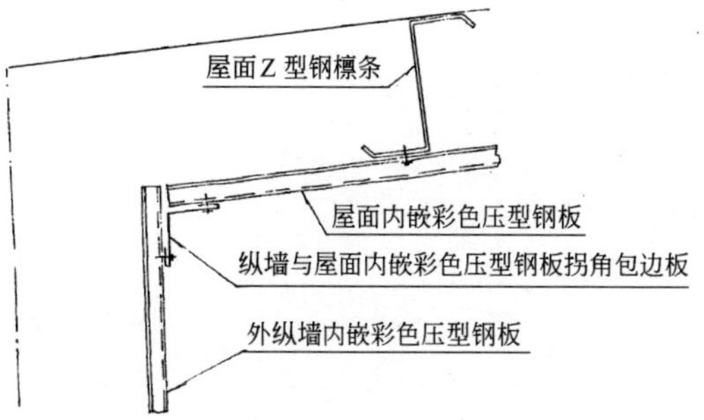

外纵墙及屋面内外双层彩色压型钢板内嵌拐角处的安装连接

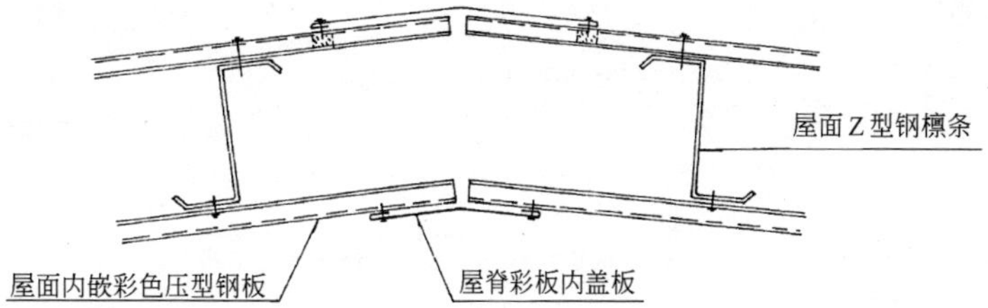

屋脊内外双层彩色压型钢板安装连接

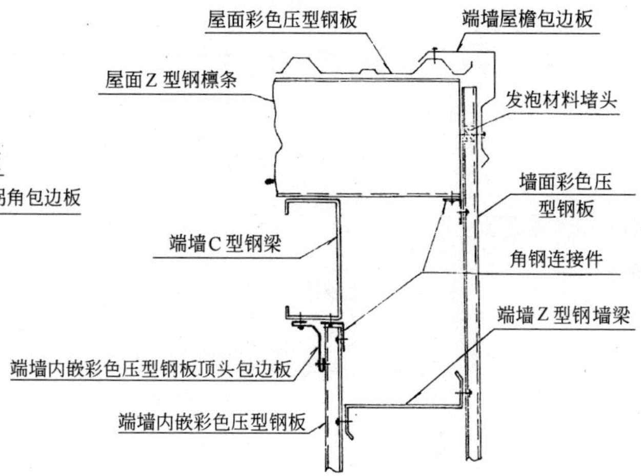

端墙屋檐内外双层彩色压型钢板安装连接

6—9 外纵墙、屋面双层彩色压型钢板安装连接

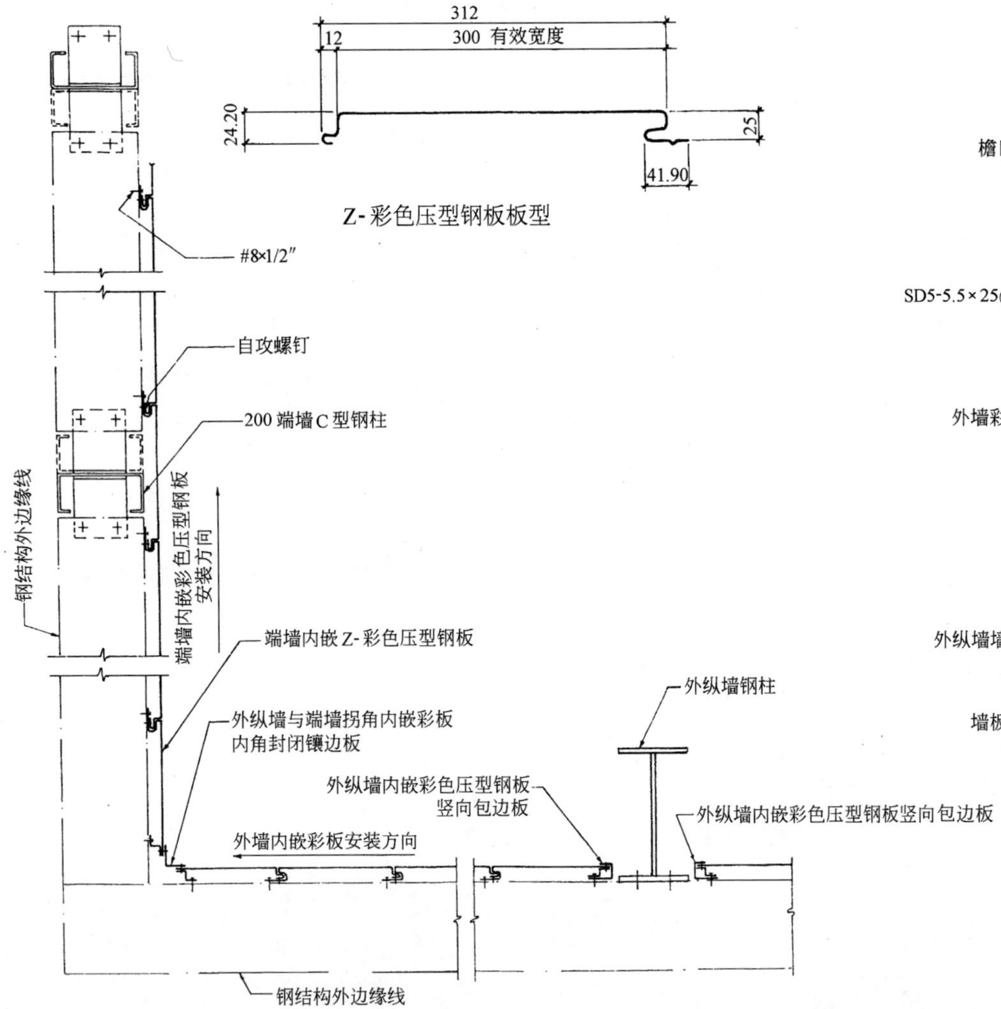

外纵墙内嵌彩色压型钢板安装连接

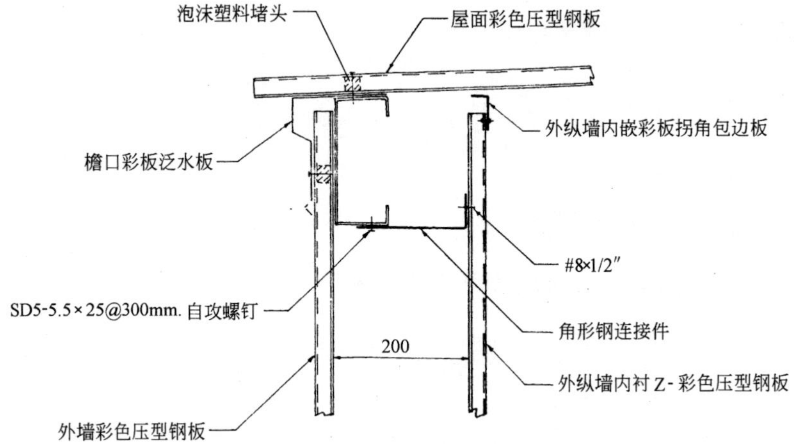

外纵墙内嵌彩色压型钢板时屋檐处安装连接

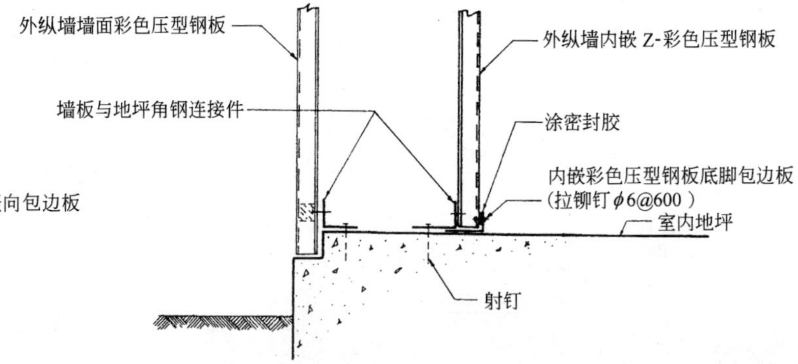

外纵墙及内嵌彩色压型钢板墙基安装连接

6—10 外纵墙内嵌彩色压型钢板安装连接(Z—彩色压型钢板)

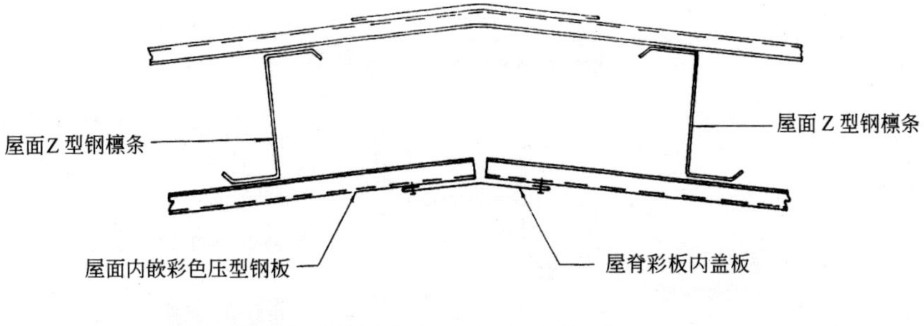

屋脊内嵌彩色压型钢板安装连接图

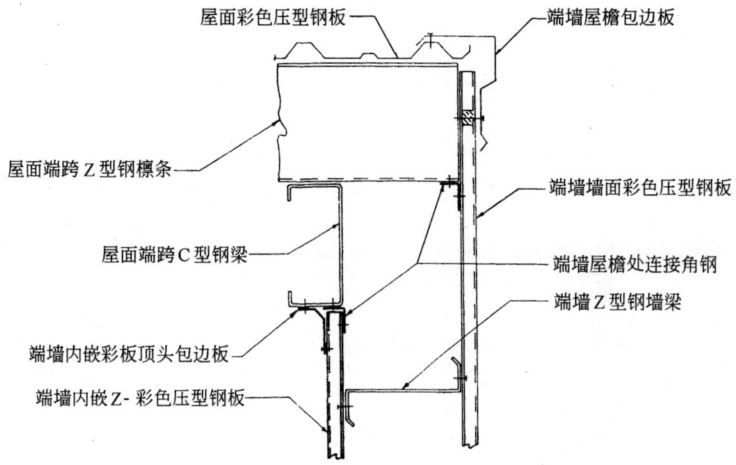

端墙内嵌彩色压型钢板屋檐处安装连接

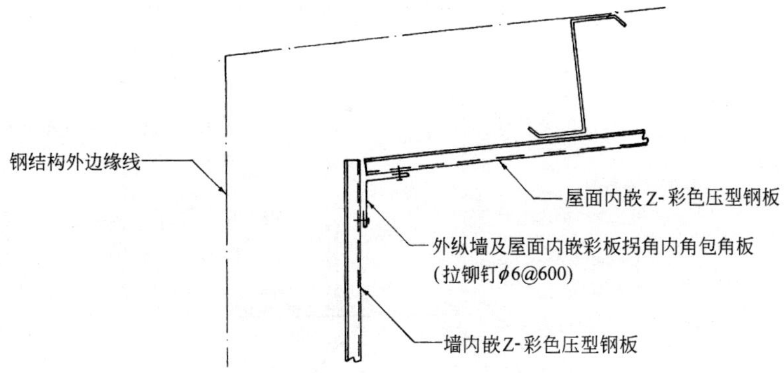

外纵墙与屋面内嵌彩色压型钢板安装连接

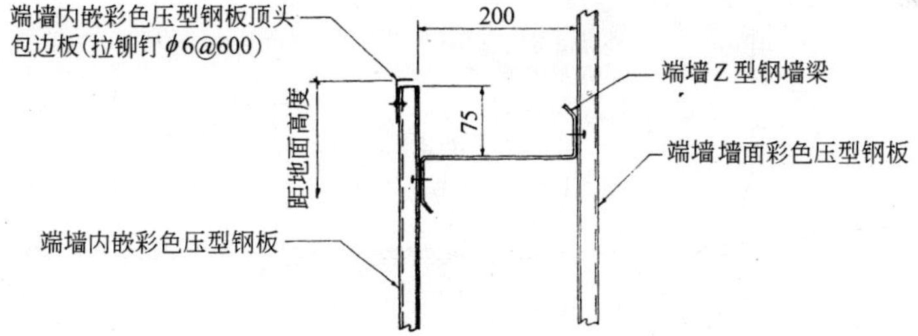

墙身内嵌彩色压型钢板安装连接

6—11 端墙、屋面内嵌彩色压型钢板安装连接(Z—彩色压型钢板)

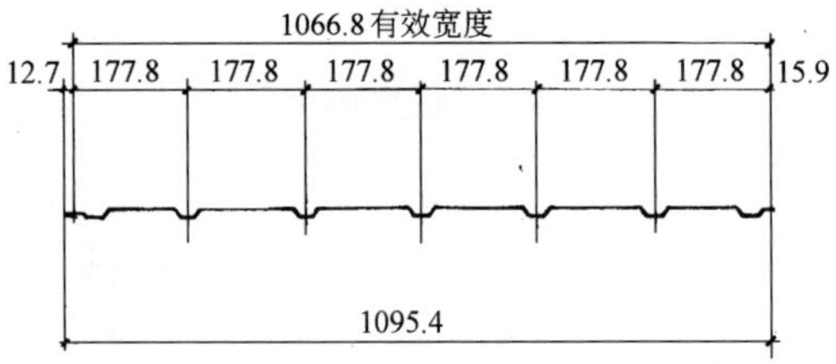

L-彩色压型钢板板型

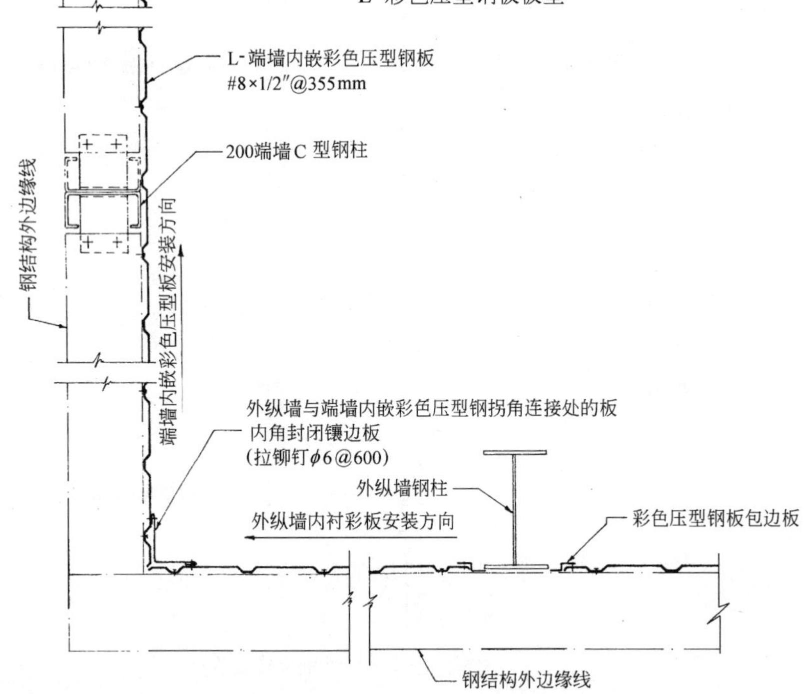

外墙内衬彩色压型钢板安装连接

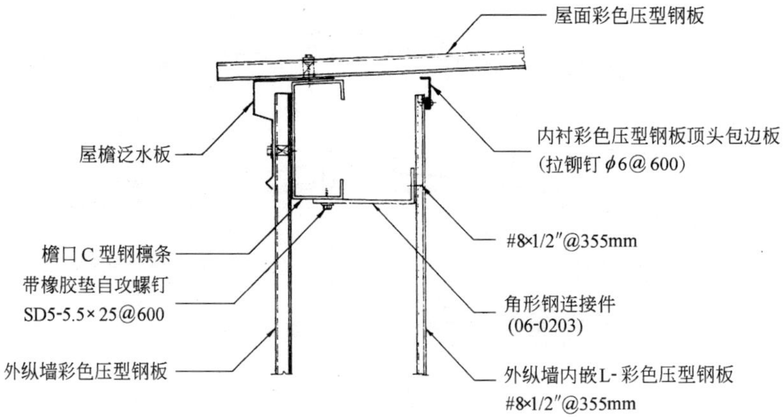

屋檐内衬彩色压型钢板安装连接

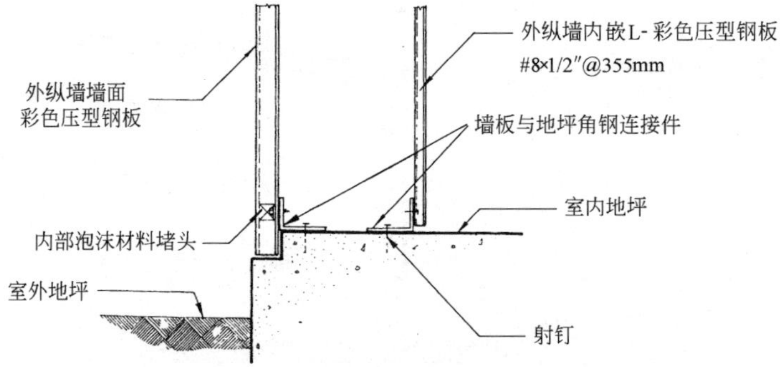

外纵墙及其内衬彩色压型钢板在墙基处的安装连接

6—12 外纵墙内嵌彩色压型钢板安装连接(L—彩色压型钢板)

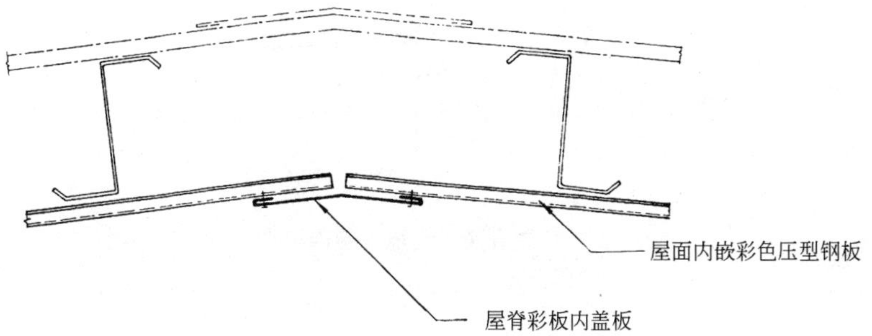

屋脊内嵌彩色压型钢板连接

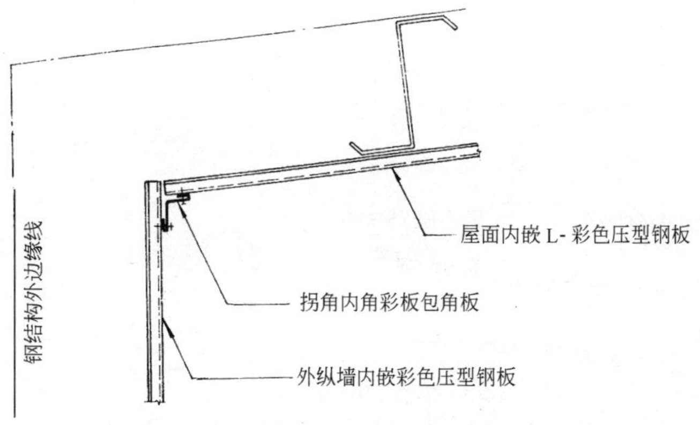

外纵墙与屋面内嵌彩色压型钢板安装连接

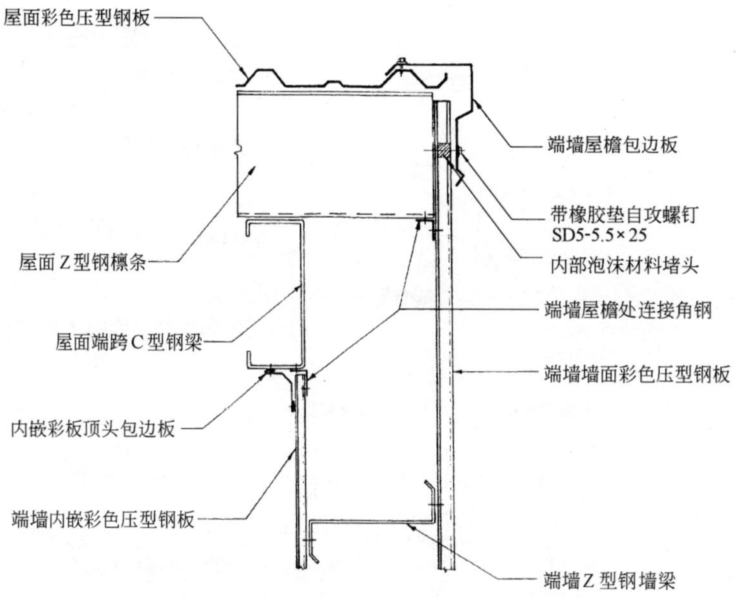

端墙内嵌彩色压型钢板屋檐处安装连接

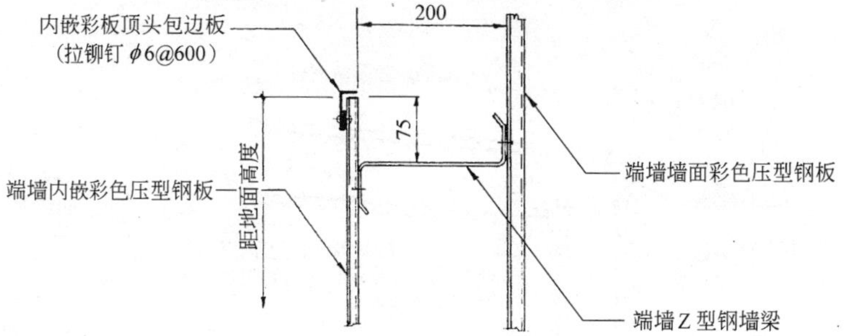

墙身内嵌彩色压型钢板安装连接

6—13 端墙、屋面内嵌彩色压型钢板安装连接(L—彩色压型钢板)

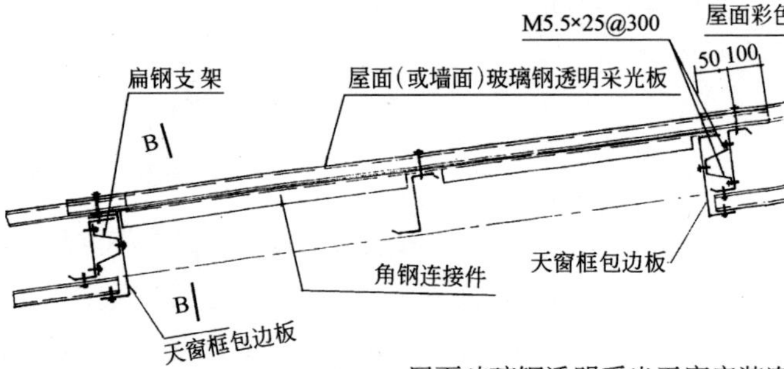

屋面玻璃钢透明采光天窗安装连接

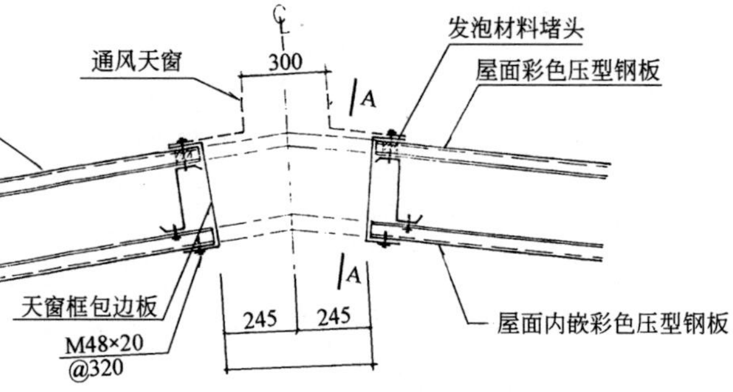

屋脊通风天窗安装连接图

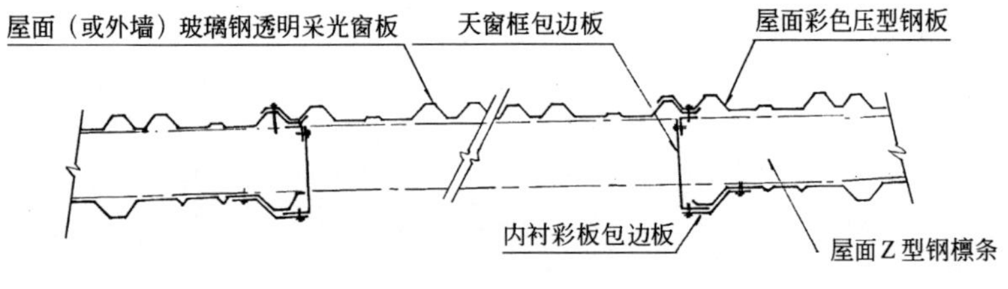

B—B

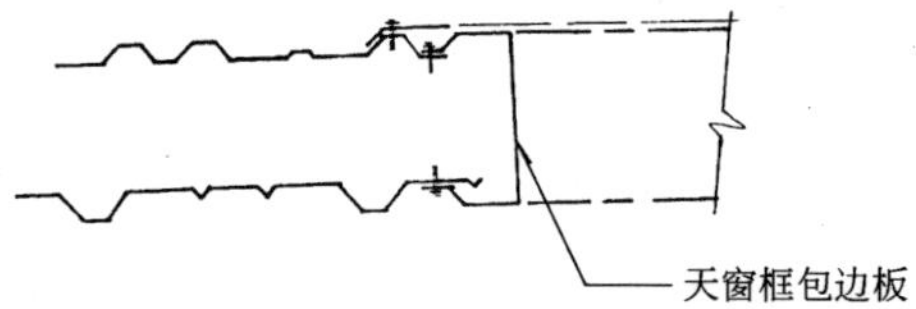

A—A

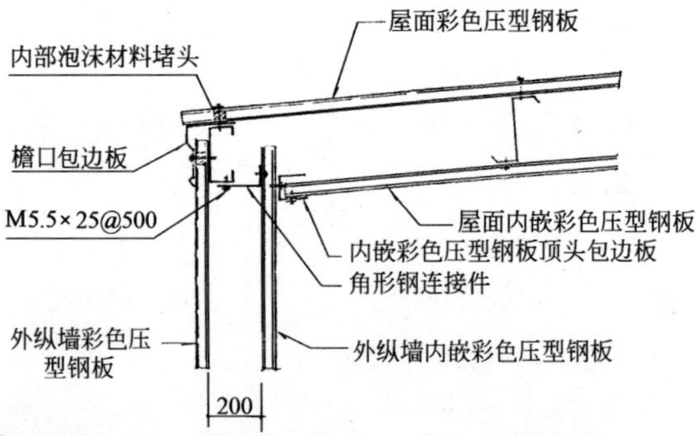

外纵墙及屋面内外双彩色压型钢板屋檐拐角安装连接

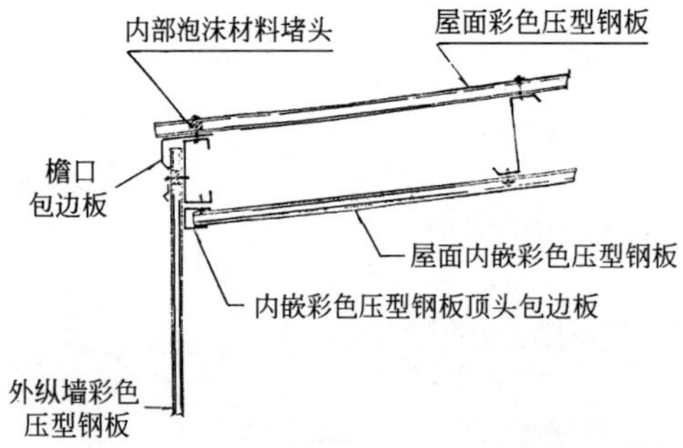

屋面内外双层及外墙单层彩色
压型钢板屋檐拐角安装连接

6—14　屋面内外双层彩色压型钢板中玻璃钢透明采光天窗安装连接

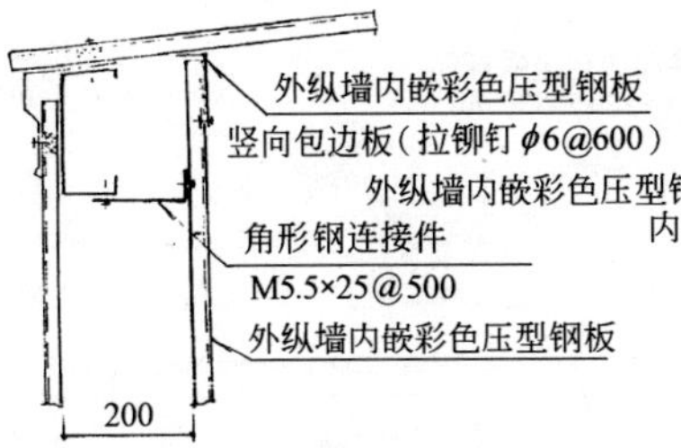

外纵墙内嵌彩色压型钢板与屋面拐角安装连接

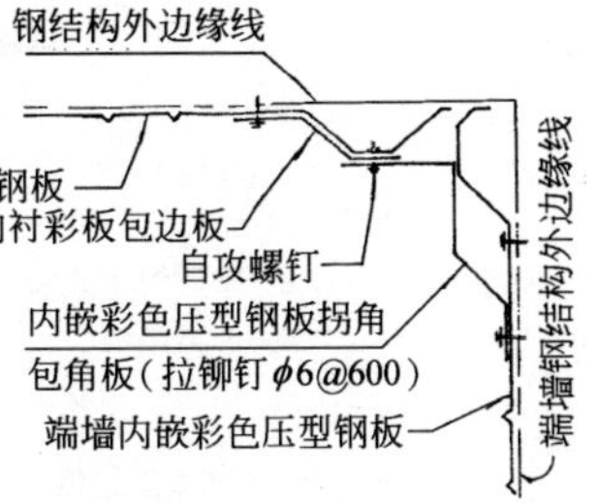

外纵墙与端墙拐角处内嵌彩色压型钢板安装连接图

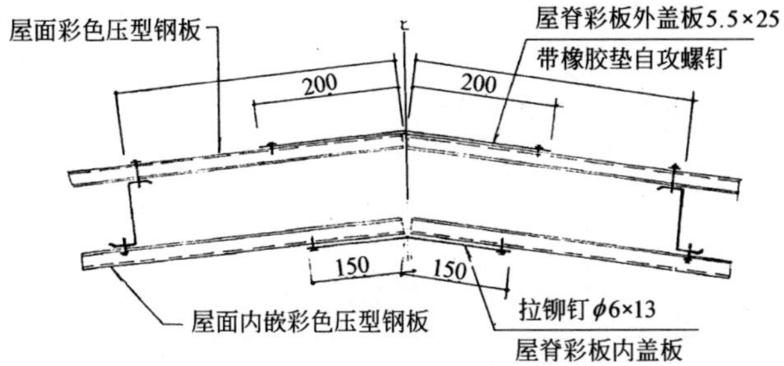

屋面内外双层彩色压型钢板屋脊安装连接

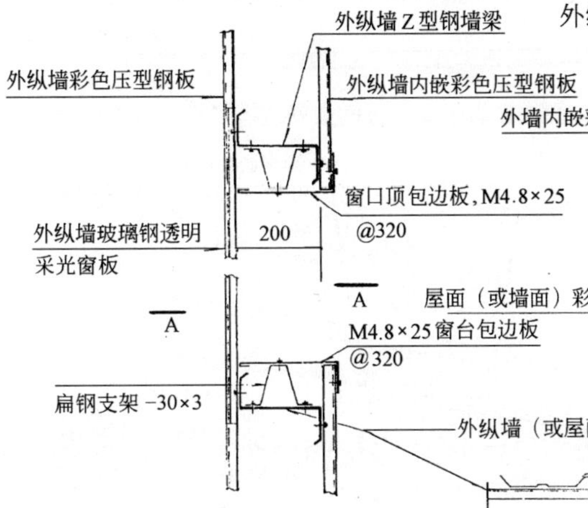

外纵墙玻璃钢透明采光窗安装详图

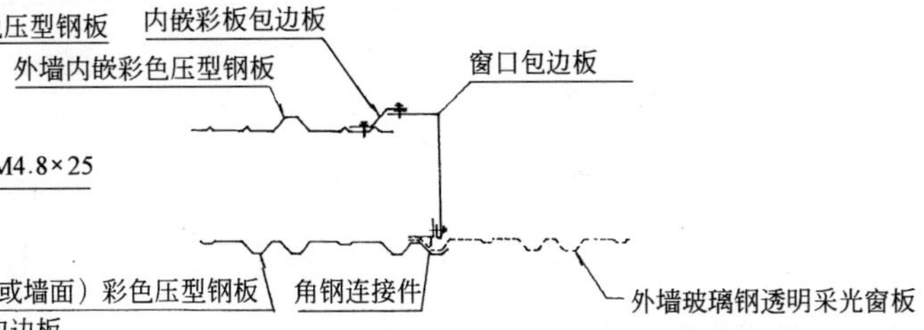

A—A

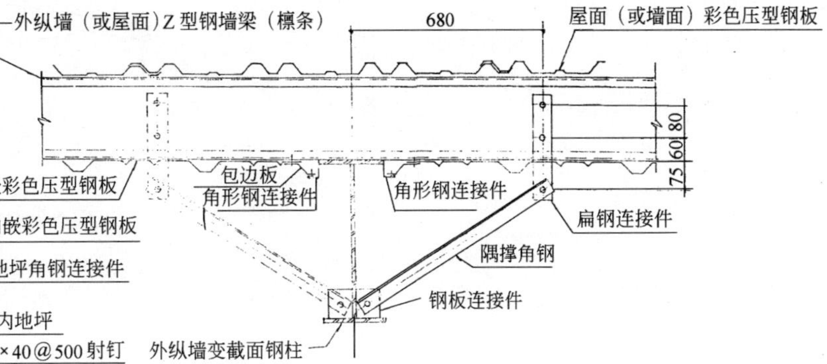

外纵墙钢柱(或屋面钢梁)处
内嵌彩色压型钢板安装连接

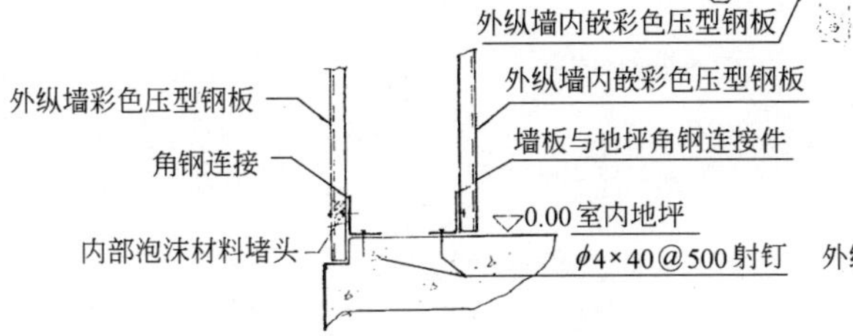

外纵墙内外双层彩色压型钢板墙基脚处安装连接

6—15　外纵墙内外双层彩色压型钢板中玻璃钢透明采光窗安装连接

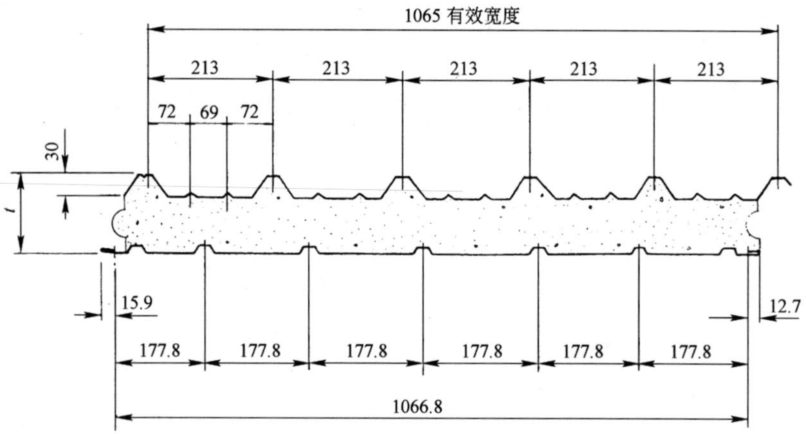

t =65、80及105mm.

高肋岩棉夹芯板板型

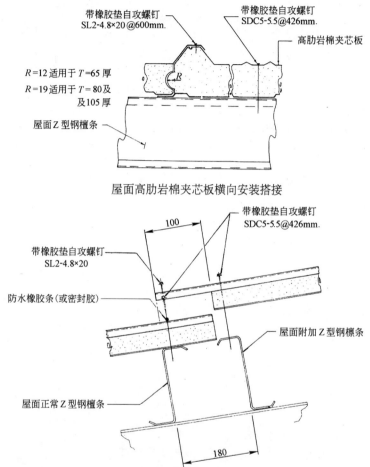

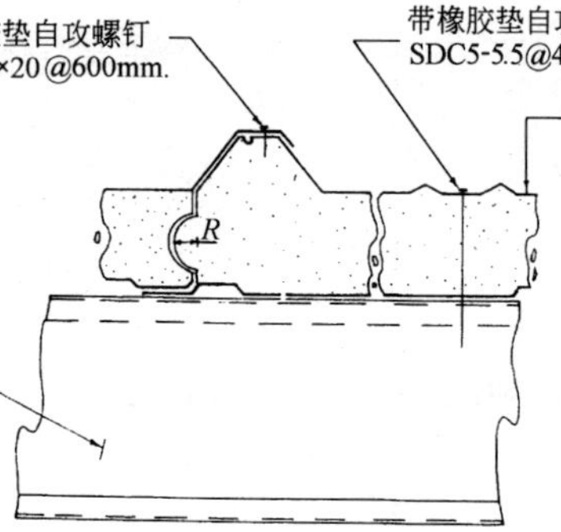

屋面高肋岩棉夹芯板横向安装搭接

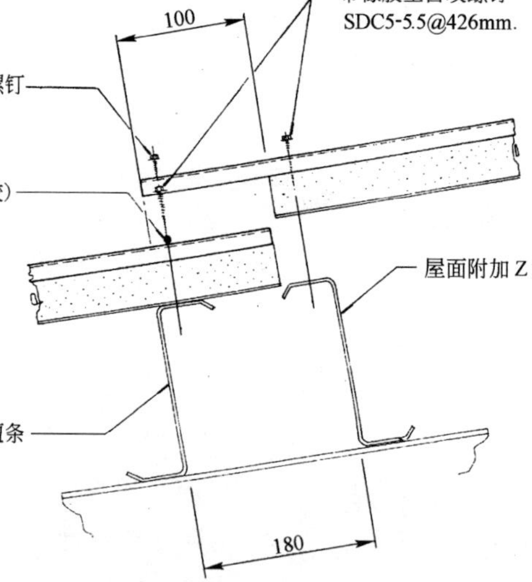

屋面高肋岩棉夹芯板纵向安装搭接

6—16 高肋型岩棉夹芯板板型及其安装连接

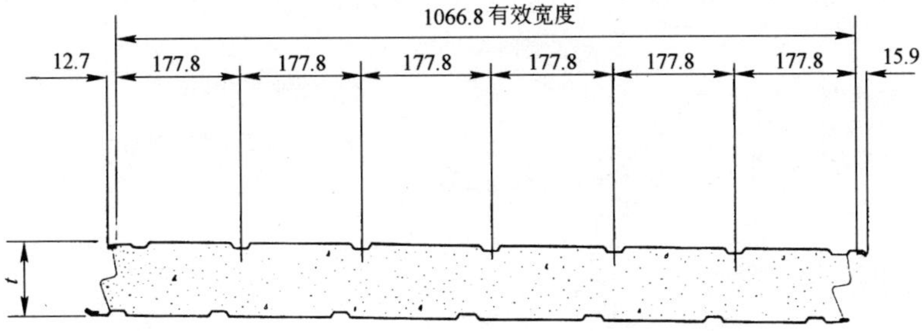

t =35、50、75及100mm.

低肋岩棉夹芯板板型

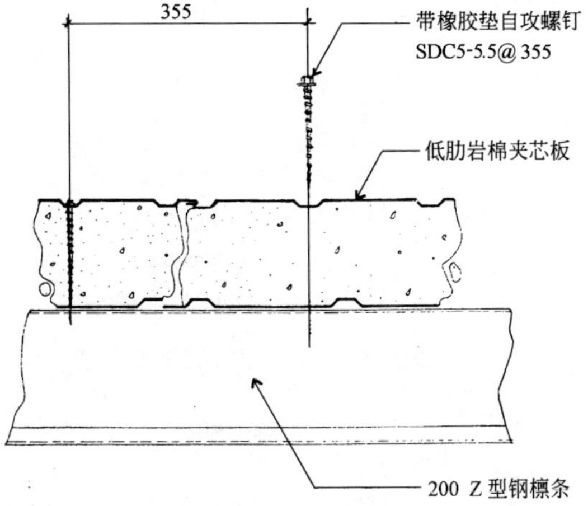

屋面低肋岩棉夹芯板纵向搭接

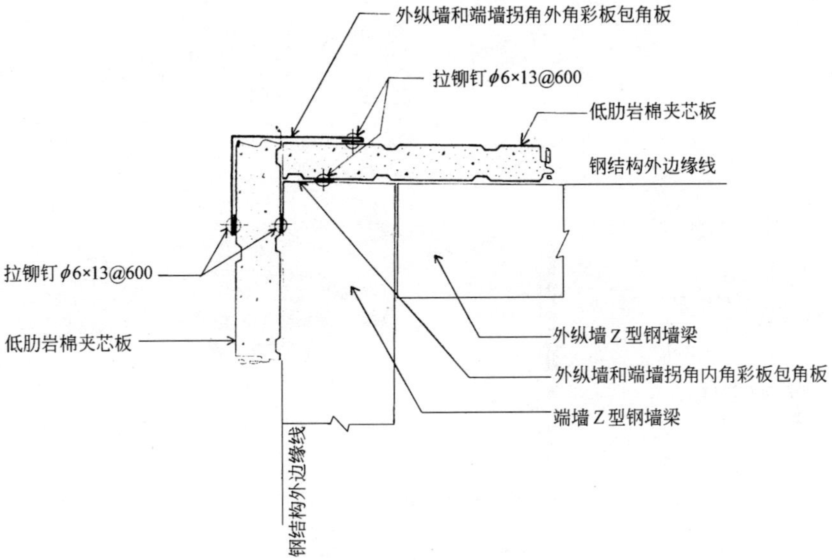

外纵墙与端墙拐角低肋岩棉夹芯板连接

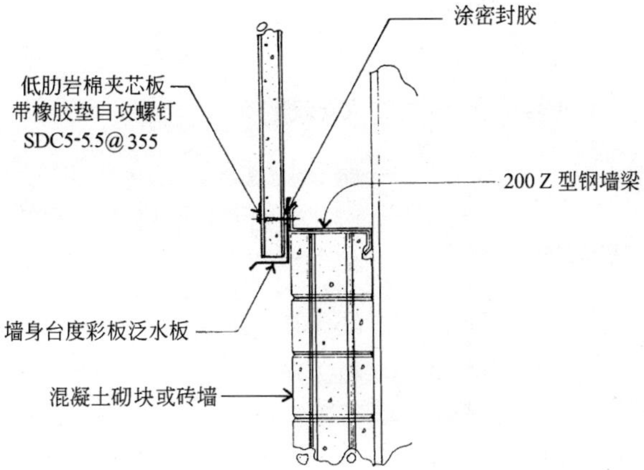

外墙低肋岩棉夹芯板连接

6—17 低肋型岩棉夹芯板板型及安装连接

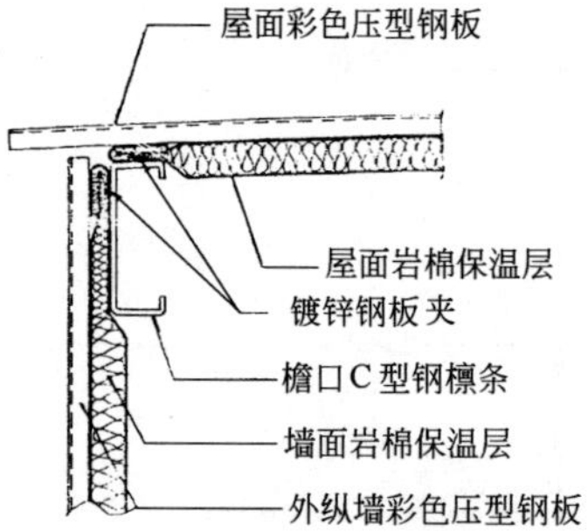

外纵墙檐口彩色压型钢板安装连接

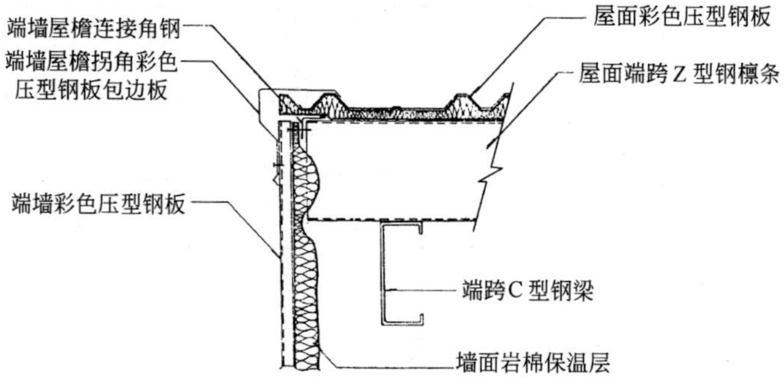

端墙檐口处端墙与屋面彩色压型钢板安装

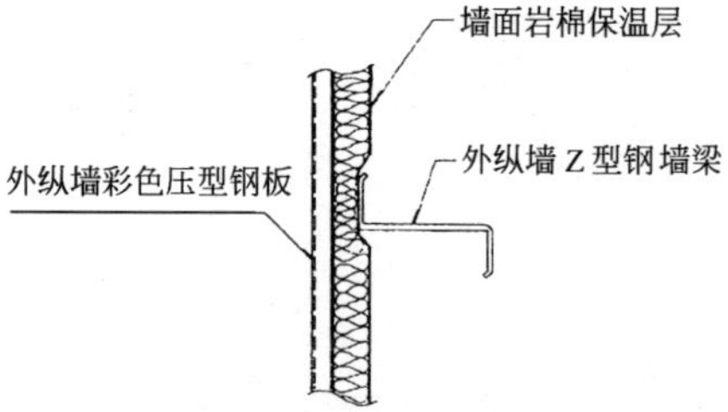

外纵墙墙体彩色压型钢板安装连接

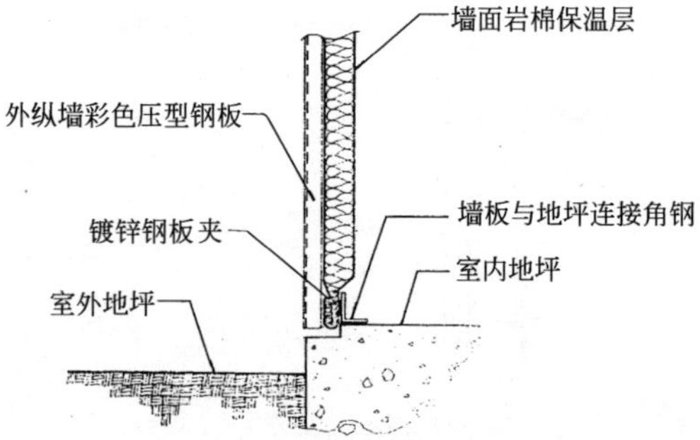

外纵墙脚底彩色压型钢板安装连接

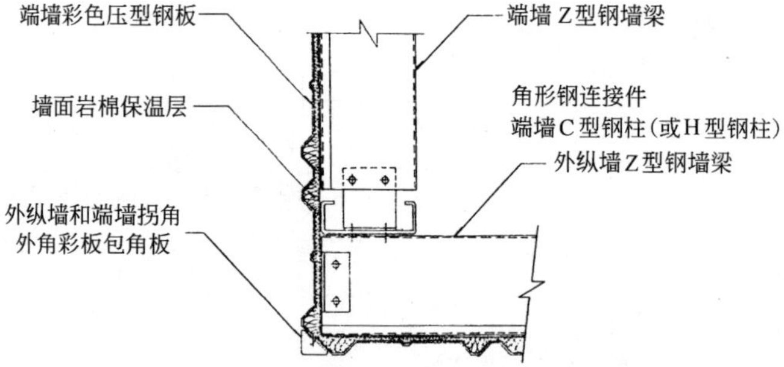

外纵墙和端墙拐角彩板外角包角板

6—18 外纵墙及屋面彩色压型钢板内嵌岩棉保温层安装连接

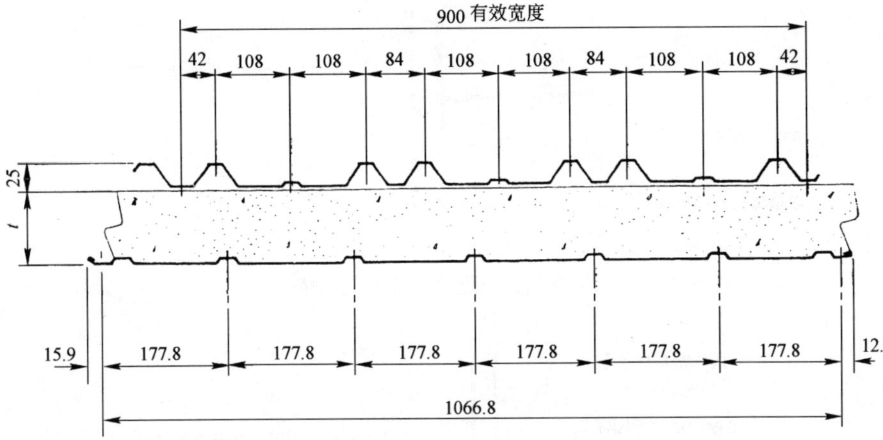

t =35, 50, 75 与100mm.

聚氨酯夹芯板板型

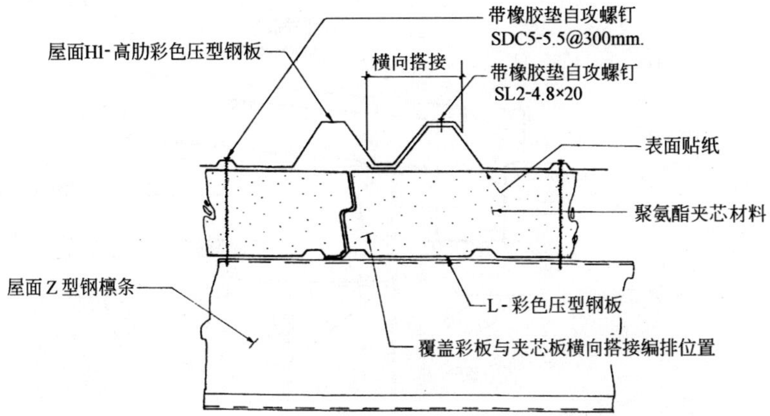

屋面聚氨酯夹芯板横向安装搭接

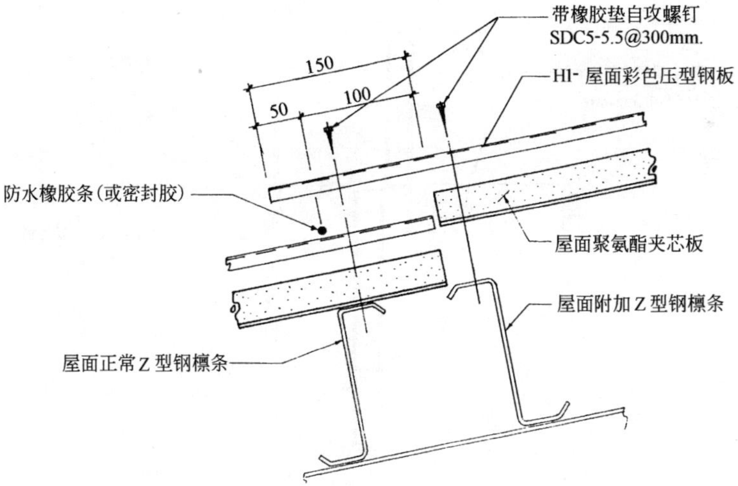

屋面聚氨酯夹芯板纵向安装搭接

6—19 聚氨酯夹芯板安装连接

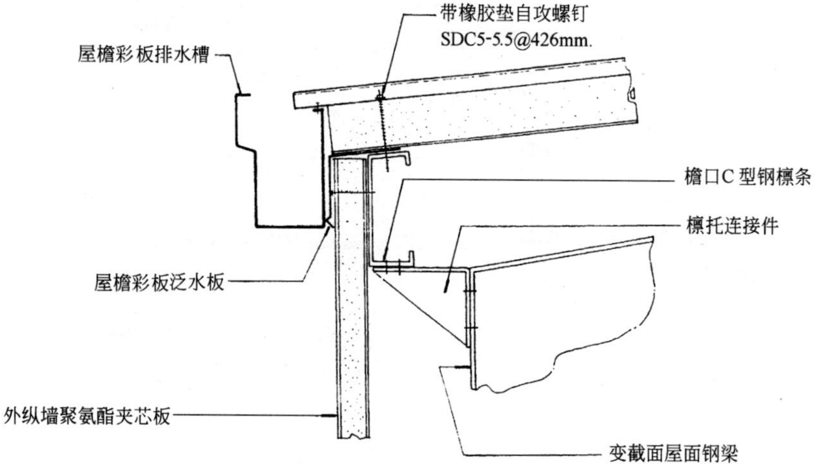

外纵墙及屋檐聚氨酯夹芯板安装连接

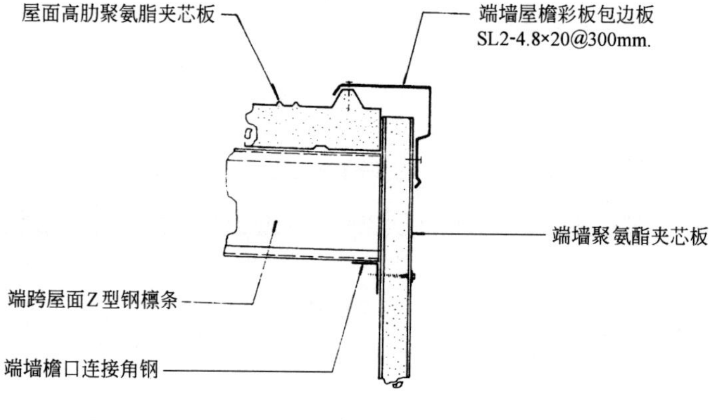

端墙屋檐聚氨酯夹芯板安装连接

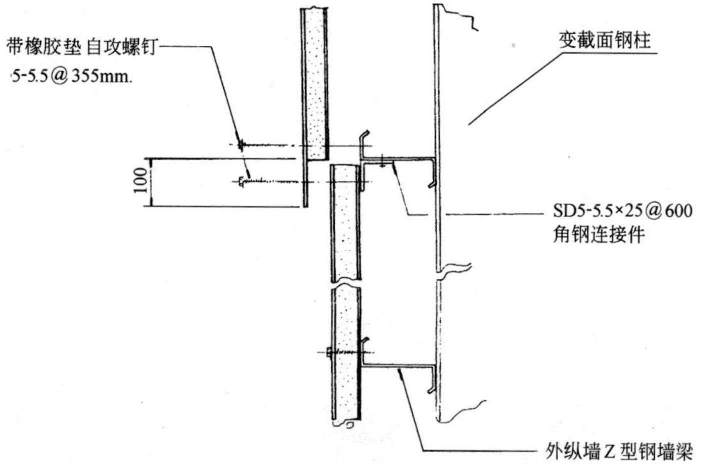

外纵墙聚氨酯夹芯板安装连接

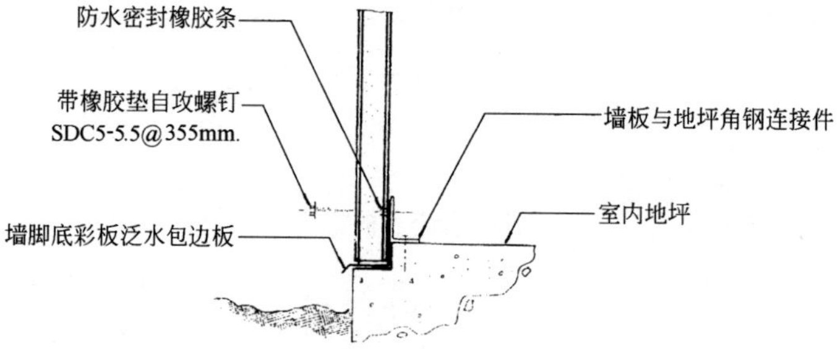

墙基聚氨酯夹芯板安装连接

6—20 外纵墙及屋檐聚氨酯夹芯板安装连接

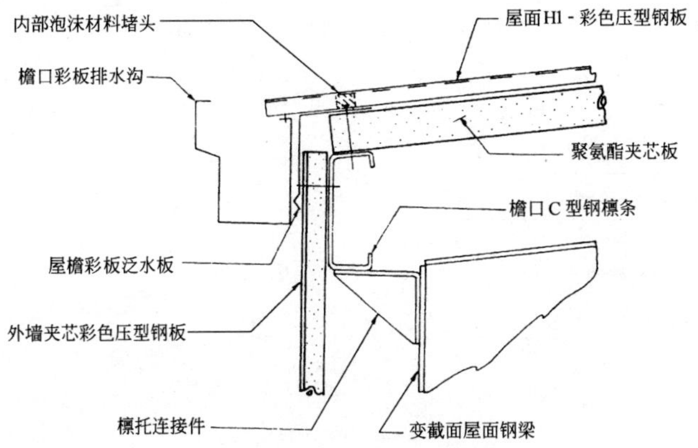

外纵墙及屋檐聚氨酯夹芯板安装连接

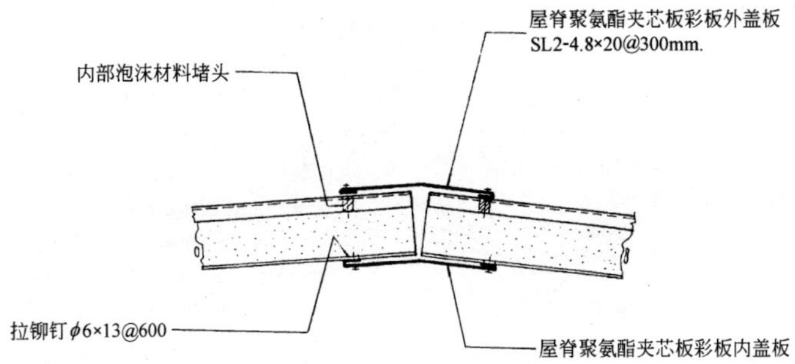

屋脊聚氨酯夹芯板安装连接

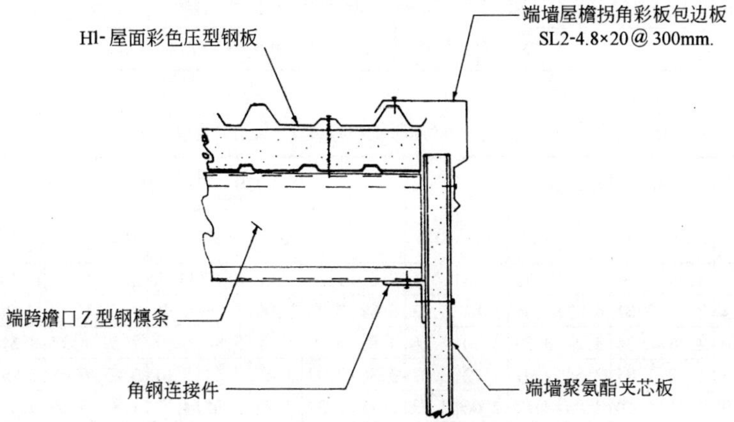

端墙屋檐聚氨酯夹芯板安装连接

6—21 外纵墙屋檐、端墙屋檐及屋脊聚氨酯夹芯板安装连接

隔热复合板接头及跨度选用表

复合板规格

芯部材料:聚苯乙烯泡沫板

外层材料:彩色钢板

宽度:1200mm

厚度:50~250mm

长度:任意可运输长度

隔热复合板每 m^2 重量

板厚 h(mm)	50	75	100	125	150	200	250
板重(kg/m^2)	9.3	9.8	10.3	10.8	11.3	12.3	13.3

注: 钢板厚度为 0.5mm

(跨度选用表)板厚度 h—mm,荷载 Q—kN/m^2,钢板厚度 t—mm,跨度 L—m

Q \ h	50		75		120		125		150		200		250	
t	0.5	0.6	0.5	0.6	0.5	0.6	0.5	0.6	0.5	0.6	0.5	0.6	0.5	0.6
$Q=0.3$	4.45	4.66	5.96	6.78	7.33	7.71	8.60	9.06	9.80	10.32	11.98	12.64	14.04	14.81
$Q=0.5$	2.40	3.64	4.72	4.94	5.84	6.13	6.88	7.23	7.06	8.25	9.66	10.17	11.35	11.96
$Q=1.0$	2.36	2.44	3.27	3.39	4.10	4.26	4.88	5.00	5.61	5.86	6.97	7.29	8.27	8.64
$Q=1.5$	1.80	1.85	2.54	2.61	3.22	3.32	2.86	3.99	4.47	4.63	5.61	5.83	6.68	6.95
$Q=2.0$	1.46	1.48	2.08	2.12	2.66	2.73	3.21	3.30	3.73	3.85	4.72	4.88	5.66	5.87
$Q=2.5$	1.21	1.23	1.75	1.78	2.26	2.60	2.74	2.81	3.21	3.29	4.09	4.20	4.93	5.00

复合板标准接头

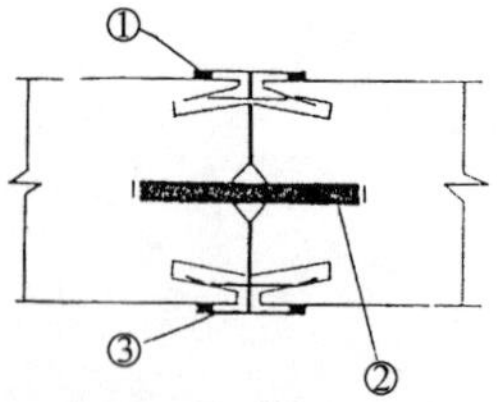

① 铝合金连接件(侧面加热密封)
② 冷轧板
③ 铝合金连接件

复合板企口接头

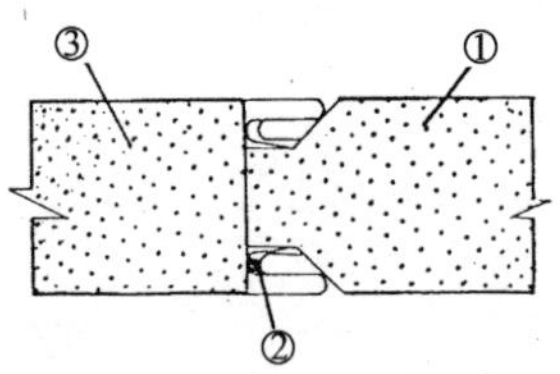

① 夹芯板
② 密封胶 (侧面加热)
③ 夹芯板

屋面板接头

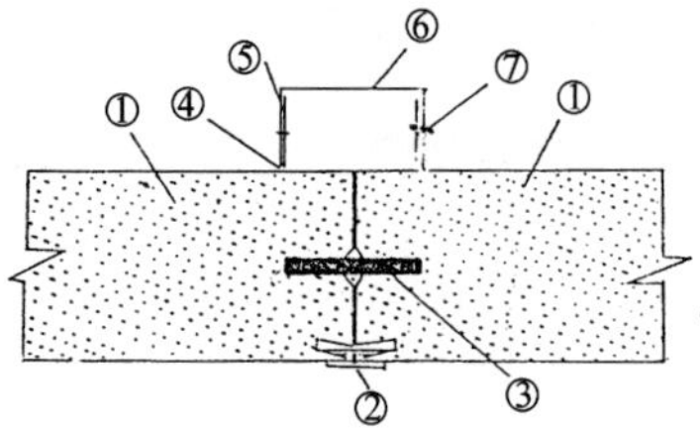

① 屋面夹芯板
② 铝合金连接件
③ 冷轧板
④ 密封胶
⑤ 密封胶
⑥ 彩板罩
⑦ 铆钉

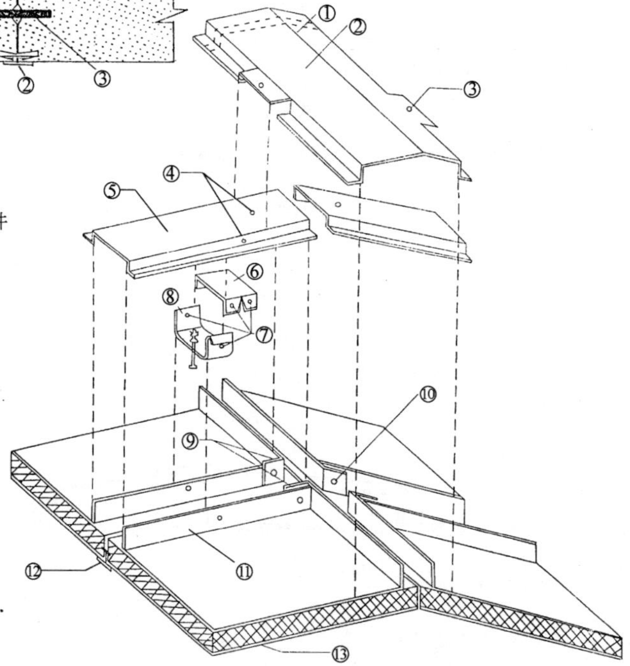

①搭接 50mm 二道密封胶②外盖脊板③铆钉孔 ϕ5.2④铆钉孔 ϕ5.2⑤天面吸槽⑥扣件(上)⑦铆钉孔 ϕ5.2⑧U 型扣件(下)⑨打密封胶⑩铆钉孔 ϕ5.2 ⑪ 彩色钢板翻边⑫ 工字型铝 ⑬(屋面)夹芯板

夹芯板屋面安装透视

6—22 夹芯板板型及其安装连接

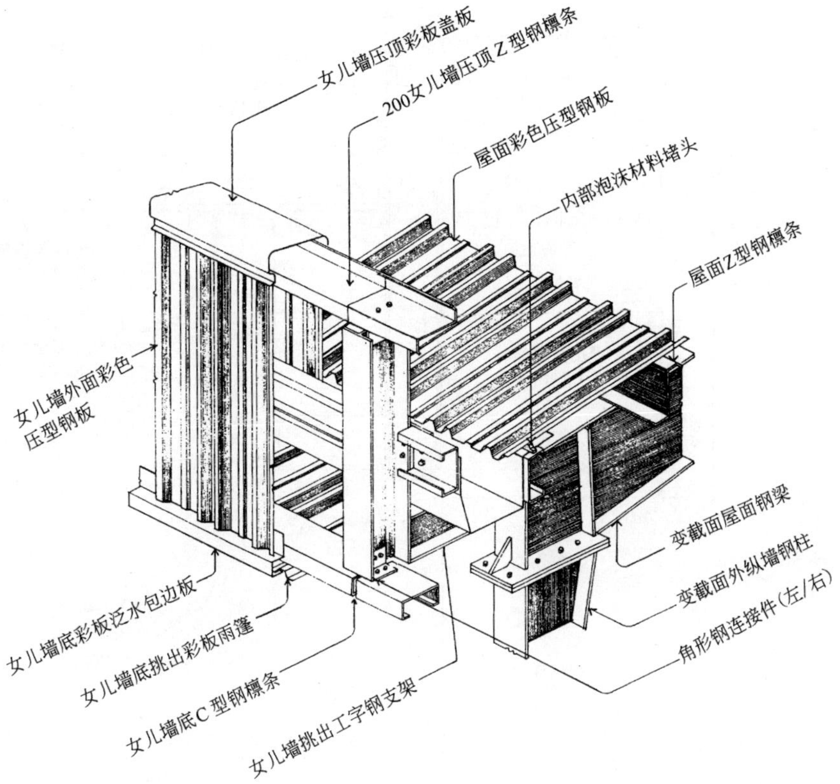

外纵墙屋檐女儿墙及排水天沟安装(一)

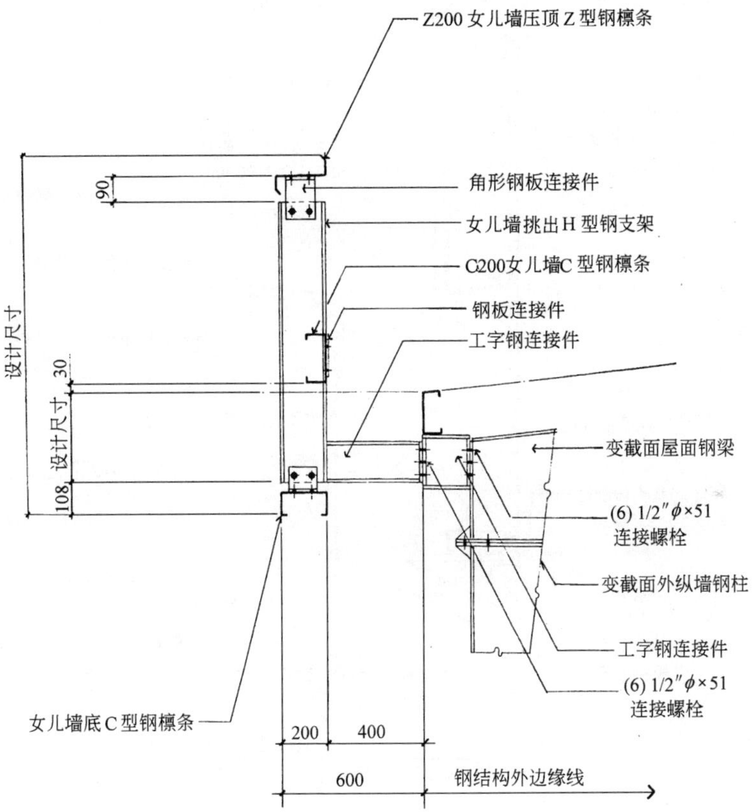

外纵墙屋檐女儿墙及排水天沟安装(二)

6—23 外纵墙屋檐女儿墙及排水天沟安装连接

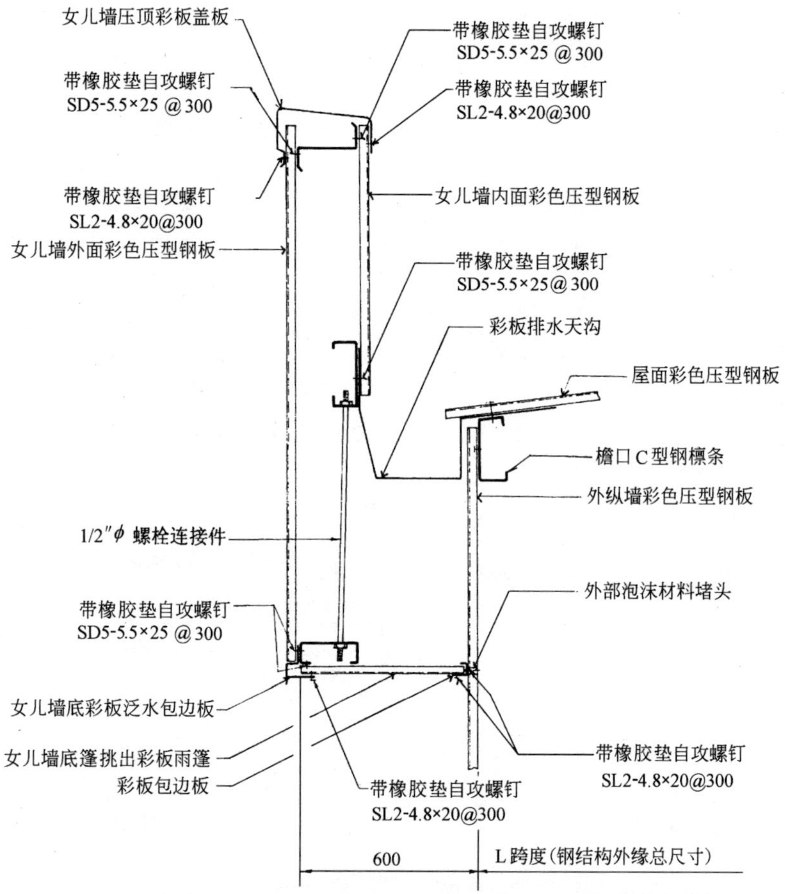

外纵墙屋檐女儿墙与排水天沟安装连接(二)

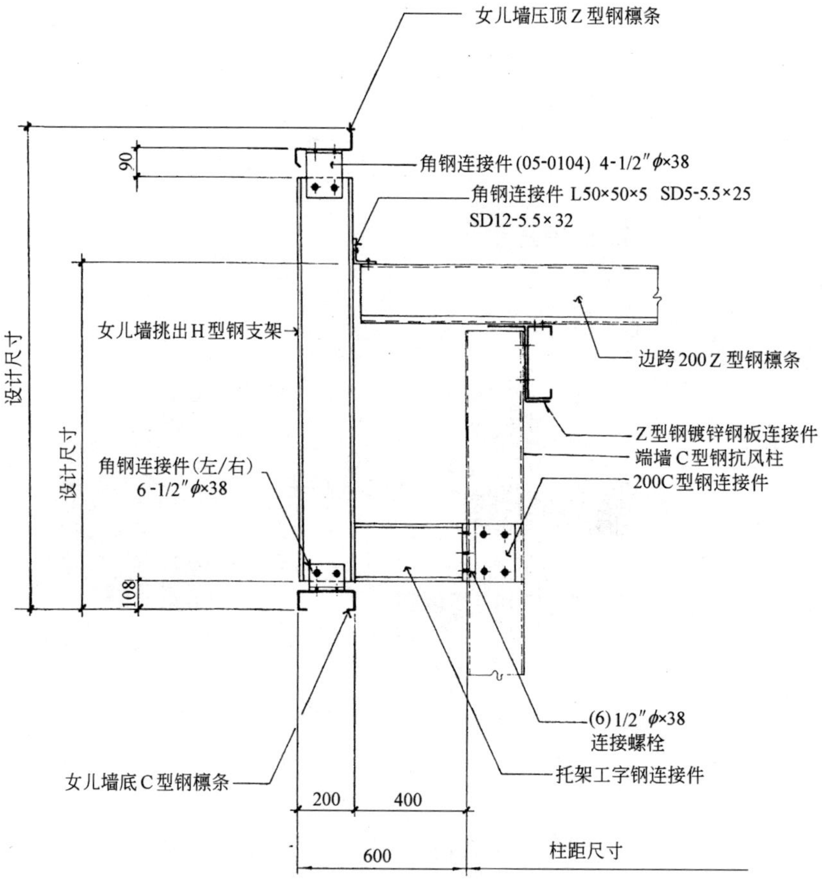

端墙屋檐女儿墙钢结构安装连接(四)

6—24 外纵墙屋檐女儿墙及端墙女儿墙安装连接(续 6-23)

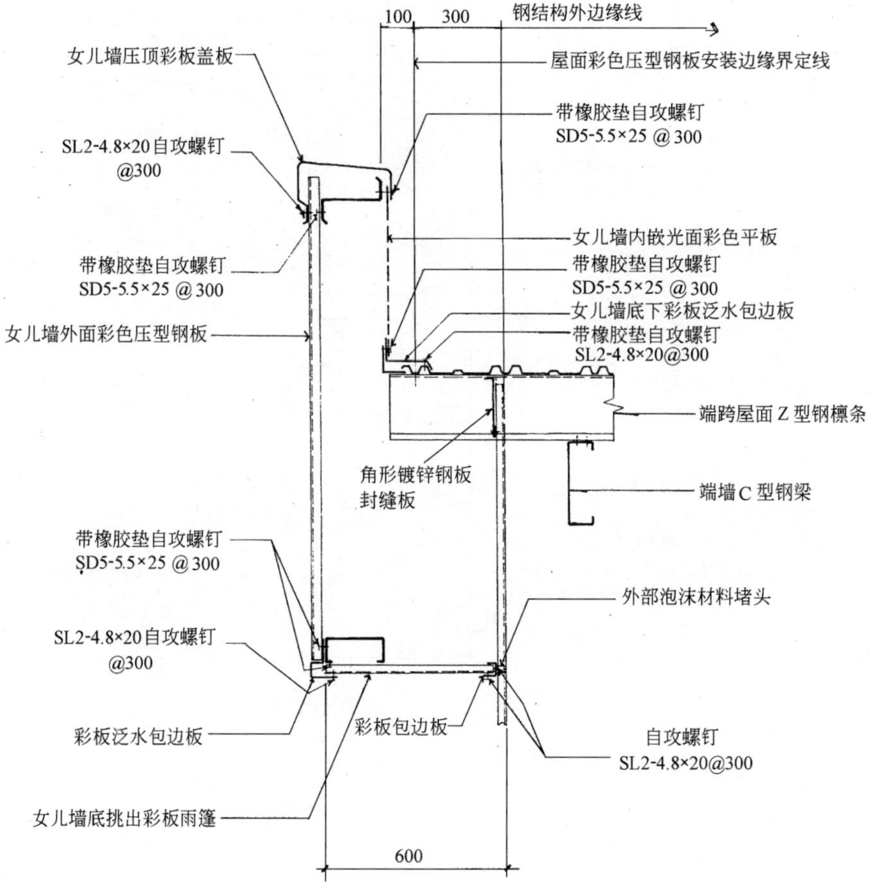

端墙屋檐女儿墙安装连接(五)

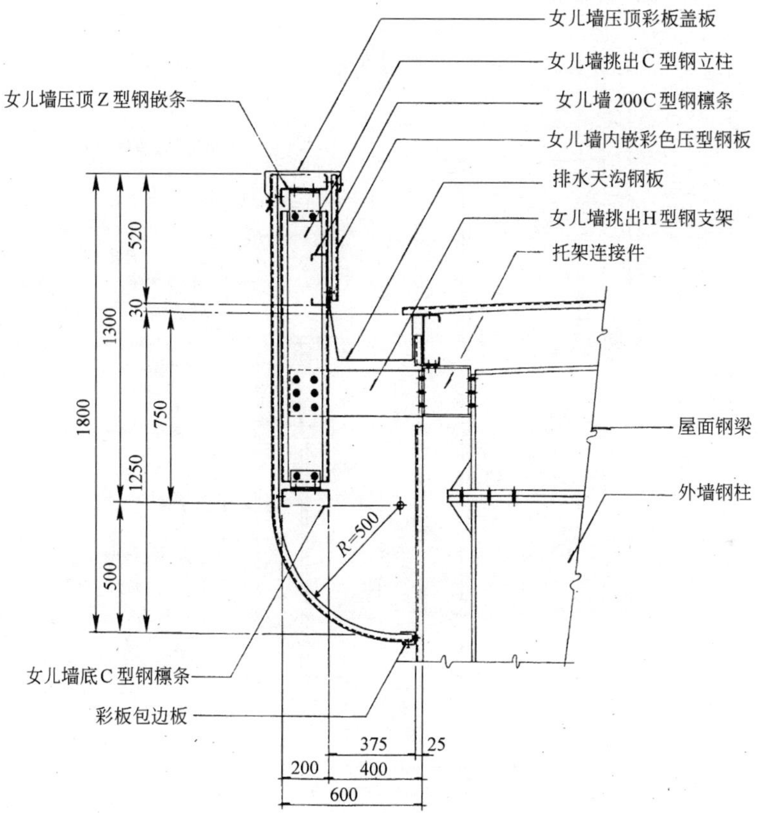

外纵墙屋檐女儿墙与排水天沟安装连接(六)

6—25 端墙屋檐女儿墙及外纵墙屋檐排水天沟安装连接(续6-23)

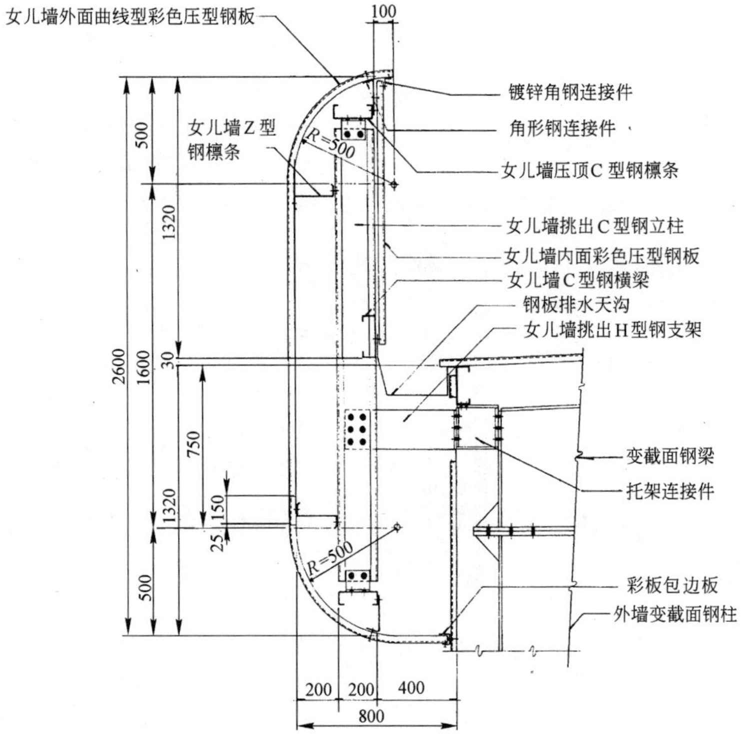

外纵墙屋檐女儿墙排水天沟安装连接（七）

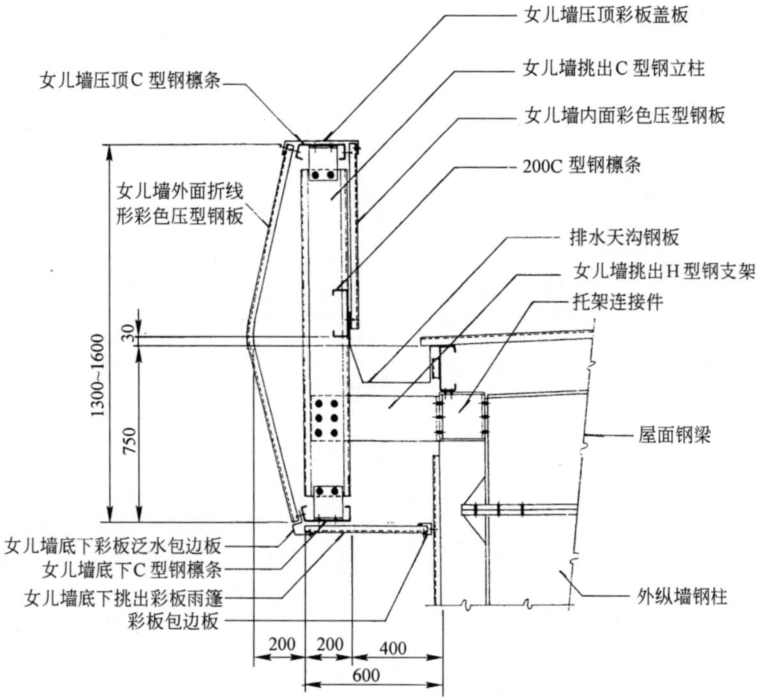

外纵墙屋檐女儿墙排水天沟安装连接（八）

6—26 外纵墙屋檐女儿墙排水天沟安装连接（续6-23）

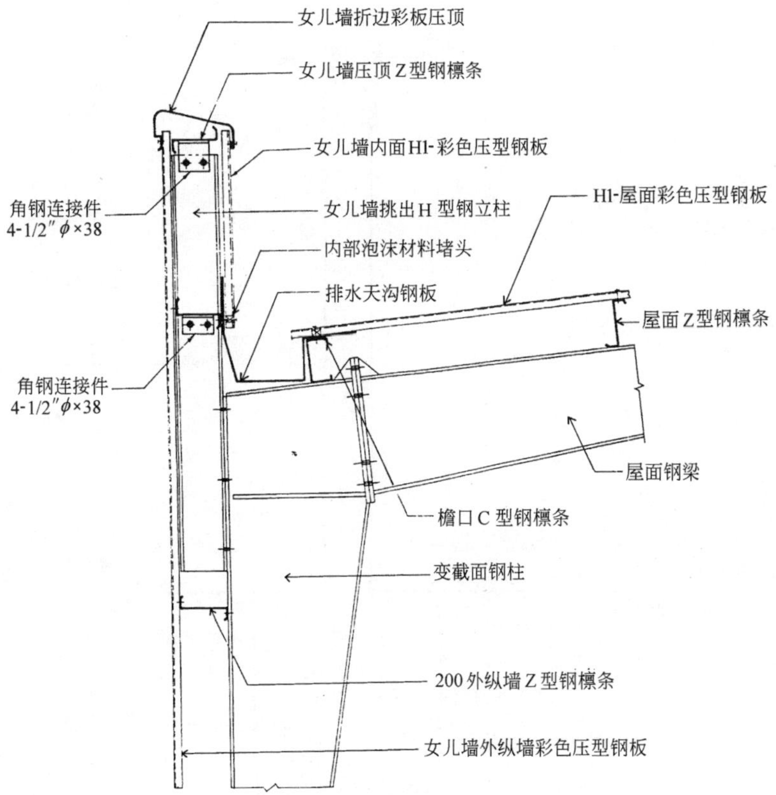

外纵墙屋檐女儿墙排水天沟安装连接(九)

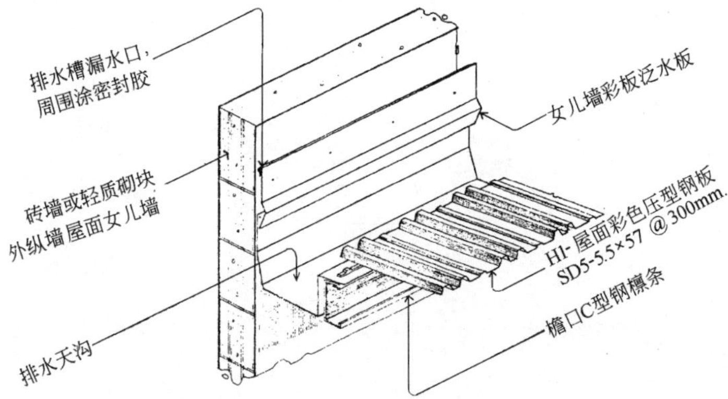

砖砌外纵墙屋檐女儿墙排水天沟安装连接(十)

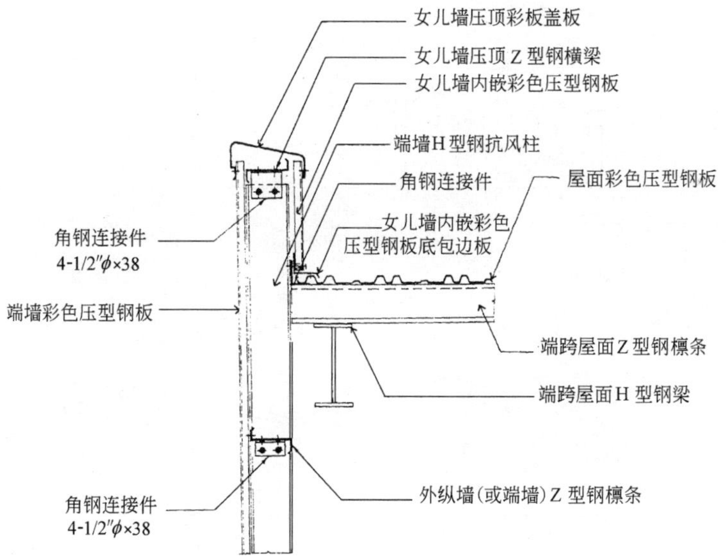

端墙屋檐女儿墙安装连接(十一)

6—27 外纵墙及端墙屋檐女儿墙排水天沟安装连接(续6-23)

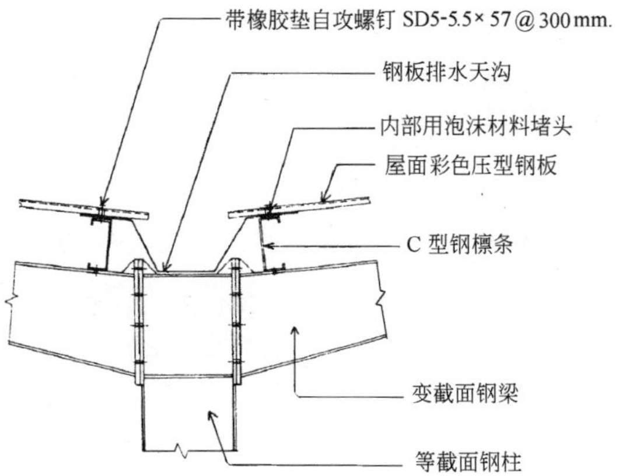

排水天沟详图

多跨双坡钢结构建筑剖面(一)

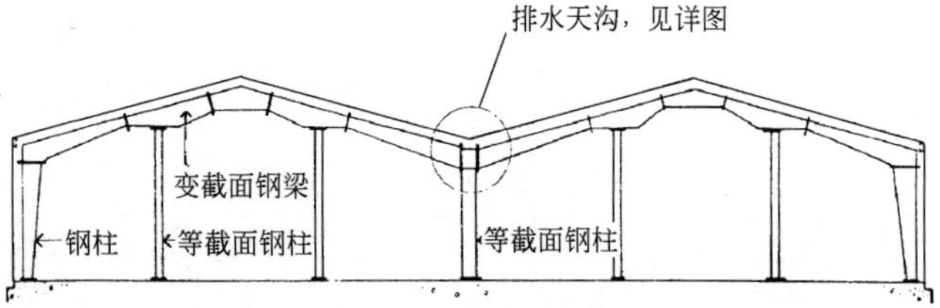

多跨双坡钢结构建筑剖面(二)

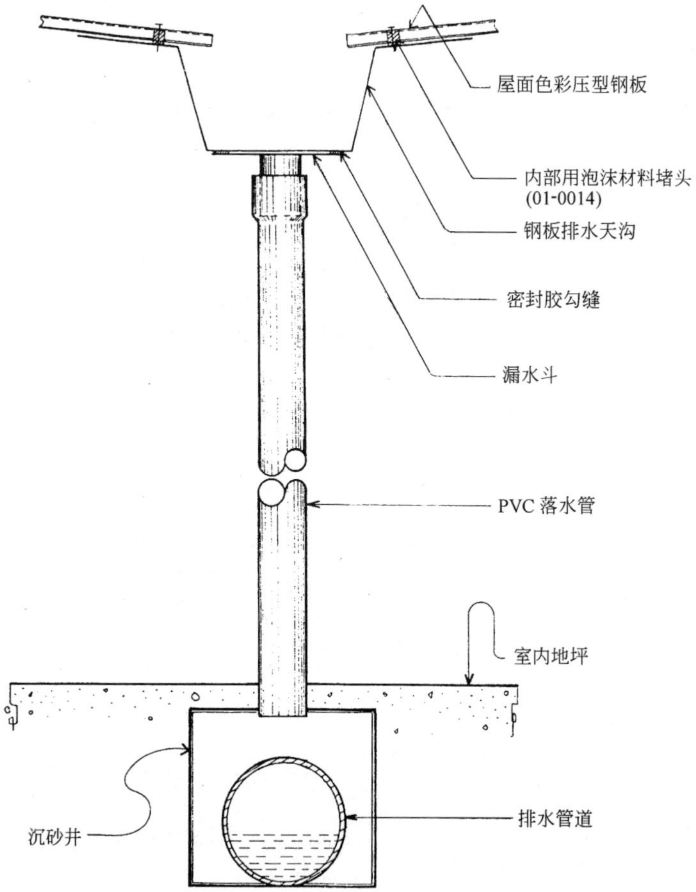

排水天沟、水落管及沉砂井排水管道

6—28 多跨双坡屋面排水天沟

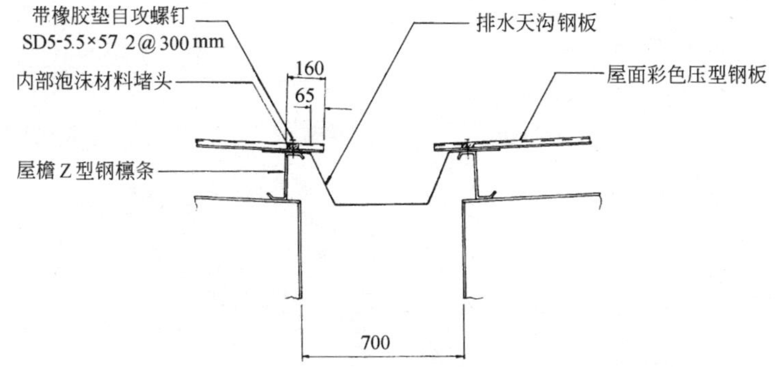

双跨等高建筑物排水天沟安装连接(一)

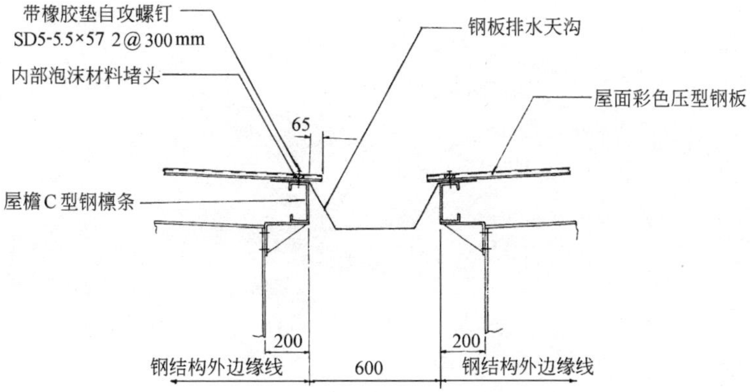

双跨等高建筑物排水天沟安装连接（二）

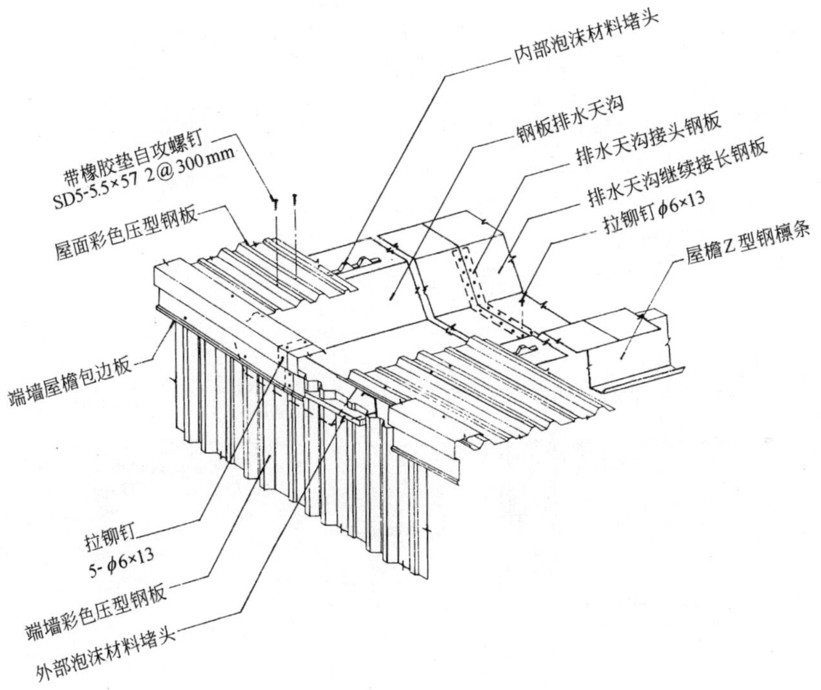

双跨等高建筑物排水天沟安装

6—29 双跨等高建筑排水天沟安装连接

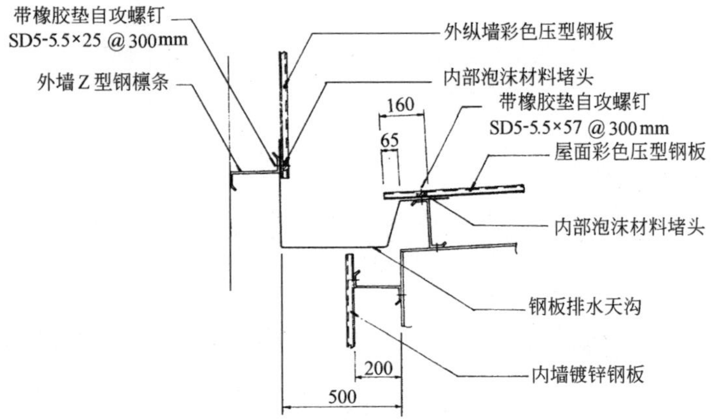

高低跨建筑物低跨有墙板排水天沟安装连接

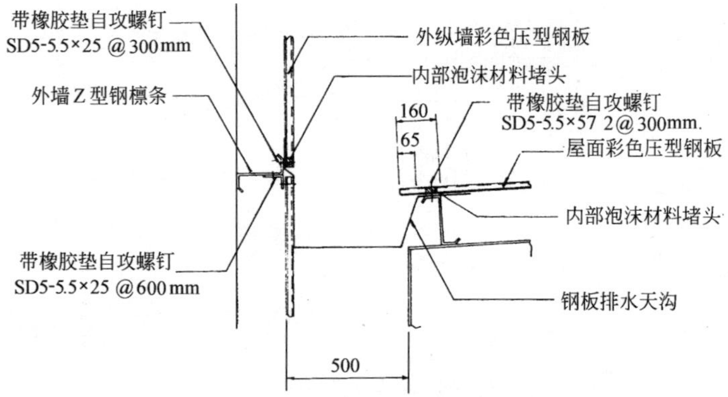

高低跨建筑物、高跨有墙板排水天沟安装连接

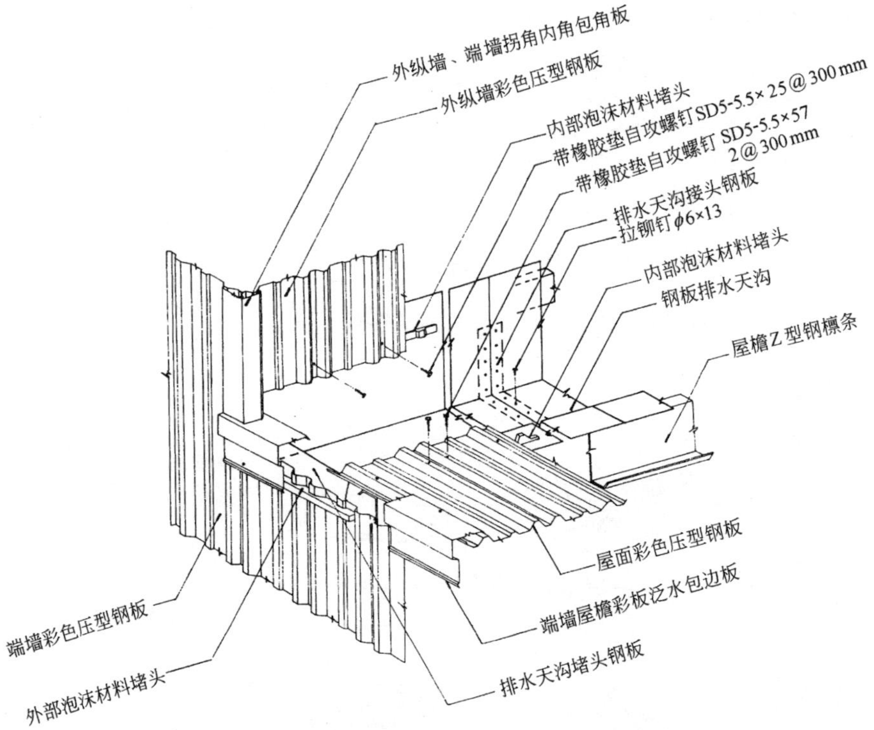

高低跨建筑物排水天沟安装透视

6—30 高低跨建筑排水天沟安装连接

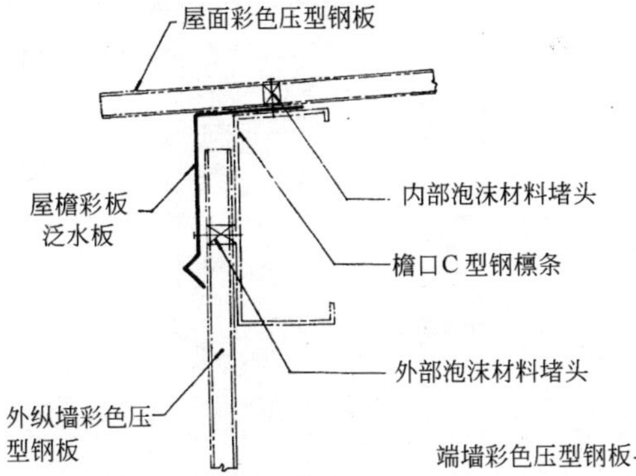

外纵墙屋檐彩板泛水板

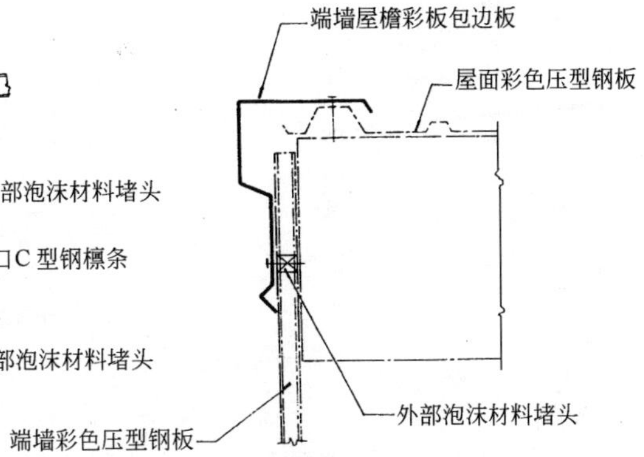

端墙屋檐彩板包边板

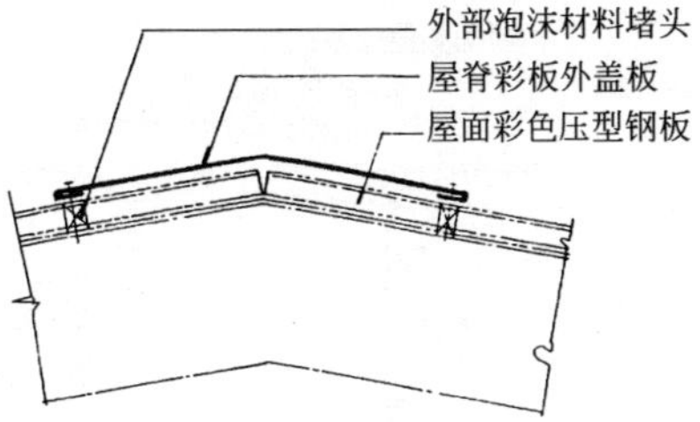

屋脊彩板外盖板

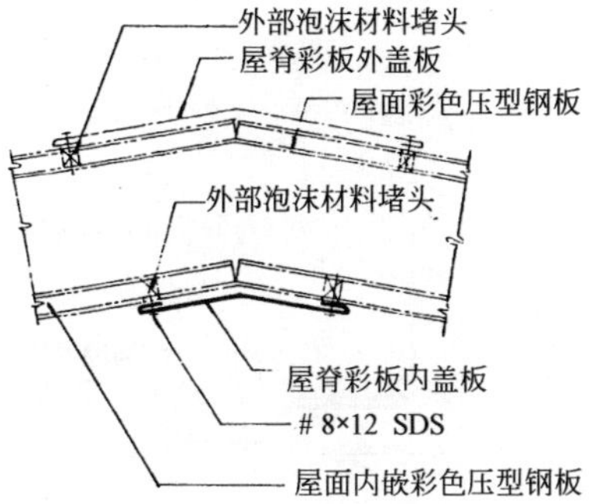

屋脊彩板内盖板

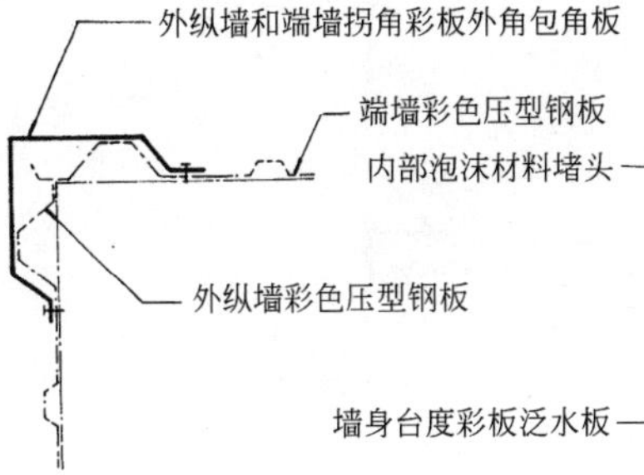

外纵墙和端墙拐角彩板外角包角板

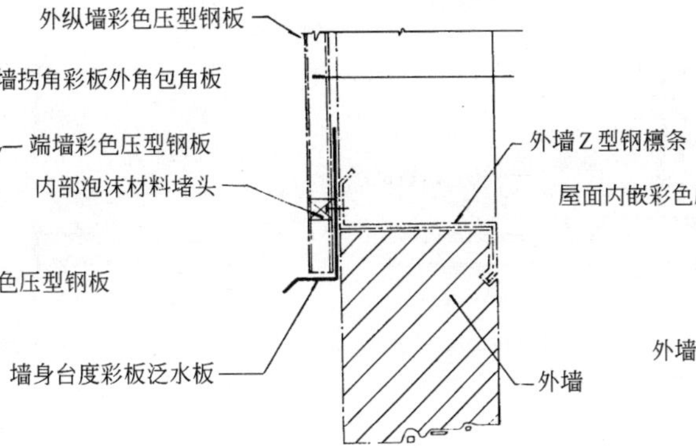

墙身彩板泛水板

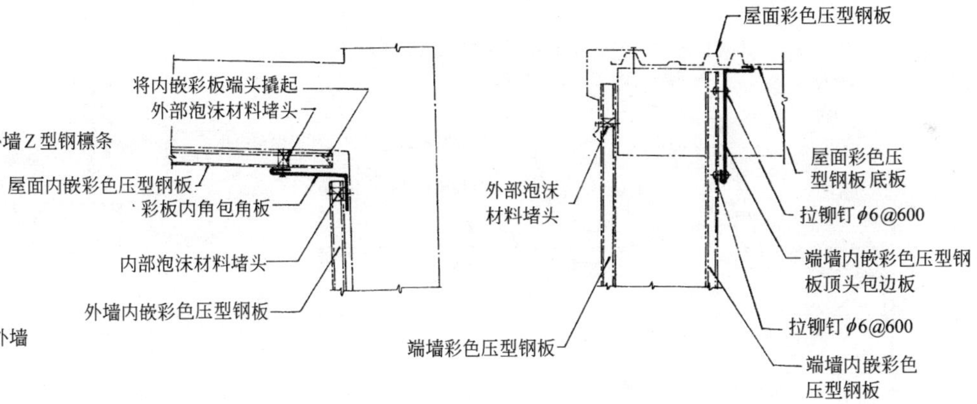

端墙及屋面内嵌彩色压型钢板内角包角板

6—31　建筑各部位彩色压型钢板配件安装连接(一)

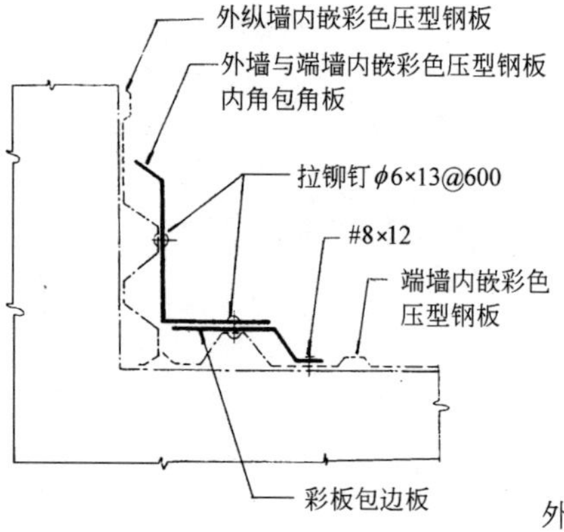

外纵墙与端墙内嵌彩色压型钢板拐角处包边板

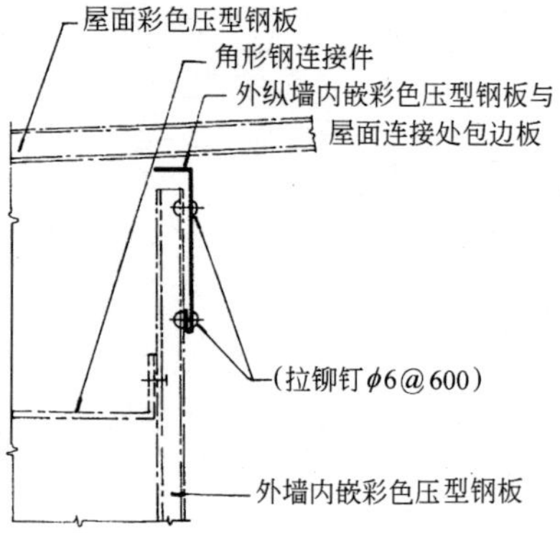

外纵墙内嵌彩色压型钢板与屋面连接处包边板

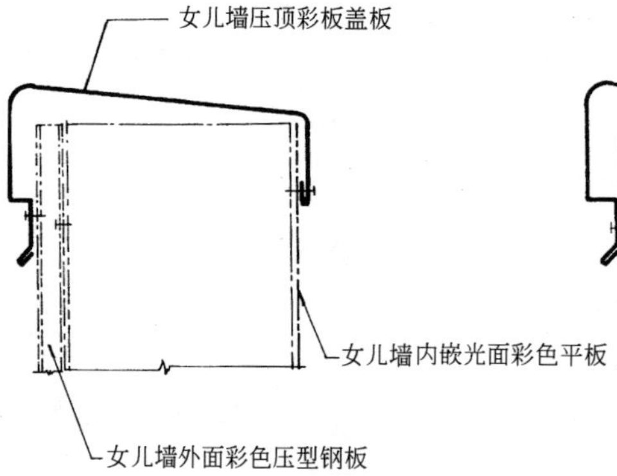

女儿墙顶部彩板包边板(盖板)(1)

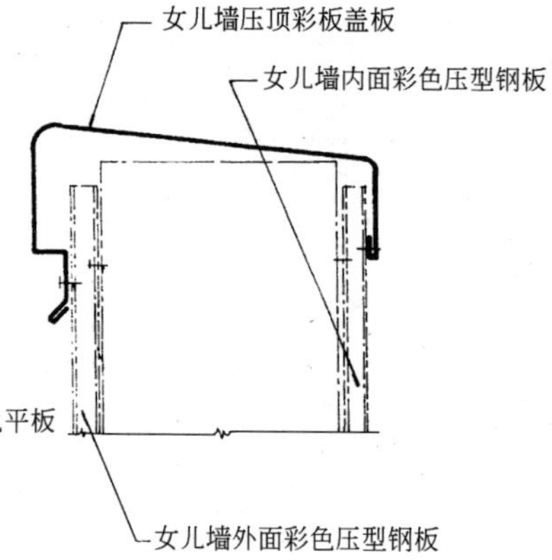

女儿墙顶部彩板包边板(盖板)(2)

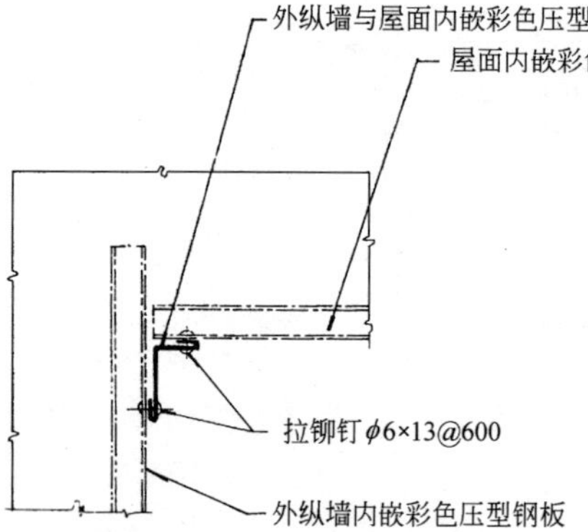

外纵墙和屋面内嵌彩色压型钢板拐角内角封闭镶边板

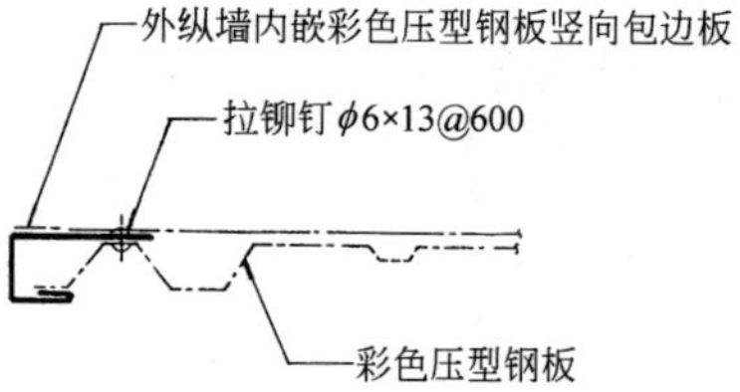

彩色压型钢板竖向边缘包边板

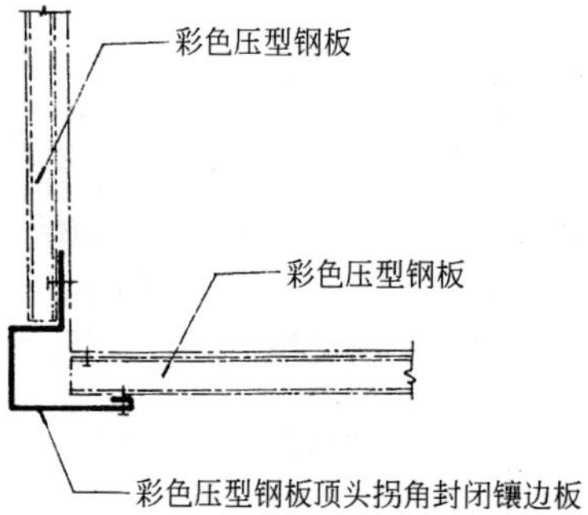

门窗口拐角彩板包边板

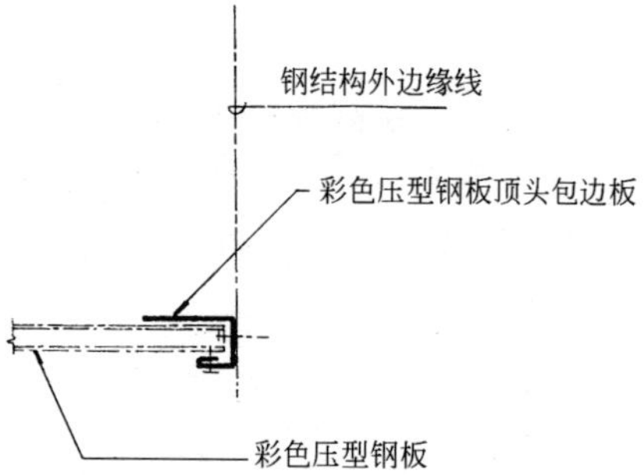

彩色压型钢板横向边缘包边板

6—32 建筑各部位彩色压型钢板配件安装连接(二)

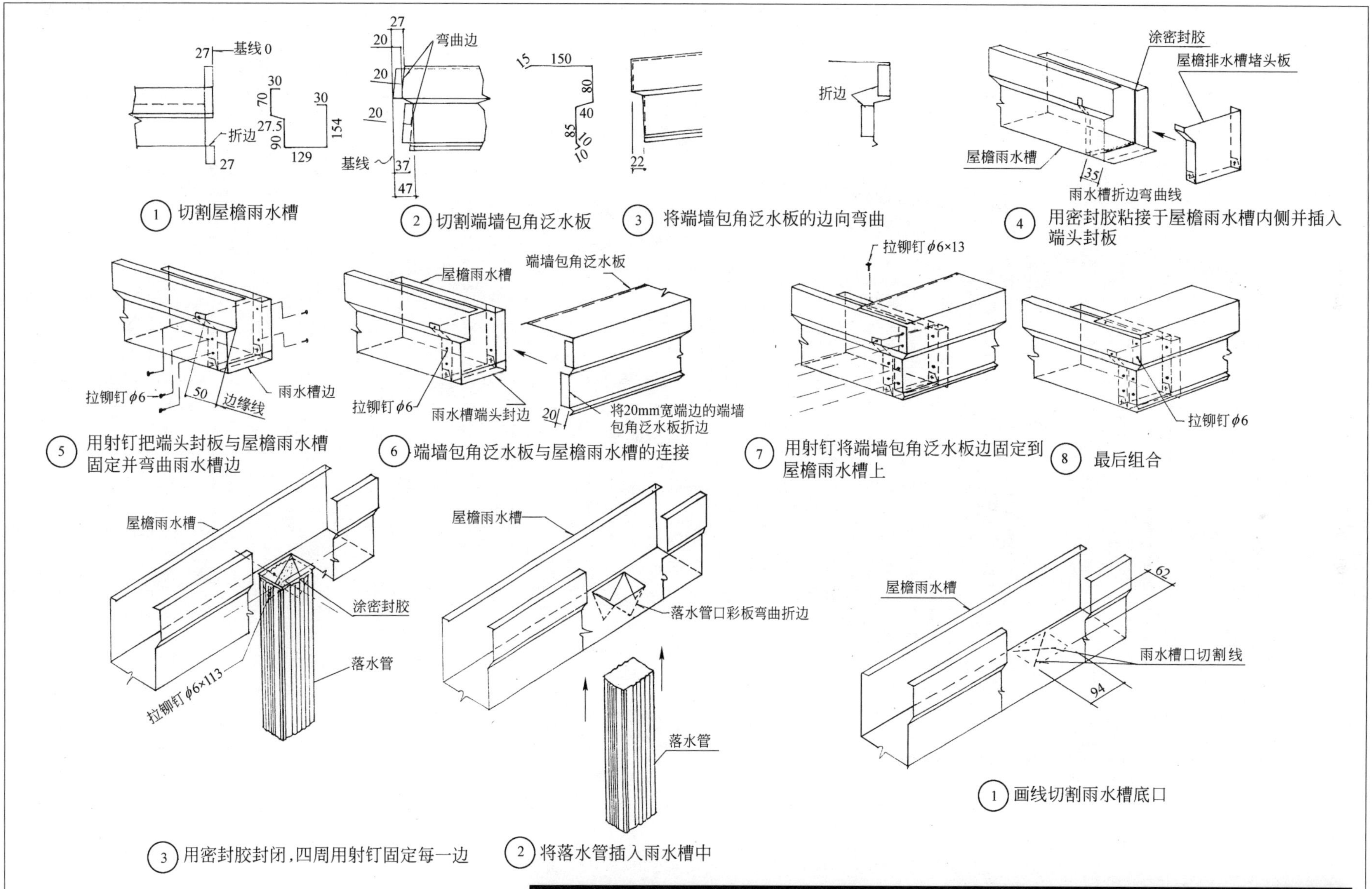

6—33 屋檐雨水槽与端墙包角泛水板安装

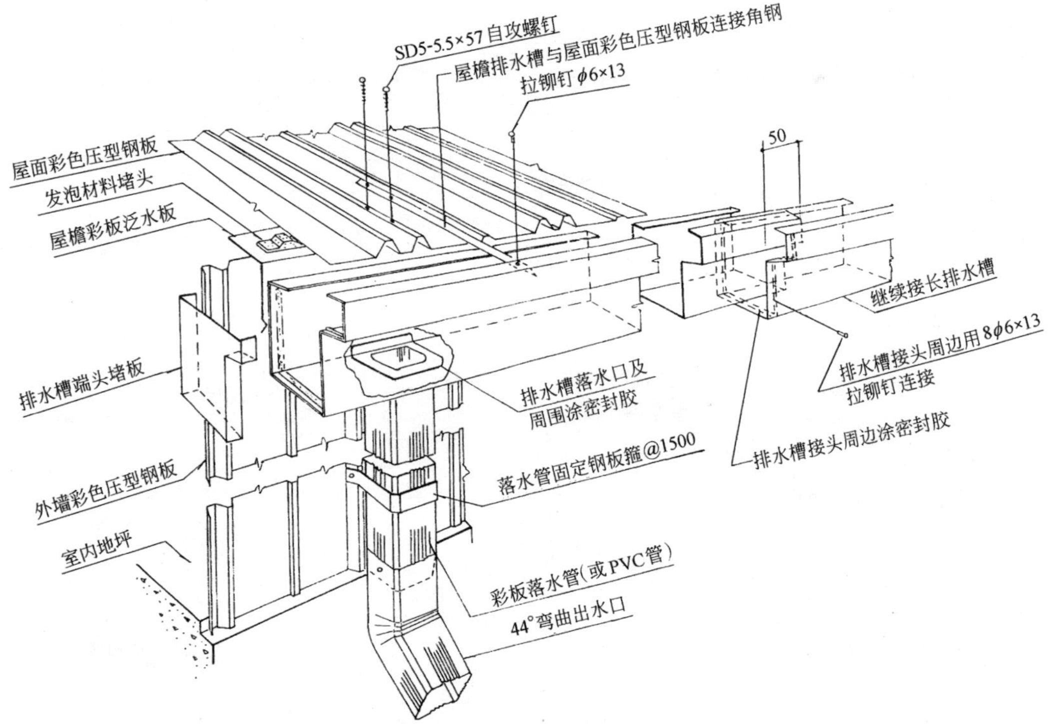

◯屋檐排水槽构造安装透视

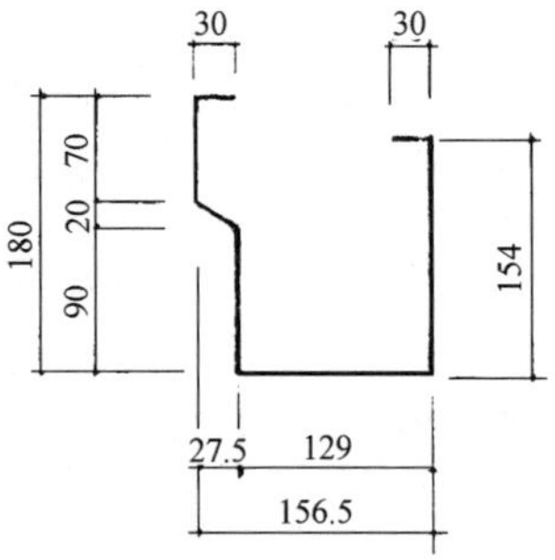

彩板雨水槽剖面

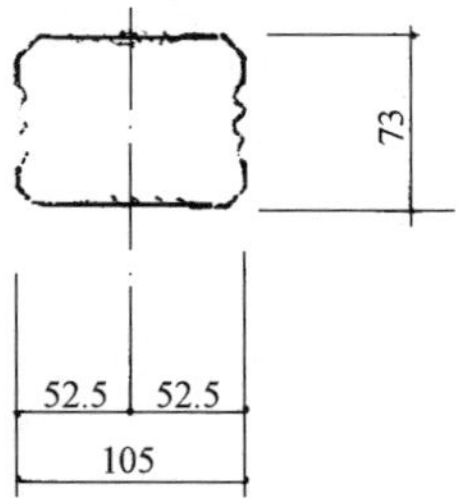

彩板落水管剖面

6—34 屋檐雨水槽构造安装

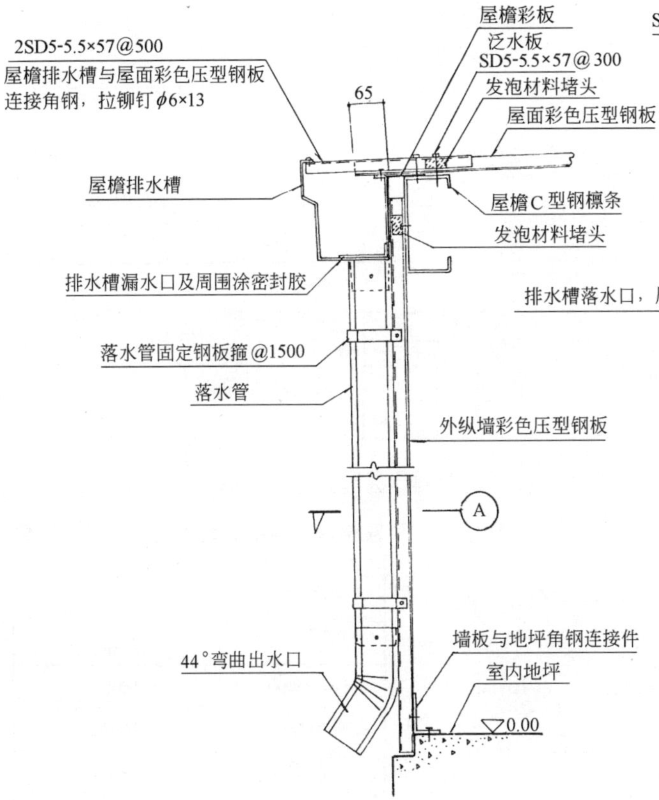

① 屋檐雨水槽与落水管安装

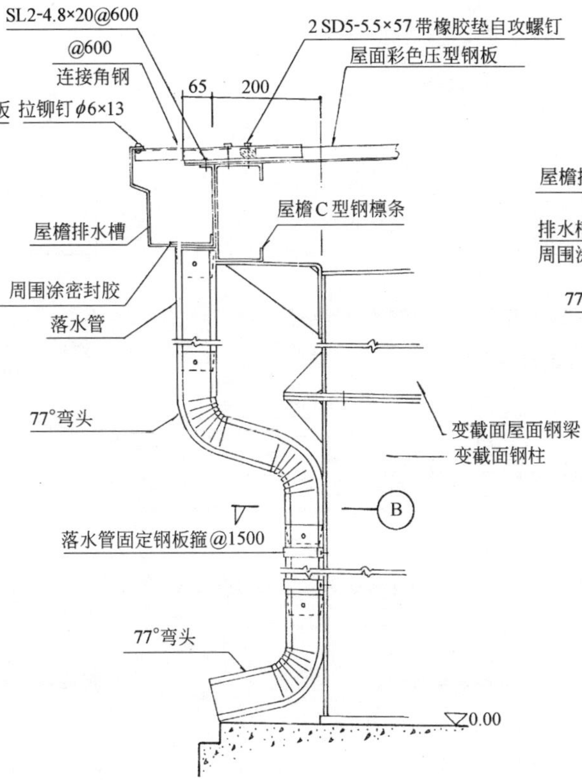

② 屋檐雨水槽与落水管安装

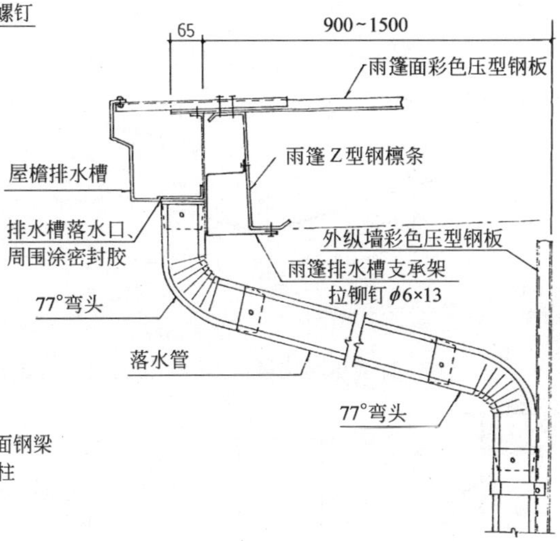

③ 屋檐雨水槽与落水管安装

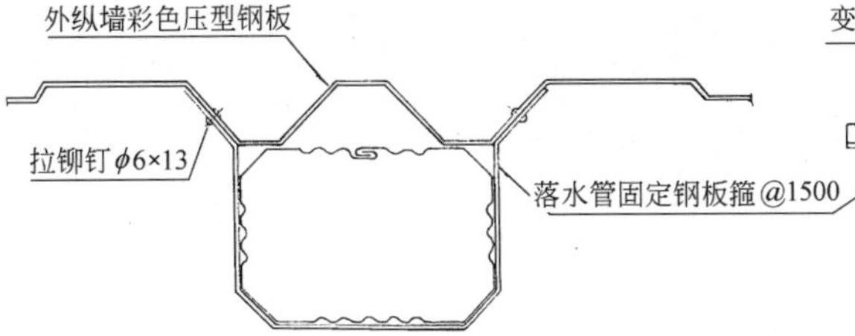

Ⓐ

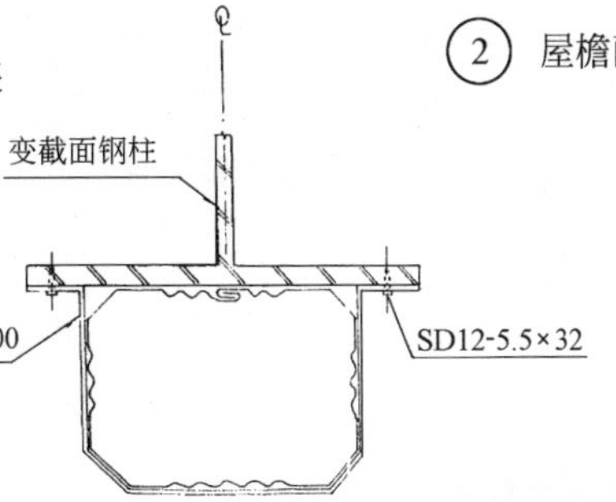

Ⓑ

6—35 屋檐雨水槽与落水管安装

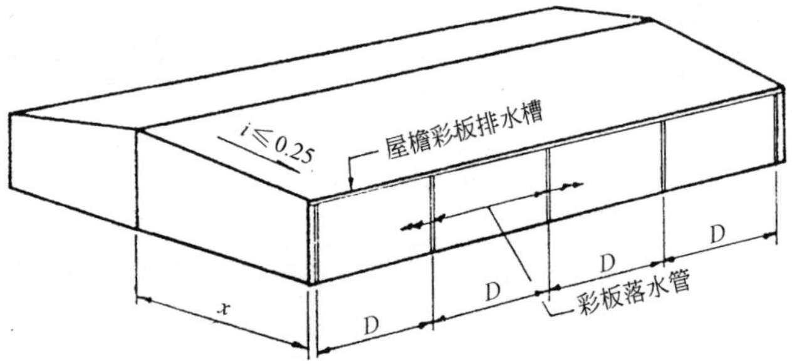

标准单跨建筑屋檐排水槽及落水管设置

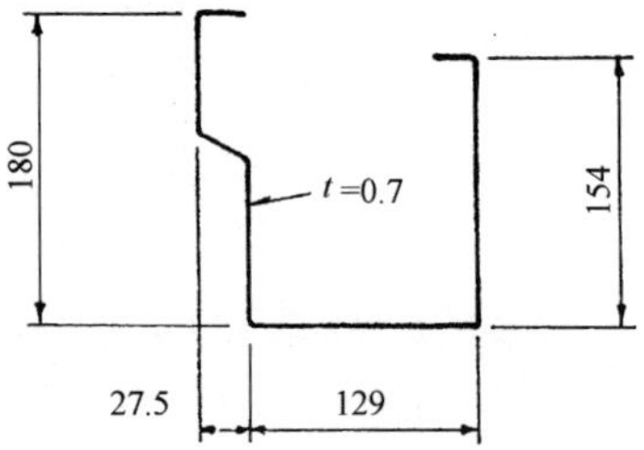

屋檐排水槽剖面

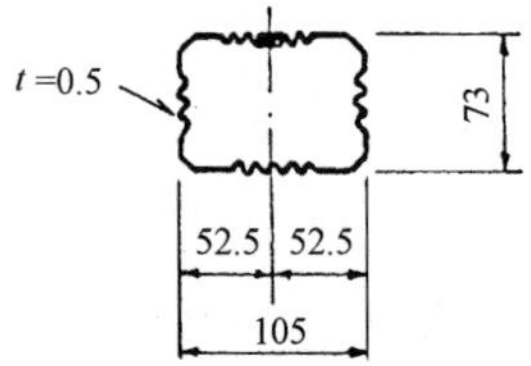

落水管剖面图

单跨建筑屋檐排水槽与落水管设置

排水面积 x(mm)	排水管最大间距(70×100)D(mm)
≤14000	18000
15000	17000
18000	15000
21000	13000
24000	11000
28000	10000
30000	9000
37000	7500
43000	6500
49000	5500
55000	5000
60000	4500

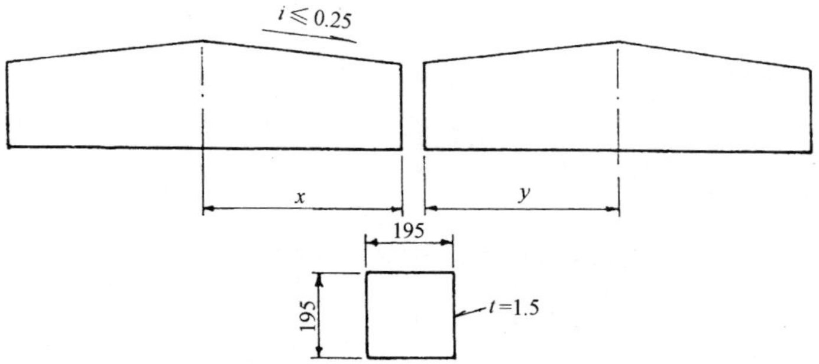

双跨建筑物中间排水天沟及落水管设置

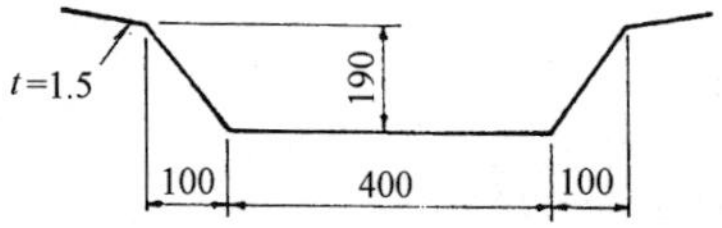

双跨建筑物中间排水天沟剖面

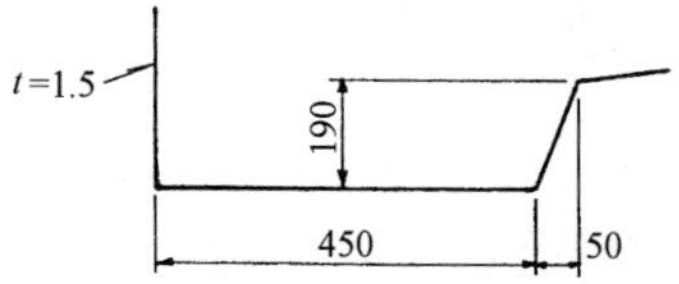

高底跨建筑中间排水天沟剖面

双跨建筑物中间排水天沟落水管设置

排水面积 (x+y)(mm)	排水管最大间距 (190×190) D(mm)
≤75000	18000
100000	16000
125000	13000
150000	11000
210000	7000

6—36 屋面排水设置

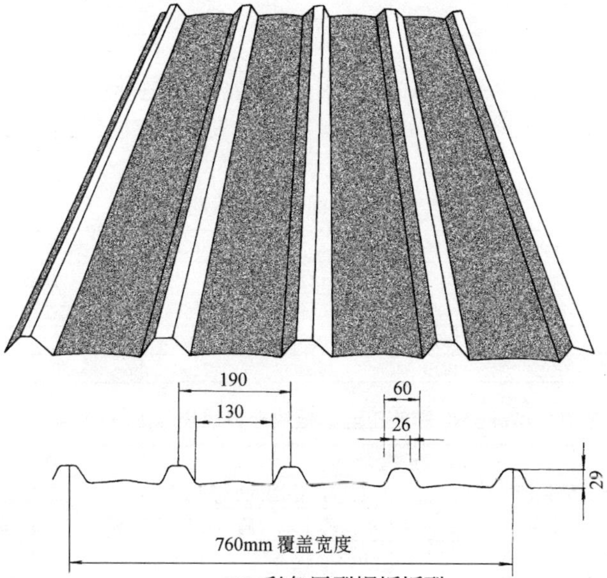

H1-彩色压型钢板板型

我国压型钢板产品很多，并已制订了《压型金属板设计施工规程》，规程中也列出了国内现有的主要压型金属产品。这里主要介绍前面介绍屋面板及墙板所用的澳大利亚的 TRIMDEK H1—TEN 标准彩板及非标准板的情况。

外形

H1-钢板是一种重量轻，肋呈梯形的轧制屋面板和墙板，它具有外凸的宽间距肋条。钢板长度可根据现场需要而定，仅受运输条件的限制。

H1-钢板采用镀铝锌钢板轧制而成，并有彩色钢板。

H1-钢板的外形及尺寸如上图。单板覆盖的有效宽度 760mm，肋高 29mm。

长度

钢板可以轧制成工地所需的长度，习惯上最大长度不超过 12m。

如果运输条件允许，可用特殊的运输工具来运输长度为 12m 到 21m 之间的钢板。

允许误差

长度：+0，-15mm，覆盖宽度 ±4mm，肋高 ±1mm

包装

包装成捆，每捆最大重量 1.2t，数量不超过 50 张钢板。

物理性能

物理性能—单位重量和规格　　表 6-1

彩色压型钢板规格	标准规格		非标准规格	
基材厚度(mm)	0.42		0.48	
总厚度(mm)	0.47		0.53❶	
	镀铝锌钢板	彩色镀铝锌钢板	镀铝锌钢板	彩色镀铝锌钢板
单位面积重量(kg/m^2)	4.28	4.35	4.86	4.93
单位长度重量(kg/m)	3.26	3.32	3.70	3.76
单位重量覆盖面积(m^2/t)	232	229	206	203

❶ 非标准厚度

屋面坡度

最小屋面坡度　　表 6-2

彩色压型钢板搭接	建议最小屋面坡度
坡度方向无搭接	3°(约 1/20)
坡度方向有搭接	5°(约 1/12)

应用范围

H1-压型钢板屋面板和墙板，可用于住宅、工业及商业建筑。用作墙板或围墙时，梯形肋可形成竖向或水平的线条。HI-钢板的优点是重量轻，属于一种经济的钢板。

非台风地区的支撑间距

对位于一般郊区和工业区内，高度不超过 10m 且内部不能形成风压的建筑，其最大支撑间距如表 6-3 所示。

可用于承受上人及有施工和检修荷载的屋面。这些支承间距通常由 1992 年所规定的集中荷载控制，即使风载比规定的要小，也不能超过这些间距。

6—37 H1-彩色压型钢板板型

最大允许支承间距—非台风地区　　　　　表 6-3

跨　　型	总厚度(mm)	
	0.47	0.53❶
屋面板		
单跨	1000	1500
端跨	1000	1700
中间跨	1700	2300
悬臂	150	200
墙板		
单跨	1800	1950
端跨	1800	2050
中间跨	2200	2800
悬臂❷	150	200

❶ 非标准厚度；❷屋面悬臂部分不能有施工和检修荷载。

关于表 6-3 的说明：

1. 表 6-3 中所列间距是根据钢板承受安装或检修荷载及风载能力经实验确定的。

2. 风载是根据澳大利亚荷载规范—风力"规定的位于 3 类地区内，内部压力系数为 +0.2，高度不超过 10m 的建筑来确定。这种情况同样适用于一般郊区和工业区内没有大的固定开口的建筑。

3. 对于超过 2 类地区所列的更大风载作用下的建筑，支承间距应根据表 6－4 确定。

允许风压(kPa)—非台风地区　　　　　表 6-4

总厚度(mm)	跨型	每个支承处板的固定螺钉数	跨度(mm)								
			900	1200	1500	1800	2100	2400	2700	3000	3300
0.47	单跨	4	6.2	**3.5**	**1.8**	**1.0**	**0.6**	—	—	—	—
	端跨	4	2.9	**2.2**	**1.5**	**1.0**	**0.8**	**0.6**	—	—	—
	中间跨	4	3.7	2.8	2.2	**1.6**	**1.2**	**0.9**	**0.6**	—	—
0.53	单跨	4	7.4	4.2	2.1	**1.2**	**0.8**	—	—	—	—
	端跨	4	6.1	3.5	1.8	**1.4**	**0.9**	**0.6**	—	—	—
	中间跨	4	7.6	5.7	4.4	3.0	2.2	**1.6**	**1.1**	**0.8**	**0.6**

注：表中黑体数字仅用于墙板。最小屋面坡度为 1/20。即 3°。

台风地区注意事项

在台风地区，表 6-5 所列支承间距应根据建筑物在高风速中暴露程度的增加而减小。表 6-5 列出了台风地区，在一般暴露程度下，建筑物屋面板和墙板的最大支承间距。

最大允许支承间距—台风地区　　　　　表 6-5

总厚度(mm)	屋　面　板				墙　　板	
	无台风垫圈		有台风垫圈		波谷固定	
	单跨或端跨	中间跨	单跨或端跨	中间跨	单跨或端跨	中间跨
0.47	970	1590	1000	1700	1240	1460
0.53	1020	1870	1420	2160	1330	1800

总厚度 0.47mm H1-彩色压型钢板的允许风压(kPa)—台风地区　　表 6-6

跨　距(mm)	屋 面 或 墙 面						墙　　面		
	无台风垫圈的肋顶固定			有台风垫圈的肋顶固定			波谷固定		
	单　跨	端　跨	中间跨	单　跨	端　跨	中间跨	单　跨	端　跨	中间跨
600	8.55	4.40	5.50	8.55	8.00	10.00	8.55	4.40	5.50
900	3.91	2.93	3.67	5.45	5.33	6.67	3.91	2.93	3.67
1200	**2.20**	**2.20**	2.75	**3.07**	**3.47**	5.00	2.20	2.20	2.75
1500	**1.41**	**1.41**	2.03	**1.84**	**1.78**	2.84	1.41	1.41	2.03
1800	**0.89**	**0.80**	**1.37**	**0.89**	**0.80**	**1.75**	0.89	0.80	1.37
2100	**0.48**	**0.50**	**1.01**	**0.48**	**0.50**	**1.10**	0.48	0.50	1.01

注：表中黑体数字仅用于墙面。

总厚度 0.53mm H1-彩色压型钢板的允许风压(kPa)—台风地区　　表 6-7

跨　距(mm)	屋 面 或 墙 面						墙　　面		
	无台风垫圈的肋顶固定			有台风垫圈的肋顶固定			波谷固定		
	单　跨	端　跨	中间跨	单　跨	端　跨	中间跨	单　跨	端　跨	中间跨
600	9.20	4.60	5.75	9.37	8.76	10.95	9.37	5.00	6.25
900	5.00	3.07	3.83	6.25	5.84	7.30	5.00	3.33	4.17
1200	2.81	2.30	2.87	4.05	3.51	5.47	2.81	2.50	3.12
1500	1.80	1.84	2.50	2.59	2.44	3.74	1.80	2.00	2.60
1800	**1.25**	**1.41**	2.25	**1.25**	**1.41**	2.60	1.25	1.41	2.25
2100	**0.79**	**0.89**	1.93	**0.79**	**0.89**	1.93	0.79	0.89	1.93
2400	**0.35**	**0.60**	**1.30**	**0.53**	**0.60**	**1.30**	0.53	0.60	1030

注：表中黑体数字仅用于墙面。

关于表 6-5、6-6、6-7 的说明：

1. 按照澳大利亚规范所规定的周期荷载试验方式，确定了屋面板和墙板的性能。根据由实验建立的设计压力，并考虑到当地风压系数，通过线性插值，便可以在快速选择表中得到允许的支承间距。建筑师和工程师设计同类型的更大、更复杂的建筑，也可以用这些方法。

2. 根据澳大利亚规范—风力计算的风载，板的计算参数如下：

区域基本风速	55m/s
台风放大系数	1.15
正压系数	+0.8
负压系数	
屋面	-0.9
墙面	-0.6
建筑高度	6m 或 10m
地形类别	3
局部压力系数	1.0　1.5　2.0

3. 没有对板的破坏强度进行实验，设计中不允许达到板的破坏强度。

4. 用允许风压表计算的支承跨距受固定螺钉的荷载限值、板的屈曲或挠曲弯矩的控制，可完全有效地用于墙面，但未考虑澳大地区规范所要求的集中荷载。为满足规范要求的集中荷载，支承跨距不得大于同种产品在非台风地区的最大跨距。表中黑体数据仅用于墙面。

5. 对表中未列出的跨距可用线性插值求得。

跨度名称

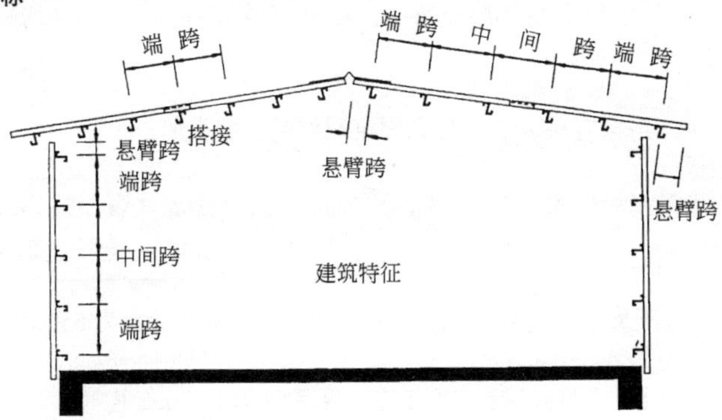

固定方法

H1-彩色压型钢板屋面板必须用肋顶固定方式固定于支承上，而墙板既可用肋顶固定方式又可用波谷固定方式固定。

侧接固定螺钉

为了使侧接缝不漏雨，较好的办法是使用侧接固定螺钉。建议在间距超过 900mm 的檩条跨中和间距超过 1200mm 的系杆跨中布置一个固定螺钉。对于墙板，建议在侧接逢的每个凹槽上布置一个固定的螺钉。

注意　固定螺钉不能旋得过紧。肋顶固定时，如在肋顶看到轻微的变形，应停止转动肋顶固定螺钉。波谷固定时，当看到金属垫圈下的橡胶垫圈受压，应停止转动固定螺钉。

台风地区固定螺钉的要求基本与非台风地区一样。直接承受反复荷载的螺钉，建议采用尺寸稍大一些的螺钉。为得到更高的允许风压，可使用台风垫圈。从表 6-6、6-7 可获得使用台风垫圈后所增加的允许风压。

固定螺钉间距

采取肋顶固定方式将屋面板和墙板固定于钢支承(檩或墙梁)上

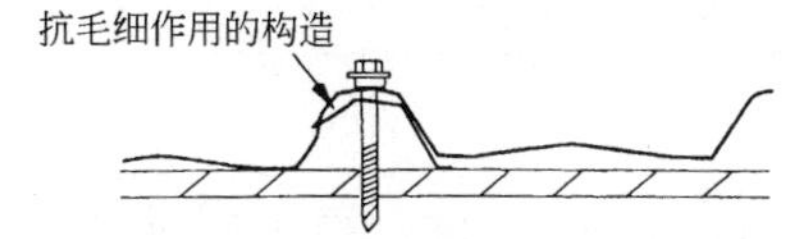

采取波谷固定方式将墙板固定于钢支承(檩或墙梁)上

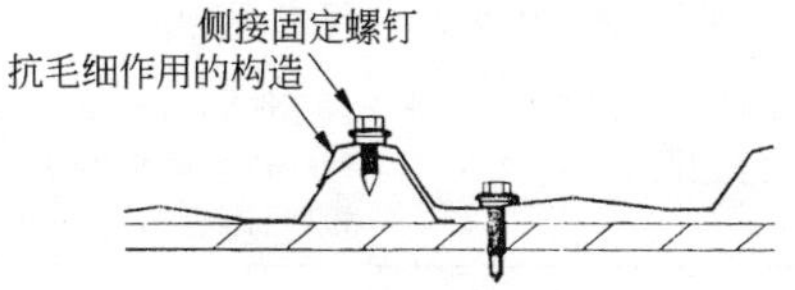

肋顶固定螺钉位置(常用于非台风地区)

每块压型钢板用 4 个螺钉——所有的支承

波谷固定螺钉位置(常用于非台风地区)

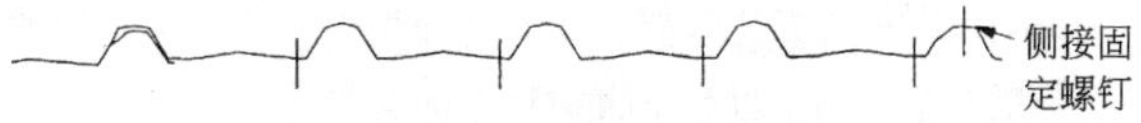

每块压型钢板用 4 个螺钉——所有的支承

建议使用的固定螺钉　**表 6-8**

地区类别	非台风地区		台 风 地 区	
	直接支承	附隔热层①	直接支承	附隔热层①
钢支撑				
厚度				
≤4.5mm	No.12-14×45mm 六角头自攻螺钉，附密封垫圈	螺钉长增至 50mm	No.14-20×50mm 六角头自攻螺钉，附台风配件	No.14-20×65mm 六角头自攻螺钉，附台风配件
>4.5mm	Tek5No.12-24×50mm 自攻螺钉，附密封垫圈	相同	同上，但需预先钻孔	同上，但需预先钻孔

6—39　H1—彩色压型钢板固定方法（续 6-38）

续表

	非台风地区		台风地区	
	直接支承	附隔热层❶	直接支承	附隔热层❶
木质支承				
等级 硬质木	17 型 No. 12-11 × 65mm 六角头自攻螺钉，附密封垫圈	17 型 No. 14-10 × 75mm 六角头自攻螺钉，附密封垫圈	17 型 No. 14-10 × 65mm 六角头自攻螺钉，附台风配件	17 型 No. 14-10 × 75mm 六角头自攻螺钉，附台风配件
软质木	17 型 No. 14-10 × 75mm 六角头自攻螺钉，附密封垫圈	相同	17 型 No. 14-10 × 75mm 六角头自攻螺钉，附台风配件	相同

❶ 玻璃纤维隔热层

—密度为 $32kg/m^2$ 时最大厚度 50mm。

—密度为 $9.6kg/m^2$ 时最大厚度 100mm。

搭接 H1-彩色压型钢板屋面板和墙板的生产是连续的，在大多数工程中可定购到等于屋檐到屋脊长度的屋面板。但由于受装卸和运输条件的限制，有时需要用两块或更多的屋面板进行搭接才可以覆盖屋面。此时必须先把整行盖板自屋檐至屋脊放置妥当，才能进行另一行的放置工作(如下图所示)。

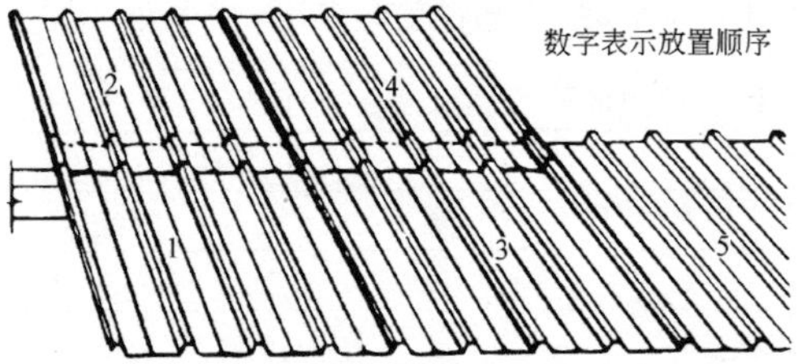

端部搭接的最小允许长度，屋面板为 150mm(6")，墙板为100mm(4")

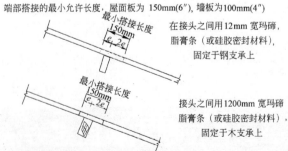

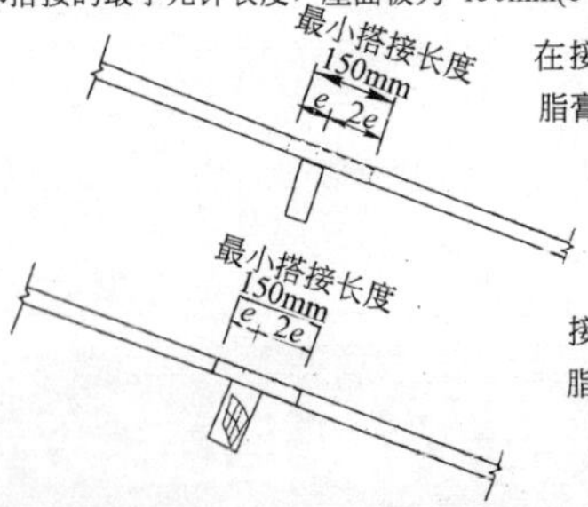

在屋面坡度小于 15°时，或当屋面暴露于恶劣环境下，需将钢板顶部肋间之凹槽上端向上弯曲约 80°，下端则需向下轻微弯曲。

弯曲工作可于钢板固定之前或之后进行，弯曲时用专用工具进行操作。

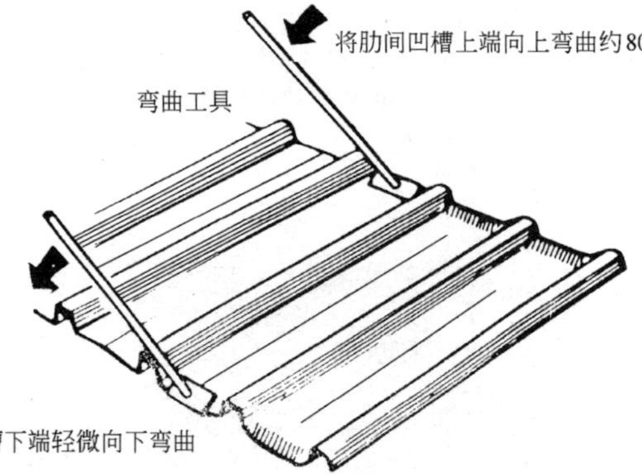

在屋面板上行走

沿着钢板的纵向(即与肋平行方向)行走时，双脚只能踏在钢板的凹槽部分。当沿着钢板的横向行走时，尽量将脚步落在支承附近。一般说来，工作人员的体重必须均布于脚底，不可过分集中在脚跟或脚尖。尽量穿软底鞋，同时应避免鞋底带有纹路，以免沾上小石子等杂物。

安装

最好参阅生产厂家有关安装方法和固定配件的安装手册。

泛水收边板

泛水收边板是屋面的重要物体，生产厂家应有关于泛水收边板的详细资料或安装手册。

材料规格

本书介绍 H1-压型钢板的基材钢板为镀锌铝钢板，屈服强度为 $550N/mm^2$，按三点取样法之平均合金量在 $150gm/m^2$ 以上。

压型钢板屋面板(或墙板)的有效覆盖宽度建议为 760mm，其梯形肋的标准高度和宽度分别是 29mm 和 60mm，肋距为 190mm，肋的形状应具有抗毛细作用的构造。钢板最小总厚度为 0.47mm。

建议采用屈服强度不低于 $550N/mm^2$ 的高强钢轧制，并经连续热浸镀铝锌合金的钢板压成合金成分为铝 55%、锌 43.5%及硅 1.5%。其三点取样法之平均合金含量为 $150g/m^2$。

注：对典型的屋面板、外墙板及其配件，建议用镀层钢板。

泛水收边板、屋脊盖板及包边边挡板应采用与屋面板和墙板相同的材料加工制成。

6—40 H1-彩色压型钢板安装—搭接泛水收边

压型钢板的规格型号及性能

压型钢板规格举例

板型	断面	有效宽度	展开宽度	有效系数
V20-90-900	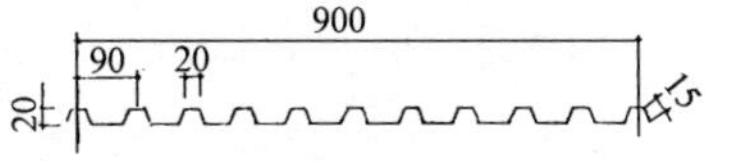	900	1200	75%
V28-300-900	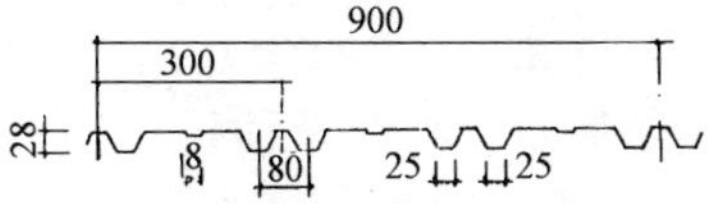	900	1200	75%
V68-200-800	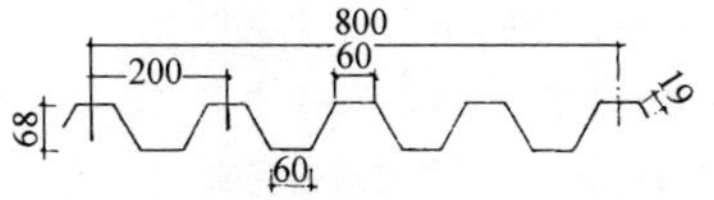	800	1200	67%
V35-125-750	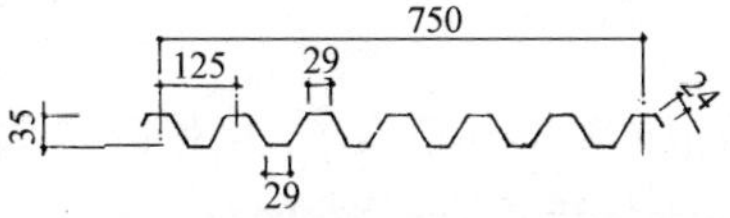	750	1000	75%

压型钢板截面特性

板型	板厚 (mm)	单位重量(kg/m²) 钢	单位重量(kg/m²) 铝	惯性矩 (cm⁴/m)	抵抗矩 (cm³/m)
V20-90-900	0.6	6.59	2.20	5.33	4.19
	0.8	8.68	2.94	7.11	5.55
	1.0	10.78	3.67	8.89	6.88
	1.2			10.67	8.19
V28-300-900	0.6	6.59	2.20	9.49	5.13
	0.8	8.68	2.94	12.65	6.80
	1.0	10.78	3.67	15.81	8.46
	1.2	12.87	4.40	18.97	10.09
V68-200-800	0.6	7.34	2.46	52.65	14.80
	0.8	9.68	3.28	74.91	21.77
	1.0	12.01	4.10	99.04	27.78
	1.2	14.35	4.92	123.80	33.79
V35-125-750	0.5	5.24	1.81	11.9	6.2
	0.6	6.28	2.17	14.2	7.6
	0.7	7.33	2.53	16.6	8.9
	0.8	8.37	2.88	19.0	10.2

压型钢板最大允许檩距表(或墙梁间距)单位:m

V20-90 型压型钢最大允许檩距

板厚度 (mm)	支承条件	荷载(kg/m²) 50		100		150		200		250		300		350		400	
		钢板	铝板	钢板	铝板	钢板	铝板	钢板	铝板	钢板	铝板	钢板	铝板	钢板	铝板	钢板	铝板
0.6	悬臂	0.8	0.5	0.6	0.4	0.5	4	0.5	0.3	0.4	0.3	0.4	0.3	0.4	0.3	0.4	0.2
	简支	1.7	1.2	1.4	0.9	1.2	8	1.1	0.7	1.0	0.7	0.9	0.6	0.9	0.6	0.8	0.6
	连续	2.1	1.4	1.6	1.1	1.4	1.0	1.3	0.9	1.2	0.8	1.1	0.8	1.1	0.7	1.0	0.7
0.8	悬臂	0.9	0.6	0.7	0.5	0.6	0.4	0.5	0.4	0.5	0.3	0.5	0.3	0.4	0.3	0.4	0.3
	简支	1.9	1.3	1.5	1.0	1.3	0.9	1.2	0.8	1.1	0.7	1.0	0.7	1.0	0.7	0.9	0.6
	连续	2.3	1.6	1.8	1.2	1.6	1.1	1.4	1.0	1.3	0.9	1.2	0.8	1.2	0.8	1.1	0.8
1.0	悬臂	0.9	0.6	0.7	0.5	0.6	0.4	0.6	0.4	0.5	0.4	0.5	0.3	0.5	0.3	0.4	0.3
	简支	2.1	1.4	1.6	1.1	1.4	1.0	1.3	0.9	1.2	0.8	1.1	0.8	1.1	0.7	1.0	0.7
	连续	2.5	1.7	1.9	1.3	1.7	1.2	1.5	1.0	1.4	1.0	1.3	0.9	1.3	0.9	1.2	0.8
1.2	悬臂	1.0	0.7	0.8	0.5	0.7	0.5	0.6	0.4	6	0.4	0.5	0.4	0.5	0.3	0.5	0.3
	简支	2.2	1.5	1.7	1.2	1.5	1.0	1.4	0.9	1.3	0.9	1.2	0.8	1.1	0.8	1.1	0.7
	连续	2.6	1.8	2.1	1.4	1.8	1.2	1.6	1.1	1.5	1.0	1.4	1.0	1.3	0.9	1.3	0.9

V28 – 300 型压型钢板最大允许檩距

板厚度 (mm)	支承条件	荷载(kg/m²) 50		100		150		200		250		300		350		400	
		钢板	铝板	钢板	铝板	钢板	铝板	钢板	铝板	钢板	铝板	钢板	铝板	钢板	铝板	钢板	铝板
0.6	悬臂	1.0	0.7	0.8	0.5	0.7	0.4	0.6	0.4	0.5	0.4	0.5	0.3	0.5	0.3	0.5	0.3
	简支	2.1	1.4	1.7	1.1	1.4	1.0	1.3	0.9	1.2	0.8	1.1	0.8	1.1	0.7	1.0	
	连续	2.5	1.7	2.0	1.4	1.7	1.2	1.6	1.1	1.4	1.0	1.4	0.9	1.3	0.9	1.2	
0.8	悬臂	1.1	0.7	0.8	0.6	0.7	0.5	0.7	0.4	0.6	0.4	0.6	0.4	0.5	0.4	0.5	0.3
	简支	2.3	1.6	1.8	1.3	1.6	1.1	1.4	1.0	1.3	0.9	1.3	0.9	1.2	0.8	1.1	0.8
	连续	2.8	1.9	2.2	1.5	1.9	1.3	1.7	1.2	1.6	1.1	1.5	1.0	1.4	1.0	1.4	0.9
1.0	悬臂	1.2	0.8	0.9	0.6	0.8	0.5	0.7	0.5	0.7	0.4	0.6	0.4	0.6	0.4	0.6	0.4
	简支	2.5	1.7	2.0	1.4	1.7	1.2	1.6	1.1	1.4	1.0	1.4	0.9	1.3	0.9	1.2	0.8
	连续	3.0	2.1	2.4	1.6	2.1	1.4	1.9	1.3	1.7	1.2	1.6	1.1	1.5	1.0	1.5	1.0
1.2	悬臂	1.2	0.8	1.0	0.7	0.8	0.6	0.8	0.5	0.7	0.5	0.7	0.4	0.6	0.4	0.6	0.4
	简支	2.7	1.8	2.1	1.4	1.8	1.3	1.7	1.1	1.5	1.1	1.4	1.0	1.4	0.9	1.3	0.9
	连续	3.2	2.2	2.5	1.7	2.2	1.5	2.0	1.4	1.8	1.3	1.7	1.2	1.6	1.1	1.6	1.1

V68-200 型压型钢板最大允许檩距

板厚度 (mm)	支承条件	荷载(kg/m²) 50		100		150		200		250		300		350		400	
		钢板	铝板	钢板	铝板	钢板	铝板	钢板	铝板	钢板	铝板	钢板	铝板	钢板	铝板	钢板	铝板
0.6	悬臂	1.7	1.2	1.4	0.9	1.2	0.8	1.1	0.7	1.0	7	0.9	0.6	0.9	0.6	0.8	0.6
	简支	3.8	2.6	3.0	2.1	2.6	1.8	2.4	1.6	2.2	1.5	2.0	1.4	1.9	1.3	1.9	1.3
	连续	4.5	3.1	3.5	2.4	3.1	2.1	2.8	1:9	2.6	1.8	2.4	1.7	2.3	1.6	2.2	1.5
0.8	悬臂	2.0	1.4	1.6	1.1	1.3	0.9	1.2	0.8	1.1	0.8	1.1	0.7	1.0	0.7	1.0	0.7
	简支	4.2	2.9	3.4	2.3	2.9	2.0	2.7	1.8	2.5	1.7	2.3	1.6	2.2	1.5	2.1	1.4
	连续	5.0	3.5	4.0	2.8	3.5	2.4	3.2	2.2	2.9	2.0	2.7	1.9	2.6	1.8	2.5	1.7
1.0	悬臂	2.2	1.5	1.7	1.2	1.5	1.0	1.3	0.9	1.2	0.8	1.2	0.8	1.1	0.8	1.1	0.7
	简支	4.7	3.2	3.7	2.5	3.2	2.2	2.9	2.0	2.7	1.9	2.5	1.7	2.4	1.7	2.3	1.6
	连续	5.5	3.8	4.4	3.0	3.8	2.6	3.5	2.4	3.2	2.2	3.0	2.1	2.9	2.0	2.7	1.9
1.2	悬臂	2.3	1.6	1.8	1.3	1.6	1.1	1.5	1.0	1.3	0.9	1.3	0.9	1.2	0.8	1.1	0.8
	简支	5.0	3.5	4.0	2.7	3.5	2.4	3.1	2.2	2.9	2.0	2.7	1.9	2.6	1.8	2.5	1.7
	连续	6.0	4.1	4.7	3.3	4.1	2.8	3.7	2.6	3.5	2.4	3.3	2.2	3.1	2.1	3.0	2.0

6—41 彩色压型钢板规格型号及最大允许檩条间距

用于外墙、屋面单层彩色压型钢板

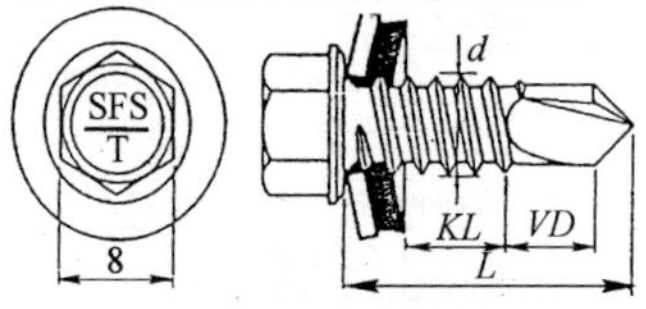

SD5带橡胶垫自攻螺钉

自攻螺钉型号规格表

d (mm)	VD (mm)	KL (mm)	L (mm)
5.5	5	9	25
5.5	5	43	57

材质：高碳合金钢、镀铬10-15M

用于外墙、屋面夹芯彩色压型钢板

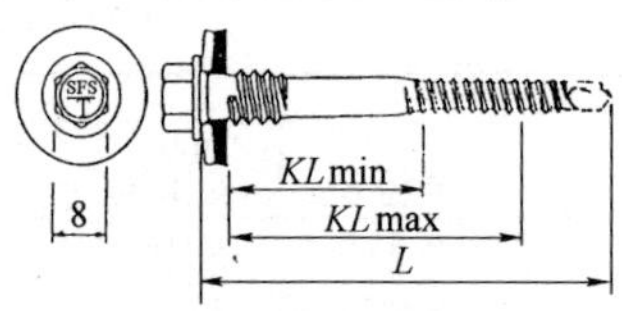

SDC5 带橡胶垫自攻螺钉

自攻螺钉型号规格表

d (mm)	KL(mm) min	KL(mm) max	L (mm)
5.5	31	40	62
5.5	49	75	97

材质：高碳合金钢、镀铬10-15M

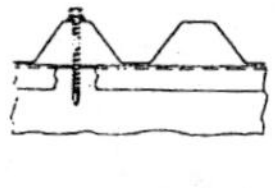

用于屋面彩色压型钢板

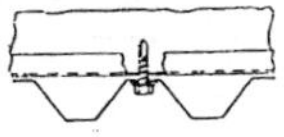

用于墙面彩色压型钢板

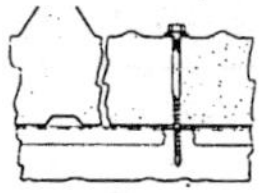

用于屋面夹芯彩色压型钢板

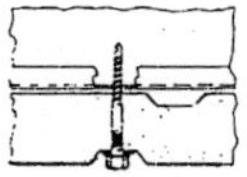

用于墙面夹芯彩色压型钢板

荷载条件	剪切荷载 Q_b	拉断荷载 Z_b	拉拔荷载 F_z	撬拉荷载 F_z
自攻螺钉 SD5	10kN	16kN	3.4kN	4.95kN
自攻螺钉 SDC5	10kN	16kN	2.8kN	3.50kN

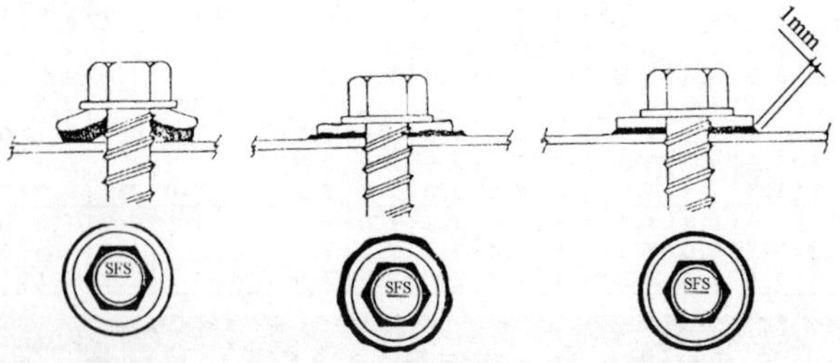

扭力不够　　扭力过大　　扭力正好

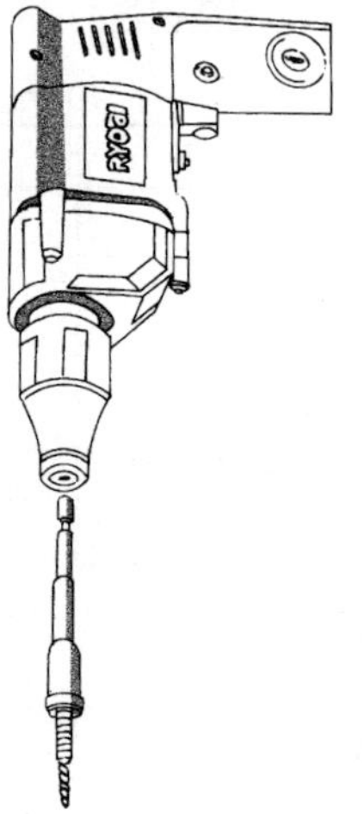

1. 正确选择螺钉电钻

推荐螺钉电钻型号	产地	功率	转速
良名牌 RyobiE-4000A	日本	600 瓦	0~2500r/min
牧田牌 Makita6800DBV	日本	540 瓦	0~2500r/min

2. 正确选择安装套筒

螺钉直径级数	螺钉直径	螺帽类型	应选套筒
10	4.87mm	六角头	5/16″六角套筒
12	5.43mm	六角头	5/16″六角套筒
10	4.87mm	扁平十字头	No.2 十字锥头
12	5.43mm	扁平十字头	No.3 十字锥头

为了保证标迪®螺钉安装质量，可选用标迪®高质量套筒

3. 正确安装步骤

· 将电钻的定位器调整到合适位置，以保证螺钉下钻到正确位置。

· 检查电钻的转速，确保电钻转速在 2000~2500r/min。

· 将选择好的套筒安装在电钻上，再将螺钉套入套筒中。

· 安装时螺钉与电钻必须垂直于压型钢板的表面，并用力创一中心点。

· 用手在电钻上加上约 14kg(140N)的力，保证用力与中心点在同一垂直线上。

· 搬动电动开关，不能中途停止，螺钉到位后迅速停止下钻。

注：在很少情况下，钢檩条的焊点会影响到螺钉的自钻能力，可能导致螺钉不能完全钻透钢檩条。在这种情况下，用电钻的反方向转速将螺钉退出，用第二根螺钉即可钻透。

正确安装位置示意图

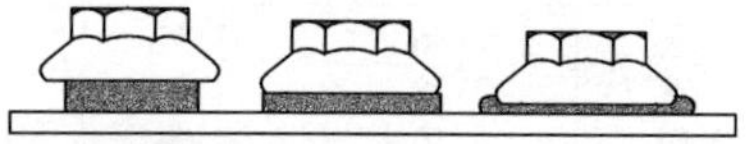

下钻不到位　　正确位置　　过度下钻

6—42　自攻螺钉选用及安装方法

六角头自攻螺钉 (GB 5285—85)

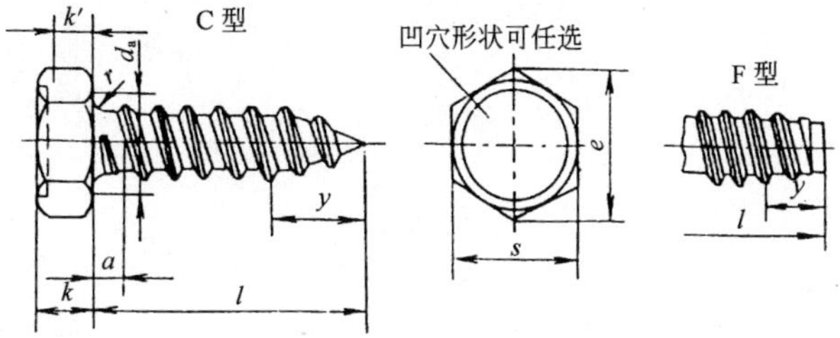

标记示例：

螺纹规格 ST3.5、公称长度 l = 16mm、表面镀锌的 C 型六角头自攻螺钉：

自攻螺钉 GB 5285—85 ST3.5 × 16C

（mm）

螺纹规格			ST2.2	ST2.9	ST3.5	ST4.2	ST4.8	ST5.5	ST6.3	ST8	ST9.5
p(螺距)			0.8	1.1	1.3	1.4	1.6	1.8	1.8	2.1	2.1
a > max			0.8	1.1	1.3	1.4	1.6	1.8	1.8	2.1	2.1
d_a max			2.8	3.5	4.1	4.9	5.5	6.3	7.1	9.2	10.7
s max			3.2	5	5.5	7	8	8	10	13	16
c min			3.38	5.4	5.96	7.59	8.71	8.71	10.95	14.26	17.62
k max			1.6	2.3	2.6	3	3.8	4.1	4.7	6	7.5
k'min			0.9	1.4	1.6	1.8	2.3	2.5	2.9	3.6	4.5
r min			0.1	0.1	0.1	0.2	0.2	0.25	0.25	0.4	0.4
y(参考)	C 型		2	2.6	3.2	3.7	4.3	5	6	7.5	8
	F 型		1.6	2.1	2.5	2.8	3.2	3.6	3.6	4.2	4.2
l 范围	通用规格	公称	4.5 ~ 16	6.5 ~ 19	6.5 ~ 22	9.5 ~ 25	9.5 ~ 32	13 ~ 32	13 ~ 38	13 ~ 55	16 ~ 30
	特殊规格	公称	19 ~ 50	22 ~ 50	25 ~ 50	32 ~ 50	38 ~ 50	38 ~ 50	45 ~ 50	—	—
l 系列		公称	4.5,6.5,9.5,13,16,19,22,25,32,38,45,50								

注：1. 机械性能按 GB 3098.5—85 规定。

2. 公差产品等级为 A 级。

自攻螺钉的机械性能(GB3098.5—85)

机械性能	渗碳层深度						表面硬度	芯部硬度	最小破坏扭矩											
	螺纹规格		ST2.2 和 ST2.6	ST2.9 ~ ST3.5	ST3.9 ~ ST5.5	ST6.3 ~ ST8	等于或大于 HRC 45 或 450 $HV_{0.3}$	HRC 26 ~ 40 或 270 ~ 290 $HV_{0.3}$	螺纹规格	ST2.2	ST2.6	ST2.9	ST3.3	ST3.5	ST3.9	ST4.2	ST4.8	ST5.5	ST6.3	ST8
	渗碳层深度	min (mm)	0.04	0.05	0.10	0.15			螺纹大径 max (mm)	2.24	2.57	2.90	3.30	3.53	3.91	4.22	4.80	5.46	6.25	8.00
		max (mm)	0.12	0.18	0.25	0.28			破坏扭矩 min (N.m)	0.45	0.90	1.5	2.0	2.8	3.4	4.5	6.5	10.0	14.0	31.0

注：本表适用于由渗碳钢制造的、螺纹符合 GB 5280—85《自攻螺钉用螺纹》规定的螺纹规格为 ST2.2 ~ ST8 的自攻螺钉。

自攻螺钉机螺钉规格

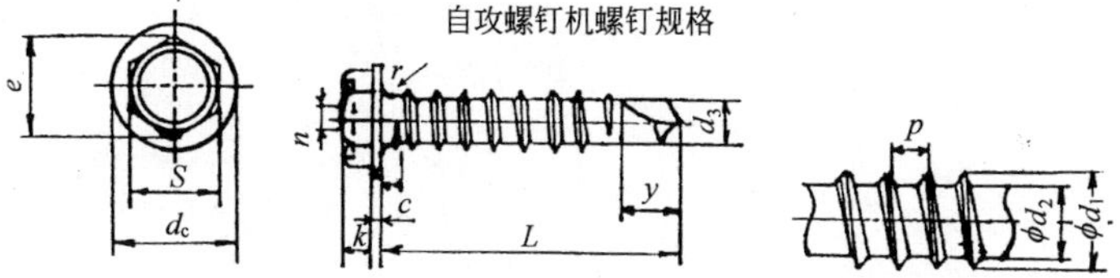

（mm）

项目 \ 规格		L = 2.9		L = 3.5		L = 4.2		L = 4.8		L = 5.5		L = 6.3	
		自攻螺钉	机螺钉	自攻螺钉	机螺钉	自攻螺钉	机螺钉	自攻螺钉	机螺钉	自攻螺钉	机螺钉	自攻螺钉	机螺钉
r max		0.4		0.5		0.6		0.7		0.8		0.9	
d_c	max	7.0		8.3		8.8		10.5		11		13.2	
	min	6.6		7.6		8.2		9.8		10		12.2	
e	min	5.4		5.96		7.59		8.71		8.71		10.95	
S	max	5.0		5.5		7.0		8.0		8.0		10.0	
	min	4.82		5.32		6.78		7.78		7.78		9.78	
k	max	1.7		2.4		2.8		3.1		3.1		3.6	
	min	1.5		2.2		2.6		2.9		2.9		3.4	
c	max	0.6		0.8		0.9		1.0		1.0		1.1	
	min	0.4		0.5		0.6		0.6		0.6		0.7	
d_1	max	2.9	2.82	3.53	3.48	4.22	4.14	4.8	4.8	5.46	5.46	6.25	6.32
	min	2.79	2.69	3.43	3.33	4.09	4.00	4.65	4.62	5.31	5.28	6.10	6.12
d_2	max	2.18		2.64		3.10		3.58		4.17		4.88	
	min	2.08		2.52		2.95		3.43		3.99		4.70	
螺距	p	1.06	0.63	1.27	0.79	1.41	0.79	1.59	1.06	1.81	1.06	1.81	1.27
	T.P.I	24	40	20	32	18	32	16	24	14	24	14	20
A	y	1.6	1.6	2.0	2.0	2.8	2.8	3.3	3.3	3.6	3.6	4.2	4.2
	d_3	2.2	2.2	2.7	2.7	3.2	3.4	3.7	3.8	4.3	4.5	5.0	5.2
B	y	2.8	2.8	3.3	3.3	3.7	3.7	4.3	43.	5.1	5.1	6.4	6.4
	d_3	2.3	2.3	2.8	2.9	3.4	3.5	3.7	4.0	4.5	4.7	5.3	5.4
C	y			3.9	3.9	4.8	4.8	5.9	5.9	7.0	7.0	8.4	8.4
	d_3			3.0	3.1	3.6	3.7	4.1	4.3	4.7	4.9	5.5	5.7

6—43 自攻螺钉选用表

七、屋面开洞、设行走平台、采光板、通风孔及通风天窗

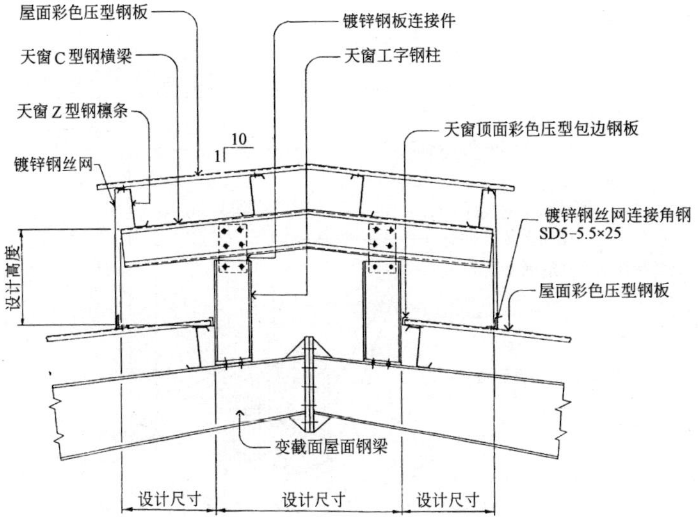

屋面天窗钢结构剖面图

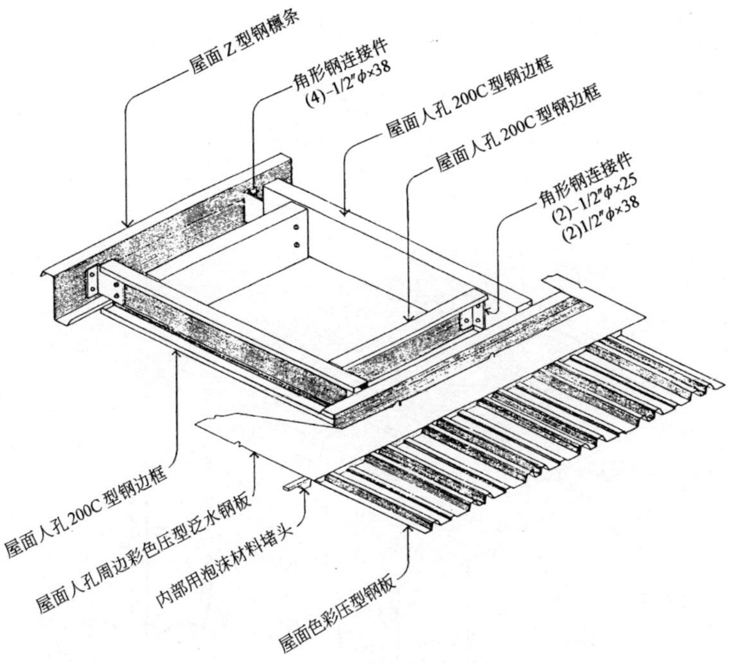

屋面人孔钢结构透视图

7—1 屋面人孔及通风天窗钢结构安装

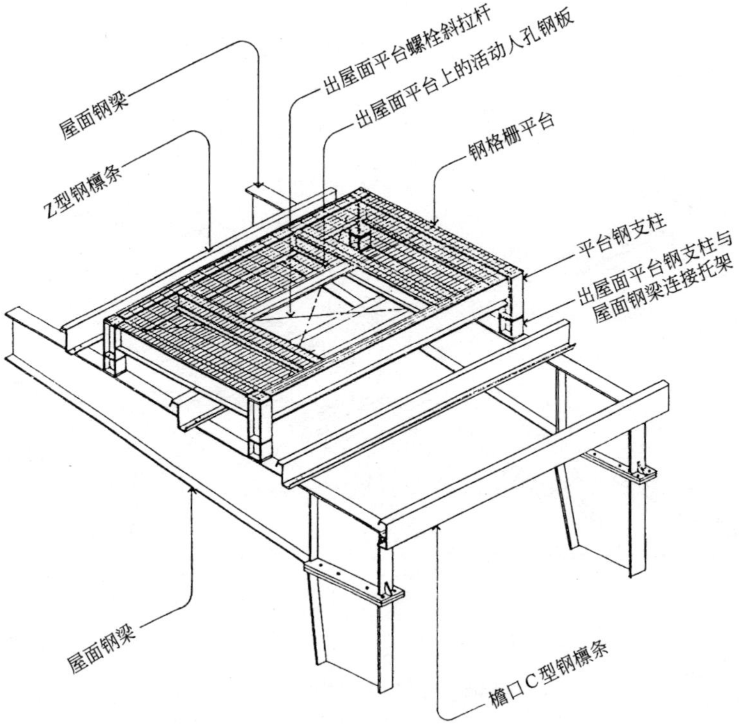

出屋面平台安装透视图

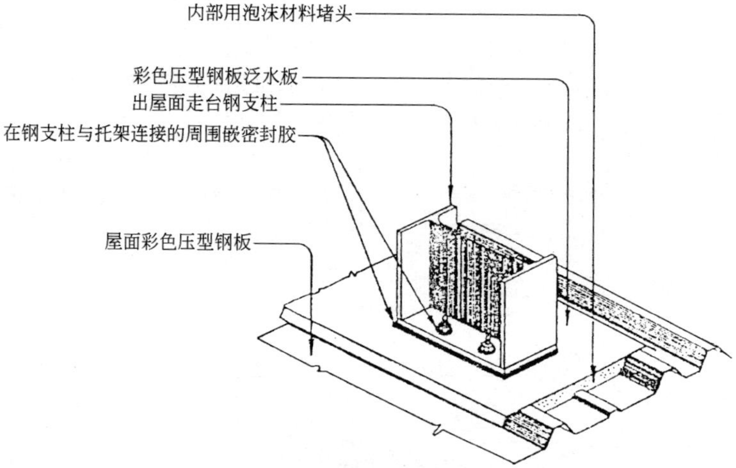

出屋面平台钢支柱安装透视图

7—2 屋面伸出行走平台的安装

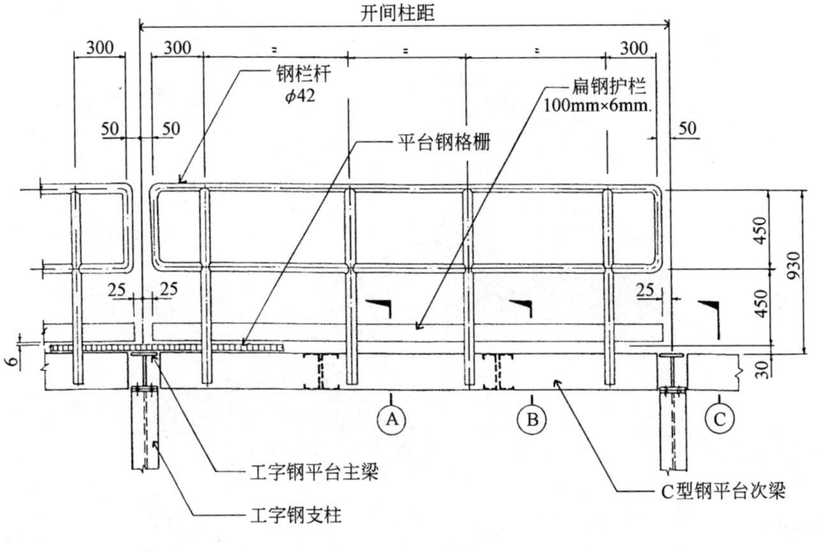

出屋面平台立面图

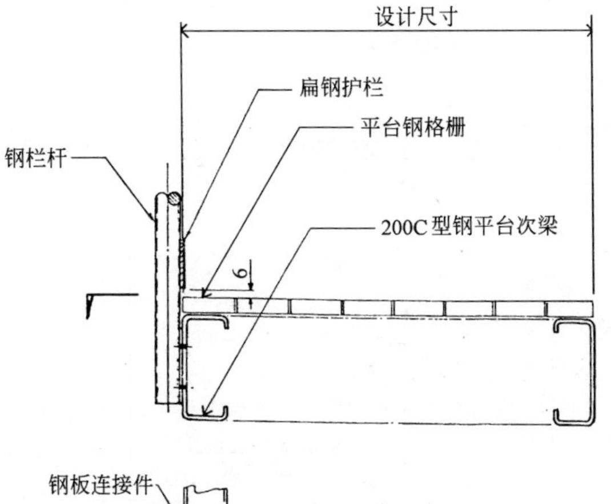

A—A

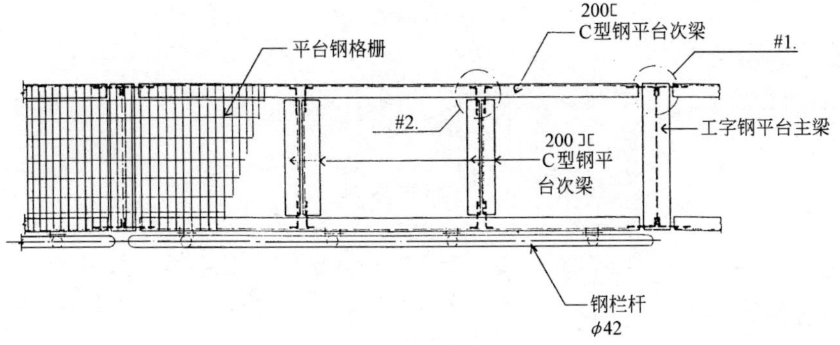

出屋面平台平面图

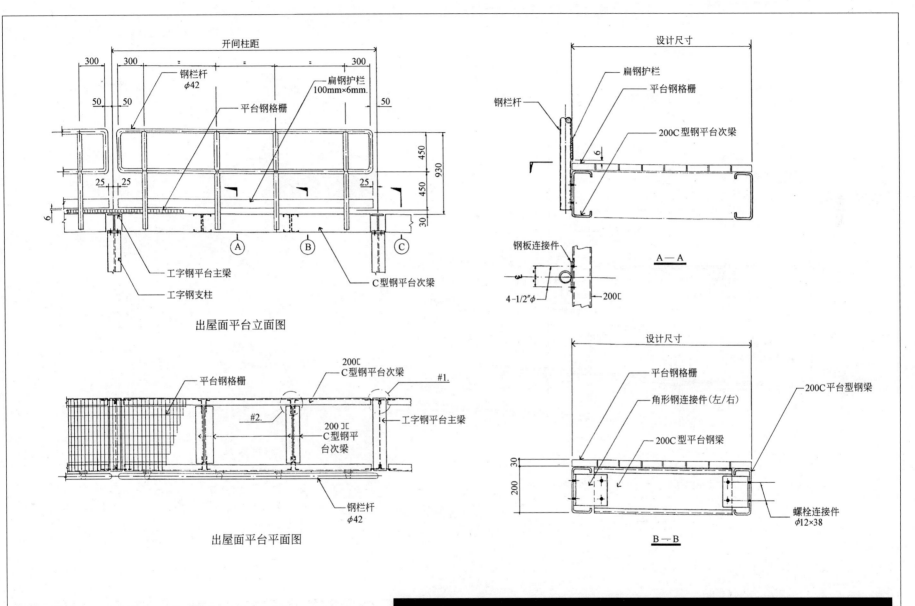

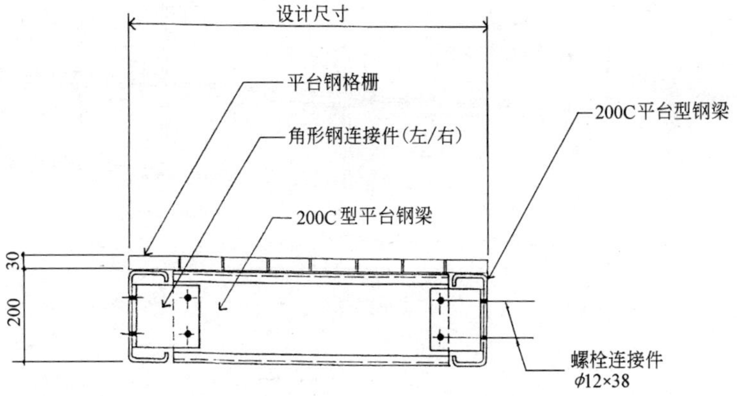

B—B

7—3 屋面伸出行走平台的平面及立面

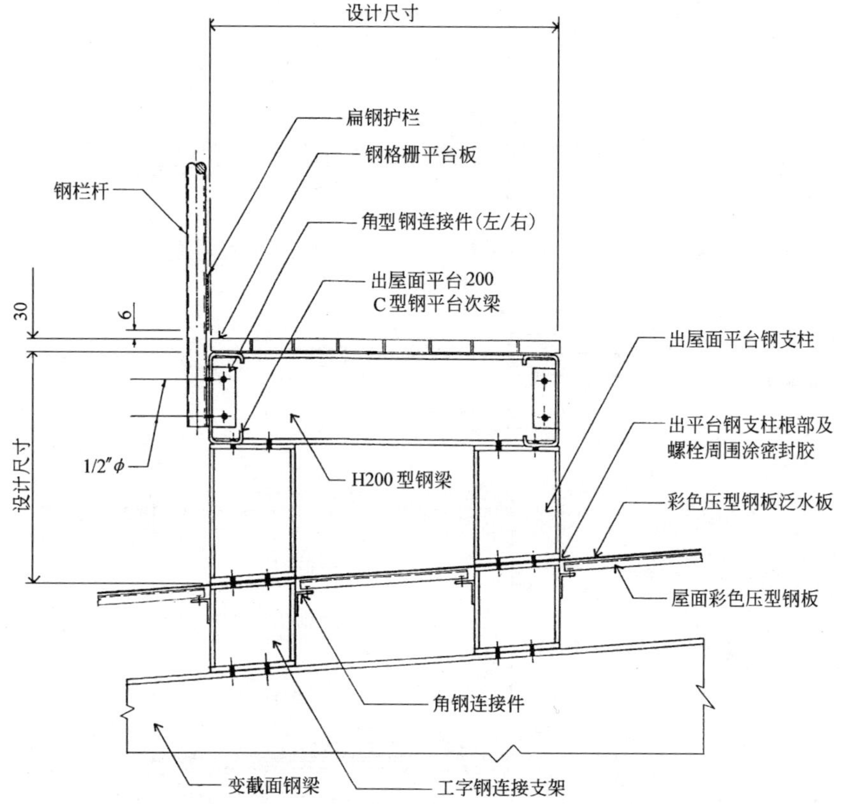
设计尺寸
扁钢护栏
钢格栅平台板
钢栏杆
角型钢连接件(左/右)
出屋面平台200
C型钢平台次梁
30
6
出屋面平台钢支柱
设计尺寸
出平台钢支柱根部及
螺栓周围涂密封胶
1/2″φ
H200型钢梁
彩色压型钢板泛水板
屋面彩色压型钢板
角钢连接件
变截面钢梁
工字钢连接支架

C—C

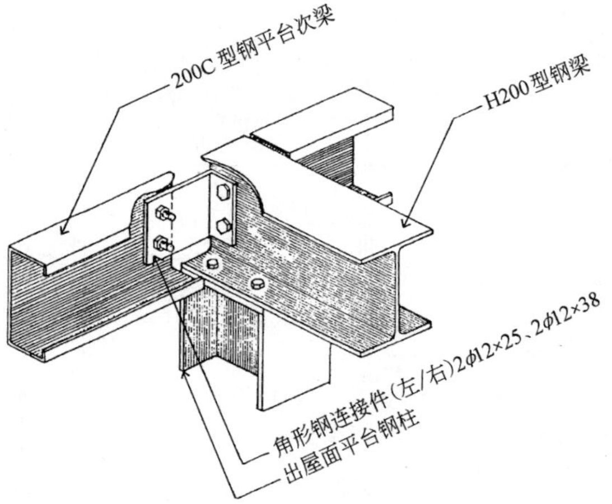
200C型钢平台次梁
H200型钢梁
角形钢连接件(左/右)2φ12×25、2φ12×38
出屋面平台钢柱

①

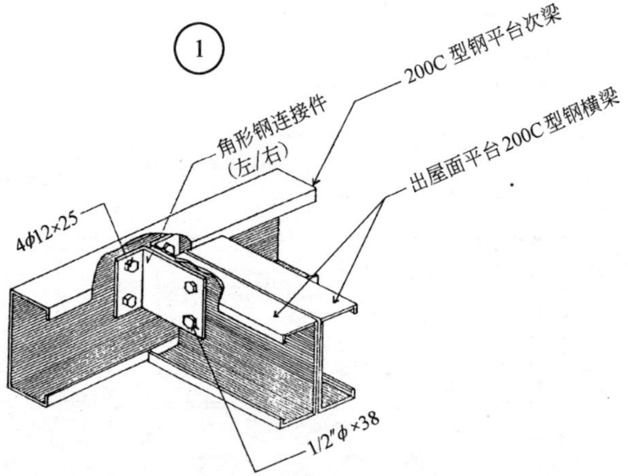
200C型钢平台次梁
角形钢连接件
(左/右)
出屋面平台200C型钢横梁
4φ12×25
1/2″φ×38

②

7—4 屋面伸出行走平台剖面及平台梁安装

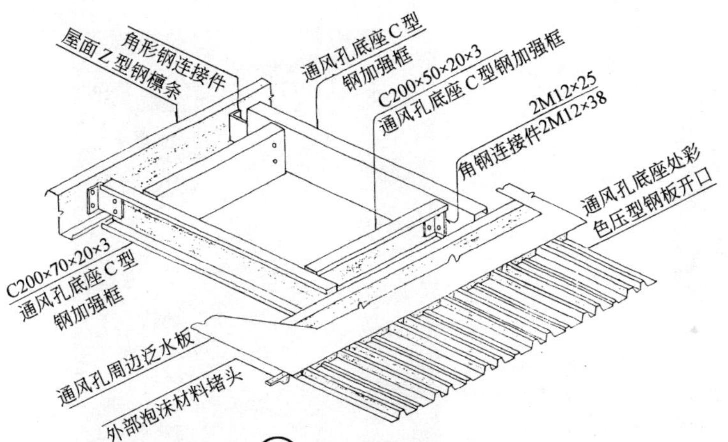

① 通风孔底座C型钢加强框连接图

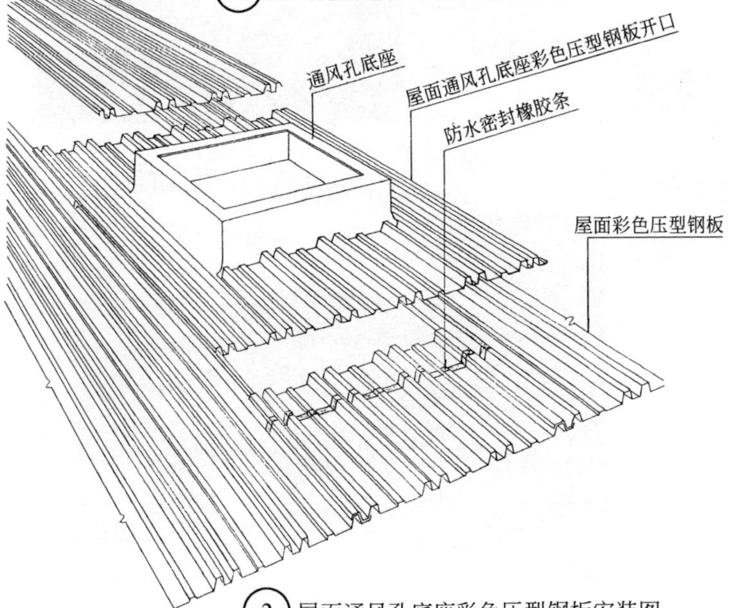

② 屋面通风孔底座彩色压型钢板安装图

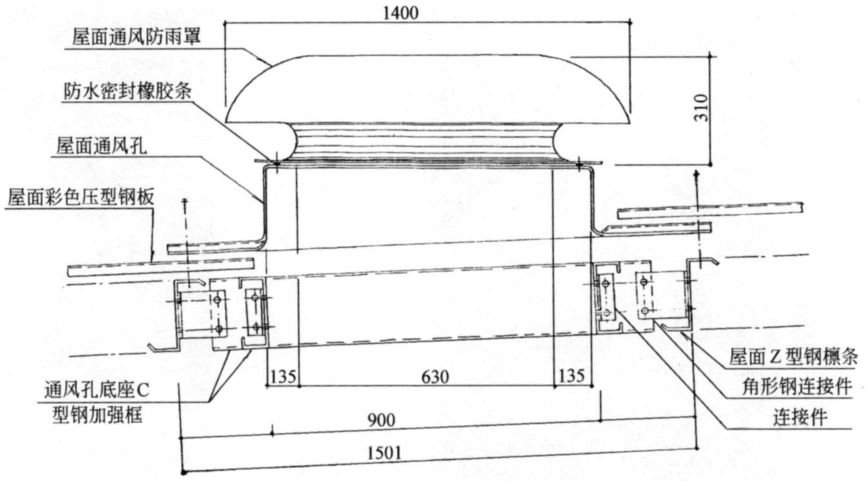

③ T063通风孔安装图

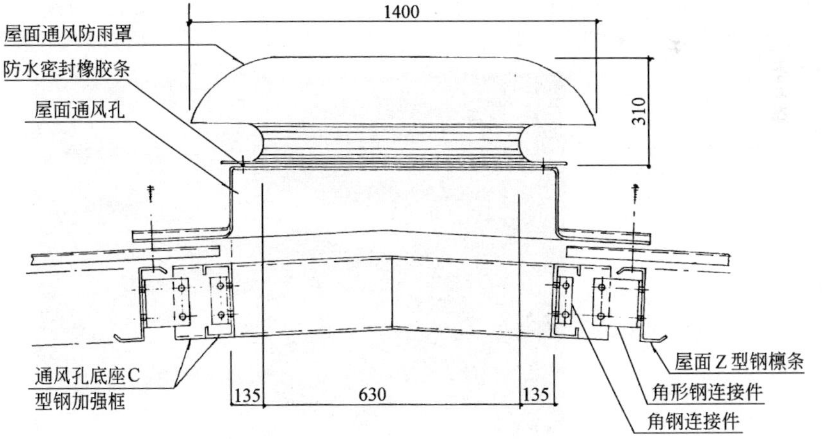

④ T064通风孔安装图

7—5 屋面通风孔

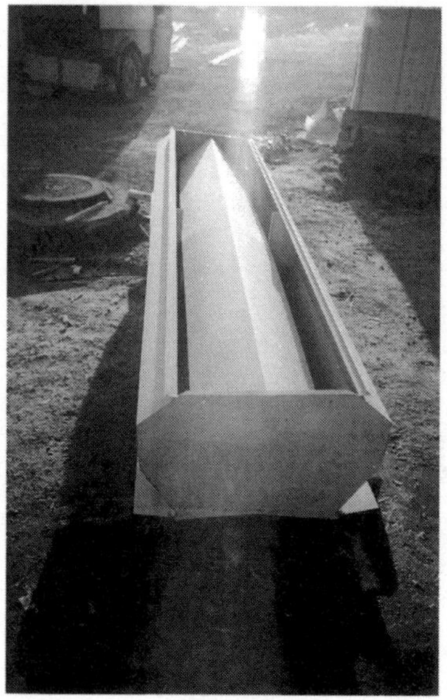

(1)
活动通风天窗

(2)
活动通风天窗底面(关闭状态)

(3)
活动通风天窗底面(开起状态)

(4)
活动通风天窗活动支架(关闭状态)

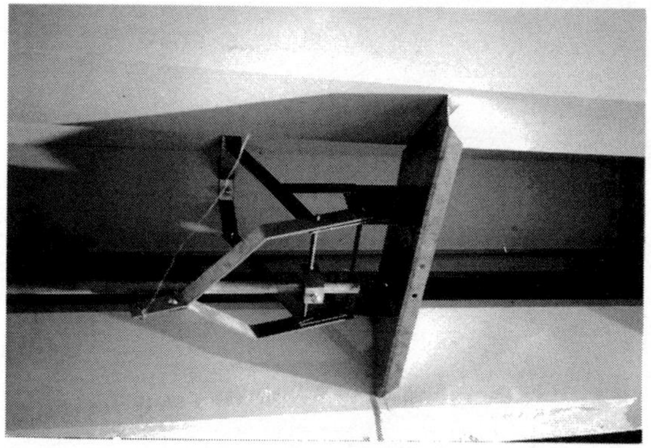

(5)
活动通风天窗活动支架(开起状态)

7—6　活动通风天窗

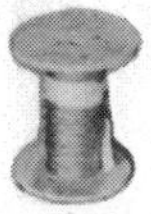

50-0129

03-0110

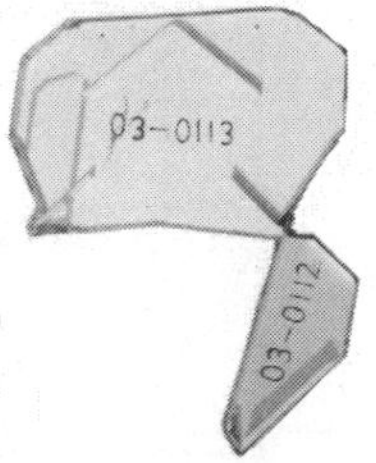

03-0111

(1)

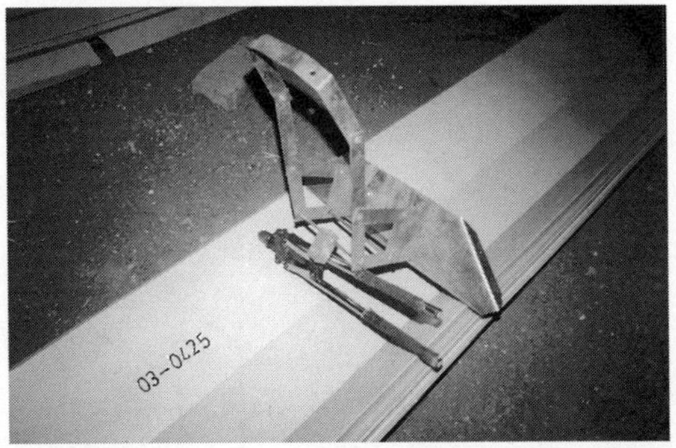

(2)

(3)

活动通风天窗配件及组装程序

(4)

(5)

活动通风天窗透视图

(6)

活动通风天窗配件及组装程序

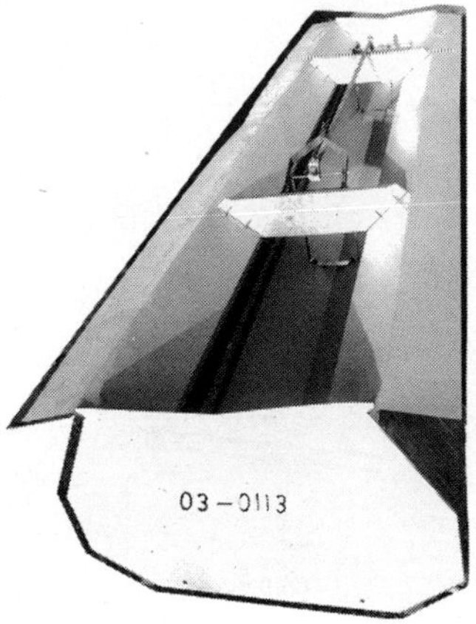

(7)

活动通风天窗底面透视图(开起状态)

7—7　活动通风天窗配件及组装

7—8 活动通风天窗配件及组装

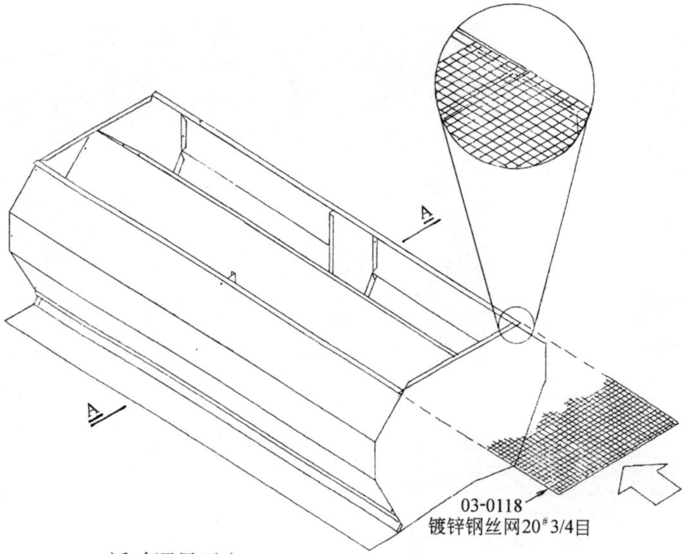

活动通风天窗

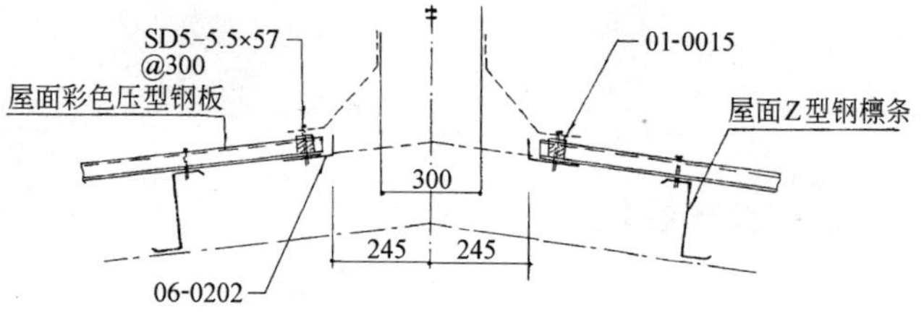

屋脊通风天窗位置横向剖面

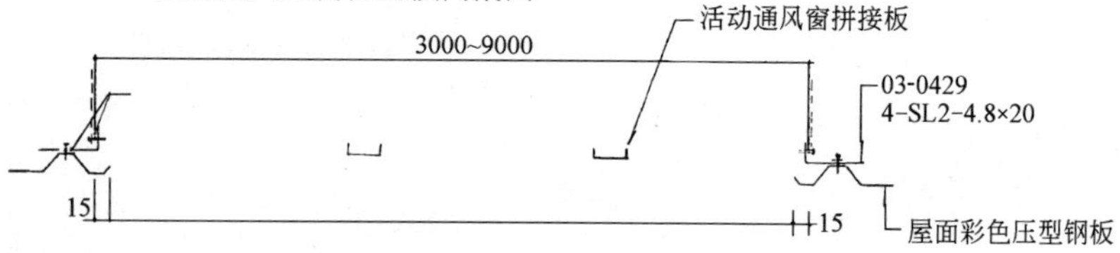

屋脊通风天窗位置纵向剖面

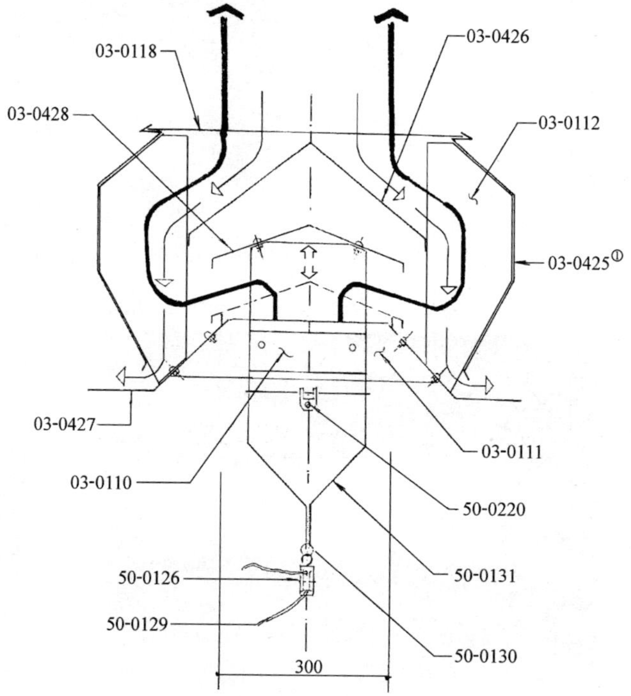

A—A

①03-0425等是构件编号，可在前后图[如7-14及7-7之(2)]中对照参考。

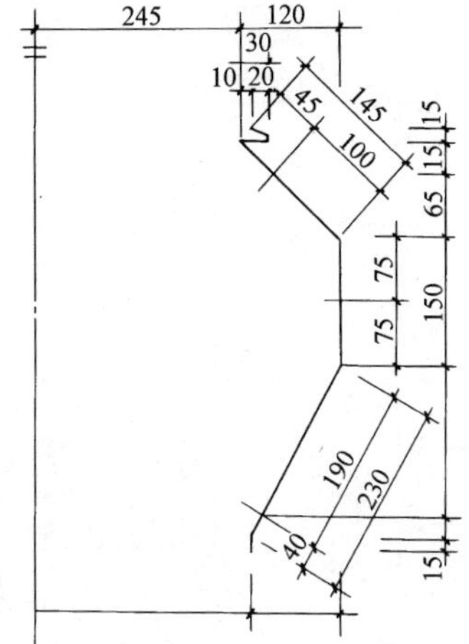

A—A

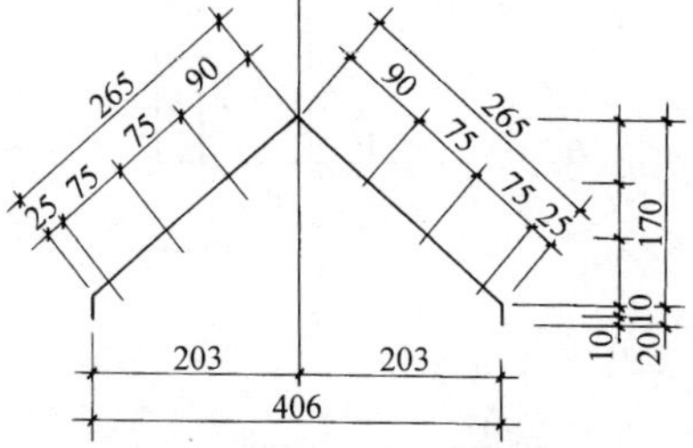

B—B

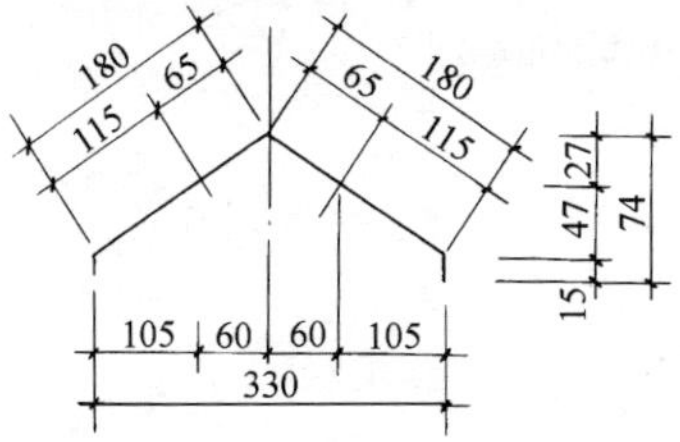

C—C

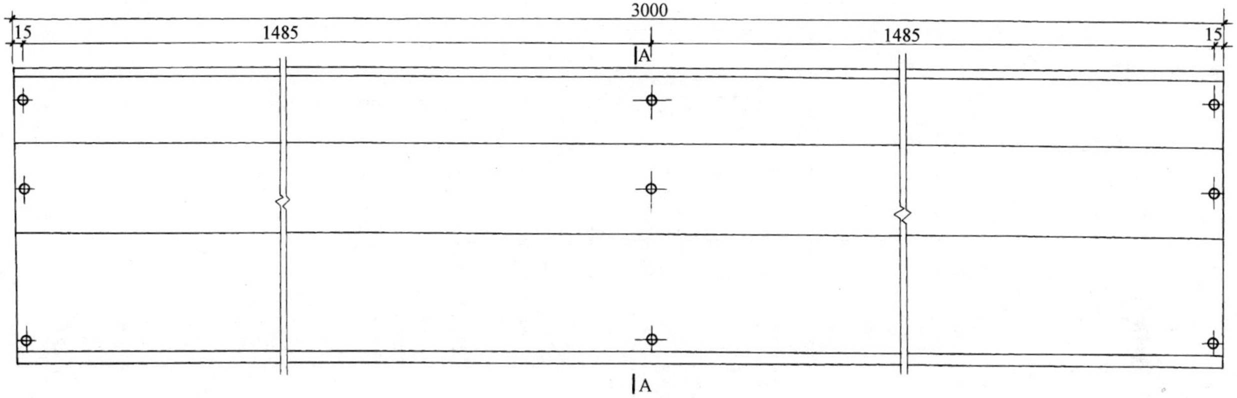

03-0425

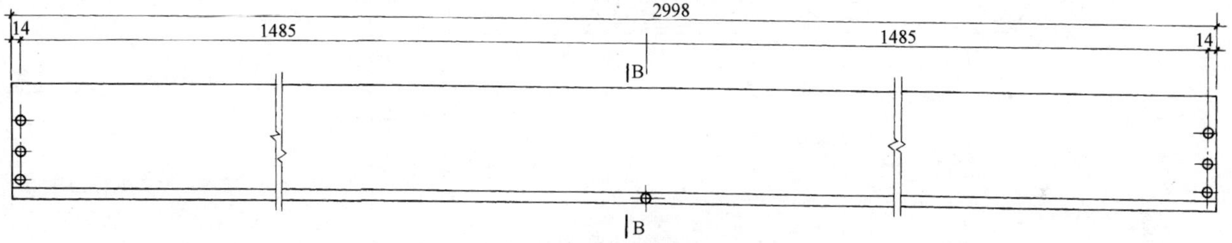

03-0426

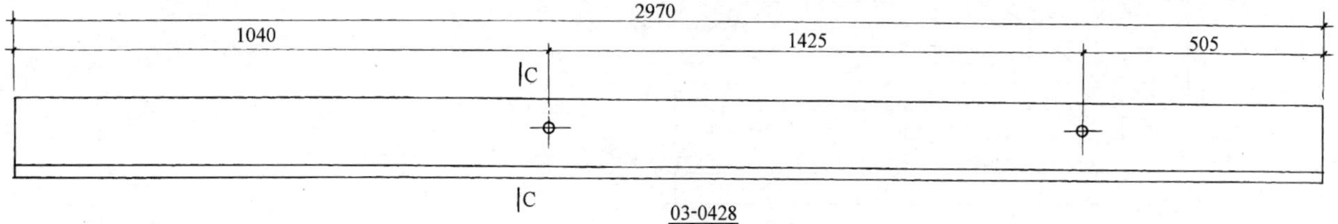

03-0428

彩色压型钢板t=0.8

7—9 活动通风天窗配件详图(一)

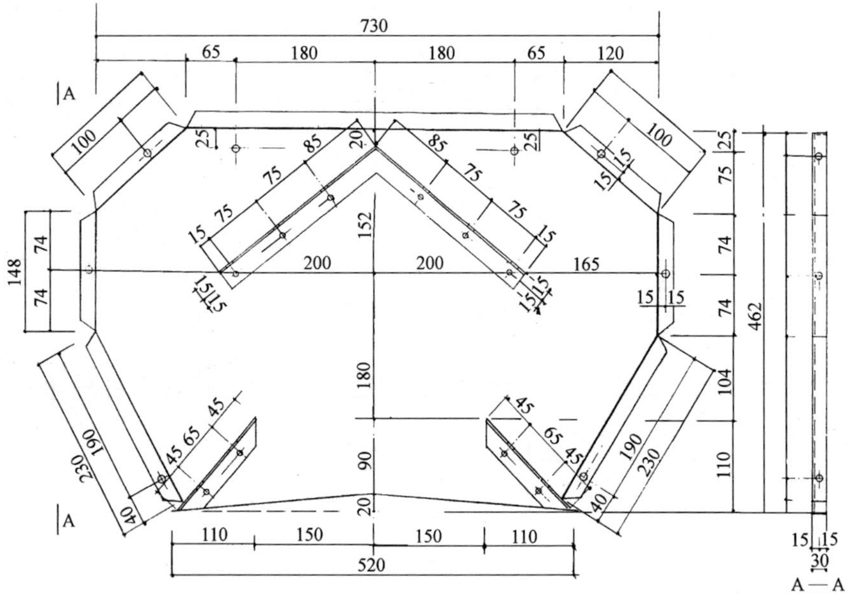

A—A

03-0113

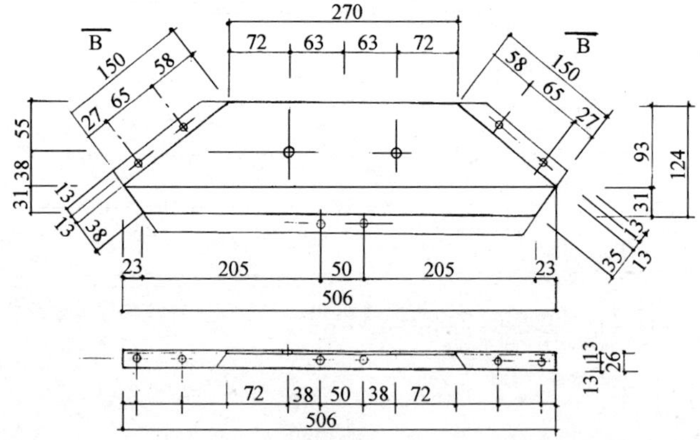

B—B

03-0111

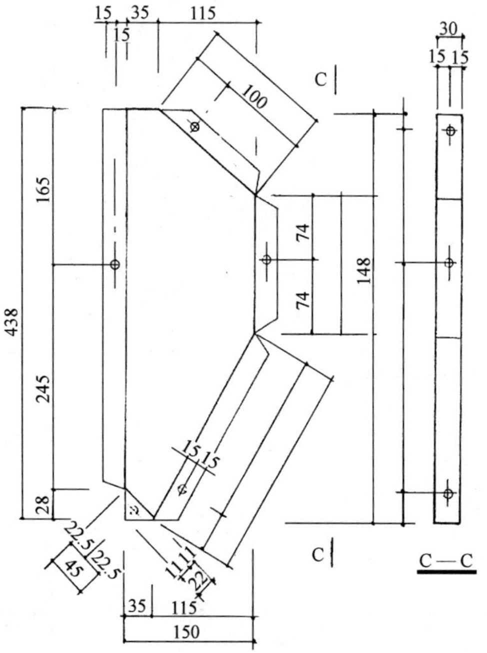

C—C

03-0112

彩色压型钢板t=0.8

7—10 活动通风天窗配件详图(二)

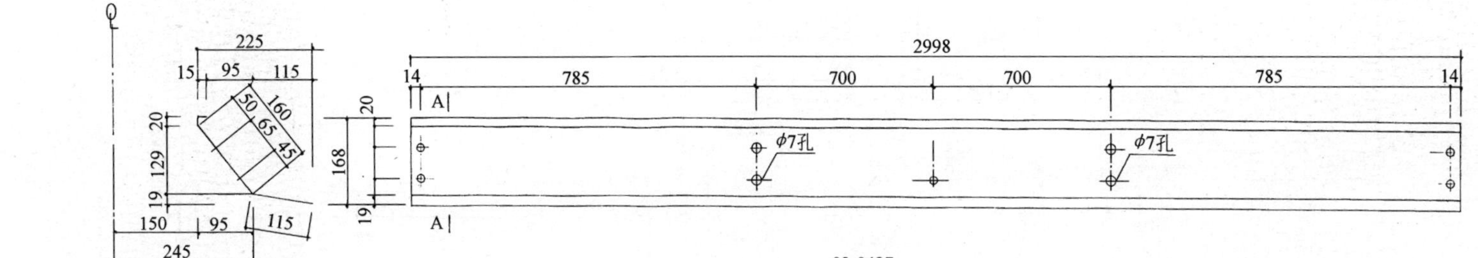

A—A

03-0427

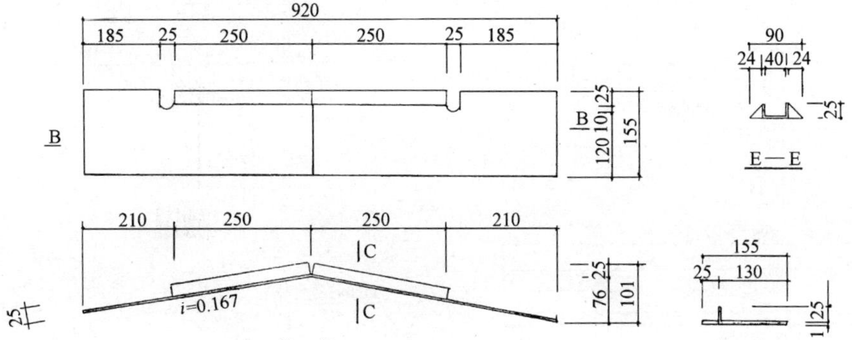

B—B

03-0429 1:75

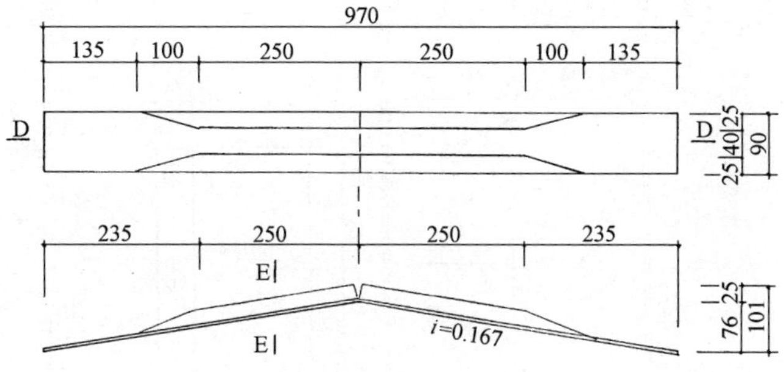

D—D

03-0430

彩色压型钢板t=0.8

7—11 活动通风天窗配件详图(三)

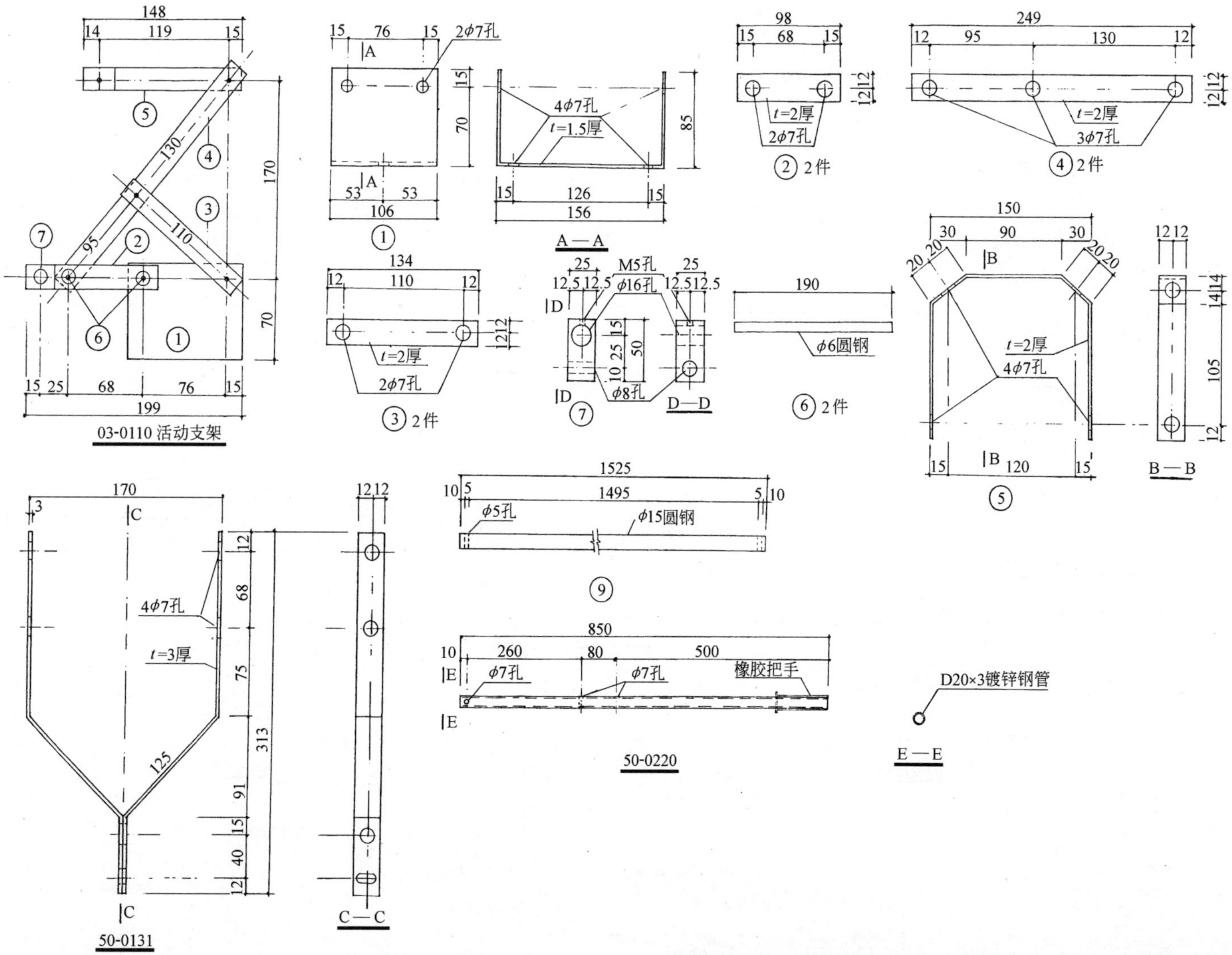

148
14 119 15
⑤
130
④
170
③
95 ⑦ ② 110
⑥
① 70
15 25 68 76 15
199
03-0110 活动支架

15 76 15 2φ7孔
A
15
A
53 53
106
①

4φ7孔
t=1.5厚
85
15 126 15
156
A—A

98
15 68 15
12 12
t=2厚
2φ7孔
② 2件

249
12 95 130 12
12 12
t=2厚
3φ7孔
④ 2件

134
12 110 12
12 12
t=2厚
2φ7孔
③ 2件

25 25
12.5 12.5 M5孔 12.5 12.5
D φ16孔 D
15
10 25 50
D φ8孔 D
D—D
⑦

190
φ6圆钢
⑥ 2件

150
30 90 30
20 20 B 20 20
t=2厚
4φ7孔
15 B 120 15
⑤

12 12
14 14
105
12
B—B

170
3 C 12
4φ7孔
68
t=3厚
75
125 313
91
15
12 40
C
50-0131

12 12

C—C

1525
10 5 1495 5 10
φ5孔 φ15圆钢
⑨

850
10 260 80 500
φ7孔 φ7孔 橡胶把手
E
E
50-0220

D20×3镀锌钢管
E—E

7—12 活动通风天窗活动支架

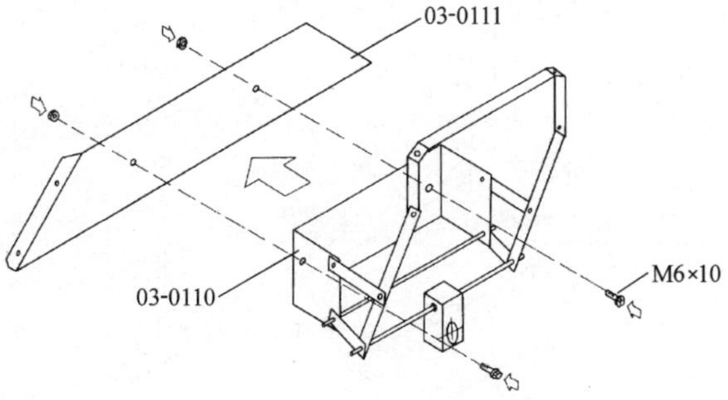

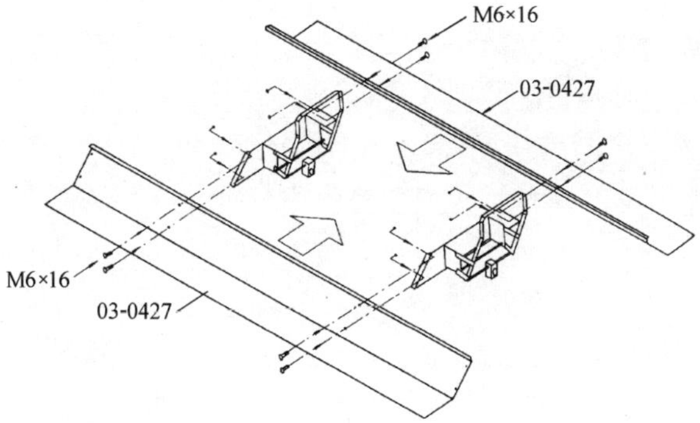

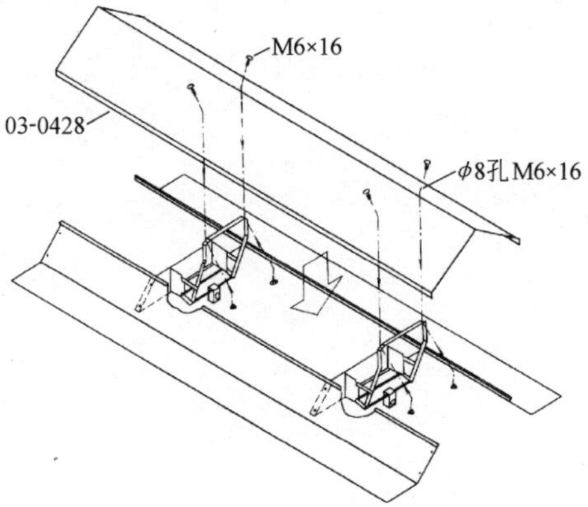

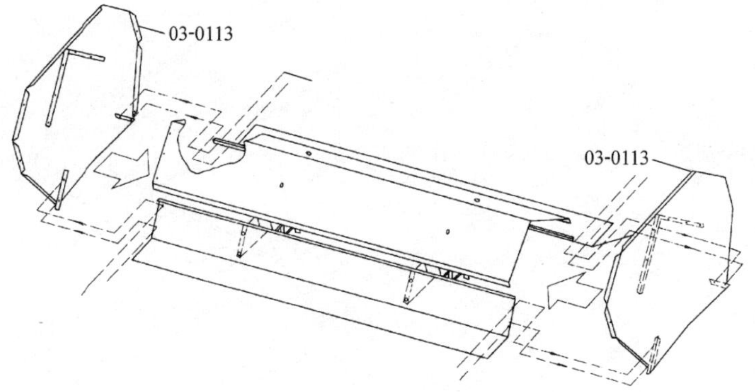

7—13 活动通风天窗配件及组装程序(一)

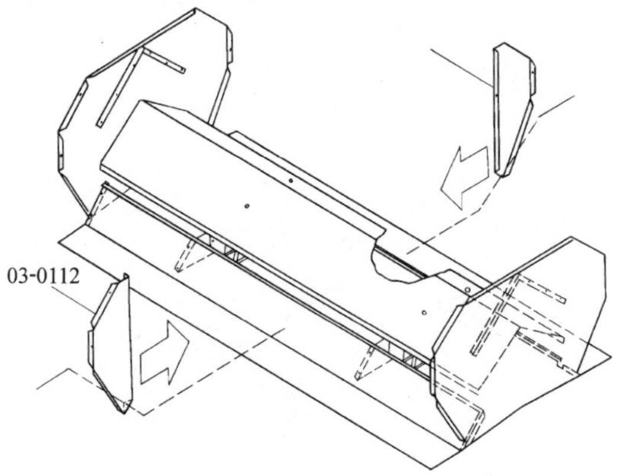

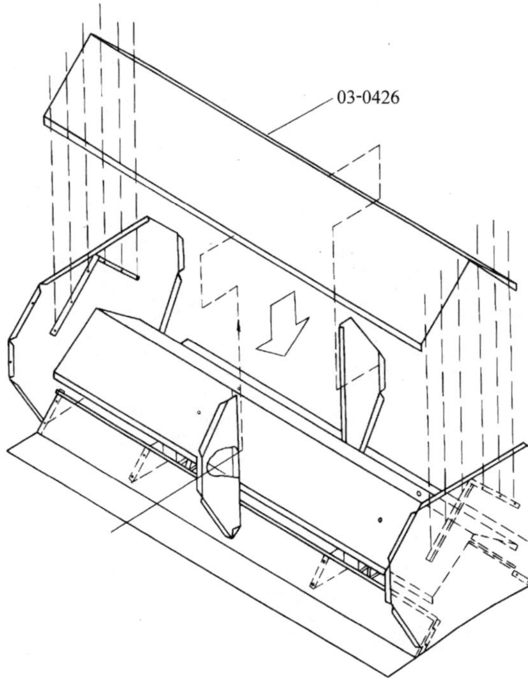

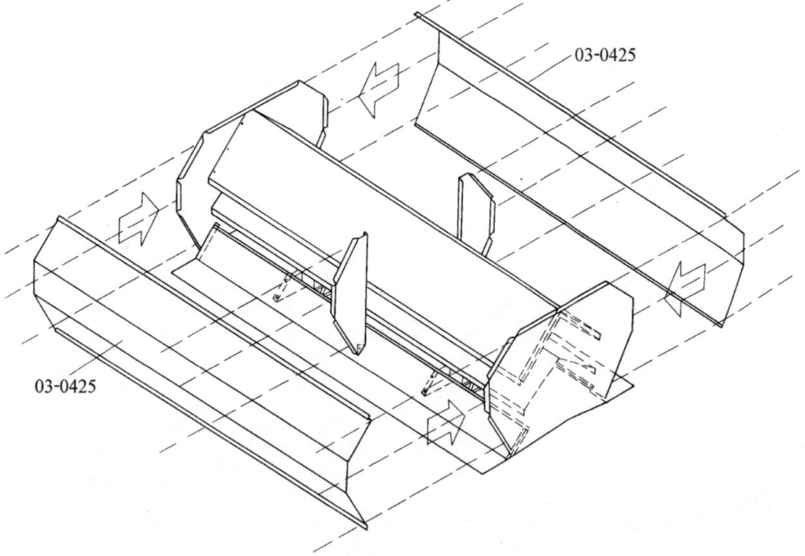

7—14 活动通风天窗配件及组装程序(二)

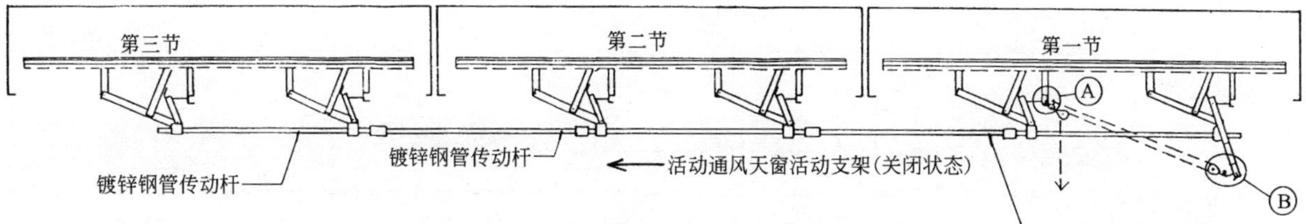

活动通风天窗活动支架配件及组装程序

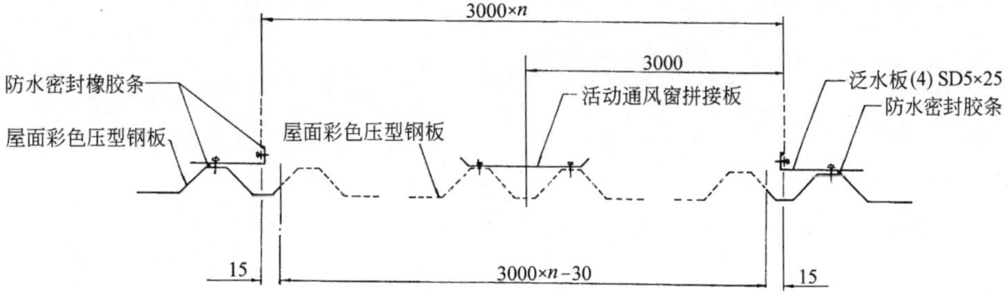

屋脊通风天窗位置纵向剖面

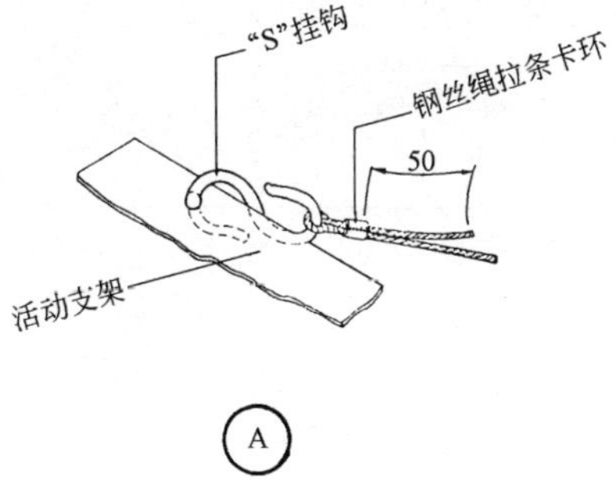

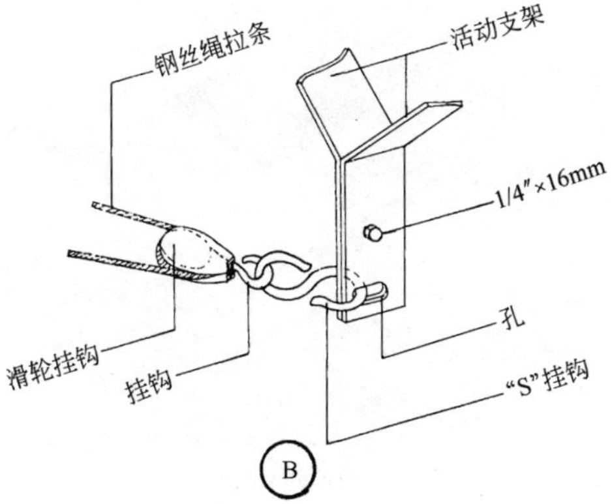

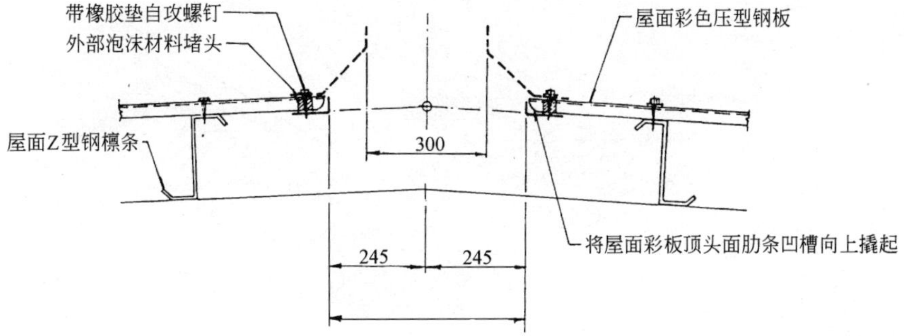

屋脊通风天窗位置横向剖面

7—15 活动通风天窗配件及组装程序(三)

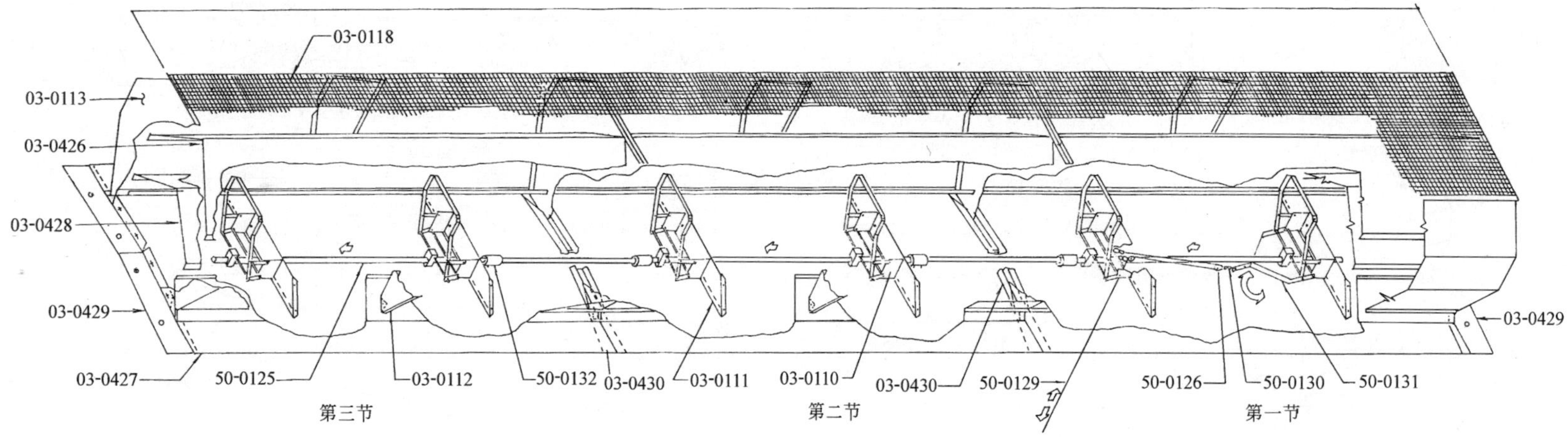

活动通风天窗配件及组装程序

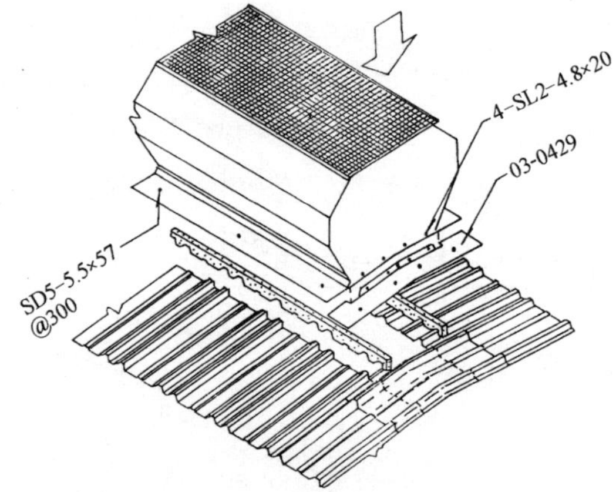

"B"详图

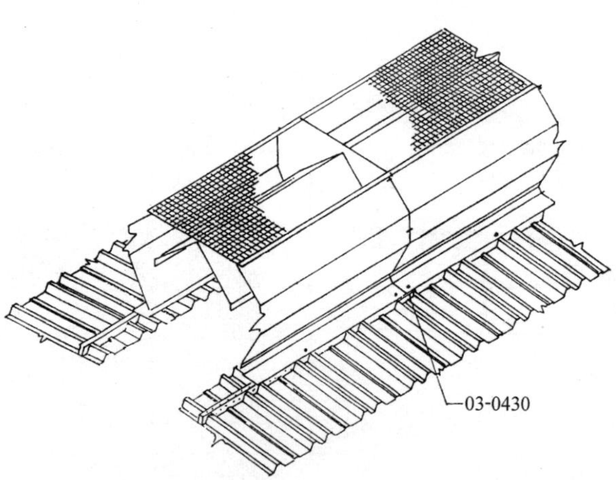

"A"详图

7—16 活动通风天窗配件及组装程序(四)

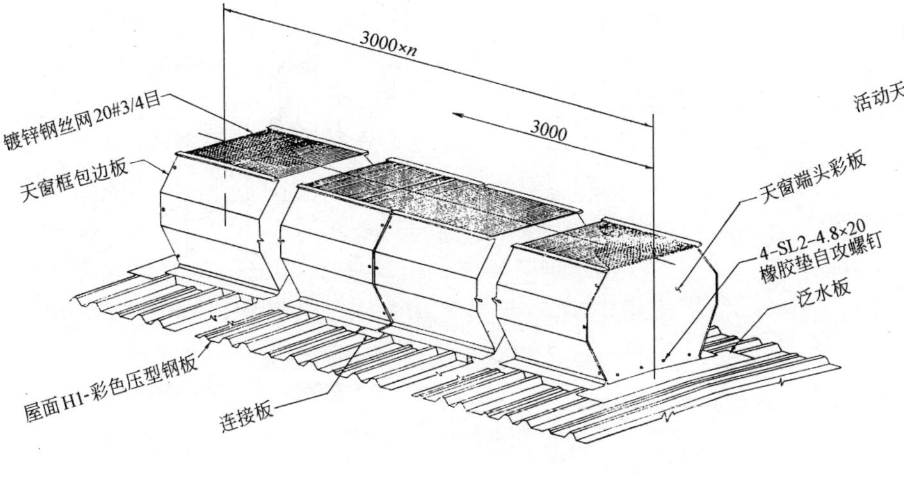

活动通风天窗上面透视

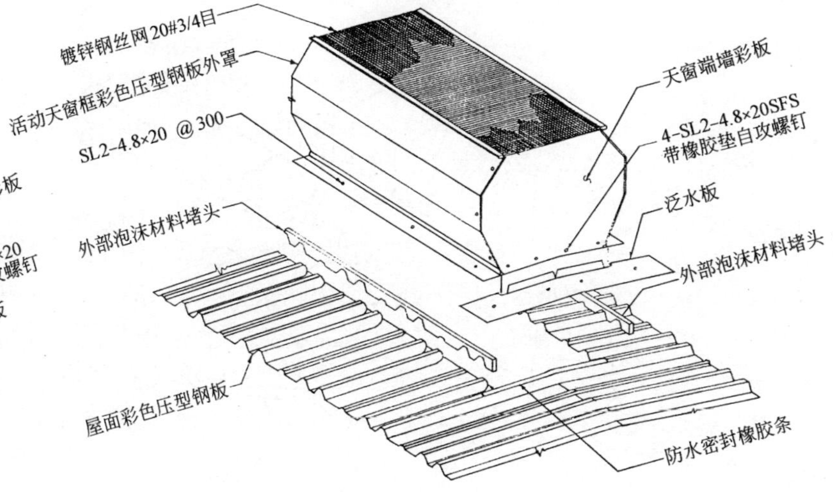

活动通风天窗安装(一)

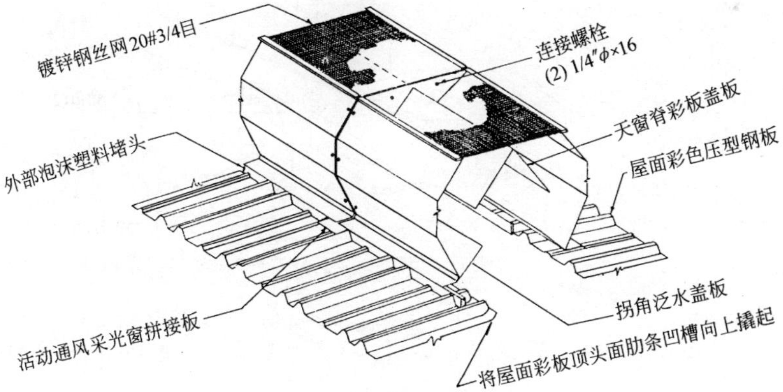

活动通风天窗安装(二)

7—17 活动通风天窗透视

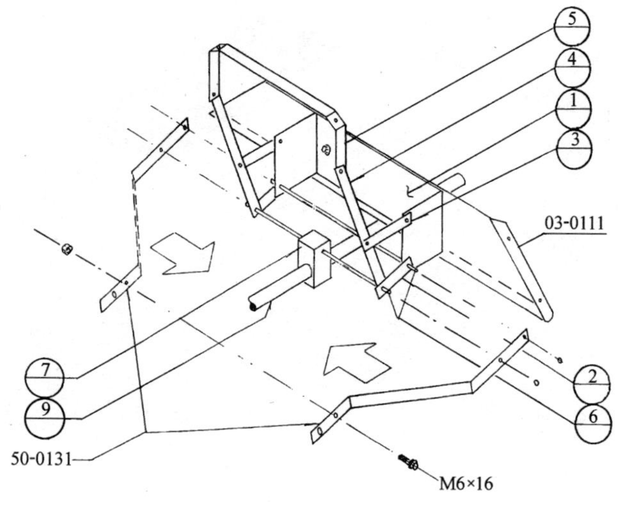

03-0110-1

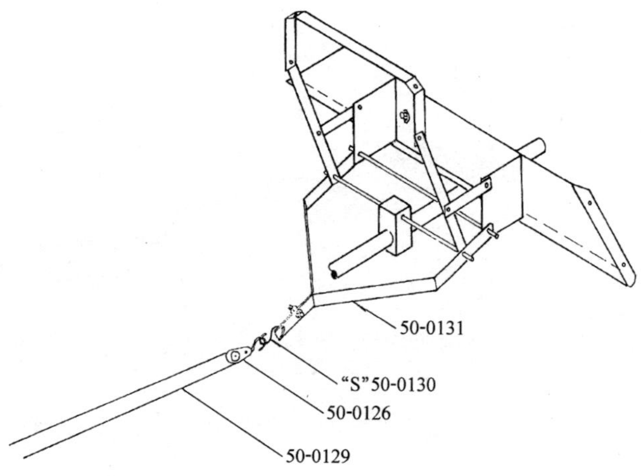

03-0110-2

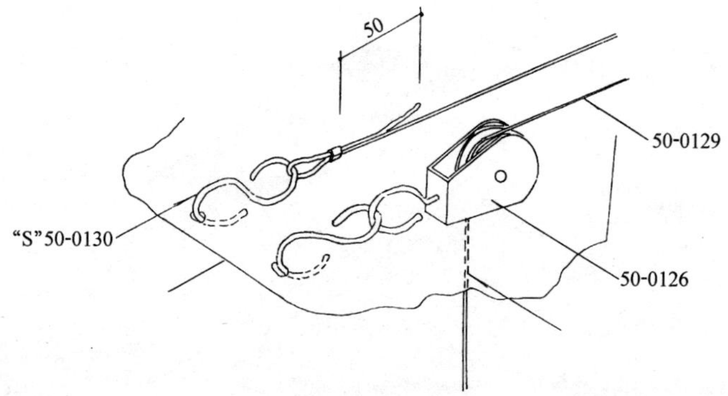

03-0110-3

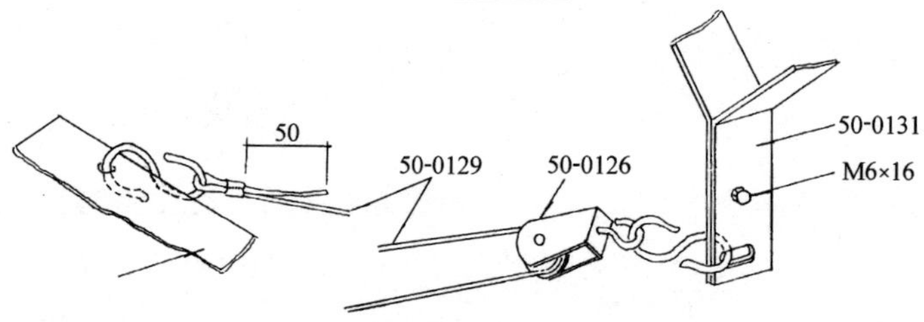

03-0110-4

7—18 活动通风天窗配件组装详图(一)

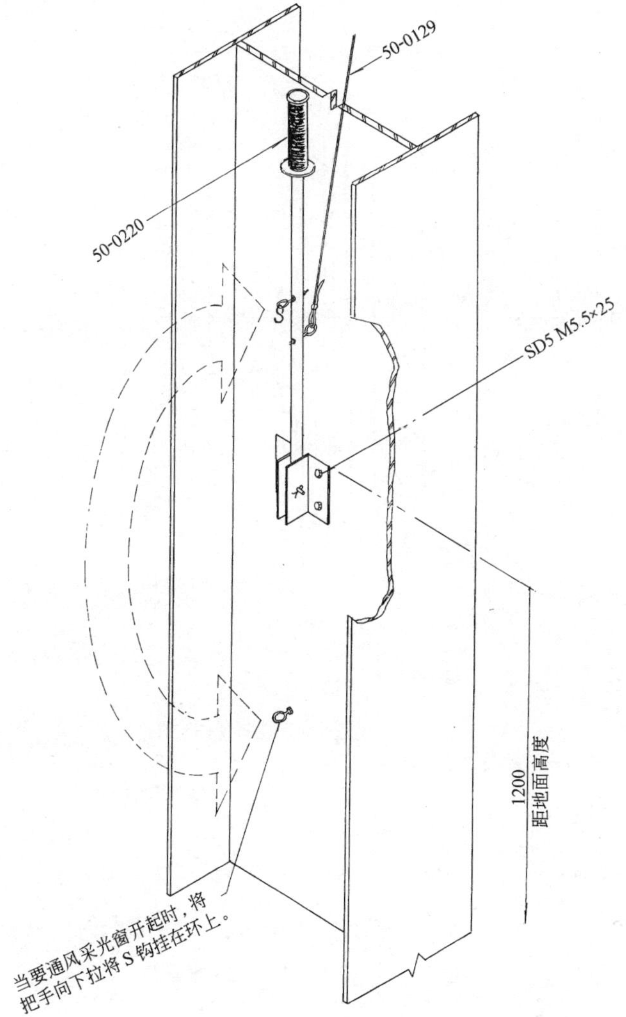

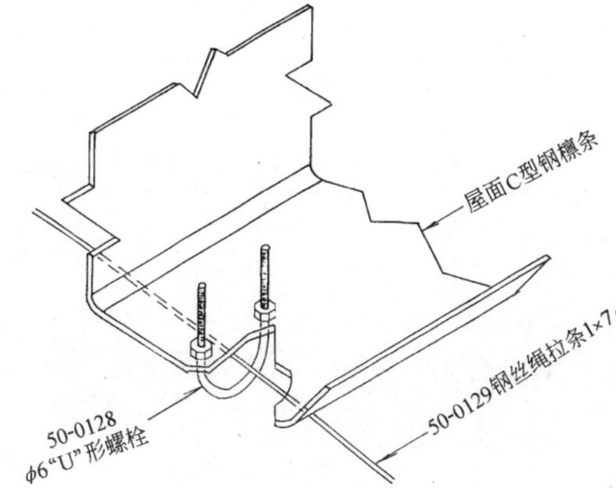

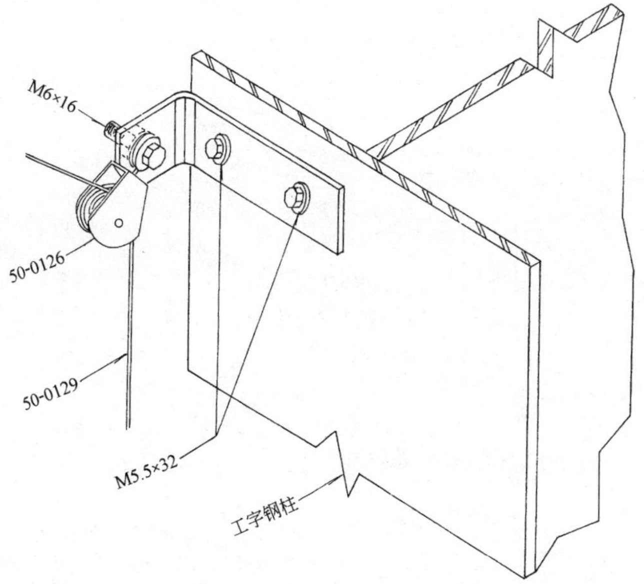

7—19 活动通风天窗配件组装详图(二)

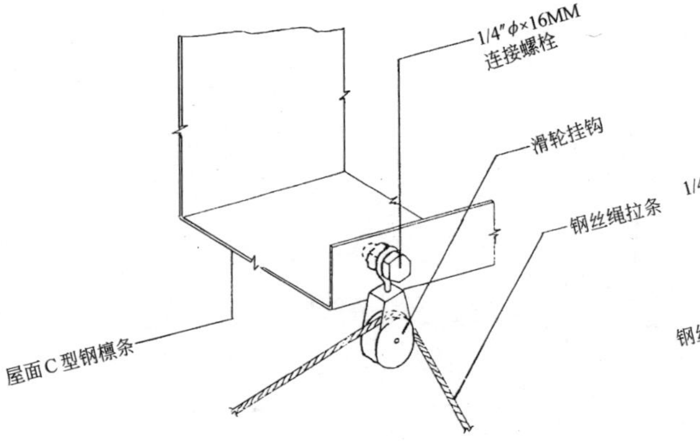

滑轮挂钩与C型钢檩条安装连接

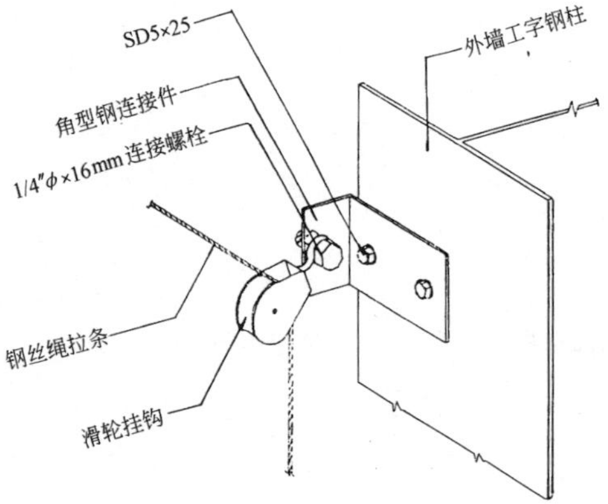

导向滑轮固定在钢柱上节点

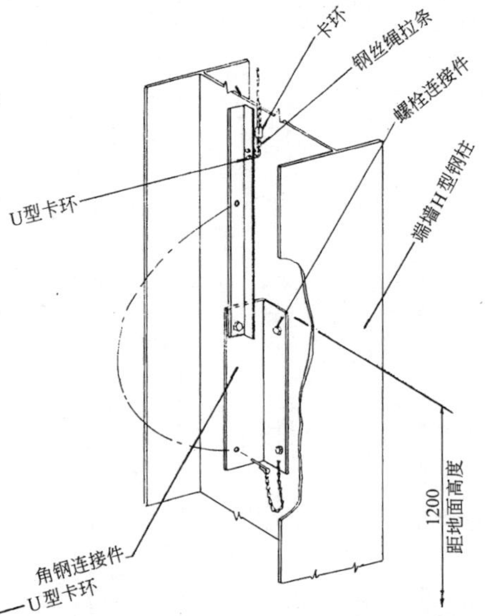

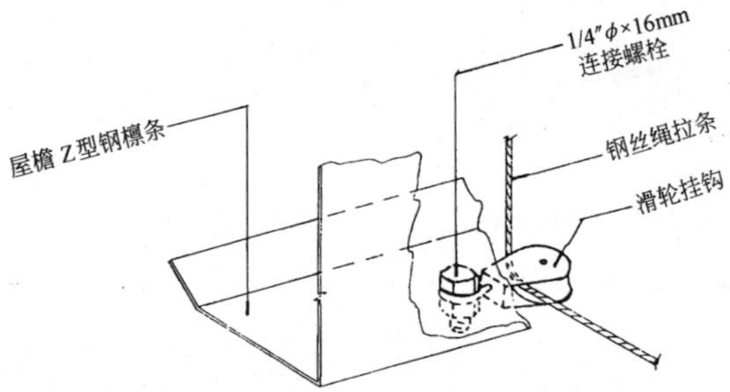

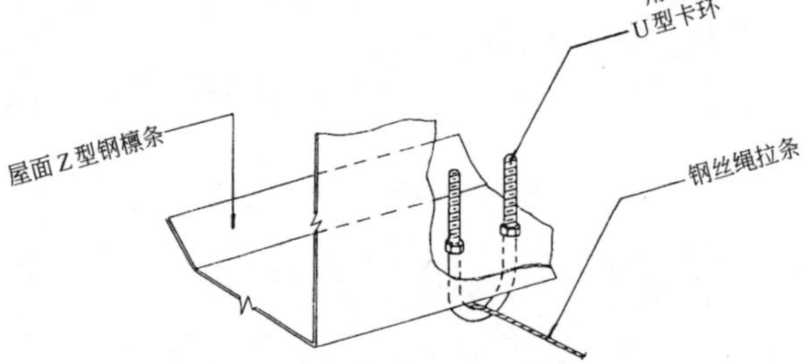

把手向下拉与钢柱安装连接

滑轮挂钩与屋面Z型钢檩连接

滑轮挂钩与墙壁Z型钢檩条连接

7—20 活动通风天窗配件组装详图(三)

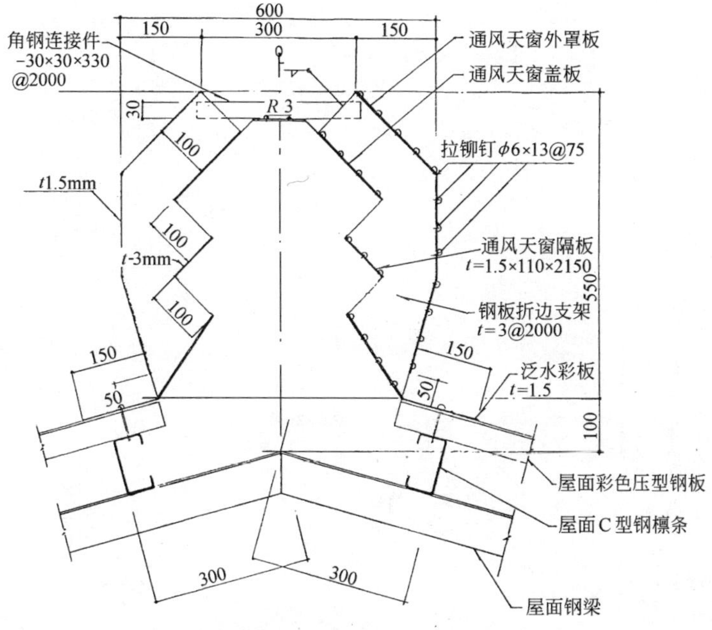

通风采光天窗剖面

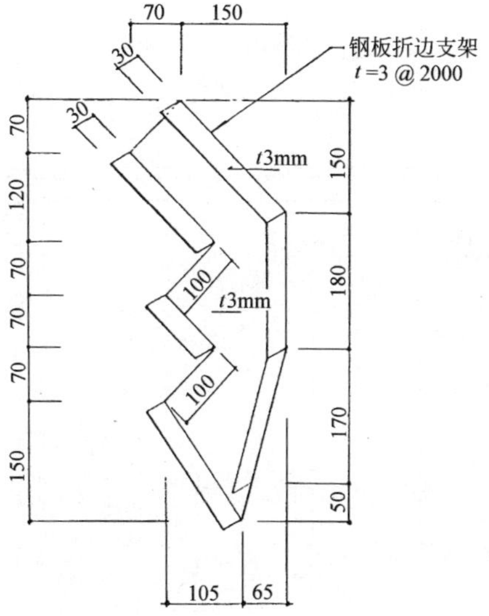

通风采光天窗钢板支架

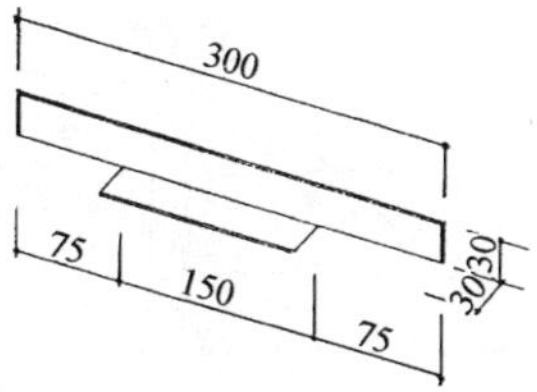

角钢连接详图

∟30×30×3×300
@2000

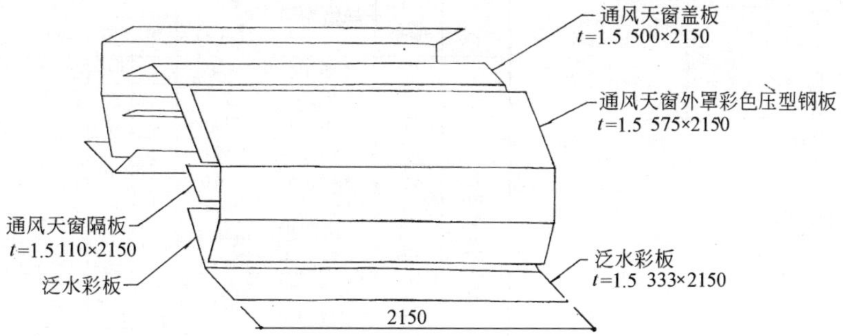

通风采光天窗彩板外罩

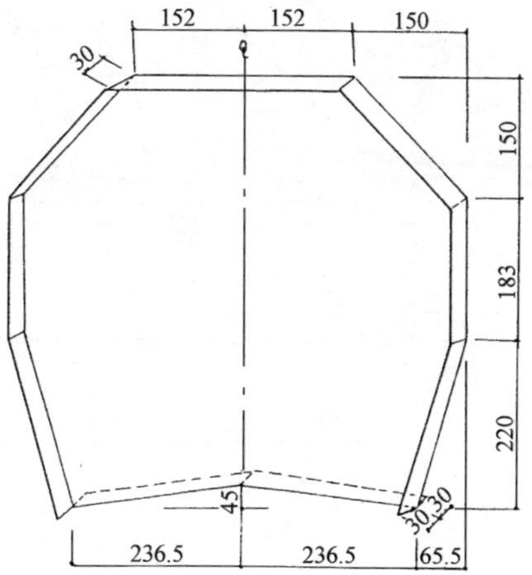

通风采光天窗端头板

7—21 通风采光天窗

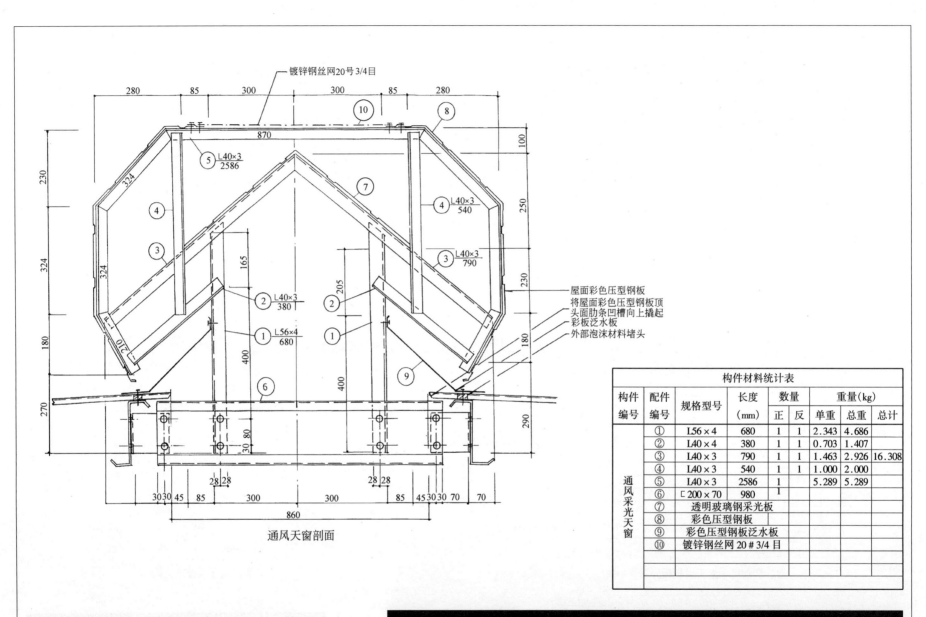

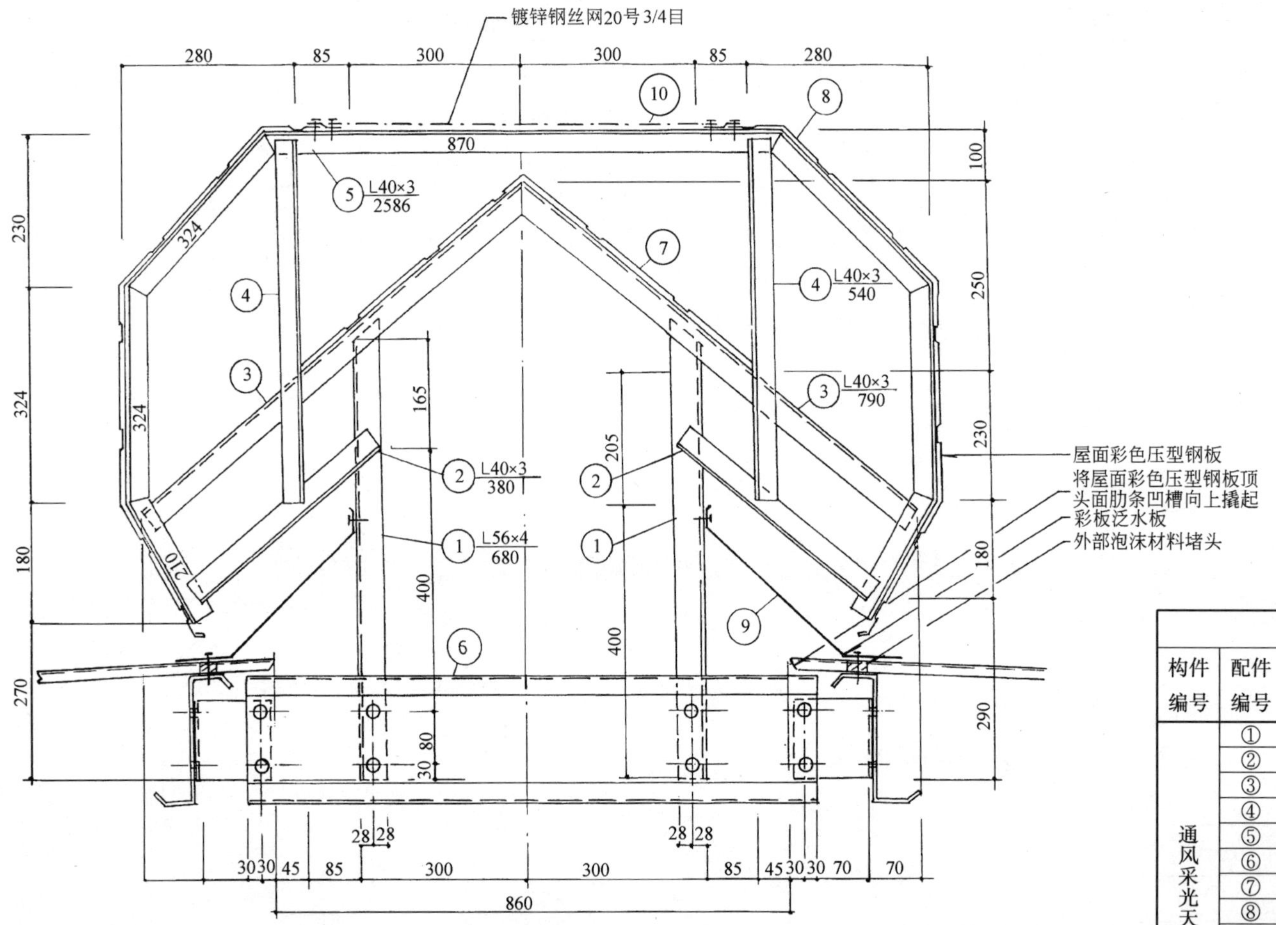

通风天窗剖面

构件材料统计表

构件编号	配件编号	规格型号	长度(mm)	数量 正	数量 反	重量(kg) 单重	重量(kg) 总重	重量(kg) 总计
通风采光天窗	①	L56×4	680	1	1	2.343	4.686	
	②	L40×4	380	1	1	0.703	1.407	
	③	L40×3	790	1	1	1.463	2.926	16.308
	④	L40×3	540	1	1	1.000	2.000	
	⑤	L40×3	2586	1		5.289	5.289	
	⑥	⊏200×70	980	1				
	⑦	透明玻璃钢采光板						
	⑧	彩色压型钢板						
	⑨	彩色压型钢板泛水板						
	⑩	镀锌钢丝网 20#3/4目						

7—22 天窗架及透明玻璃钢采光板安装

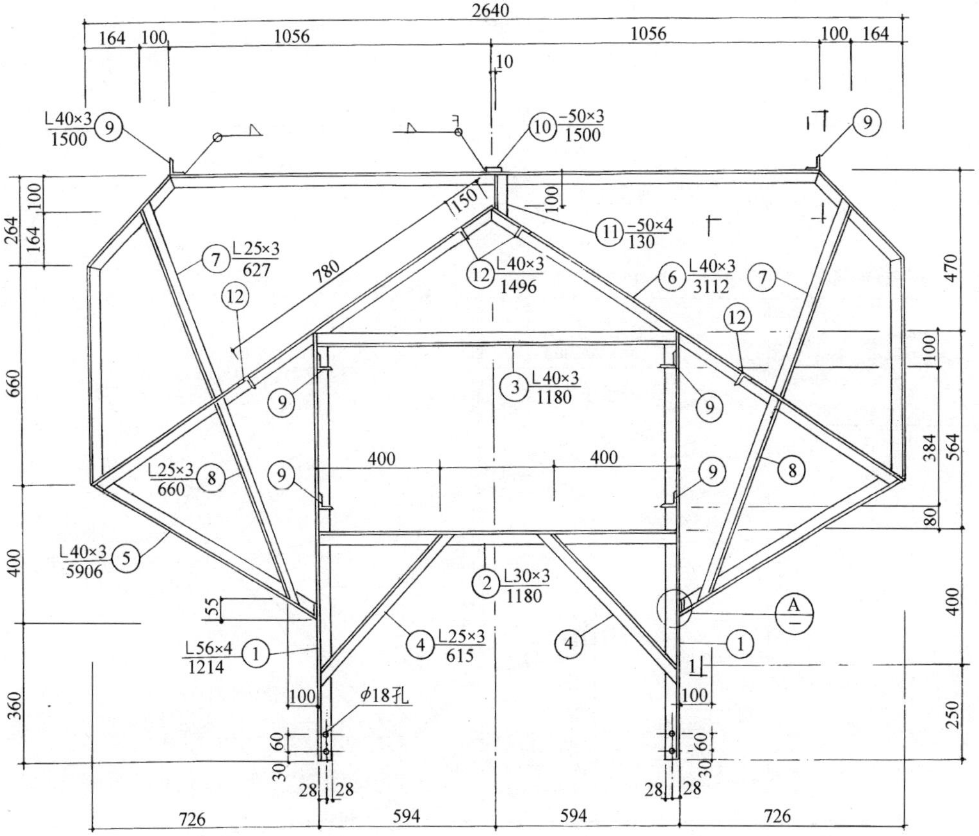

通风采光天窗钢结构支架连接

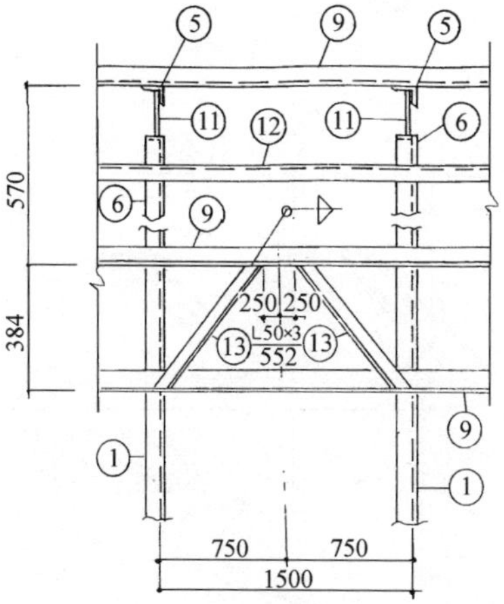

1—1

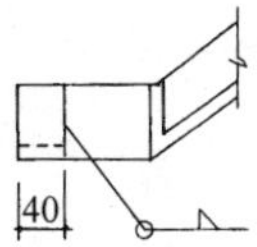

A

构件材料统计表								
配件编号	构件编号	规格型号	长度 mm	数量		重量(kg)		
				正	反	单重	总重	总计
通风采光天窗支架制作	①	└56×4	1214	2		4.188	8.376	
	②	└30×3	1180	1		2.55	2.55	
	③	└40×3	1180	1		2.183	2.183	
	④	└25×3	615	2		0.689	1.378	
	⑤	└40×3	5906	1		10.926	10.926	
	⑥	└40×3	3112	1		5.757	5.757	
	⑦	└25×3	627	2		0.702	1404	68.095
	⑧	└25×3	660	2		0.739	1.478	
	⑨	└40×3	1500	6		2.755	16.65	
	⑩	-50×3	1500	1		1.766	1.766	
	⑪	-50×3	130	1		1.531	1.531	
	⑫	└40×3	1496	4		2.768	11.072	
	⑬	└30×3	552	2	2	0.756	3.024	
	○							
	○							

7—23 屋面通风采光天窗钢支架制作

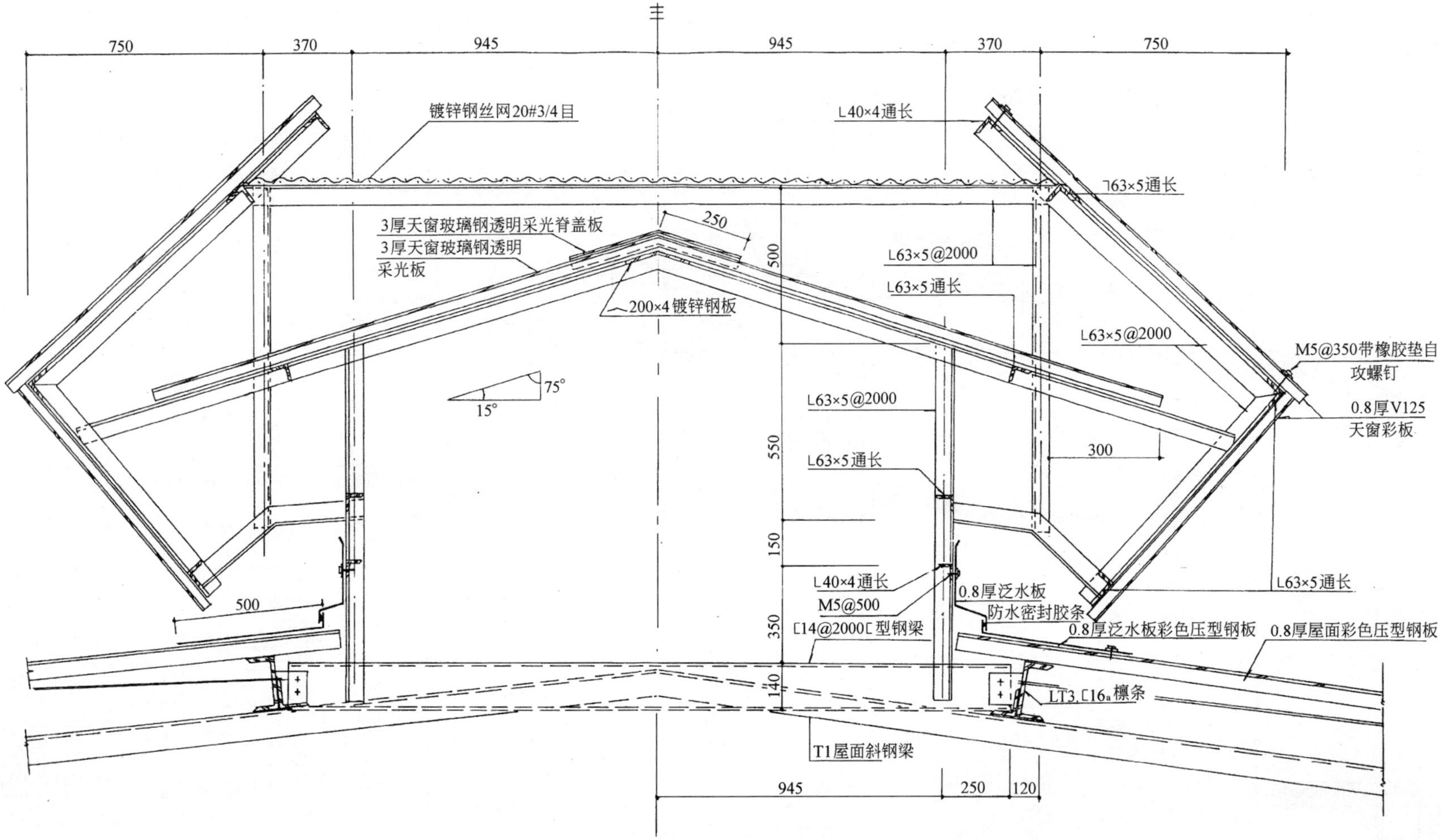

750
370
945
945
370
750
镀锌钢丝网20#3/4目
∟40×4通长
∟63×5通长
3厚天窗玻璃钢透明采光脊盖板
3厚天窗玻璃钢透明
采光板
250
500
∟63×5@2000
∟63×5通长
200×4镀锌钢板
∟63×5@2000
M5@350带橡胶垫自
攻螺钉
75°
15°
∟63×5@2000
0.8厚V125
天窗彩板
550
300
∟63×5通长
150
∟40×4通长
M5@500
0.8厚泛水板
∟63×5通长
防水密封胶条
500
350
[14@2000[型钢梁
0.8厚泛水板彩色压型钢板
0.8厚屋面彩色压型钢板
140
LT3,[16a檩条
T1屋面斜钢梁
945
250
120

通风采光天窗支架钢结构

7—24 通风采光天窗安装

(1)

加工车间通风采光天窗支架安装透视图

(2)

(3)

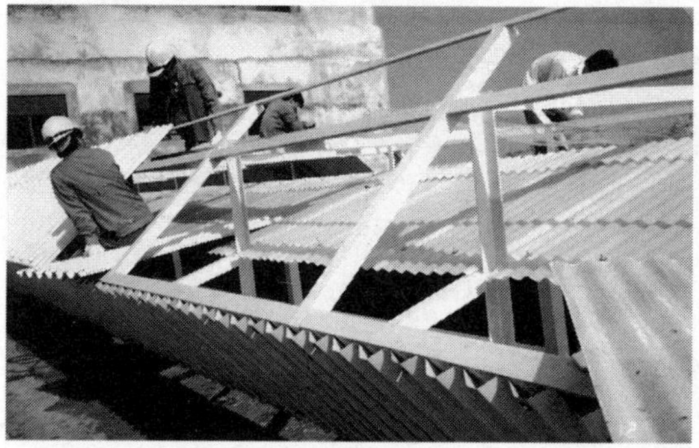

(4)

透明玻璃钢采光板安装

(5)

仓库通风采光窗支架安装透视图

(6)

通风采光天窗支架制作图

7—25 通风采光天窗支架安装

通风系统

为将厂房内大量的热气、烟雾、废气排出，可根据热量、气流、风力情况，采用屋脊通风气楼，集中将室内空气排出。自然通风气楼一次性投资，可节省电能及维护，弧型气楼与其他气楼比较，外型优美，抽风力强，安全，防水。

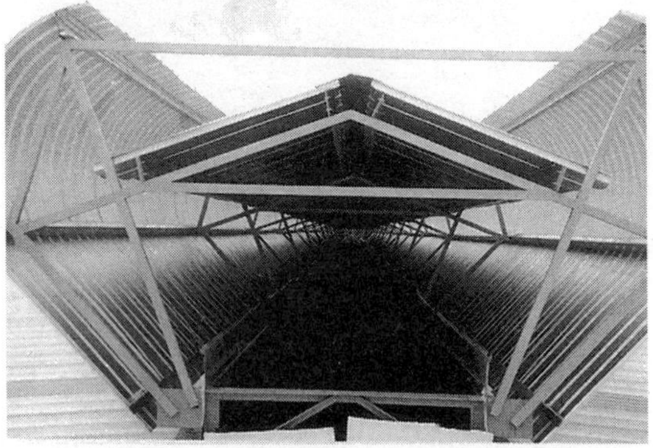

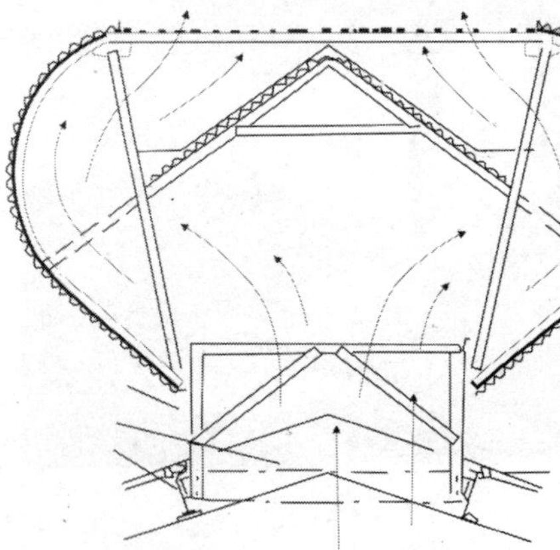

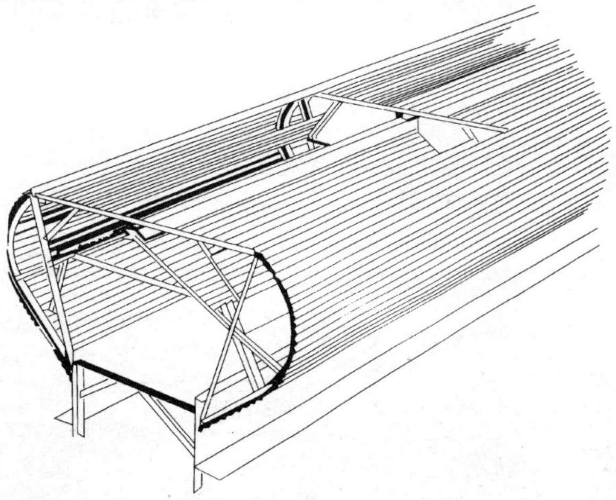

屋脊通风器

设置于屋面的屋脊处，可分组间断设置或多组连续设置。

屋面通风器

有屋面自然通风器和电动通风器之分，可由专业厂家配套生产。

屋脊通风器

屋面通风器

7—26　屋脊通风系统

八、钢结构安装

1.学习研究工程图纸

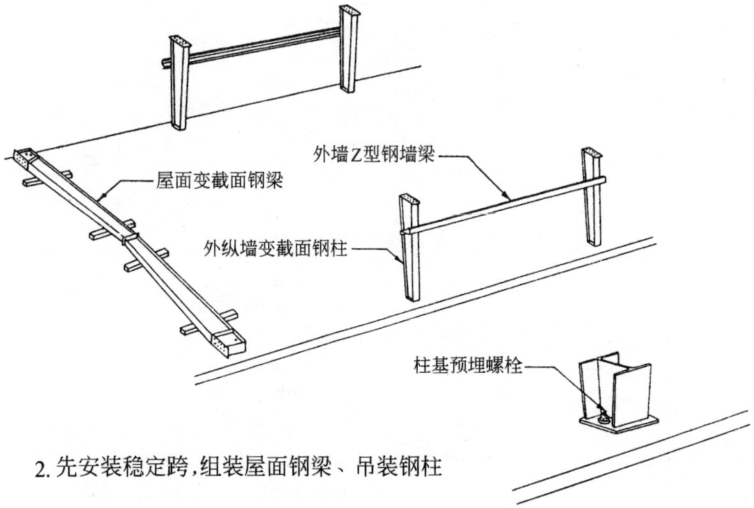

2.先安装稳定跨,组装屋面钢梁、吊装钢柱

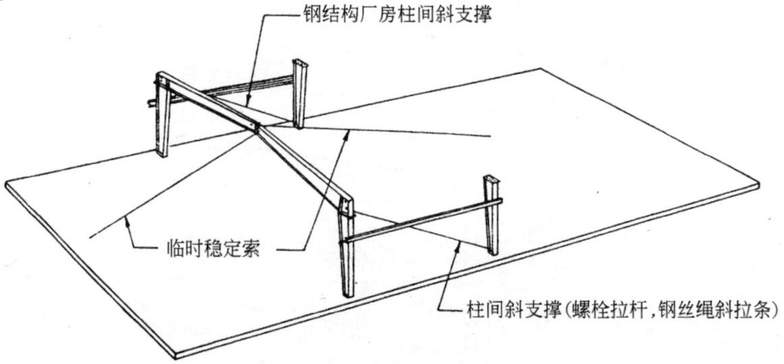

3.吊装屋面钢梁柱临时稳定索，安装外墙Z型钢墙梁及柱间斜支撑

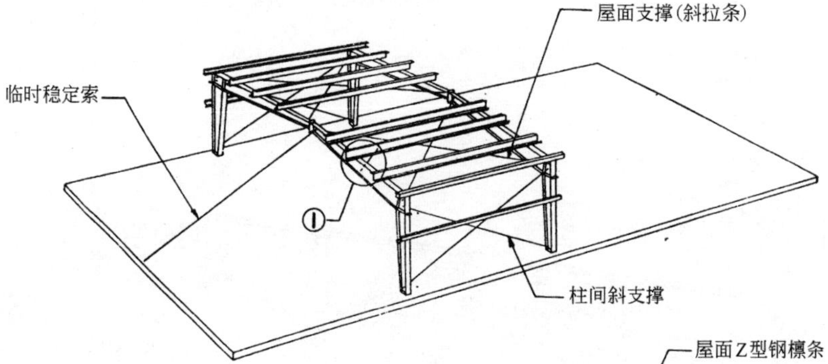

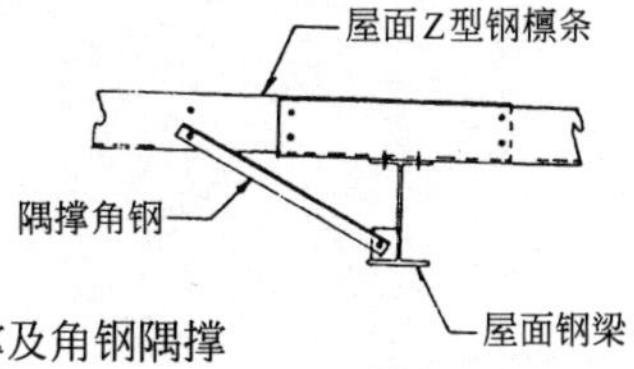

4.继续吊装屋面钢梁、屋面Z型钢檩条、屋面斜支撑及角钢隅撑

（并注意:垂直及水平方向找正）

①

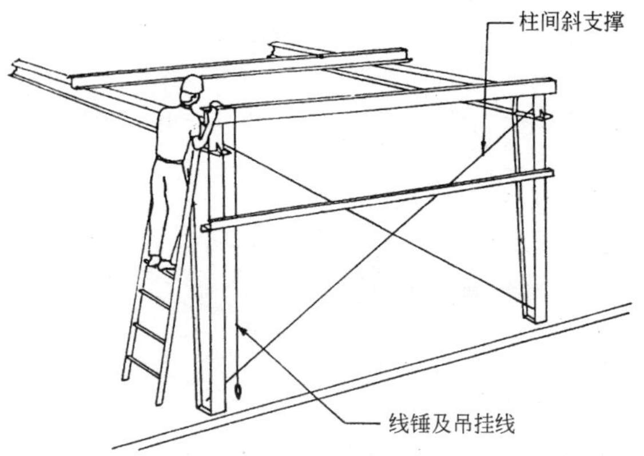

钢柱安装 垂直调正

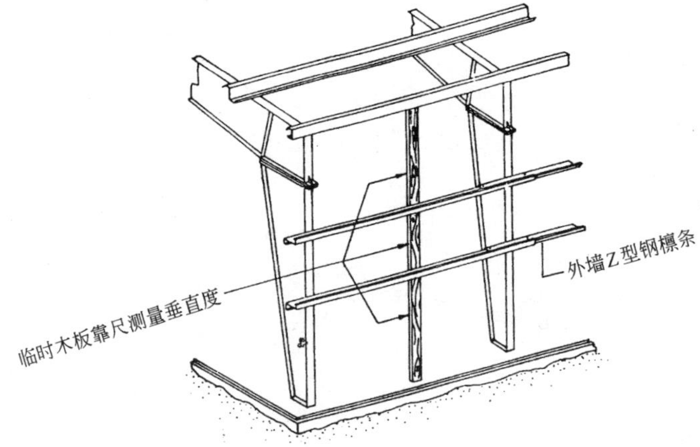

用木板靠尺检查垂直度

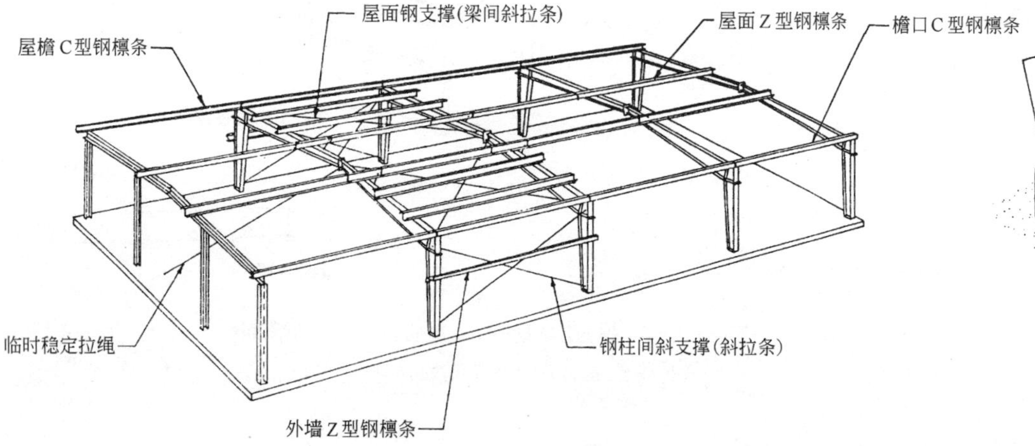

稳定跨安装垂直和水平调整好后，再向两边安装

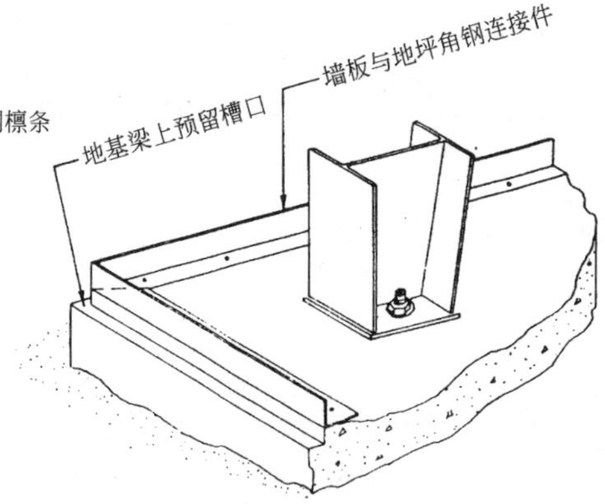

端跨钢柱安装

8—2 钢结构安装程序(二)

(1)

(2)

(3)

(4)

(5)

8—3 钢结构安装现场

九、工程实例—制药厂仓库

9—1 钢柱柱网平面

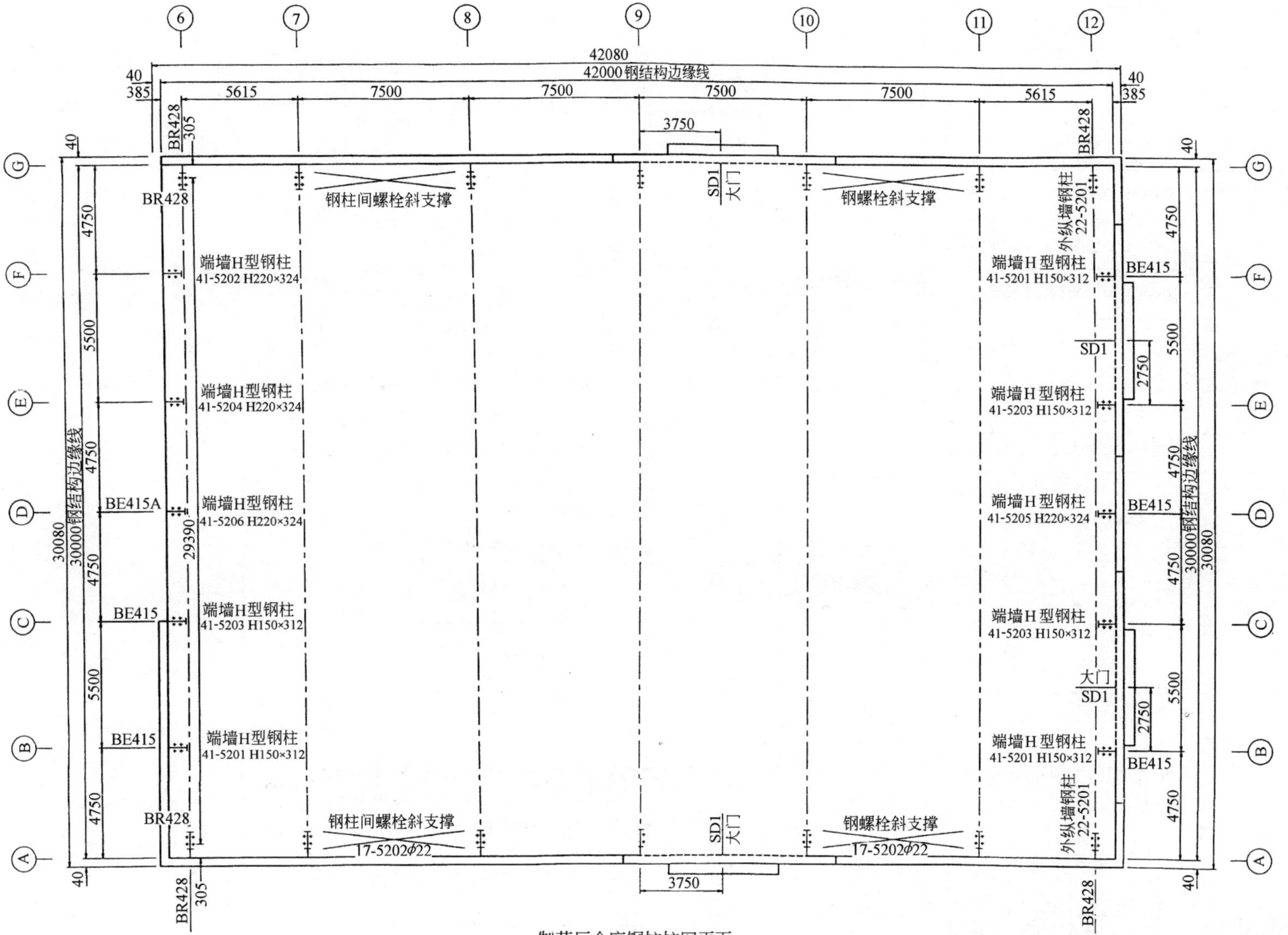

制节厂仓库钢柱柱网平面

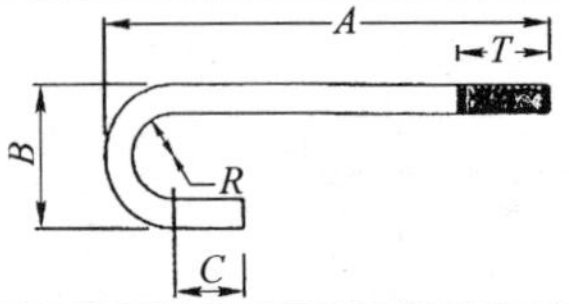

数量	符号	直径	构件编号	A	B	C	R	T
40		5/8″(15mm)	20-0100-00	400	80	50	25	100
		3/4″(19mm)	20-0101-00	500	95	60	29	125
		7/8″(22mm)	20-0102-00	600	110	70	33	125
56		11/8″(28mm)	20-0103-00	700	145	80	43	150

预埋螺栓一览表

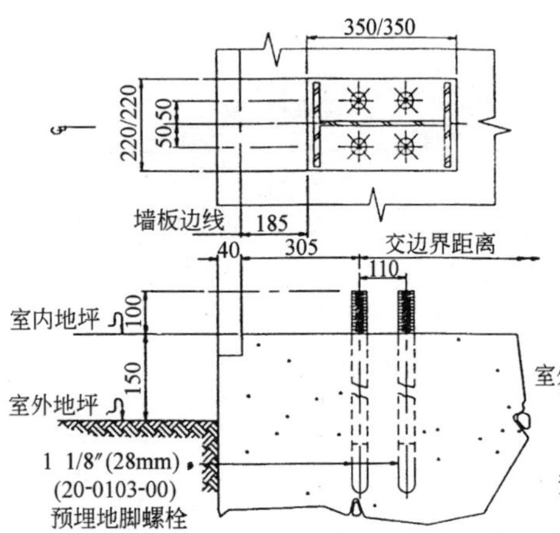

外纵墙钢柱基础预埋螺栓图BR428

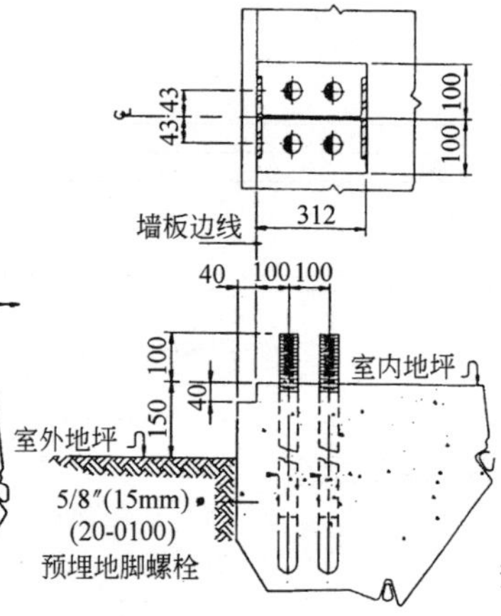

端墙钢柱基础预埋螺栓图BE415

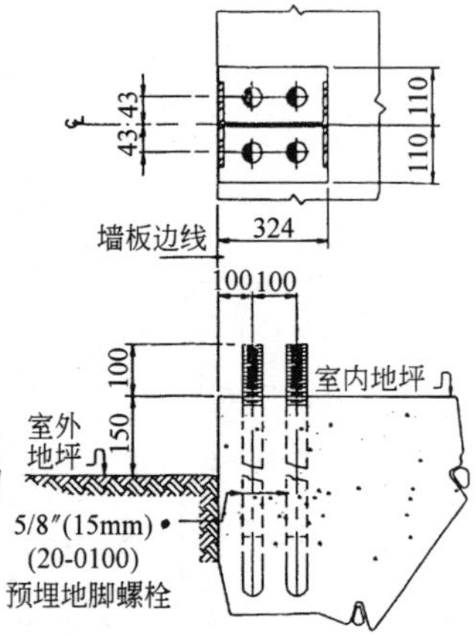

端墙钢柱基础预埋螺栓图BE415A

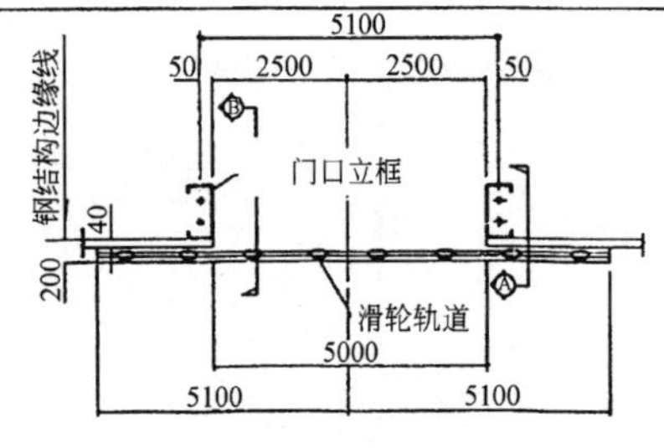

5m×5m大门口平面图

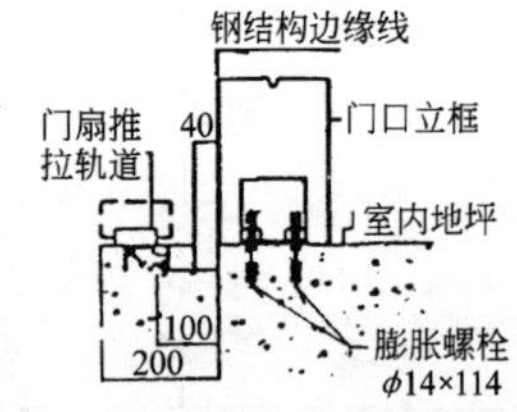

A剖面

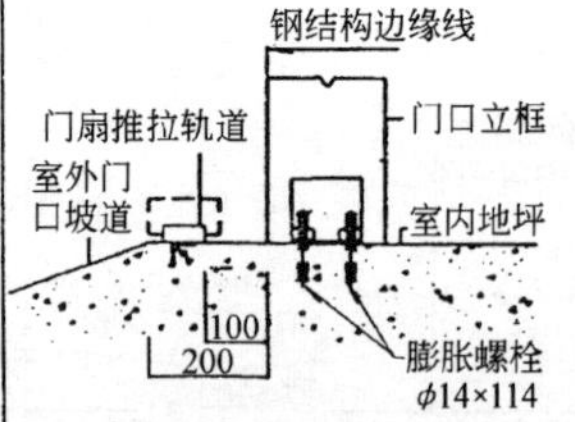

B剖面

大门入口地坪平面详图 (SD)

力矩图	框架支撑反力	端轴抗风柱反力
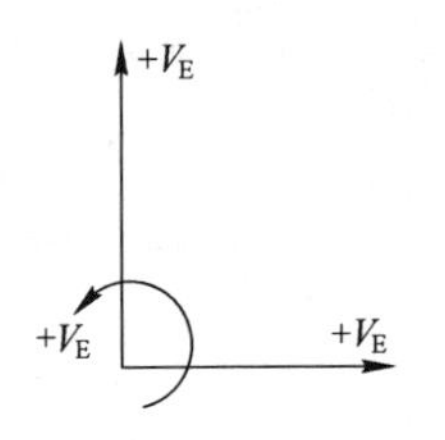	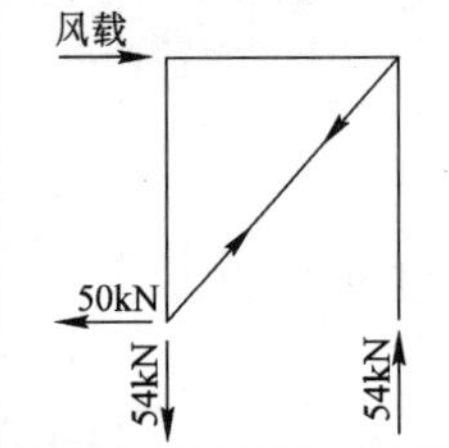	

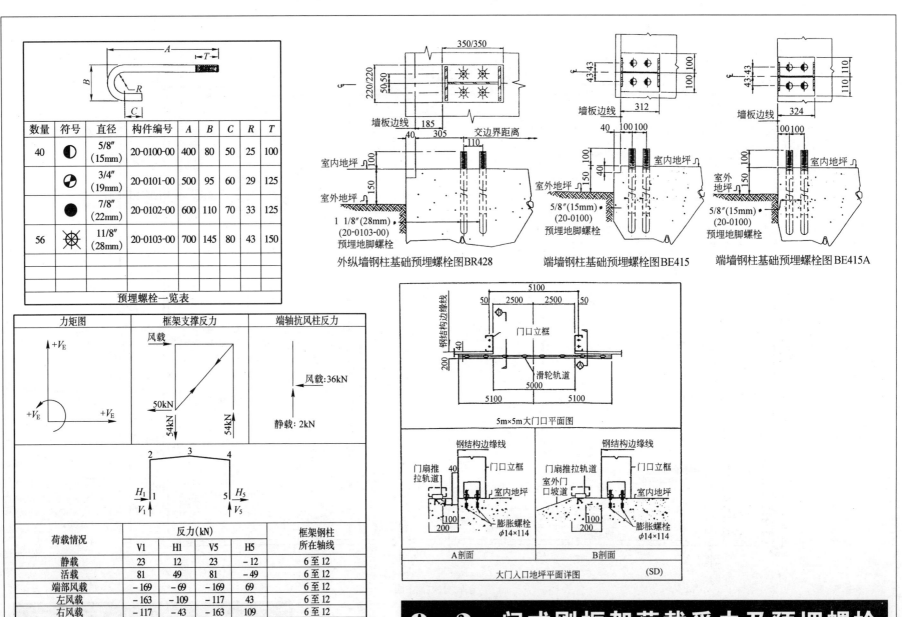

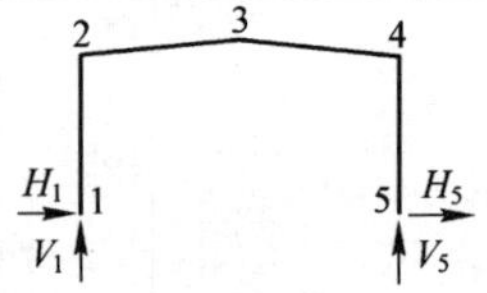

荷载情况	反力(kN)				框架钢柱所在轴线
	V1	H1	V5	H5	
静载	23	12	23	-12	6至12
活载	81	49	81	-49	6至12
端部风载	-169	-69	-169	69	6至12
左风载	-163	-109	-117	43	6至12
右风载	-117	-43	-163	109	6至12

门形钢框架反力图

9—2 门式刚框架荷载受力及预埋螺栓

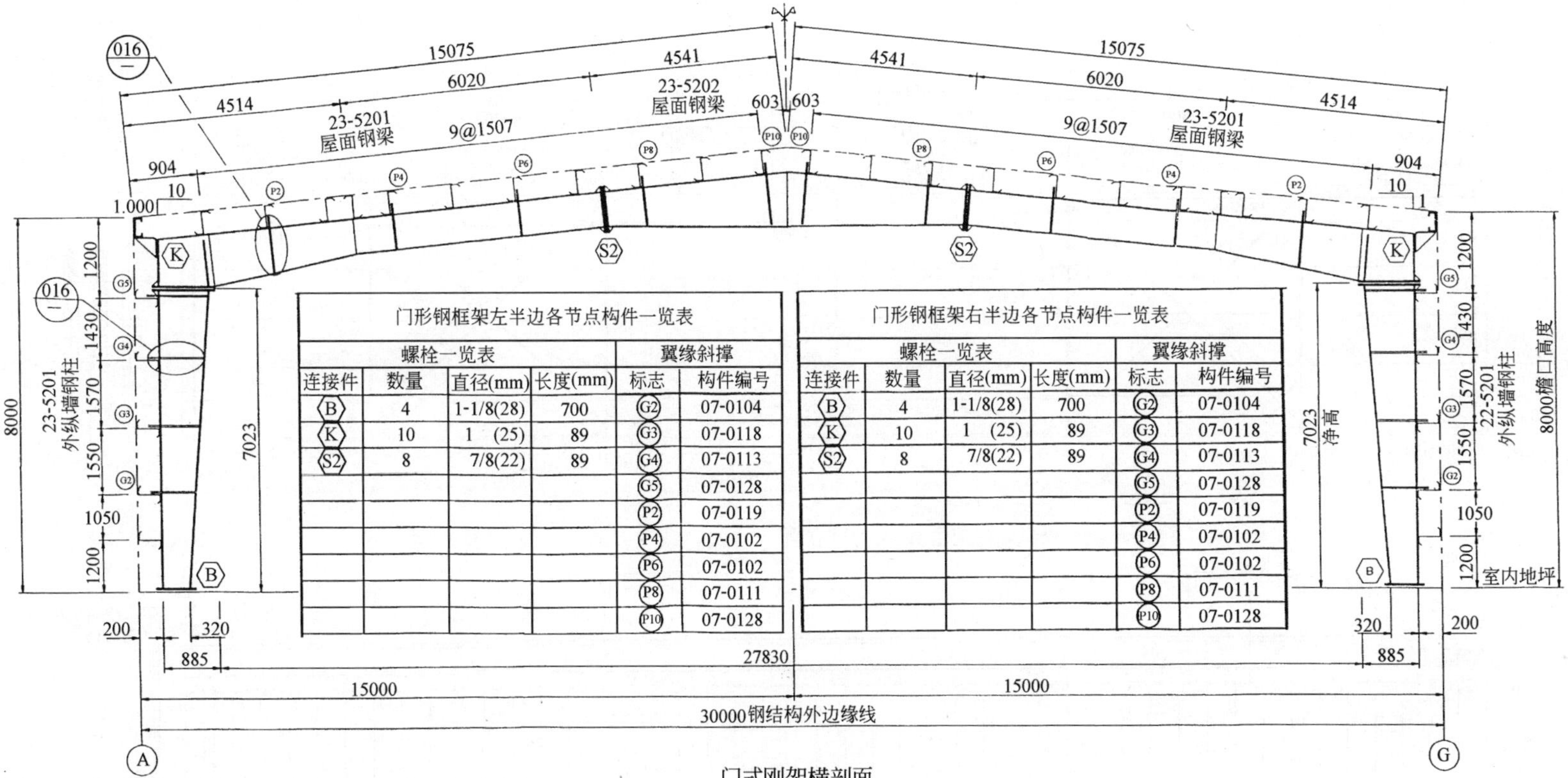

门形钢框架左半边各节点构件一览表

螺栓一览表				翼缘斜撑	
连接件	数量	直径(mm)	长度(mm)	标志	构件编号
B	4	1-1/8(28)	700	G2	07-0104
K	10	1 (25)	89	G3	07-0118
S2	8	7/8(22)	89	G4	07-0113
				G5	07-0128
				P2	07-0119
				P4	07-0102
				P6	07-0102
				P8	07-0111
				P10	07-0128

门形钢框架右半边各节点构件一览表

螺栓一览表				翼缘斜撑	
连接件	数量	直径(mm)	长度(mm)	标志	构件编号
B	4	1-1/8(28)	700	G2	07-0104
K	10	1 (25)	89	G3	07-0118
S2	8	7/8(22)	89	G4	07-0113
				G5	07-0128
				P2	07-0119
				P4	07-0102
				P6	07-0102
				P8	07-0111
				P10	07-0128

门式刚架横剖面
(由6轴到12轴)

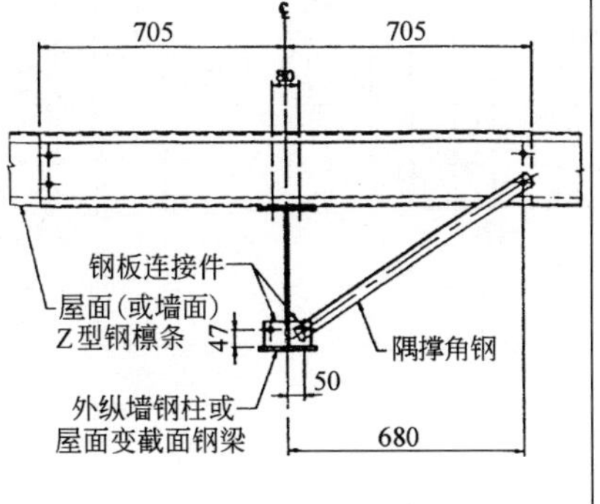

钢柱或钢梁与Z型钢檩条连接节点

9—3 门式刚架横剖面

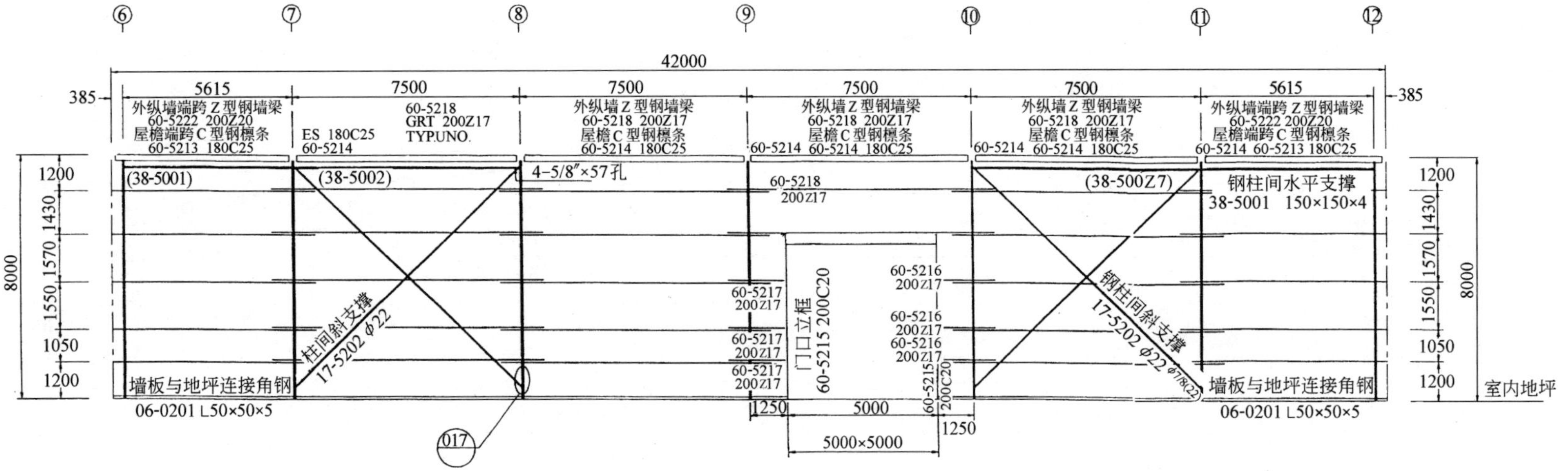

外纵墙框架由6轴到12轴立面

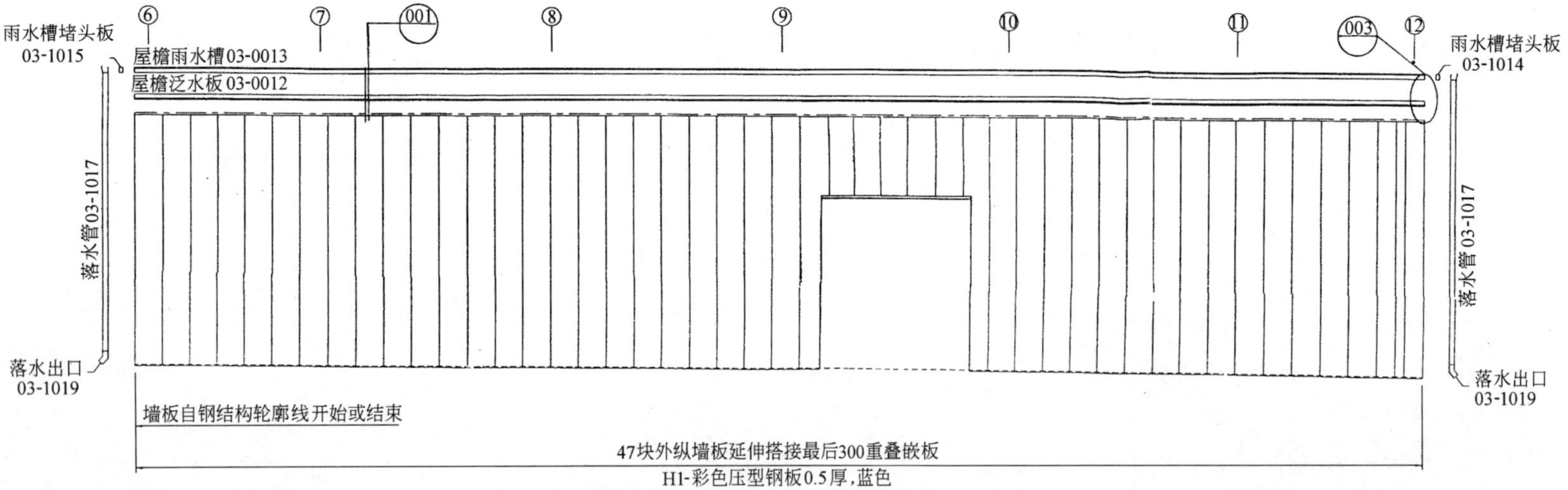

外纵墙彩色压型钢板由6轴到12轴立面

9—4 外纵墙刚架柱及墙板立面

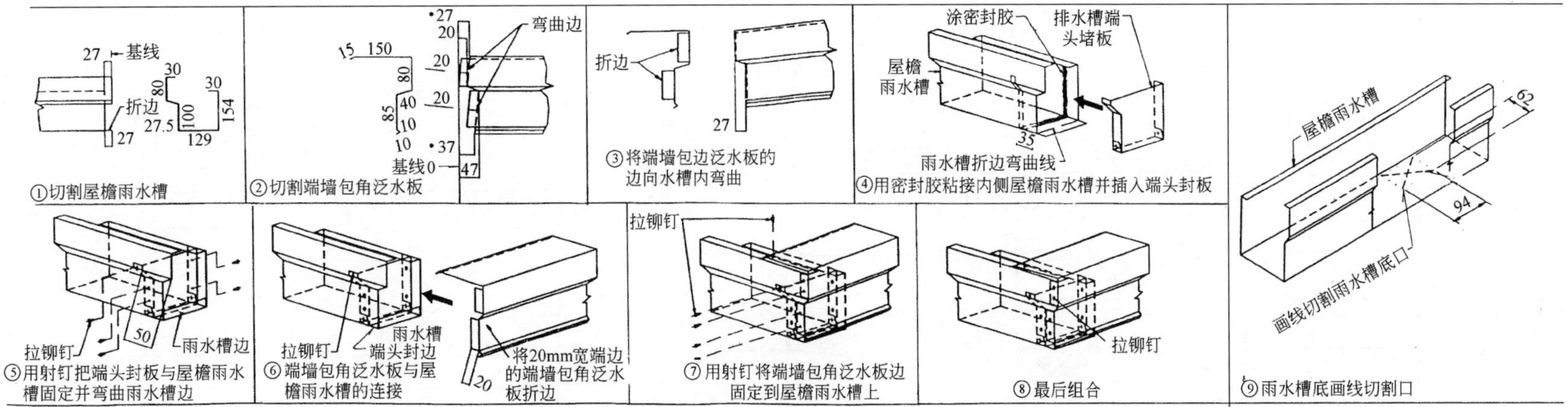

屋檐雨水槽与端墙包角泛水板安装

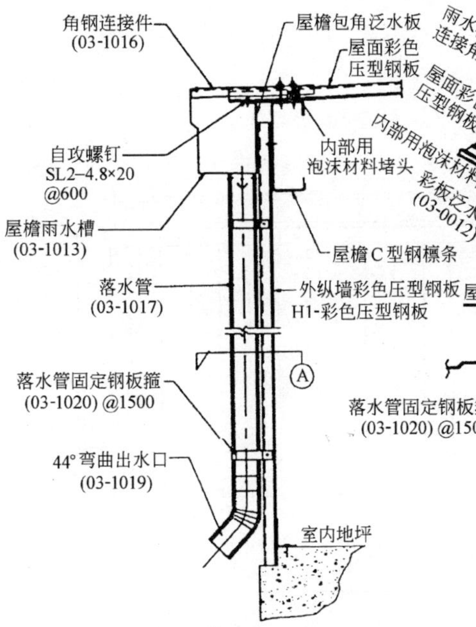

落水管与外墙连接

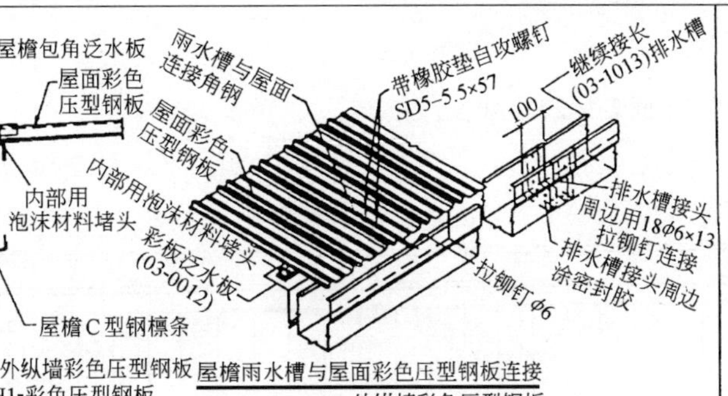

屋檐雨水槽与屋面彩色压型钢板连接

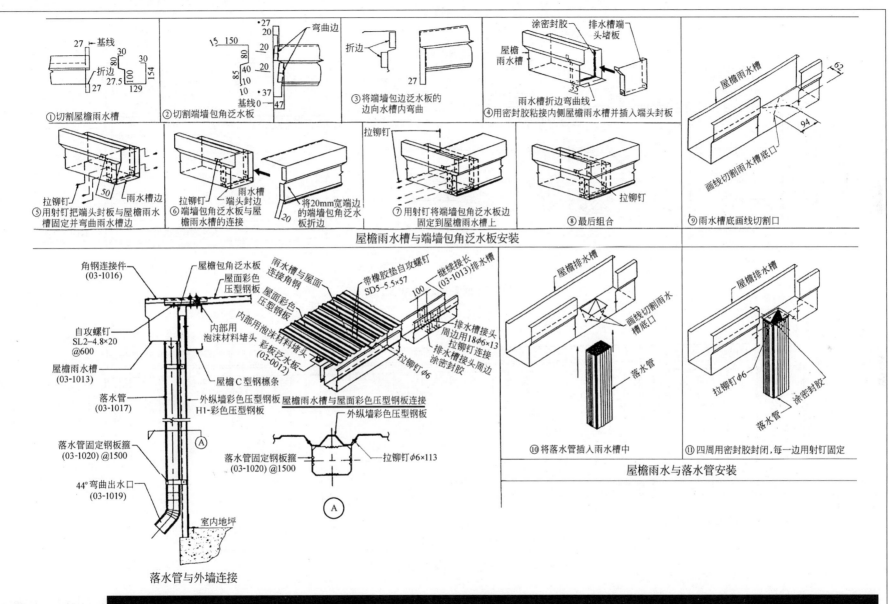

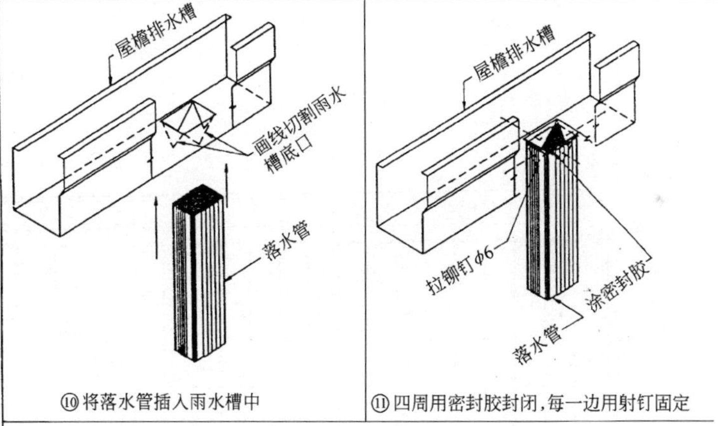

屋檐雨水与落水管安装

9—5 屋檐雨水槽、端墙包角泛水板、落水管与外纵墙连接安装

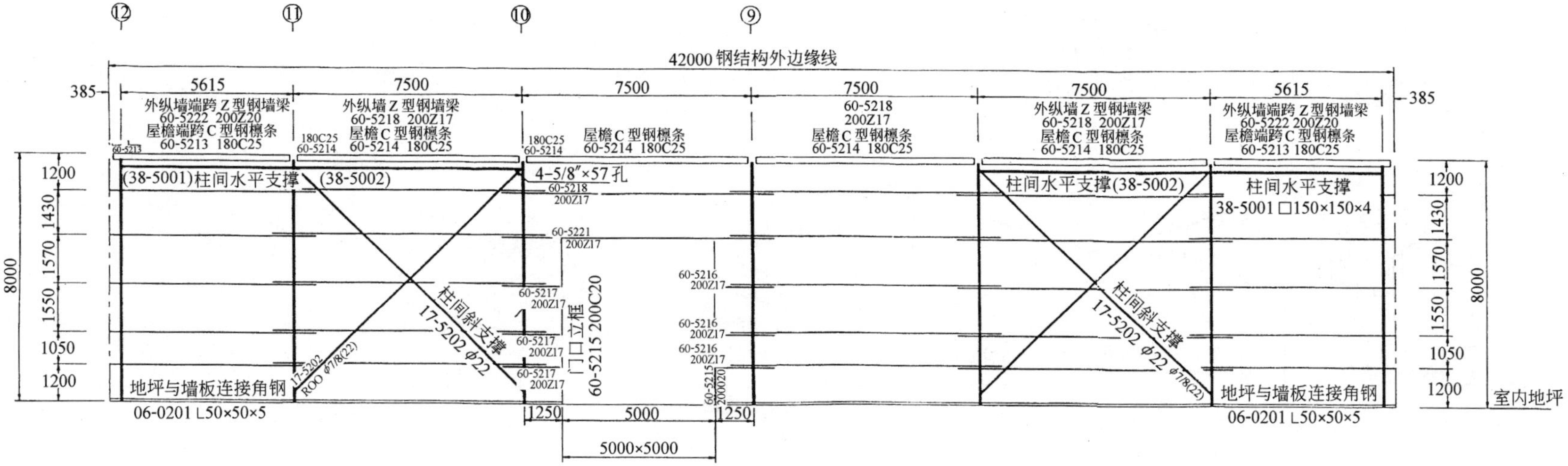

外纵墙钢框架由12轴到6轴立面

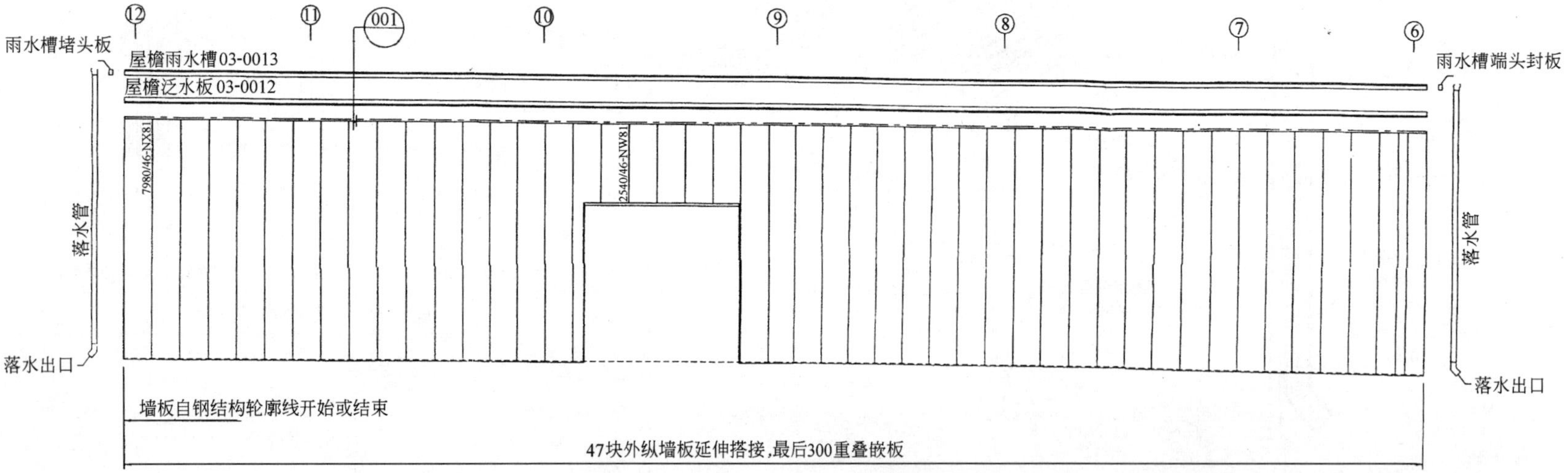

外纵墙彩色压型钢框架由12轴到6轴立面

9—6 外纵墙刚架柱及墙板立面

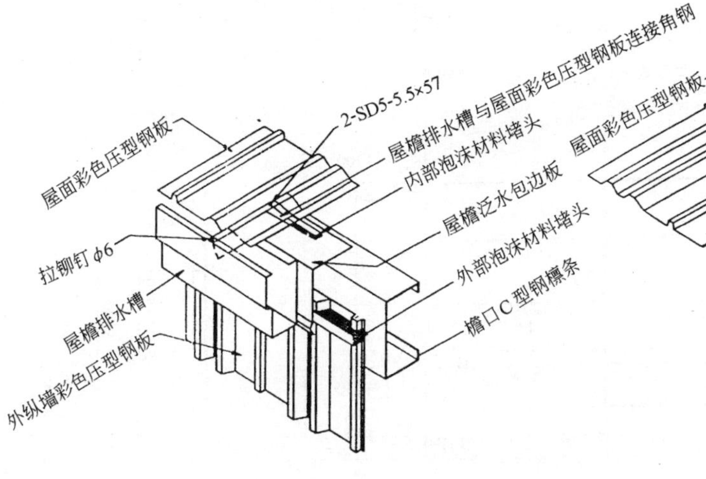

屋檐雨水槽安装透视(001详图)

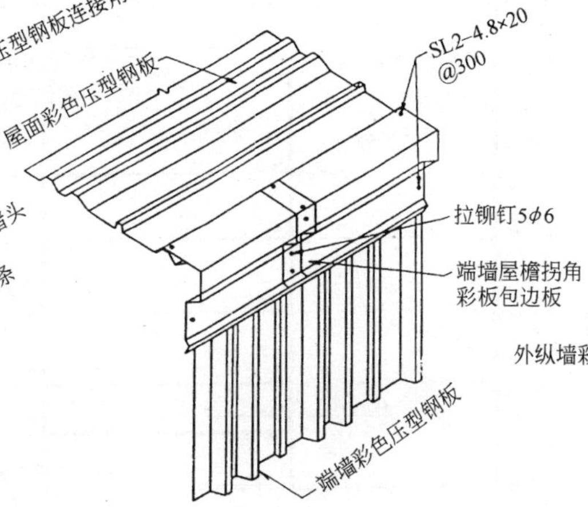

端墙屋檐包角泛水板安装透视(　详图)

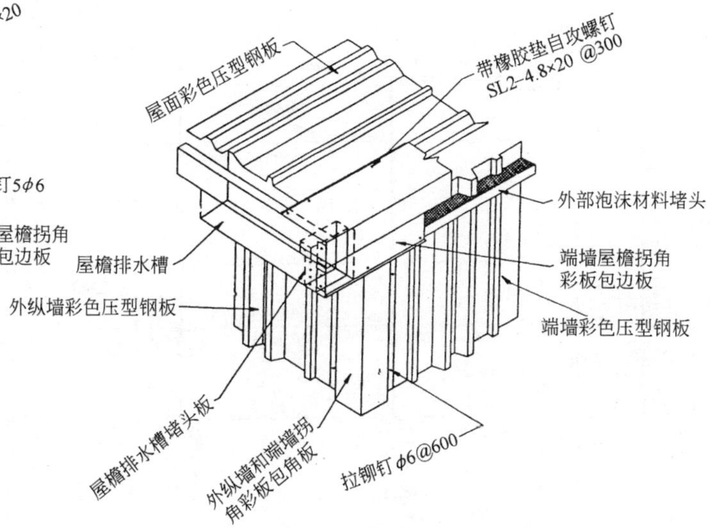

外纵墙、端墙、屋面拐角雨水槽及包角泛水板安装透视(003详图)

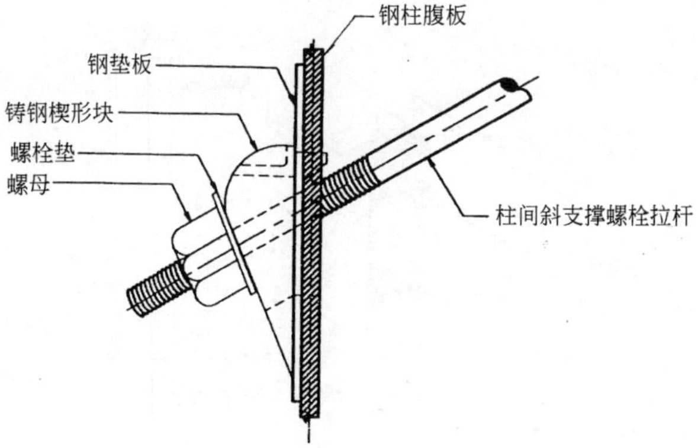

柱间斜支撑螺栓斜杆节点(017详图)

9—7　包角板、雨水槽、螺栓斜拉条安装详图

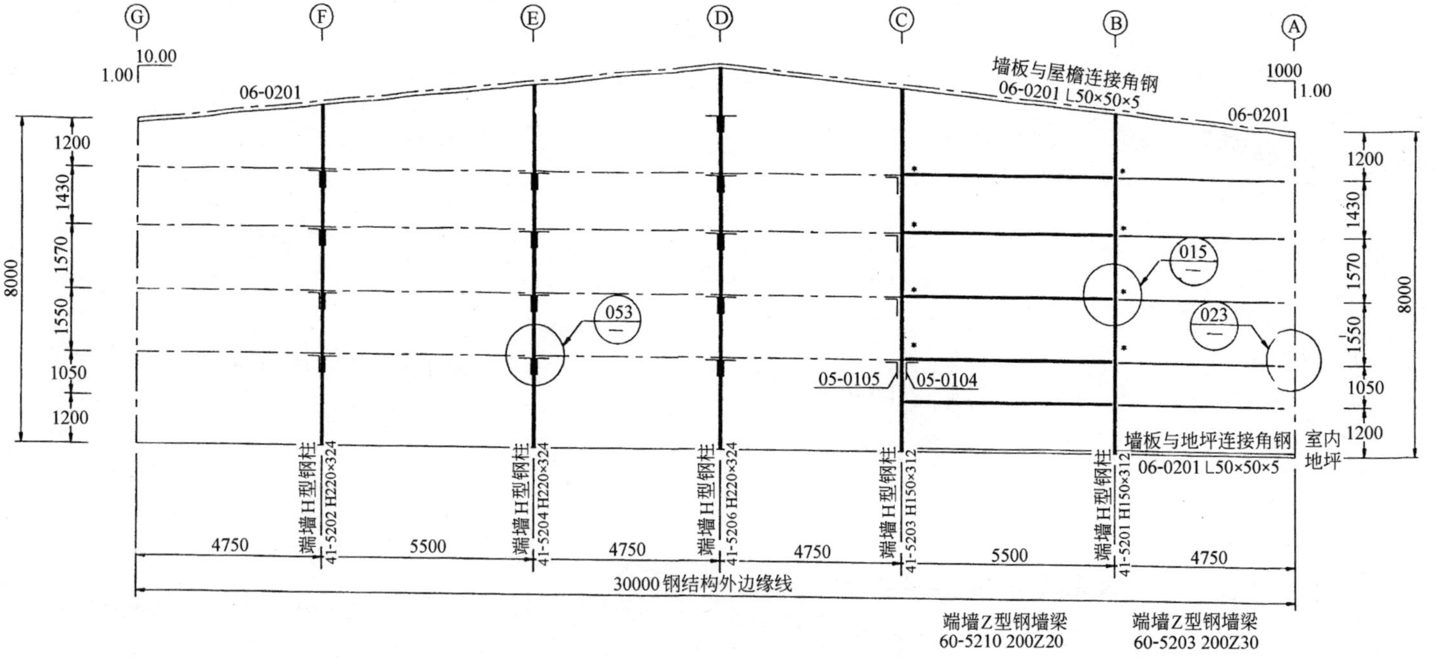

G轴到A轴端墙钢结构立面

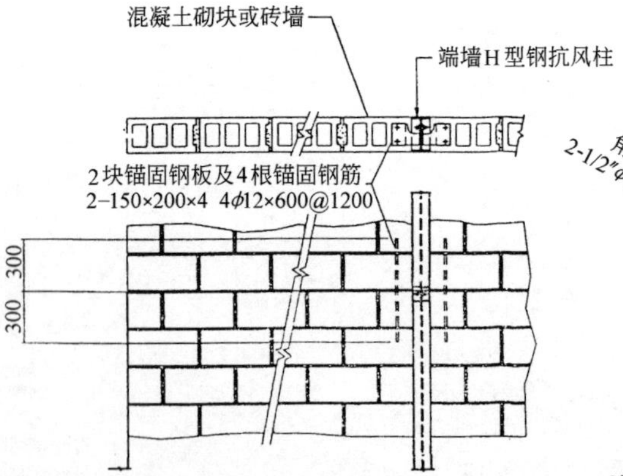

端墙抗风柱与混凝土砌块墙锚固详图(053详图)

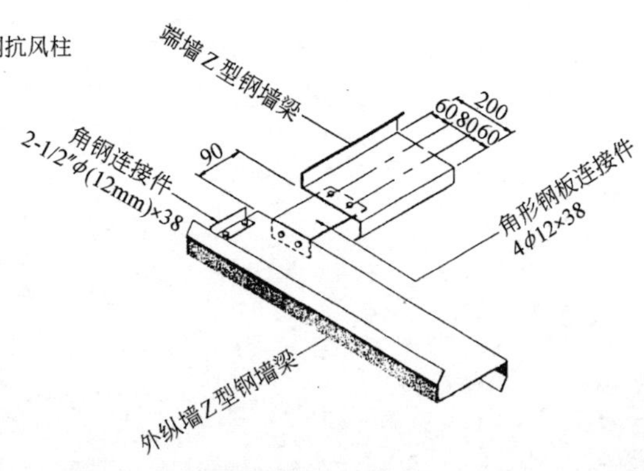

外纵墙与端墙拐角墙梁安装透视(023详图)

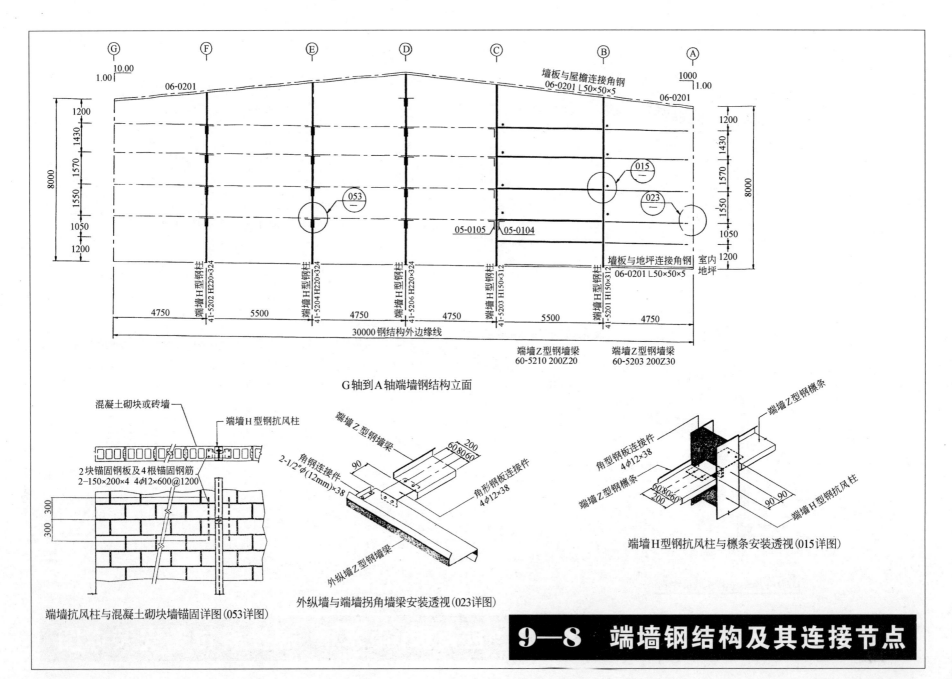

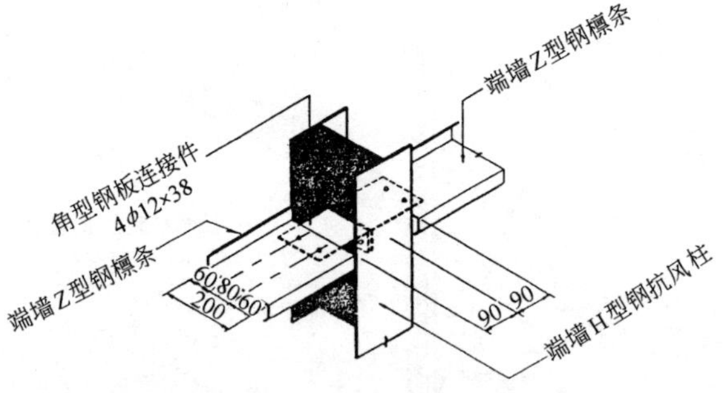

端墙H型钢抗风柱与檩条安装透视(015详图)

9—8 端墙钢结构及其连接节点

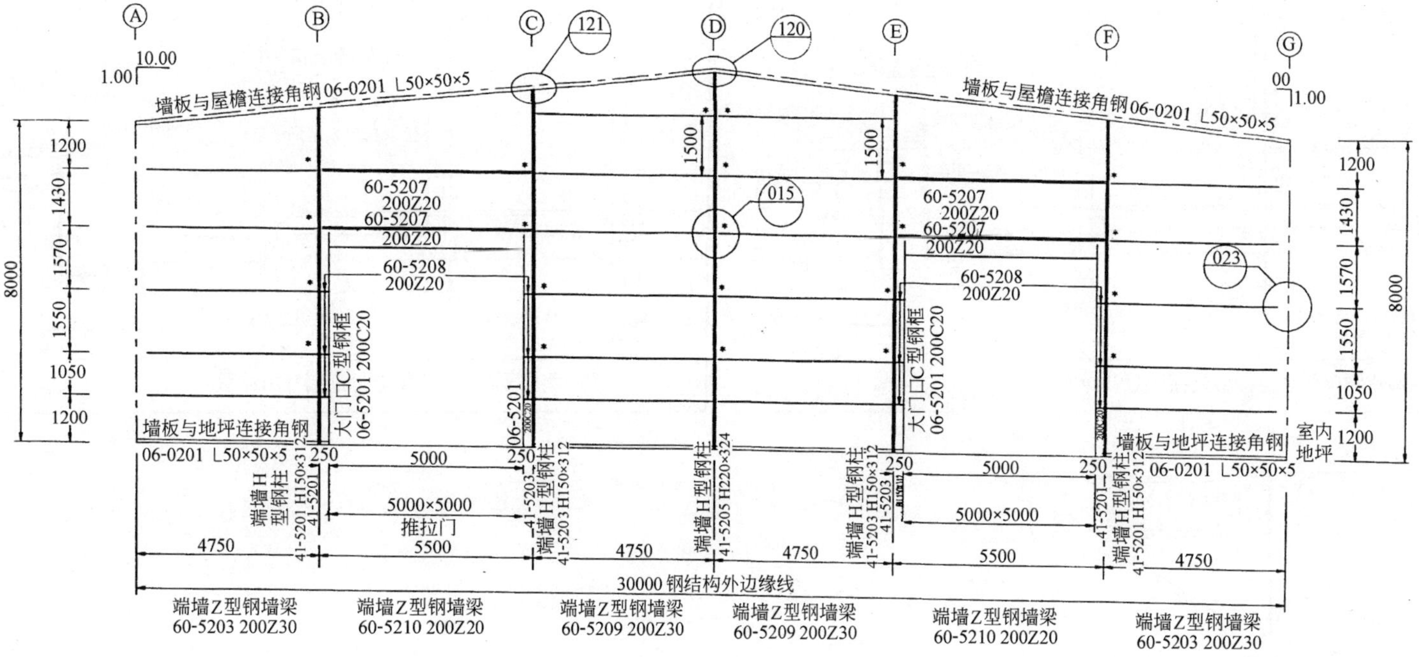

A轴到G轴端墙钢结构立面

9—9 端墙钢结构立面

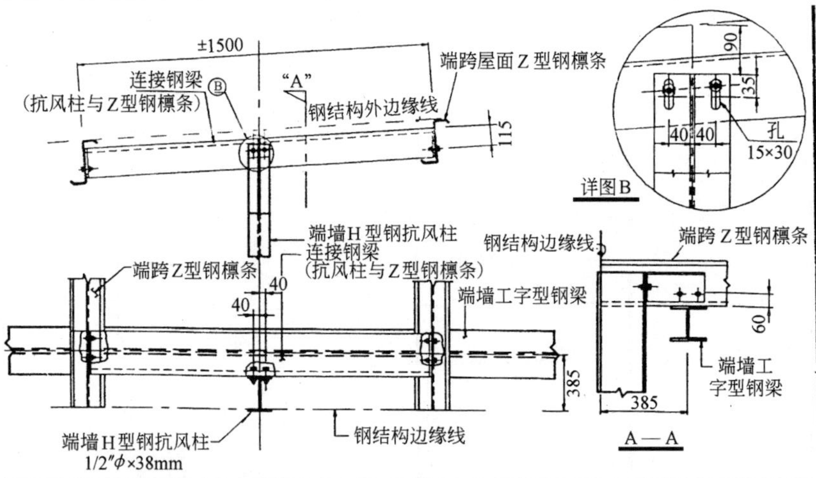

端墙两侧抗风柱屋檐处连接图(121详图)

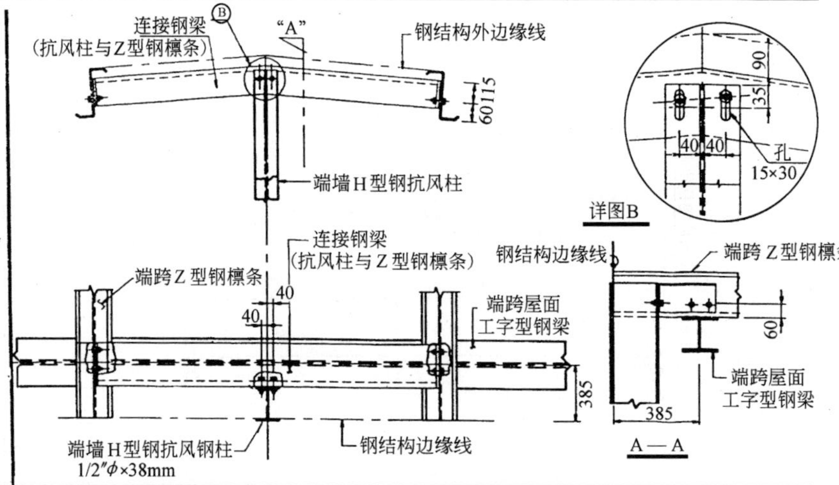

端墙中间抗风钢柱屋脊处连接(120详图)

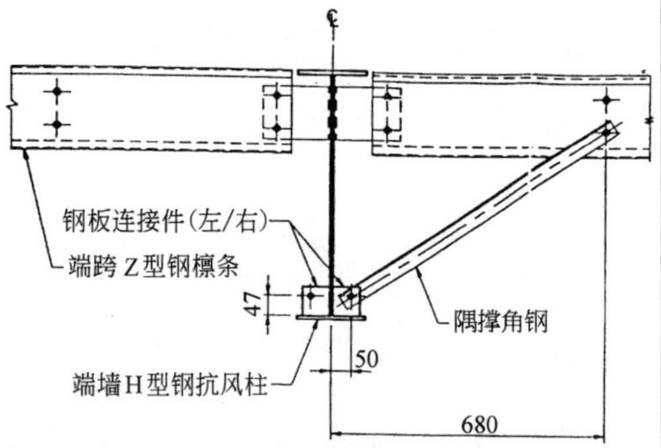

钢柱与墙壁Z型钢檩条连接(015详图)

9—10 端墙抗风柱与屋面Z型钢檩条连接

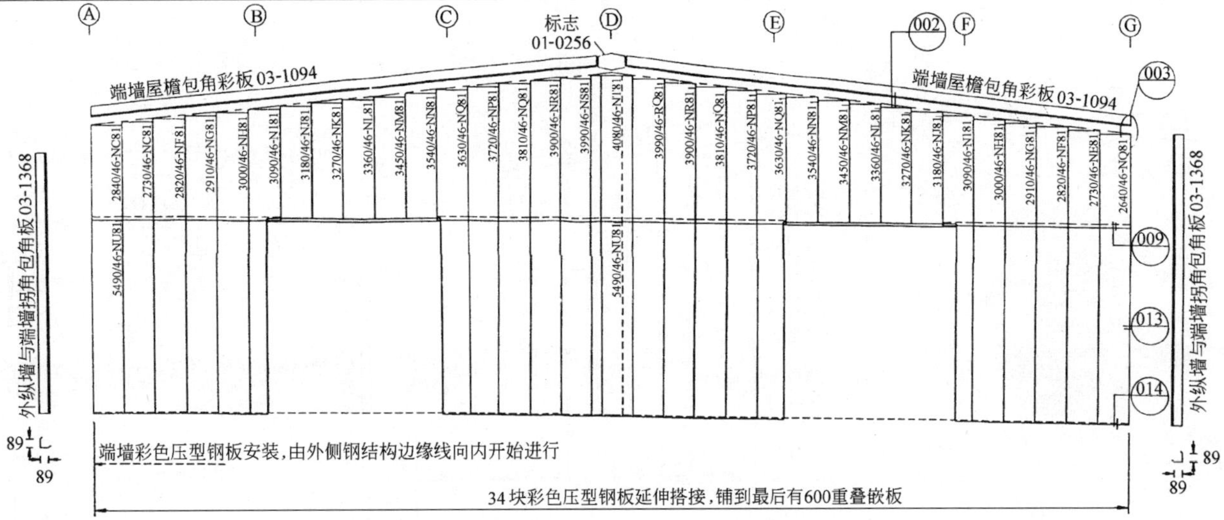

A轴到G轴端墙彩色压型钢板安装

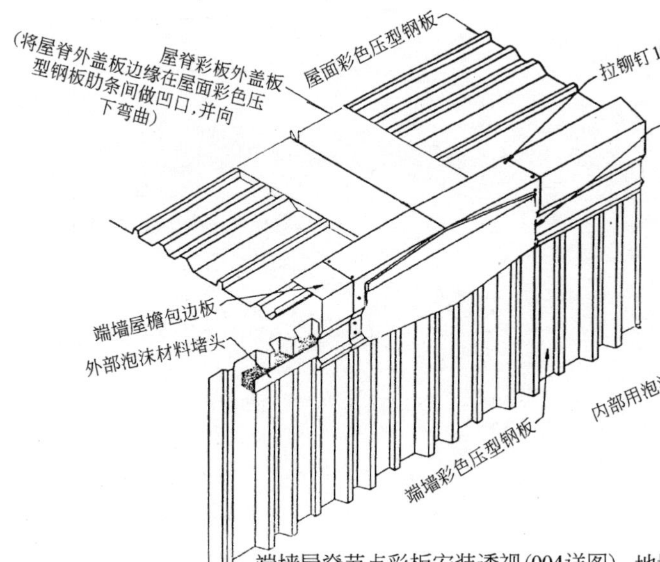

端墙屋脊节点彩板安装透视（004详图）

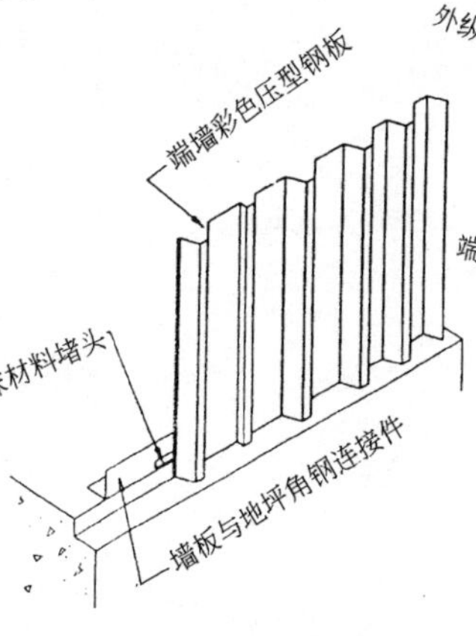

地坪墙壁彩色压型钢板安装透视图（014详图）

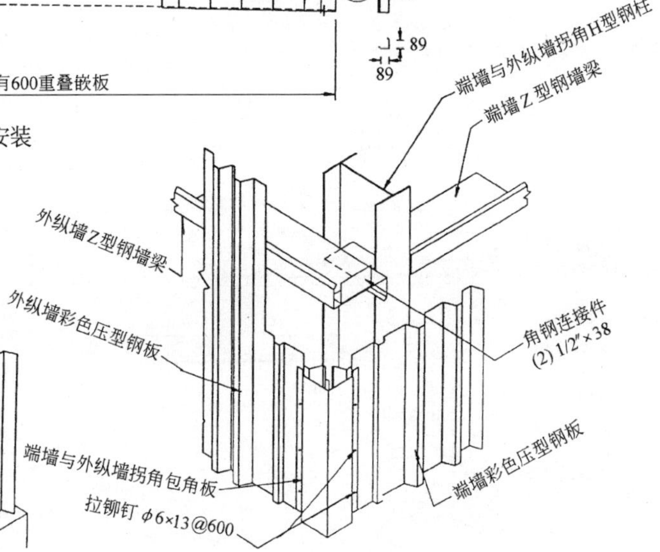

外纵墙与端墙拐角彩板包角板安装透视（013详图）

9—11 A轴到G轴端墙彩色压型钢板安装

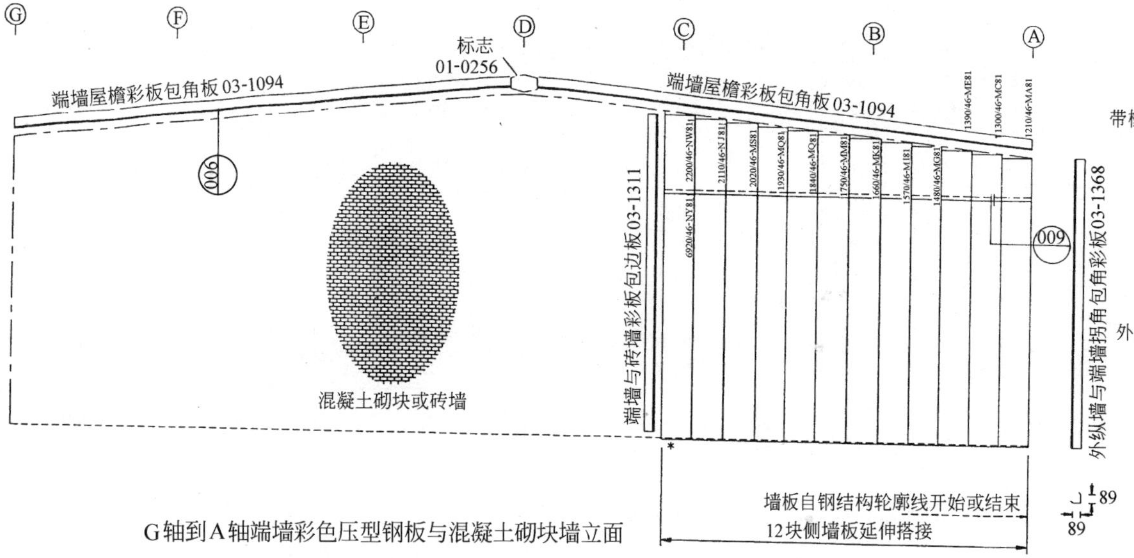

G轴到A轴端墙彩色压型钢板与混凝土砌块墙立面

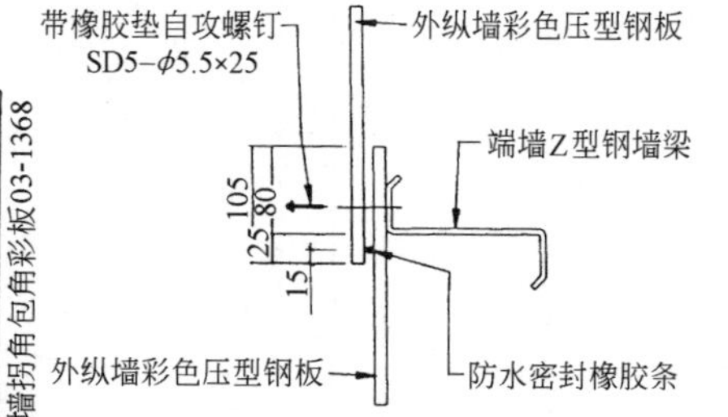

墙面彩色压型钢板搭接详图009详图

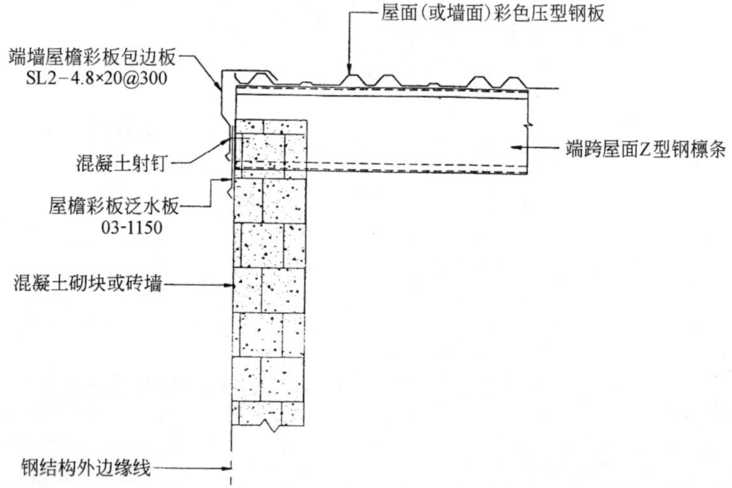

端墙屋檐彩板泛水包角板安装(006详图)

9—12 端墙彩色压型钢板与混凝土砌块墙立面

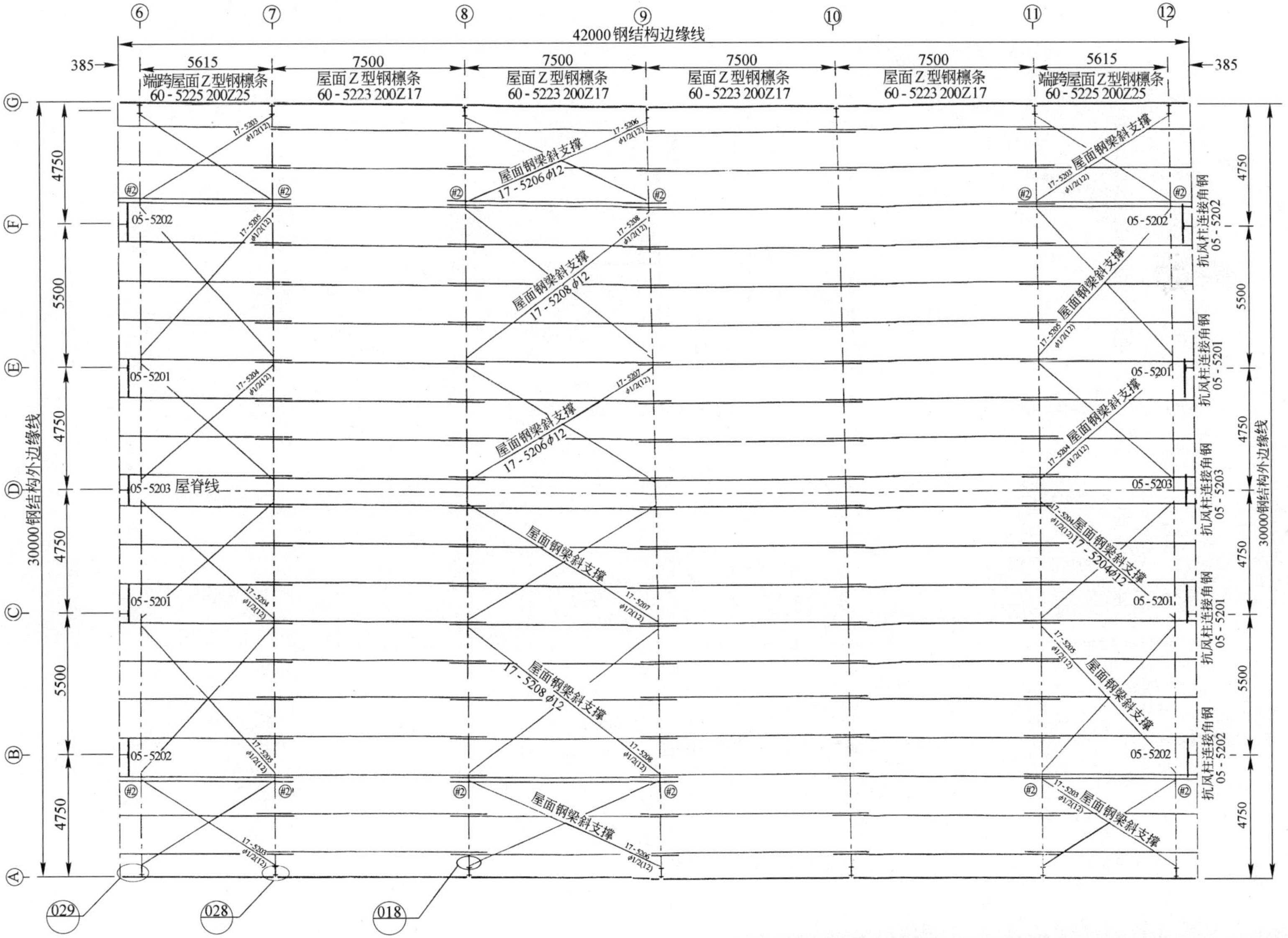

屋面钢结构平面布置

9—13 屋面钢结构平面布置

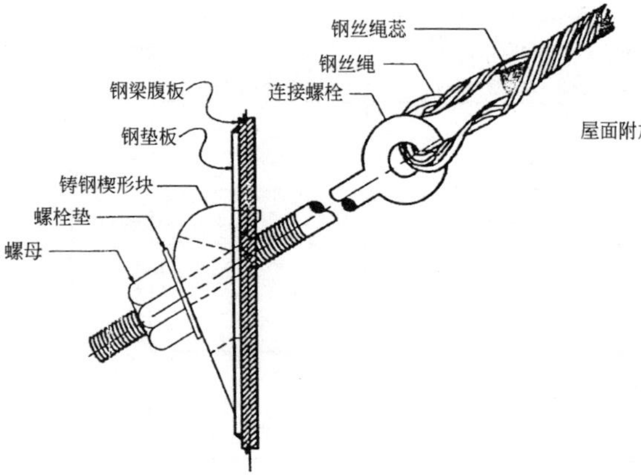

屋面钢梁斜拉条安装(018详图)

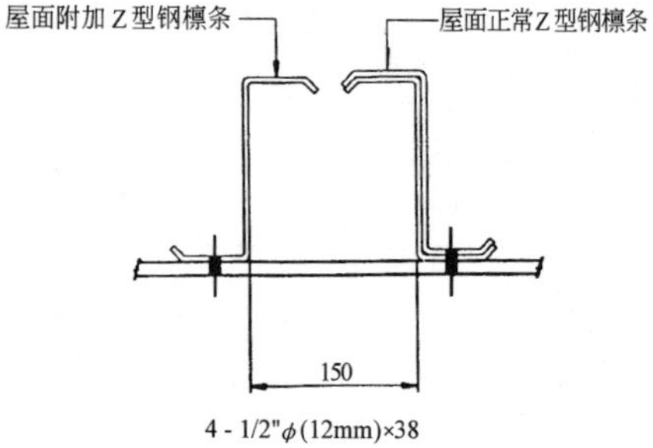

屋面Z型钢檩条安装(#2详图)

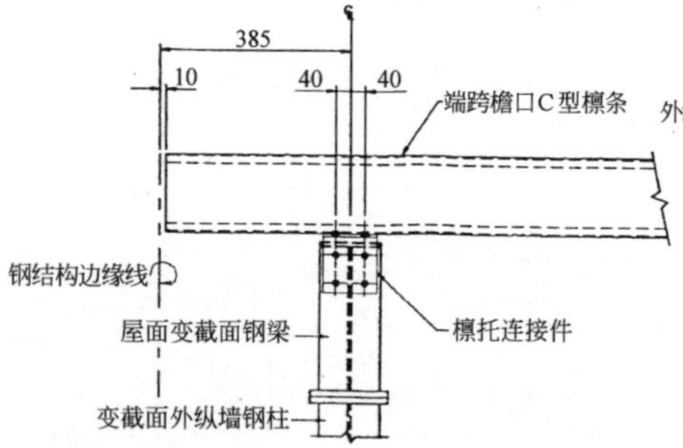

端跨屋檐C型钢檩条安装(029详图)

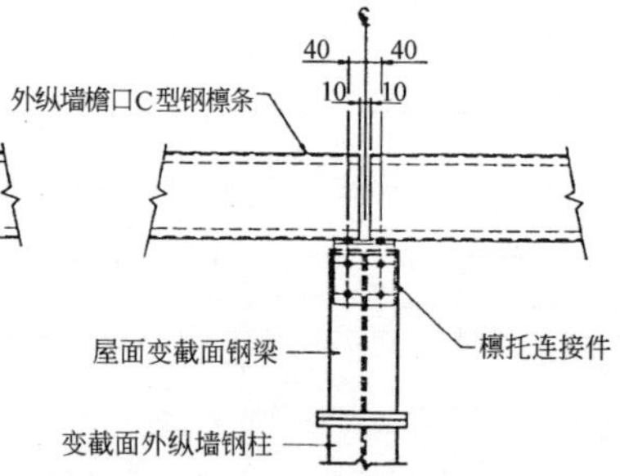

屋檐C型钢檩条安装(028详图)

9—14 屋面钢结构节点

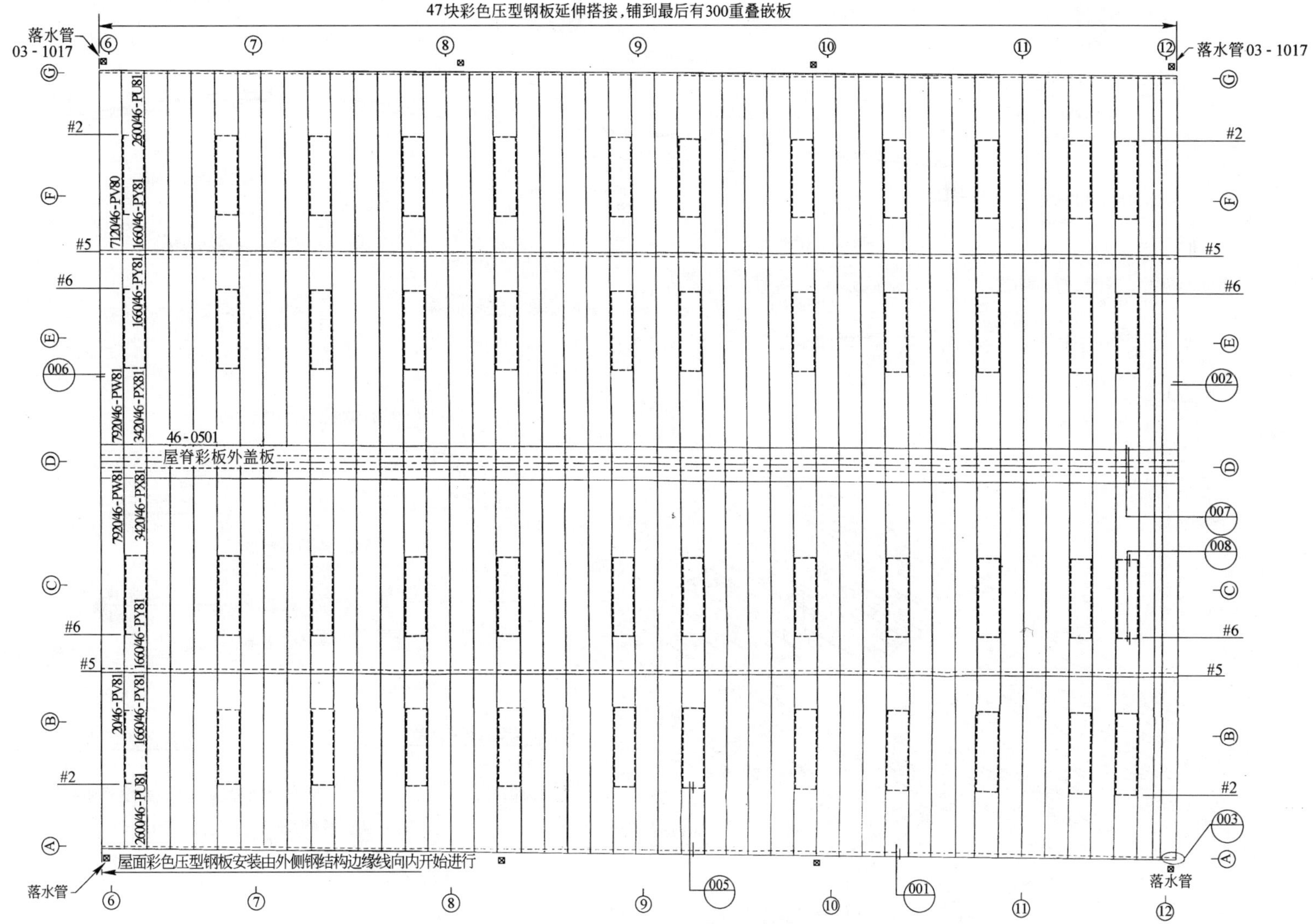

屋面彩色压型钢板安装平面布置

H1-彩色压型钢板0.5厚，蓝色 ▭ 透明玻璃钢采光天窗46-0211

9—15 屋面彩色压型钢板平面布置

9—16 屋面彩色压型钢板安装节点

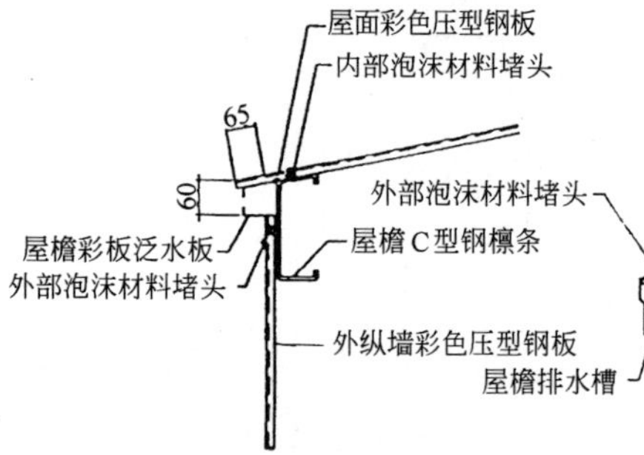

外纵墙墙檐屋面彩色压型钢板安装详图Ⓐ

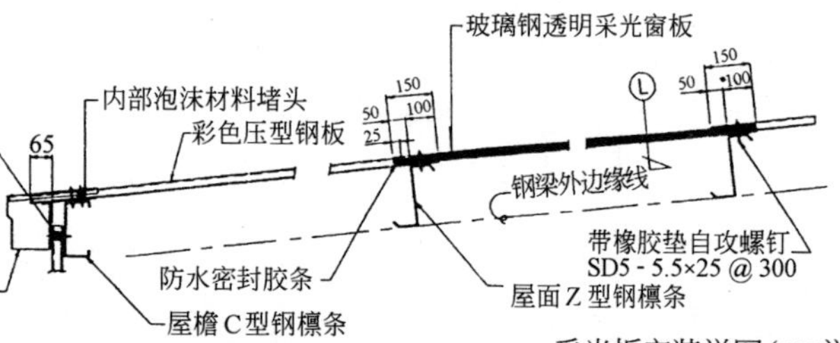

采光板安装详图(008详图)

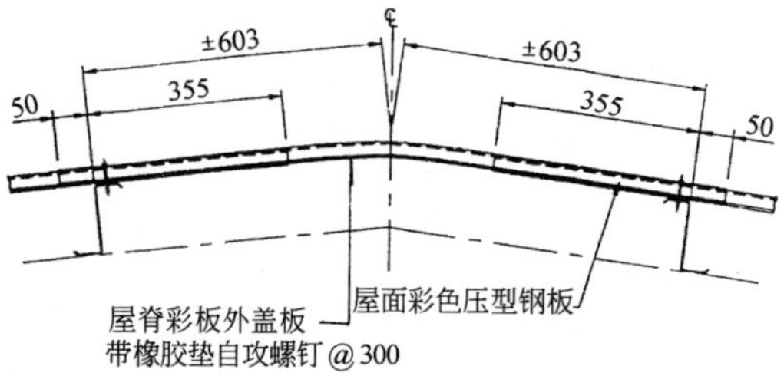

屋脊外盖板详图(007详图)

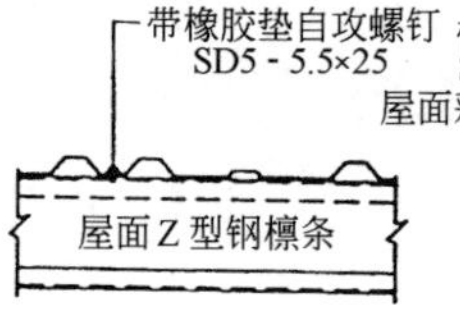

Ⓑ

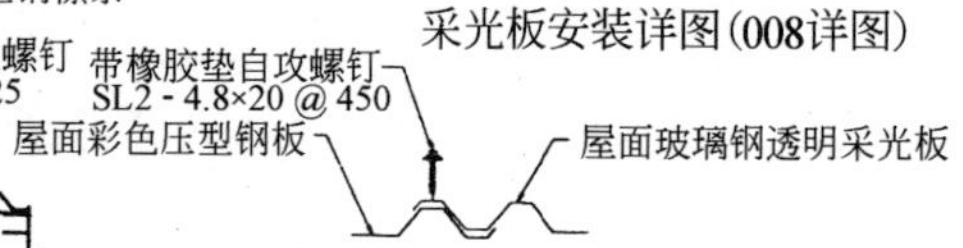

Ⓛ

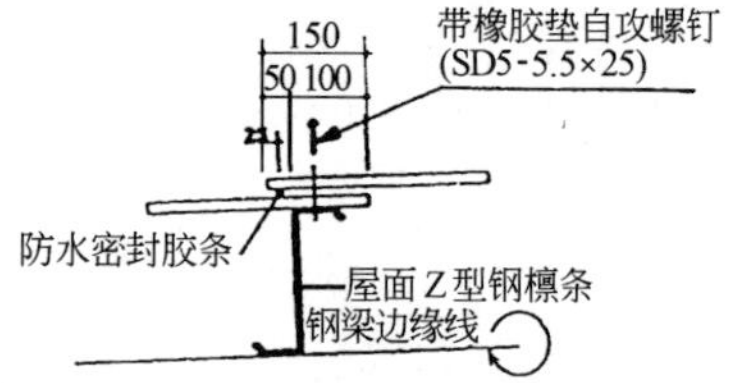

屋面彩色压型钢板搭接详图Ⓔ

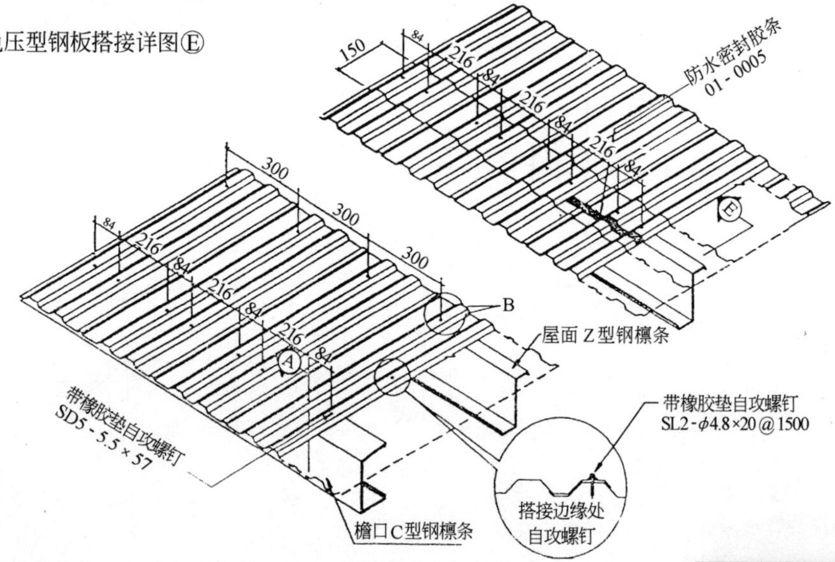

屋面彩色压型钢板安装节点及侧边搭接大样剖面(005详图)

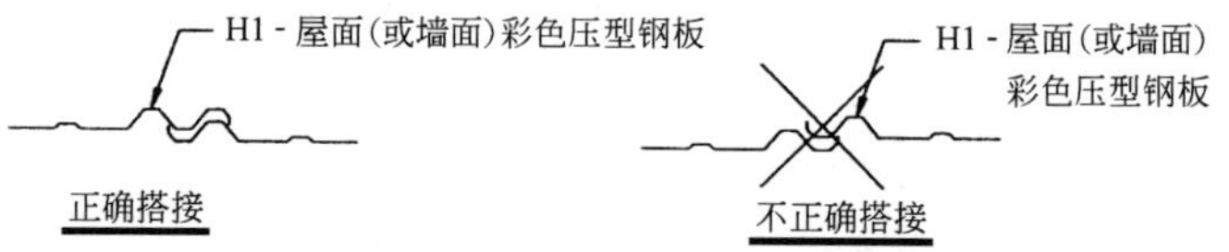

正确的装配搭接形式

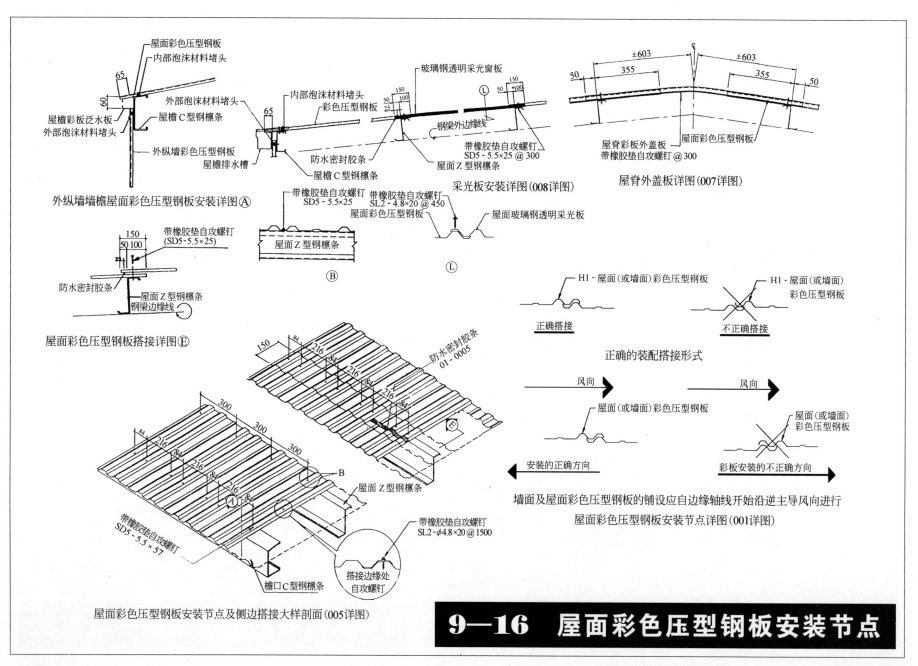

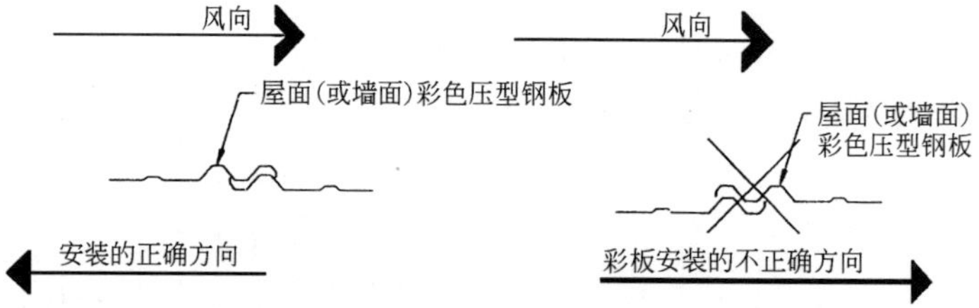

墙面及屋面彩色压型钢板的铺设应自边缘轴线开始沿逆主导风向进行

屋面彩色压型钢板安装节点详图(001详图)

十、工程实例——加工车间

50m跨25t吊车加工车间①

屋面钢梁及斜拉杆　天窗架及透明玻璃钢采光板安装②

变截面钢柱、柱间斜支撑及吊车梁安装③

变截面钢柱、柱间斜支撑及吊车梁安装④

10—1　某加工车间结构实况

Z-6 Z-7外墙钢柱安装②

WJ-7、WJ-2 、WJ-8 、WJ-9、WJ-5、WJ-10、SC-5
屋面钢梁及斜拉杆安装⑤

墙身预制钢筋混凝土通风窗安装图⑥

Z-12 Z-13 端墙钢柱安装①

DL-1 DL-2 DL-3③

Z-8 Z-9钢柱、钢吊车梁、屋面钢梁安装④

10—2 安装中的屋面钢梁、钢拉条及透明玻璃钢采光板(一)

屋面钢梁及斜拉条安装①

钢柱、钢吊车梁、屋面钢梁安装②

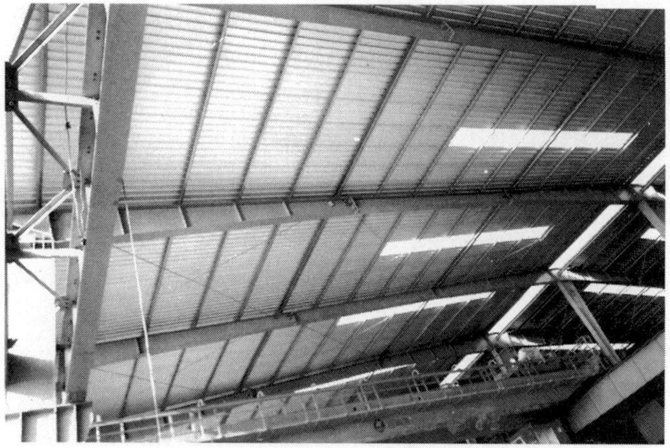

钢柱、钢吊车梁、屋面钢梁安装③

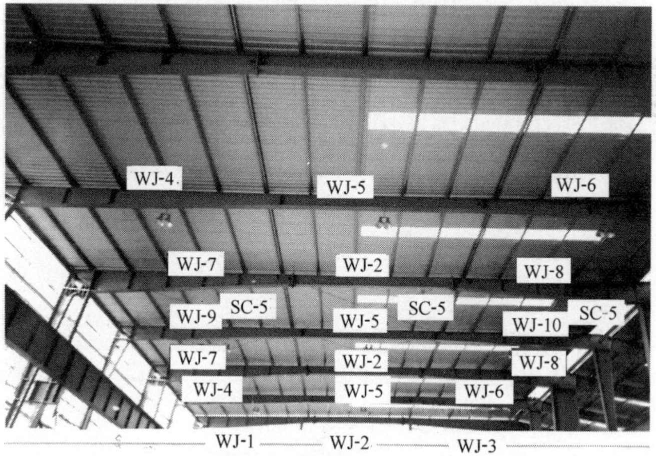

屋面钢梁及斜拉条安装④

10—3 安装中的屋面钢梁、钢拉条及透明玻璃钢采光板(二)

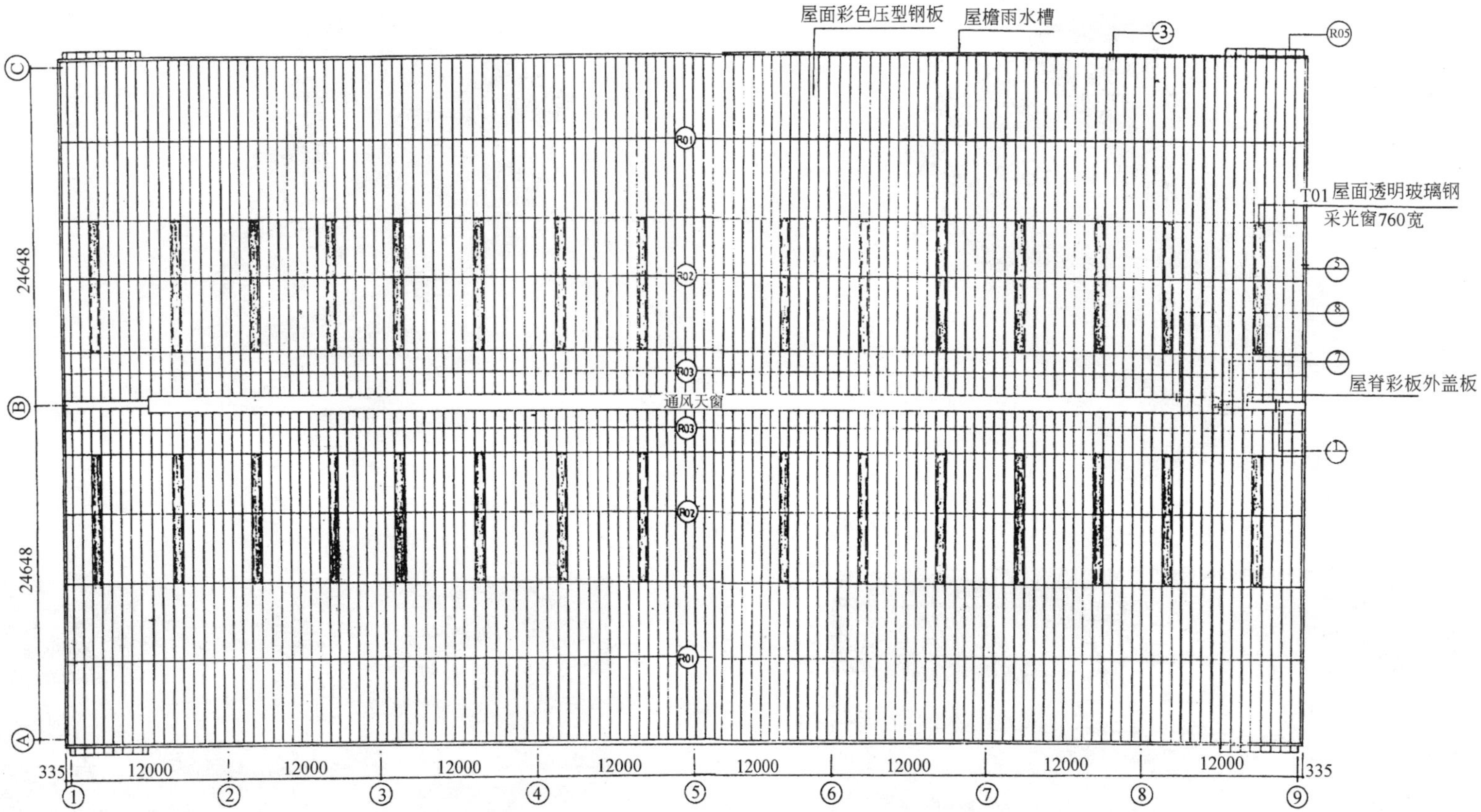

屋面彩色压型钢板、透明玻璃钢采光板及通风天窗平面布置

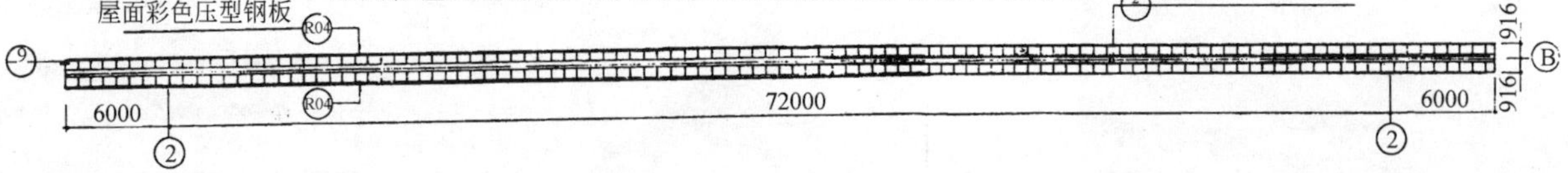

天窗屋面彩色压型钢板平面布置

10—4 屋面彩色压型钢板、透明玻璃钢采光板及通风天窗平面

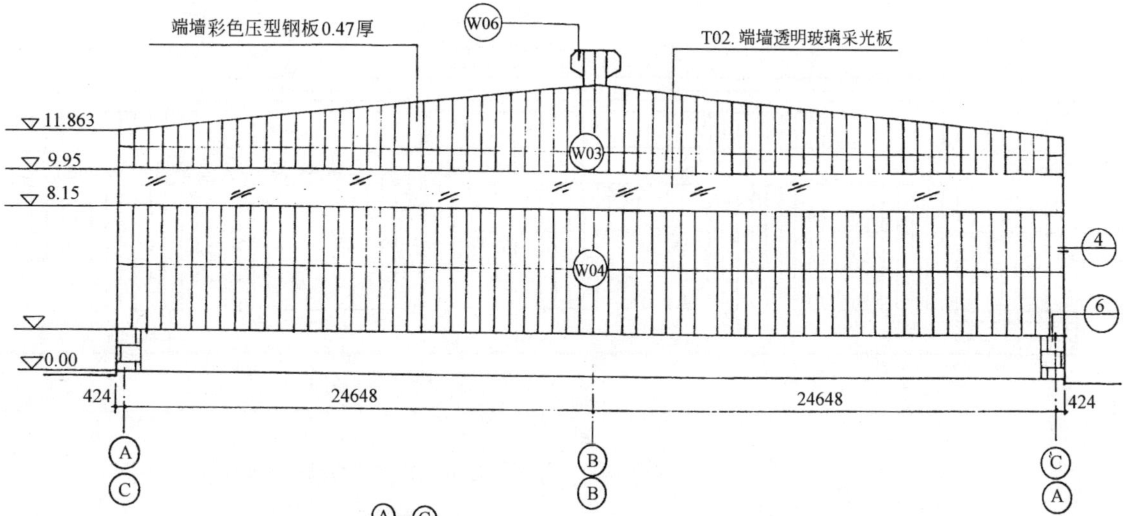

Ⓐ-Ⓒ
Ⓒ-Ⓐ 端墙彩色压型钢板及采光板立面布置

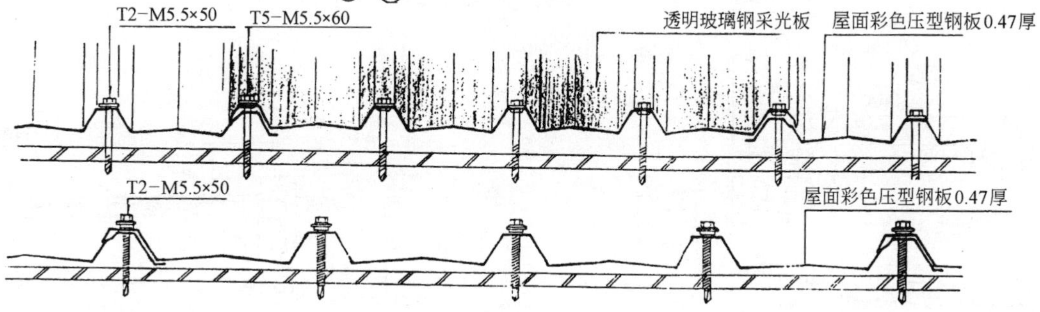

屋面彩色压型钢板安装

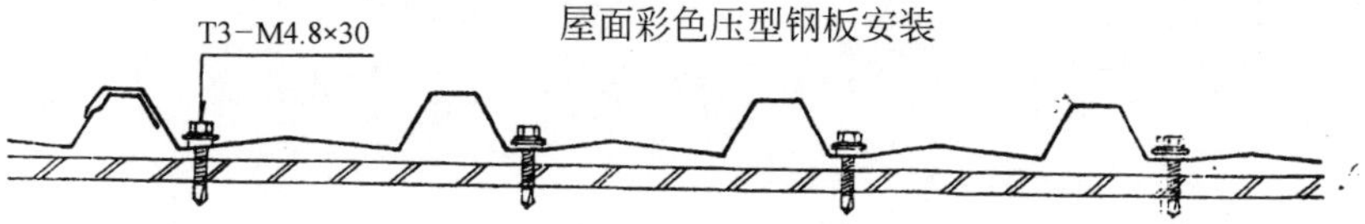

端墙彩色压型钢板安装

10—5　端墙彩色压型钢板及采光板立面布置

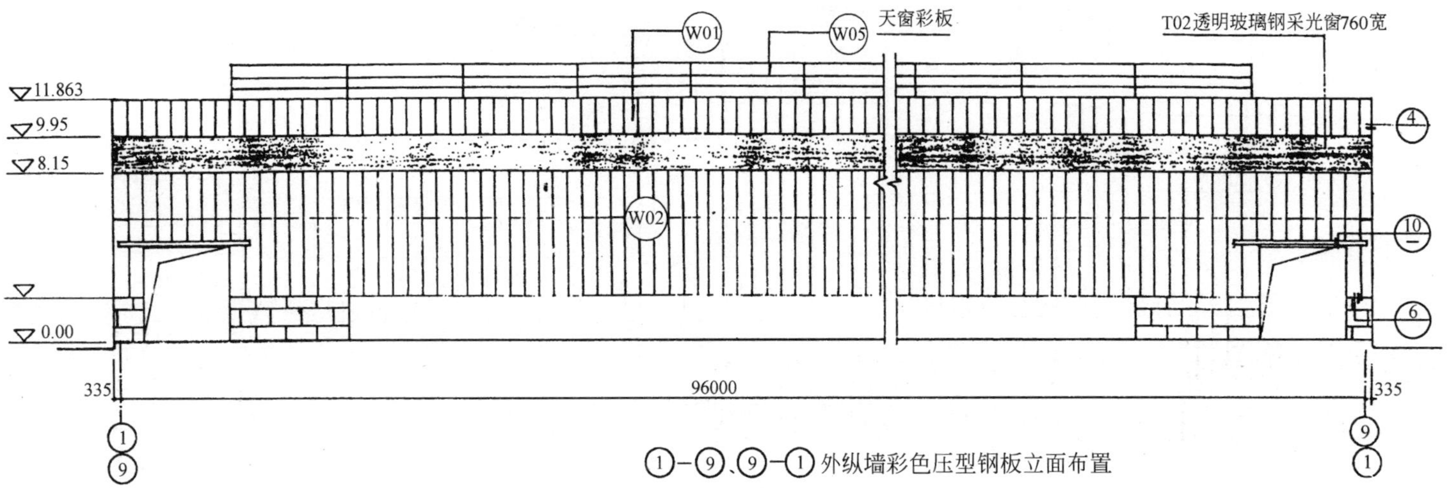

①-⑨、⑨-① 外纵墙彩色压型钢板立面布置

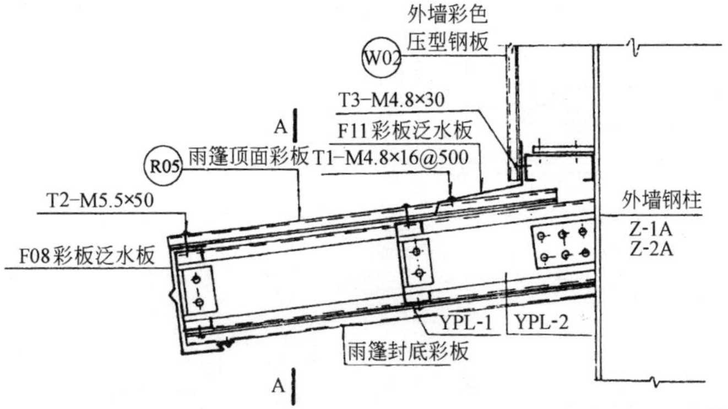

⑩ 大门雨篷详图

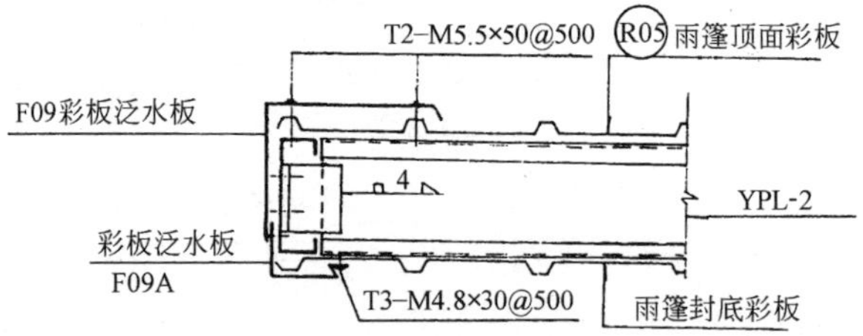

A—A

10—6 外纵墙彩色压型钢板立面布置

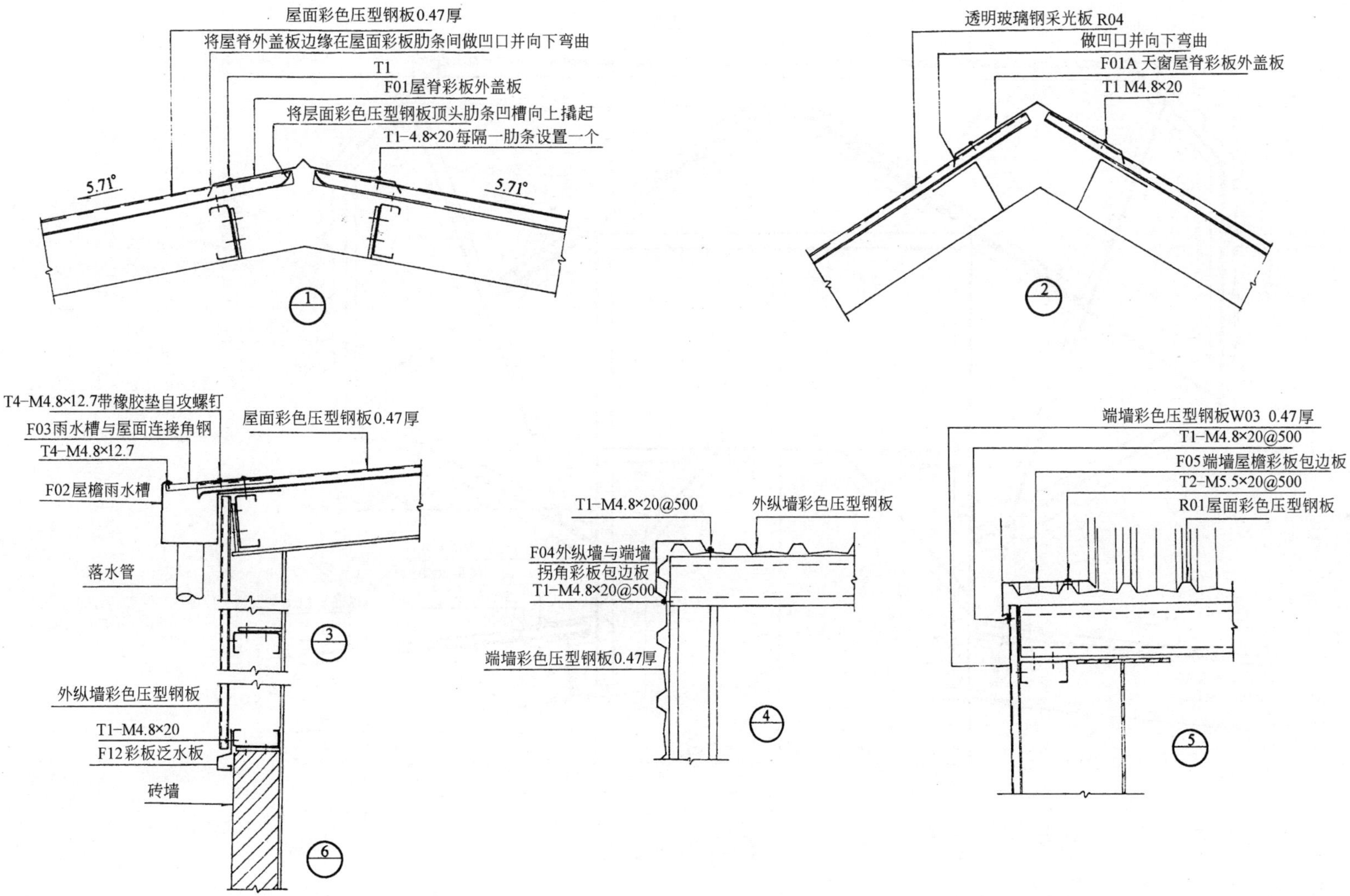
屋面彩色压型钢板0.47厚
将屋脊外盖板边缘在屋面彩板肋条间做凹口并向下弯曲
T1
F01屋脊彩板外盖板
将层面彩色压型钢板顶头肋条凹槽向上撬起
T1-4.8×20每隔一肋条设置一个
5.71°
5.71°
1
透明玻璃钢采光板R04
做凹口并向下弯曲
F01A天窗屋脊彩板外盖板
T1 M4.8×20
2
T4-M4.8×12.7带橡胶垫自攻螺钉
F03雨水槽与屋面连接角钢
T4-M4.8×12.7
F02屋檐雨水槽
屋面彩色压型钢板0.47厚
落水管
3
外纵墙彩色压型钢板
T1-M4.8×20
F12彩板泛水板
砖墙
6
T1-M4.8×20@500
外纵墙彩色压型钢板
F04外纵墙与端墙
拐角彩板包边板
T1-M4.8×20@500
端墙彩色压型钢板0.47厚
4
端墙彩色压型钢板W03 0.47厚
T1-M4.8×20@500
F05端墙屋檐彩板包边板
T2-M5.5×20@500
R01屋面彩色压型钢板
5

10—7 节点详图

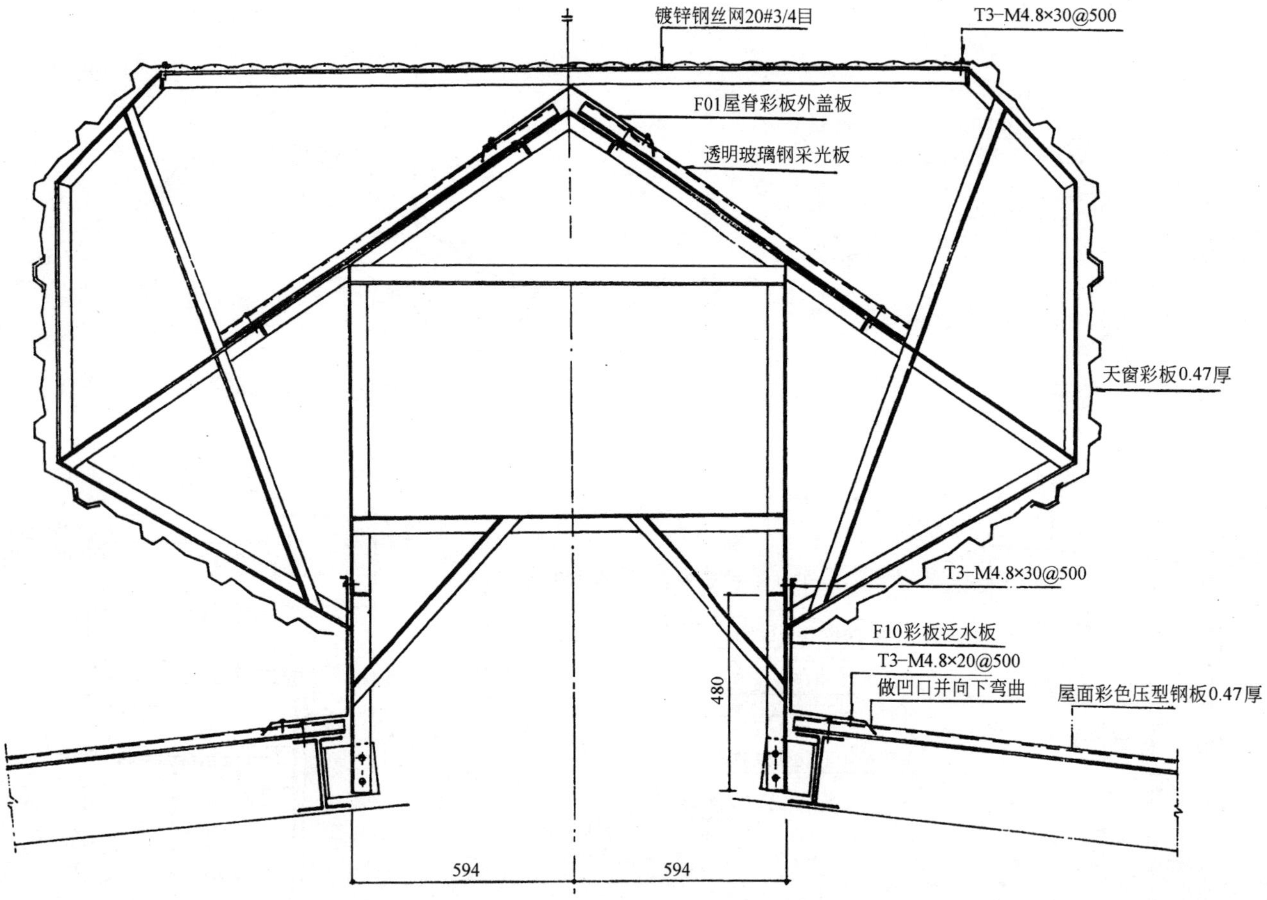

8 通风采光天窗详图

10—8 通风采光天窗

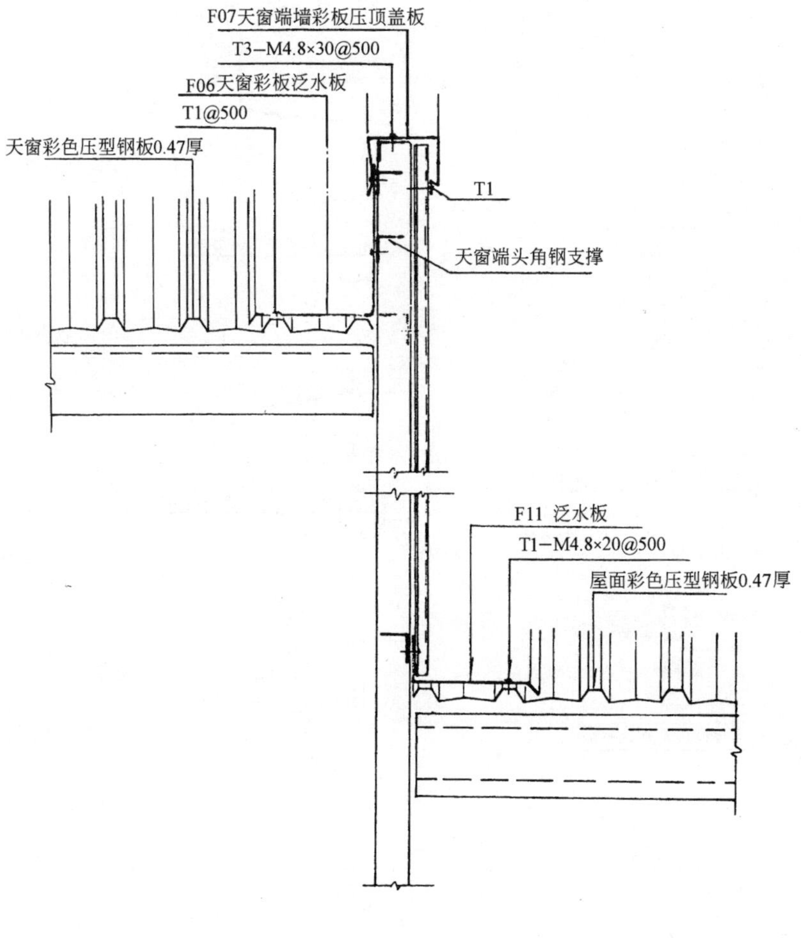

7 天窗端头与屋面连接节点

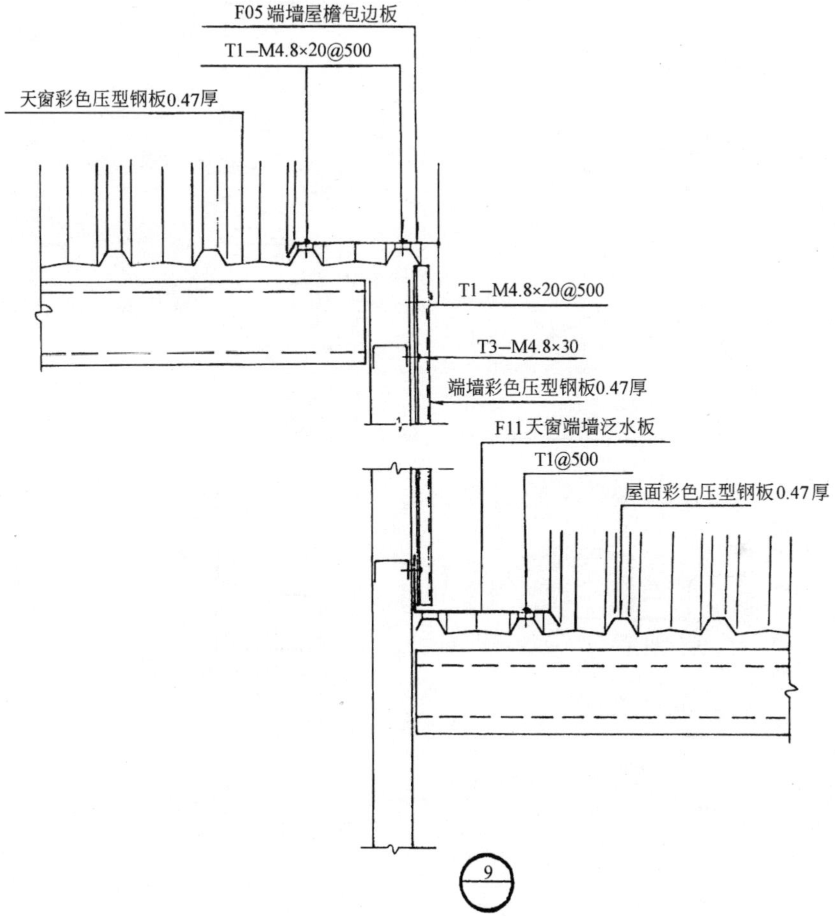

10—9 天窗端头与屋面连接节点

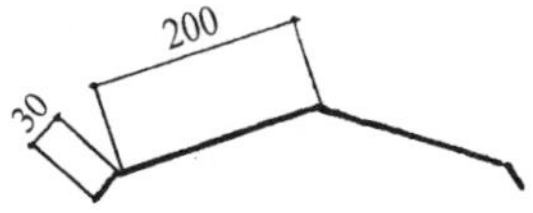

F01 屋脊彩板外盖板

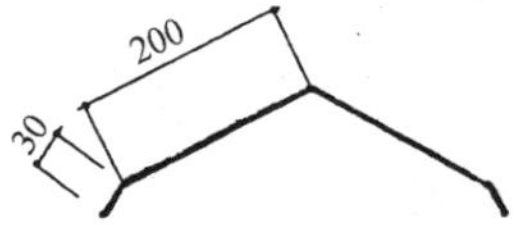

F01A 天窗屋脊彩板外盖板

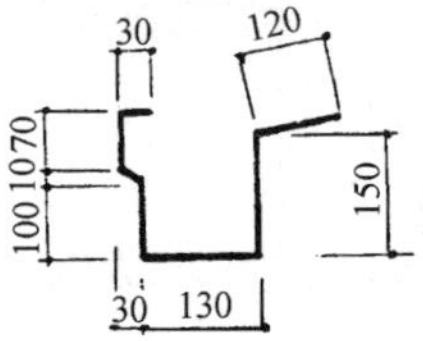

F02 屋檐雨水槽

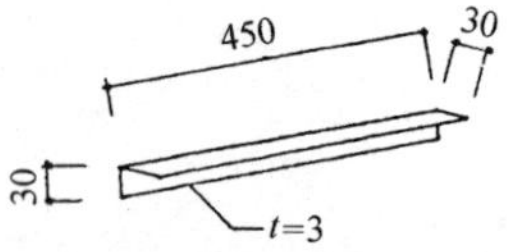

F03 雨水槽与屋面板连接角钢

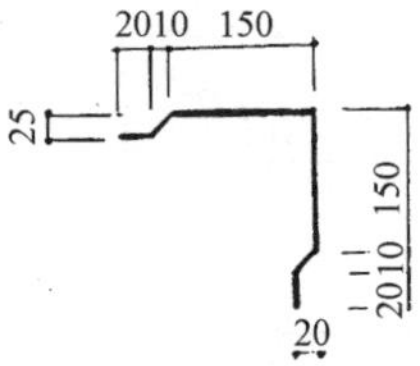

F04 外纵墙与端墙彩板包角板

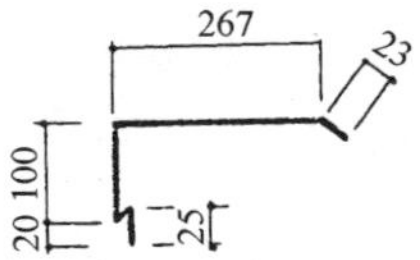

F05 彩板泛水包边板

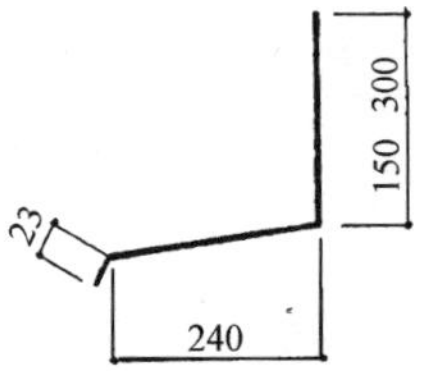

F06 天窗端墙彩板泛水板

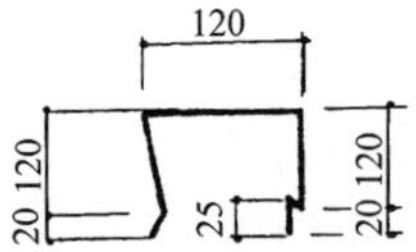

F07 天窗端墙压顶彩板盖板

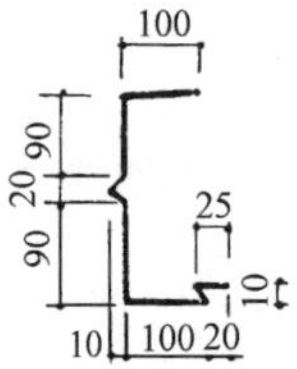

F08 雨篷檐口采板包边板

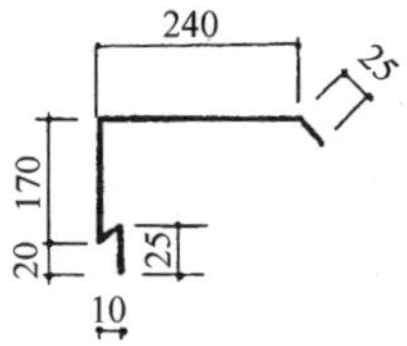

F09 雨篷檐口彩板泛水包边板

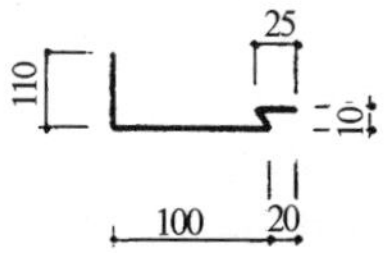

F09A 雨篷檐口彩板泛水板

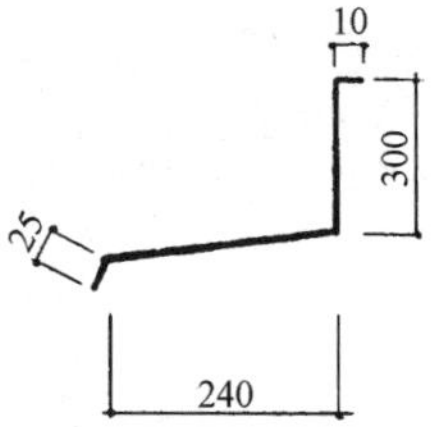

F10 天窗彩板泛水板

F11 外墙与雨篷拐角彩板泛水板

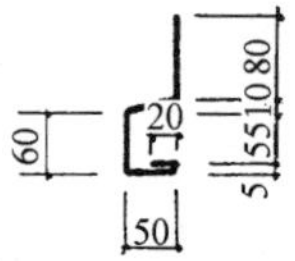

F12 墙身台度彩板泛水板

10—10 彩板配件

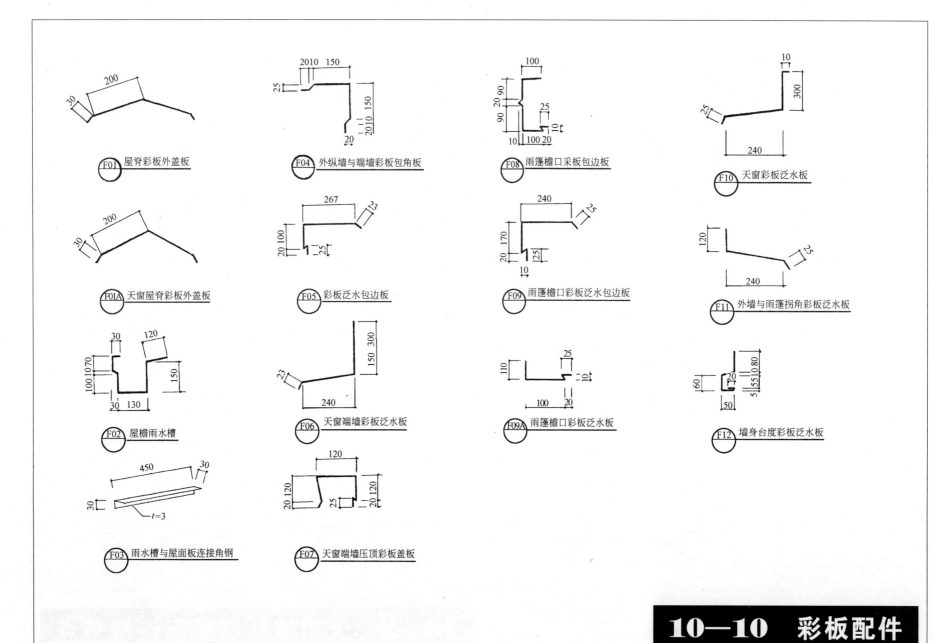

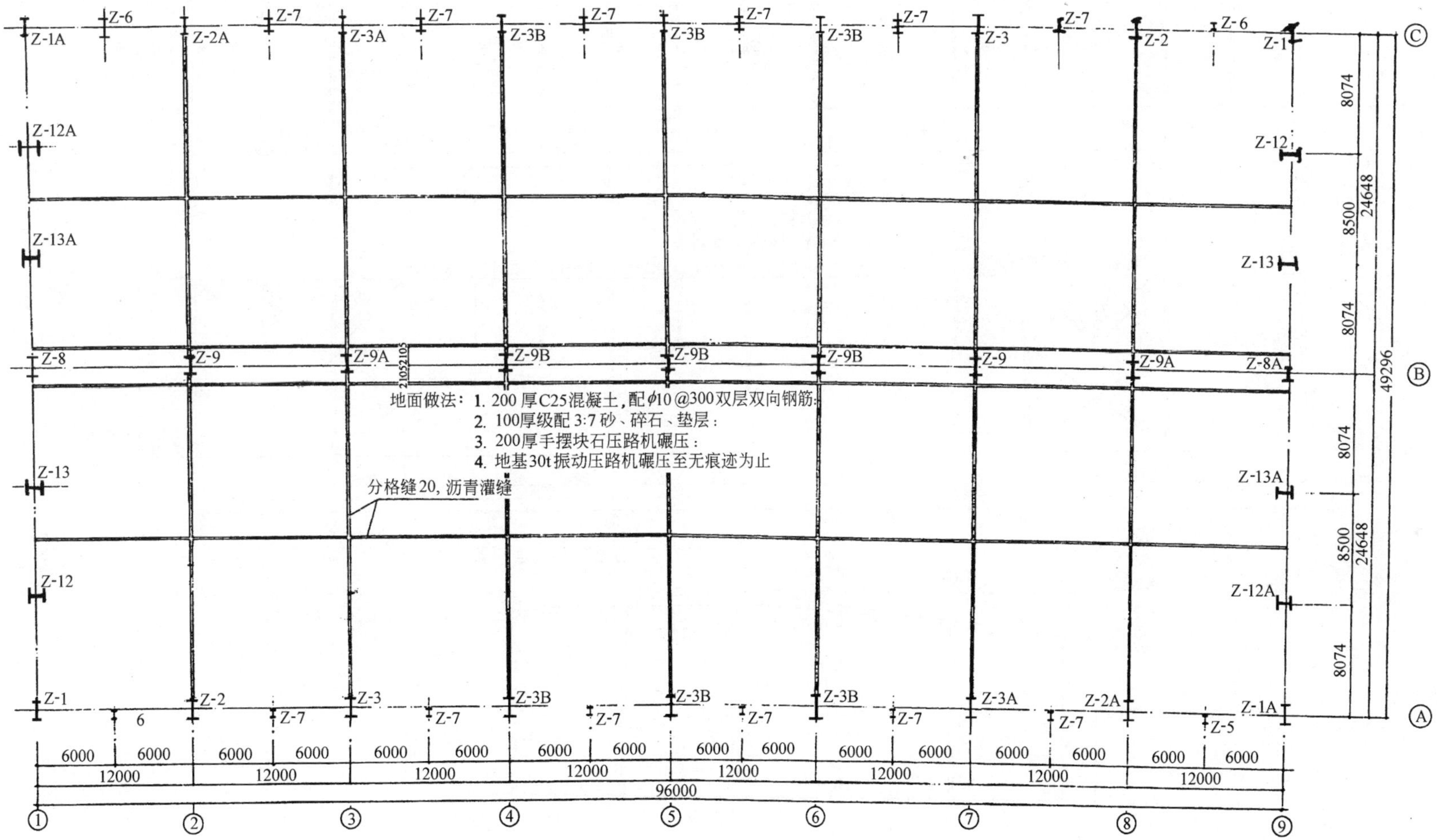

柱网平面布置

10—11 钢柱平面布置

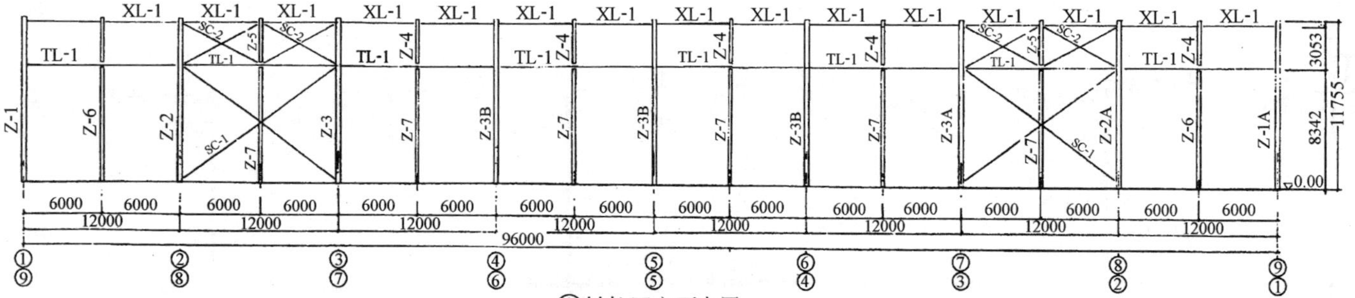

Ⓐ轴柱网立面布置
Ⓒ轴柱网立面布置

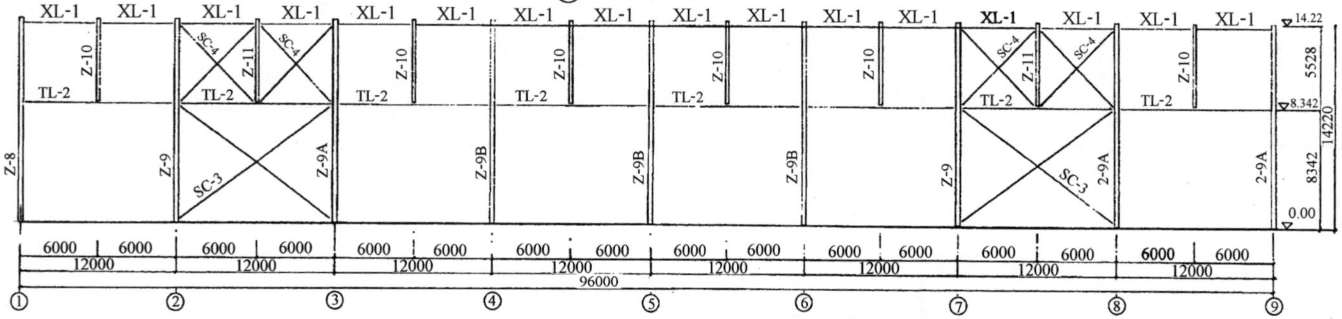

Ⓑ轴柱网立面布置

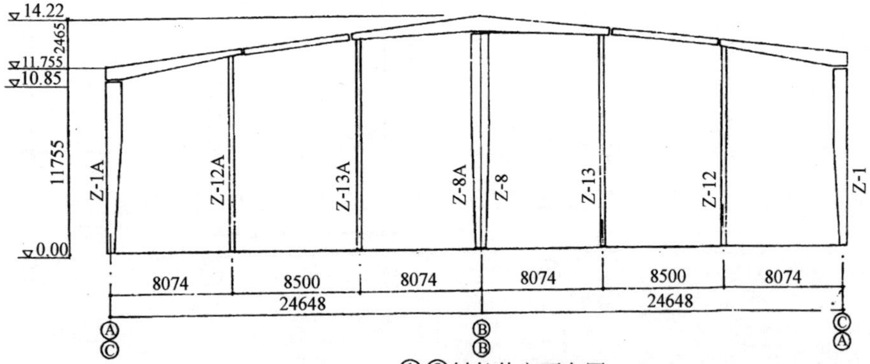

①⑨轴柱的立面布置

10—12 钢柱立面布置

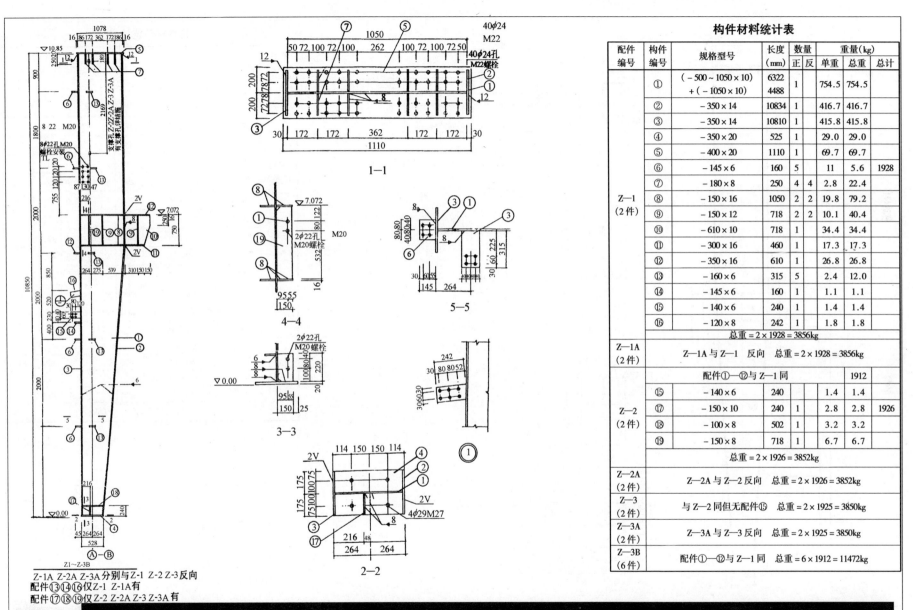

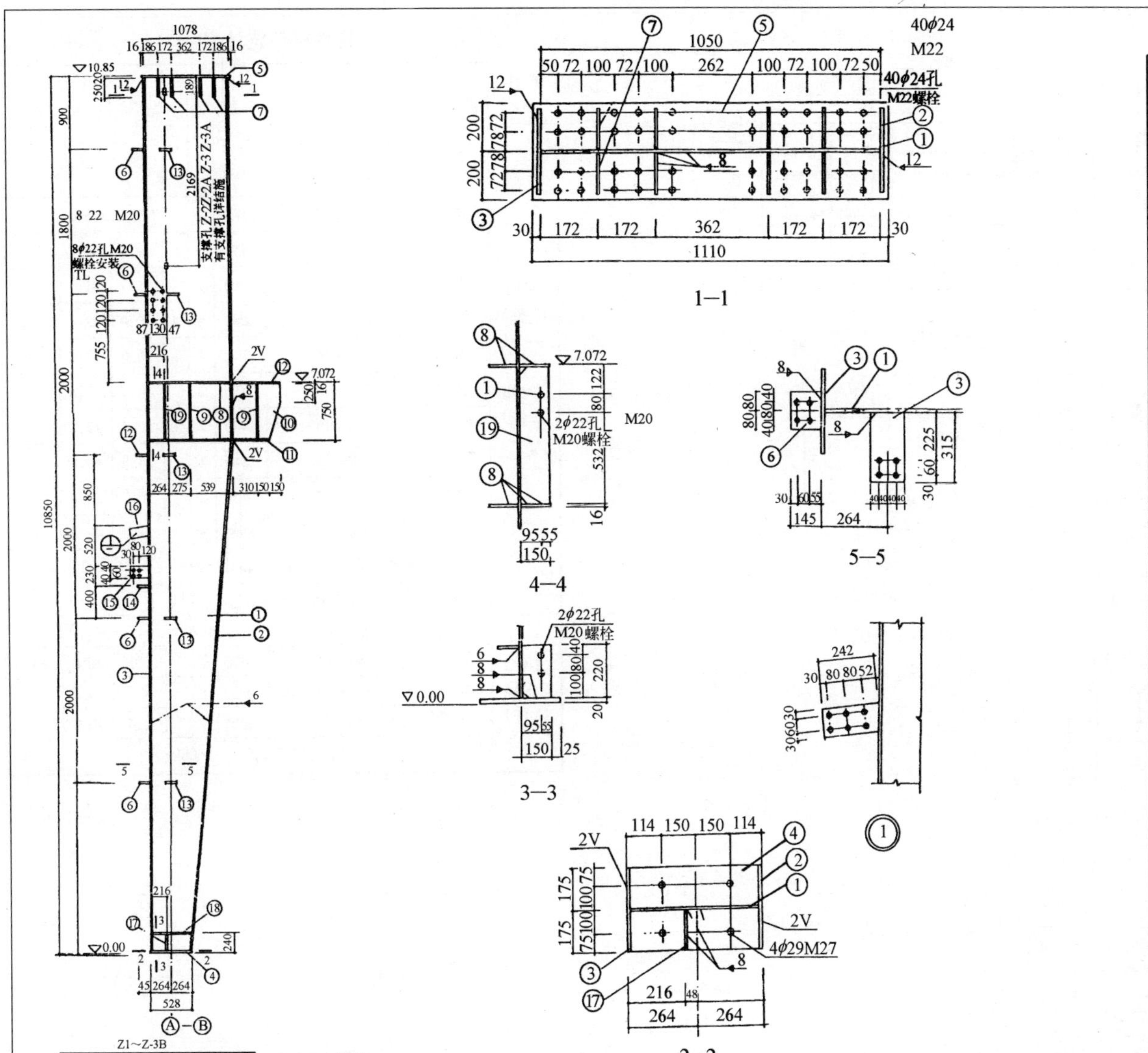

Z-1A Z-2A Z-3A分别与Z-1 Z-2 Z-3反向
配件⑬⑭⑯仅Z-1 Z-1A有
配件⑰⑱⑲仅Z-2 Z-2A Z-3 Z-3A有

构件材料统计表

配件编号	构件编号	规格型号	长度(mm)	数量 正	数量 反	重量(kg) 单重	重量(kg) 总重	重量(kg) 总计
Z—1 (2件)	①	(－500～1050×10)+(－1050×10)	6322 4488	1		754.5	754.5	
	②	－350×14	10834	1		416.7	416.7	
	③	－350×14	10810	1		415.8	415.8	
	④	－350×20	525	1		29.0	29.0	
	⑤	－400×20	1110	1		69.7	69.7	
	⑥	－145×6	160	5		11	5.6	1928
	⑦	－180×8	250	4	4	2.8	22.4	
	⑧	－150×16	1050	2	2	19.8	79.2	
	⑨	－150×12	718	2	2	10.1	40.4	
	⑩	－610×10	718	1		34.4	34.4	
	⑪	－300×16	460	1		17.3	17.3	
	⑫	－350×16	610	1		26.8	26.8	
	⑬	－160×6	315	5		2.4	12.0	
	⑭	－145×6	160	1		1.1	1.1	
	⑮	－140×6	240	1		1.4	1.4	
	⑯	－120×8	242	1		1.8	1.8	
	总重＝2×1928＝3856kg							
Z—1A (2件)	Z—1A与Z—1 反向 总重＝2×1928＝3856kg							
Z—2 (2件)	配件①—⑫与Z—1同						1912	
	⑮	－140×6	240			1.4	1.4	
	⑰	－150×10	240	1		2.8	2.8	1926
	⑱	－100×8	502	1		3.2	3.2	
	⑲	－150×8	718	1		6.7	6.7	
	总重＝2×1926＝3852kg							
Z—2A (2件)	Z—2A与Z—2反向 总重＝2×1926＝3852kg							
Z—3 (2件)	与Z—2同但无配件⑮ 总重＝2×1925＝3850kg							
Z—3A (2件)	Z—3A与Z—3反向 总重＝2×1925＝3850kg							
Z—3B (6件)	配件①—⑫与Z—1同 总重＝6×1912＝11472kg							

10—13 钢柱制作图(一)(Z—1,Z—1A,Z—2,Z—2A,Z—3,Z—3A,Z—3B)

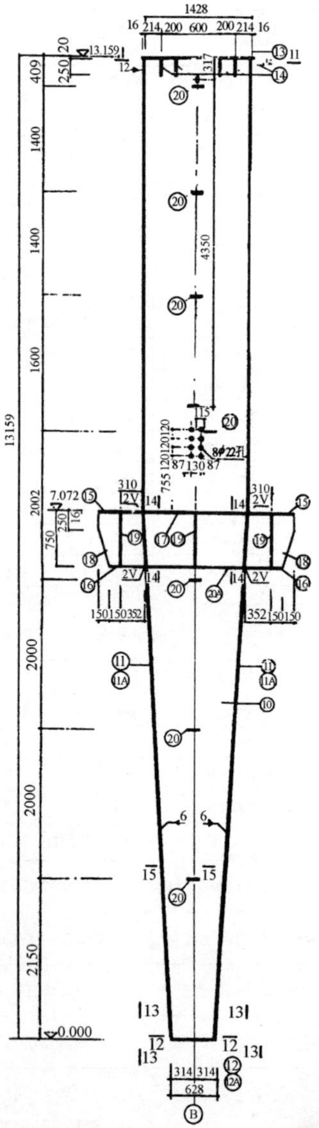

Z-9~Z-9B(Z-8)

Z-9A与Z-9反向　配件⑳仅Z-8有

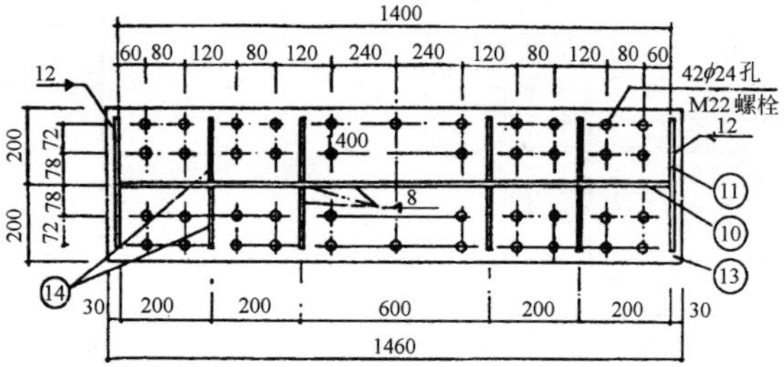

11—11

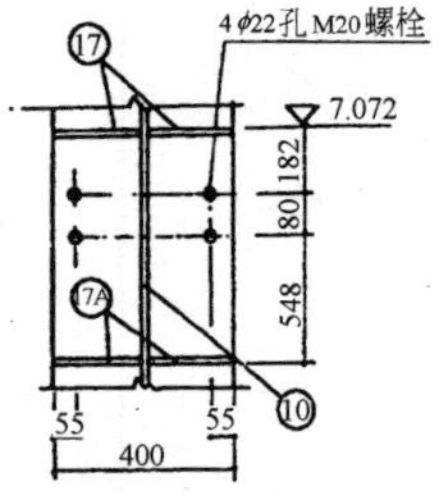

14—14

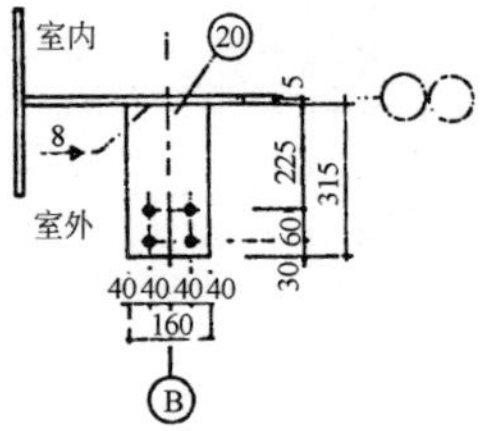

15—15

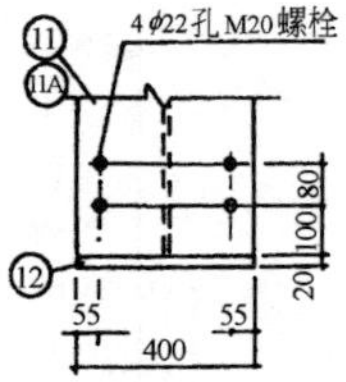

13—13

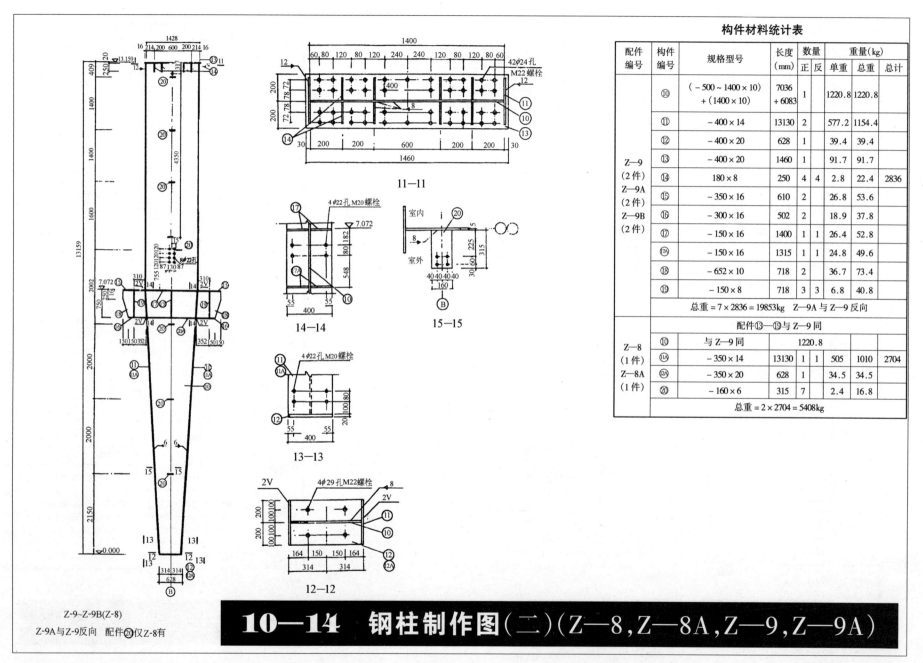

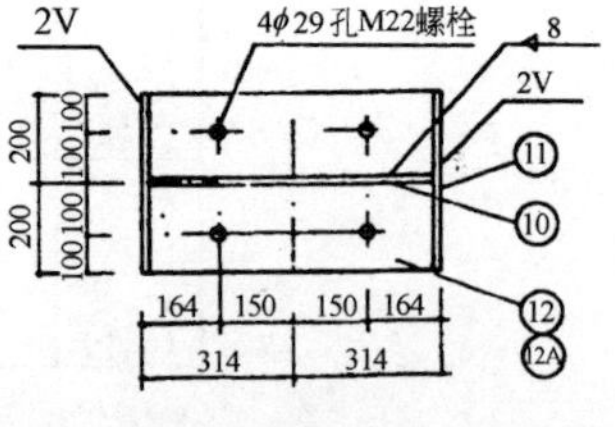

12—12

构件材料统计表

配件编号	构件编号	规格型号	长度(mm)	数量 正	数量 反	重量(kg) 单重	总重	总计
Z—9(2件) Z—9A(2件) Z—9B(2件)	⑩	(－500～1400×10)＋(1400×10)	7036＋6083	1		1220.8	1220.8	
	⑪	－400×14	13130	2		577.2	1154.4	
	⑫	－400×20	628	1		39.4	39.4	
	⑬	－400×20	1460	1		91.7	91.7	
	⑭	180×8	250	4	4	2.8	22.4	2836
	⑮	－350×16	610	2		26.8	53.6	
	⑯	－300×16	502	2		18.9	37.8	
	⑰	－150×16	1400	1	1	26.4	52.8	
	17A	－150×16	1315	1	1	24.8	49.6	
	⑱	－652×10	718	2		36.7	73.4	
	⑲	－150×8	718	3	3	6.8	40.8	
	总重＝7×2836＝19853kg　Z—9A与Z—9反向							
Z—8(1件) Z—8A(1件)	配件⑬—⑲与Z—9同							
	⑩	与Z—9同	1220.8					
	11A	－350×14	13130	1	1	505	1010	2704
	12A	－350×20	628	1		34.5	34.5	
	⑳	－160×6	315	7		2.4	16.8	
	总重＝2×2704＝5408kg							

10—14　钢柱制作图(二)(Z—8,Z—8A,Z—9,Z—9A)

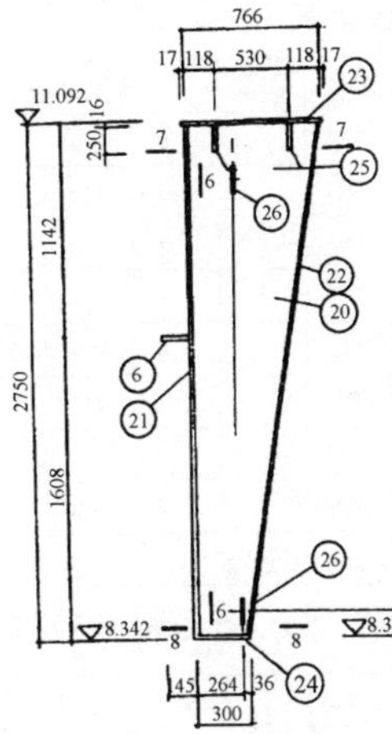

Z-4 Z-5

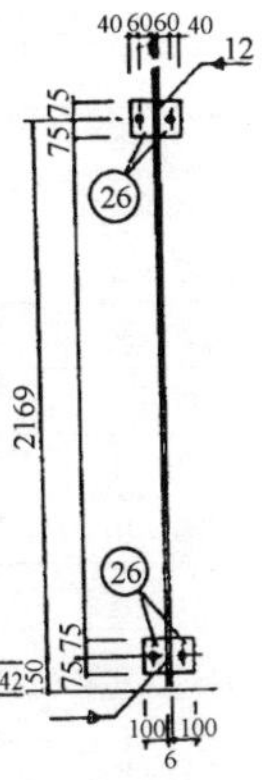

6—6

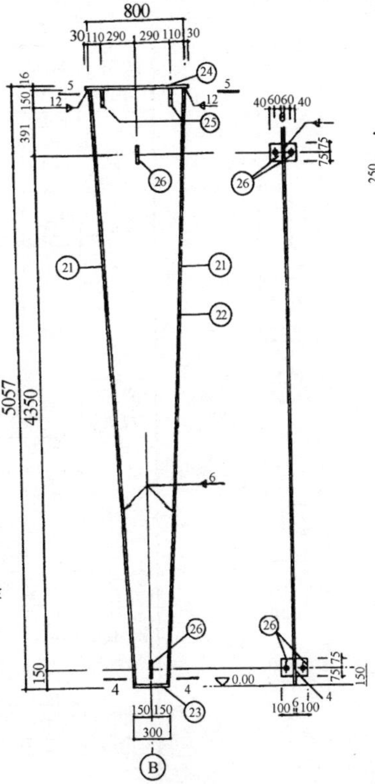

Z-10 Z-11

配件㉖仅Z-11有

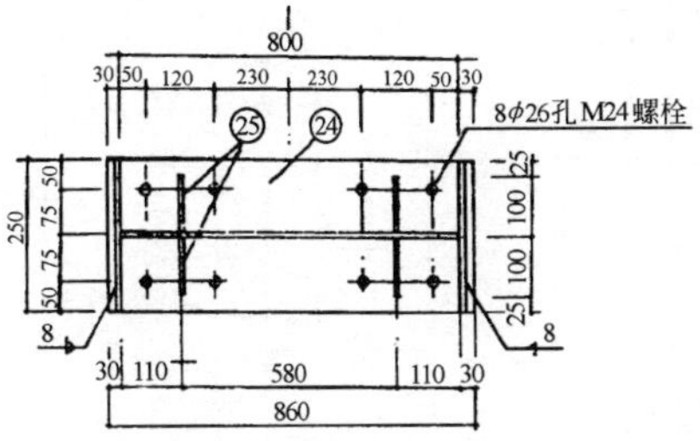

5—5

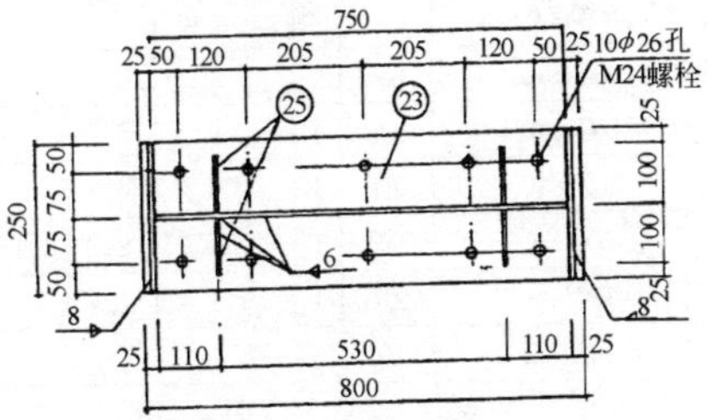

7—7

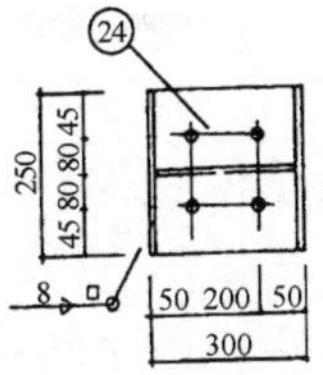

8—8

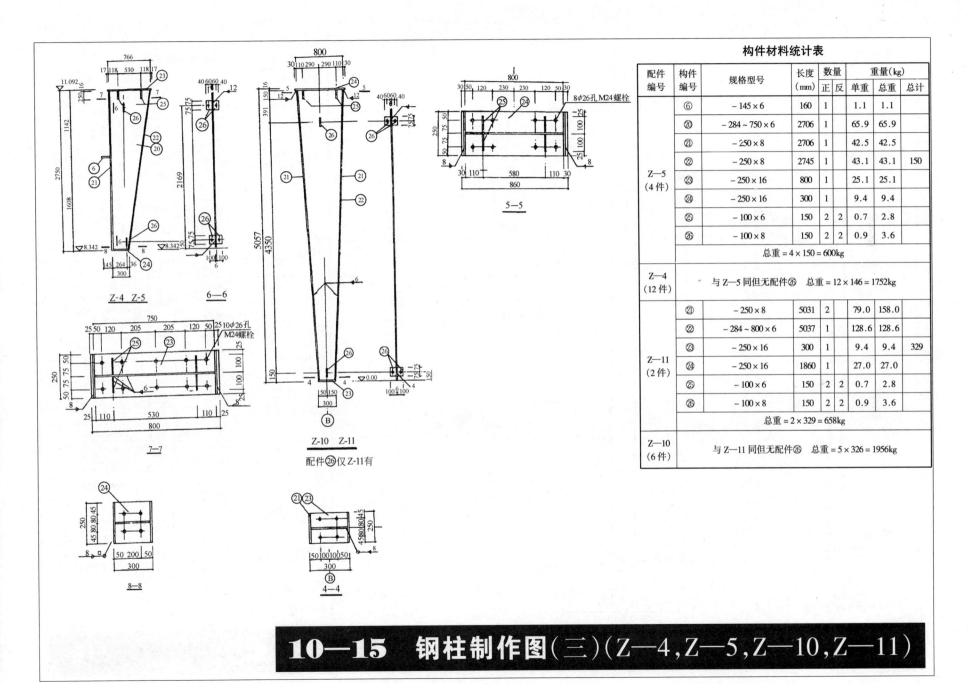

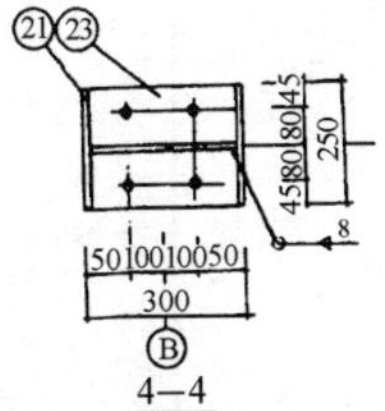

4—4

构件材料统计表

构件编号	配件编号	规格型号	长度(mm)	数量 正	数量 反	重量(kg) 单重	重量(kg) 总重	重量(kg) 总计
Z—5 (4件)	⑥	−145×6	160	1		1.1	1.1	
	⑳	−284～750×6	2706	1		65.9	65.9	
	㉑	−250×8	2706	1		42.5	42.5	
	㉒	−250×8	2745	1		43.1	43.1	150
	㉓	−250×16	800	1		25.1	25.1	
	㉔	−250×16	300	1		9.4	9.4	
	㉕	−100×6	150	2	2	0.7	2.8	
	㉖	−100×8	150	2	2	0.9	3.6	
	总重＝4×150＝600kg							
Z—4 (12件)	与Z—5同但无配件㉖ 总重＝12×146＝1752kg							
Z—11 (2件)	㉑	−250×8	5031	2		79.0	158.0	
	㉒	−284～800×6	5037	1		128.6	128.6	
	㉓	−250×16	300	1		9.4	9.4	329
	㉔	−250×16	1860	1		27.0	27.0	
	㉕	−100×6	150	2	2	0.7	2.8	
	㉖	−100×8	150	2	2	0.9	3.6	
	总重＝2×329＝658kg							
Z—10 (6件)	与Z—11同但无配件㉖ 总重＝5×326＝1956kg							

10—15 钢柱制作图(三)(Z—4,Z—5,Z—10,Z—11)

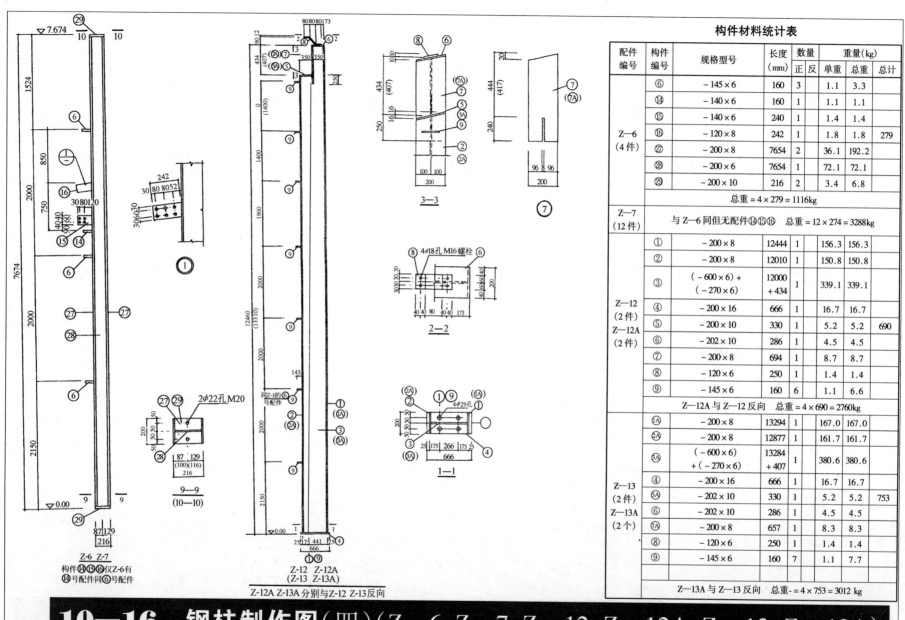

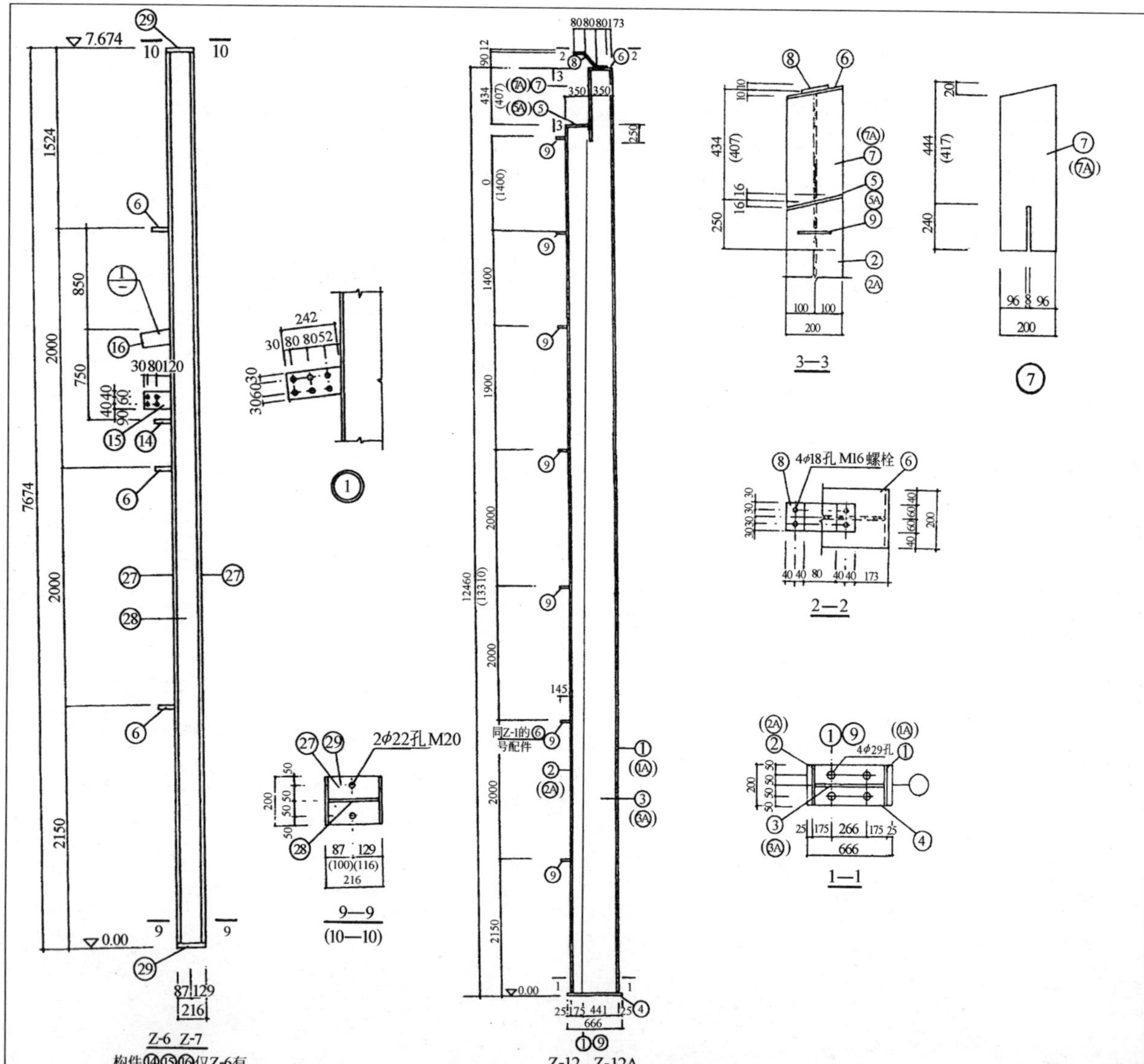

Z-6 Z-7

构件⑭⑮⑯仅Z-6有

⑭号配件同⑥号配件

Z-12 Z-12A

(Z-13 Z-13A)

Z-12A Z-13A 分别与Z-12 Z-13反向

构件材料统计表

配件编号	构件编号	规格型号	长度(mm)	数量 正	数量 反	重量(kg) 单重	重量(kg) 总重	重量(kg) 总计
Z—6（4件）	⑥	－145×6	160	3		1.1	3.3	279
	⑭	－140×6	160	1		1.1	1.1	
	⑮	－140×6	240	1		1.4	1.4	
	⑯	－120×8	242	1		1.8	1.8	
	㉗	－200×8	7654	2		36.1	192.2	
	㉘	－200×6	7654	1		72.1	72.1	
	㉙	－200×10	216	2		3.4	6.8	
	总重＝4×279＝1116kg							
Z—7（12件）	与Z—6同但无配件⑭⑮⑯　总重＝12×274＝3288kg							
Z—12（2件）Z—12A（2件）	①	－200×8	12444	1		156.3	156.3	690
	②	－200×8	12010	1		150.8	150.8	
	③	(－600×6)＋(－270×6)	12000＋434	1		339.1	339.1	
	④	－200×16	666	1		16.7	16.7	
	⑤	－200×10	330	1		5.2	5.2	
	⑥	－202×10	286	1		4.5	4.5	
	⑦	－200×8	694	1		8.7	8.7	
	⑧	－120×6	250	1		1.4	1.4	
	⑨	－145×6	160	6		1.1	6.6	
	Z—12A与Z—12反向　总重＝4×690＝2760kg							
Z—13（2件）Z—13A（2个）	①A	－200×8	13294	1		167.0	167.0	753
	②A	－200×8	12877	1		161.7	161.7	
	③A	(－600×6)＋(－270×6)	13284＋407	1		380.6	380.6	
	④	－200×16	666	1		16.7	16.7	
	⑤A	－202×10	330	1		5.2	5.2	
	⑥	－202×10	286	1		4.5	4.5	
	⑦A	－200×8	657	1		8.3	8.3	
	⑧	－120×6	250	1		1.4	1.4	
	⑨	－145×6	160	7		1.1	7.7	
	Z—13A与Z—13反向　总重－＝4×753＝3012 kg							

10—16　钢柱制作图（四）（Z—6，Z—7，Z—12，Z—12A，Z—13，Z—13A）

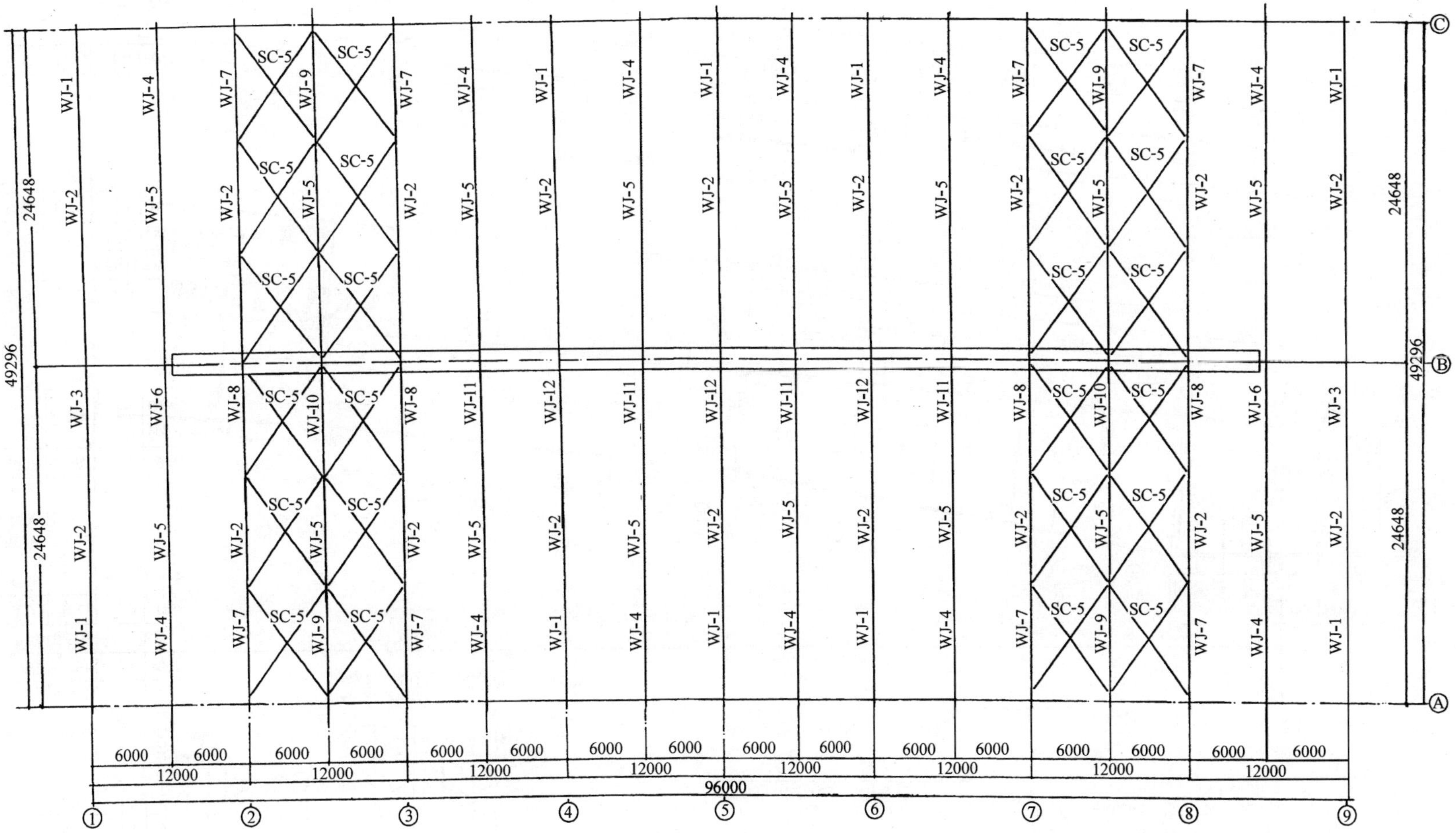

屋面钢梁、斜拉条平面布置

10—17 屋面钢梁、斜拉条平面布置

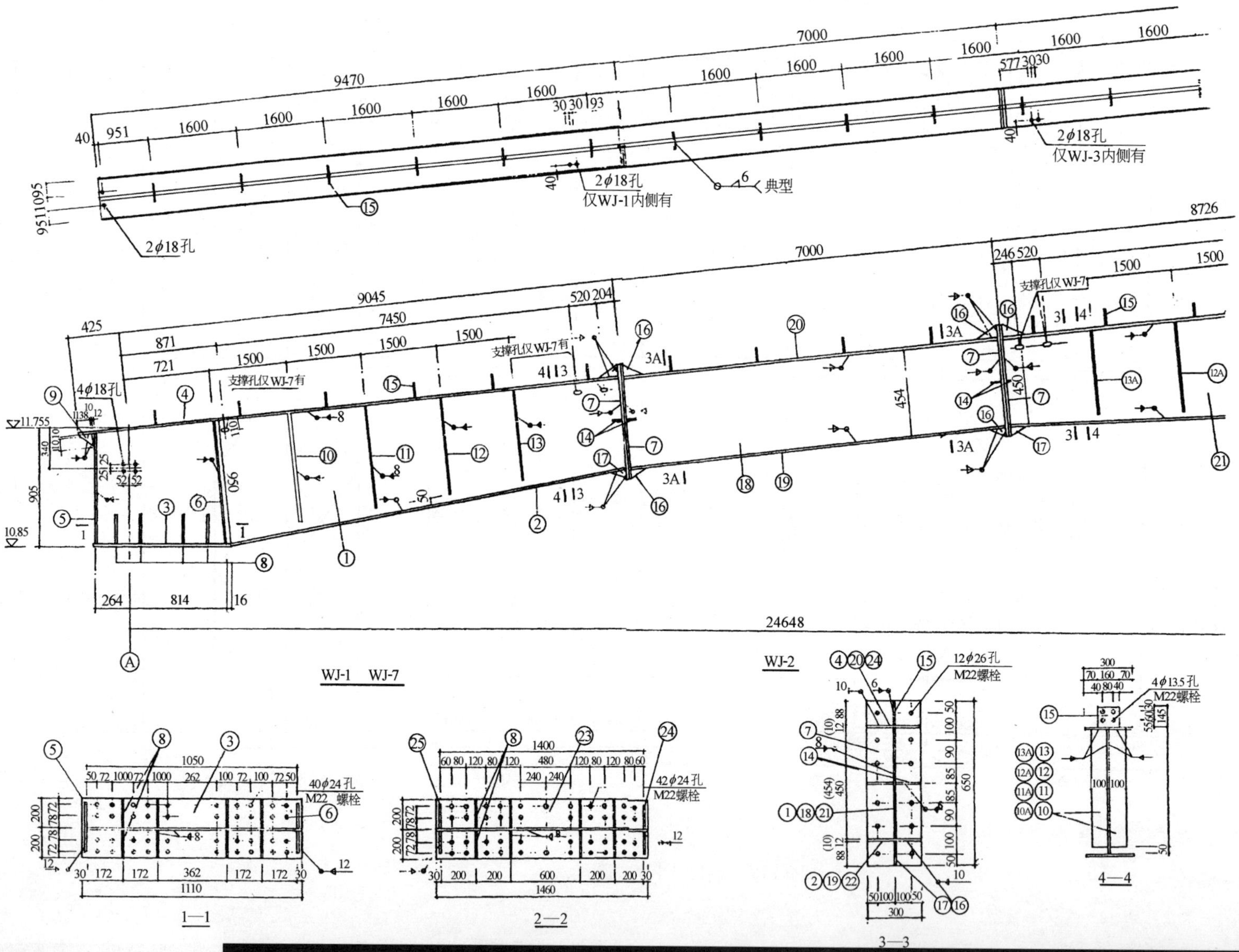

10—18(*a*) 屋面钢梁制作图(一)(WJ-1、WJ-2、WJ-7)

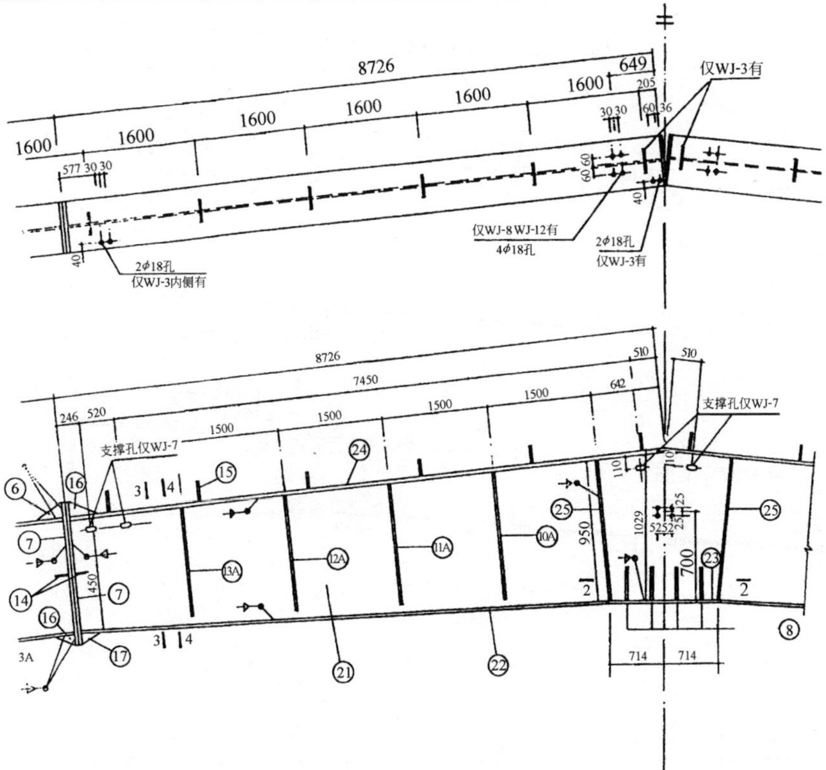

Ⓑ

WJ-3 WJ-8 WJ-12

说明：

1. 未标注的螺栓孔为ϕ18
2. 未标注的焊缝焊脚尺寸为6mm满焊
3. 所有加劲板加切角25×25

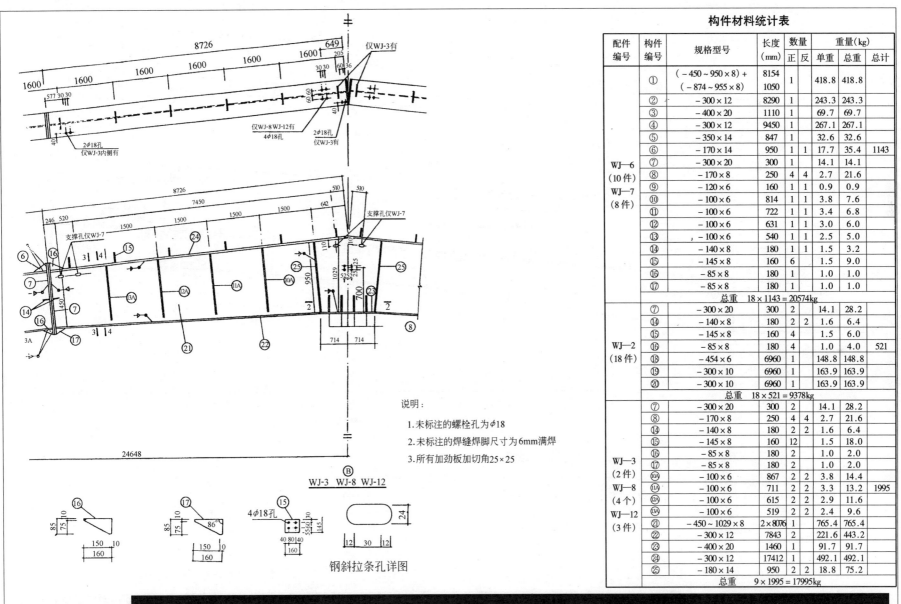

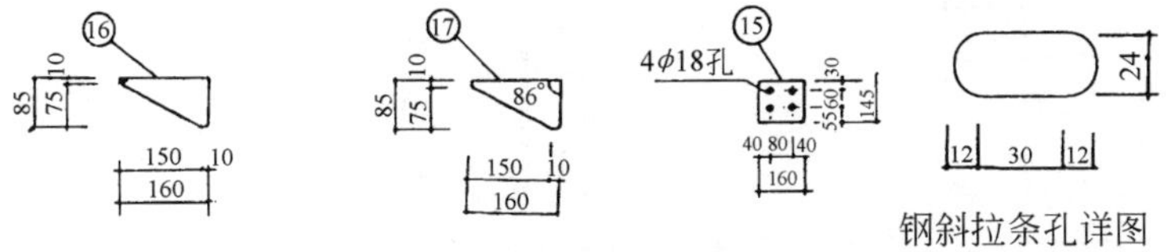

钢斜拉条孔详图

构件材料统计表

配件编号	构件编号	规格型号	长度(mm)	数量		重量(kg)		
				正	反	单重	总重	总计
WJ—6 (10件) WJ—7 (8件)	①	(－450～950×8)＋(－874～955×8)	8154 1050	1		418.8	418.8	
	②	－300×12	8290	1		243.3	243.3	
	③	－400×20	1110	1		69.7	69.7	
	④	－300×12	9450	1		267.1	267.1	
	⑤	－350×14	847	1		32.6	32.6	
	⑥	－170×14	950	1	1	17.7	35.4	1143
	⑦	－300×20	300	1		14.1	14.1	
	⑧	－170×8	250	4	4	2.7	21.6	
	⑨	－120×6	160	1	1	0.9	0.9	
	⑩	－100×6	814	1	1	3.8	7.6	
	⑪	－100×6	722	1	1	3.4	6.8	
	⑫	－100×6	631	1	1	3.0	6.0	
	⑬	－100×6	540	1	1	2.5	5.0	
	⑭	－140×8	180	1	1	1.5	3.2	
	⑮	－145×8	160	6		1.5	9.0	
	⑯	－85×8	180	1		1.0	1.0	
	⑰	－85×8	180	1		1.0	1.0	
	总重 18×1143＝20574kg							
WJ—2 (18件)	⑦	－300×20	300	2		14.1	28.2	
	⑭	－140×8	180	2	2	1.6	6.4	
	⑮	－145×8	160	4		1.5	6.0	
	⑯	－85×8	180	4		1.0	4.0	521
	⑱	－454×6	6960	1		148.8	148.8	
	⑲	－300×10	6960	1		163.9	163.9	
	⑳	－300×10	6960	1		163.9	163.9	
	总重 18×521＝9378kg							
WJ—3 (2件) WJ—8 (4个) WJ—12 (3件)	⑦	－300×20	300	2		14.1	28.2	
	⑧	－170×8	250	4	4	2.7	21.6	
	⑭	－140×8	180	2	2	1.6	6.4	
	⑮	－145×8	160	12		1.5	18.0	
	⑯	－85×8	180	2		1.0	2.0	
	⑰	－85×8	180	2		1.0	2.0	
	10A	－100×6	867	2	2	3.8	14.4	
	11A	－100×6	711	2	2	3.3	13.2	1995
	12A	－100×6	615	2	2	2.9	11.6	
	13A	－100×6	519	2	2	2.4	9.6	
	㉑	－450～1029×8	2×8076	1		765.4	765.4	
	㉒	－300×12	7843	2		221.6	443.2	
	㉓	－400×20	1460	1		91.7	91.7	
	㉔	－300×12	17412	1		492.1	492.1	
	㉕	－180×14	950	2	2	18.8	75.2	
	总重 9×1995＝17995kg							

10—18(*b*) 屋面钢梁制作图(一)续(WJ—3，WJ—8，WJ—12)

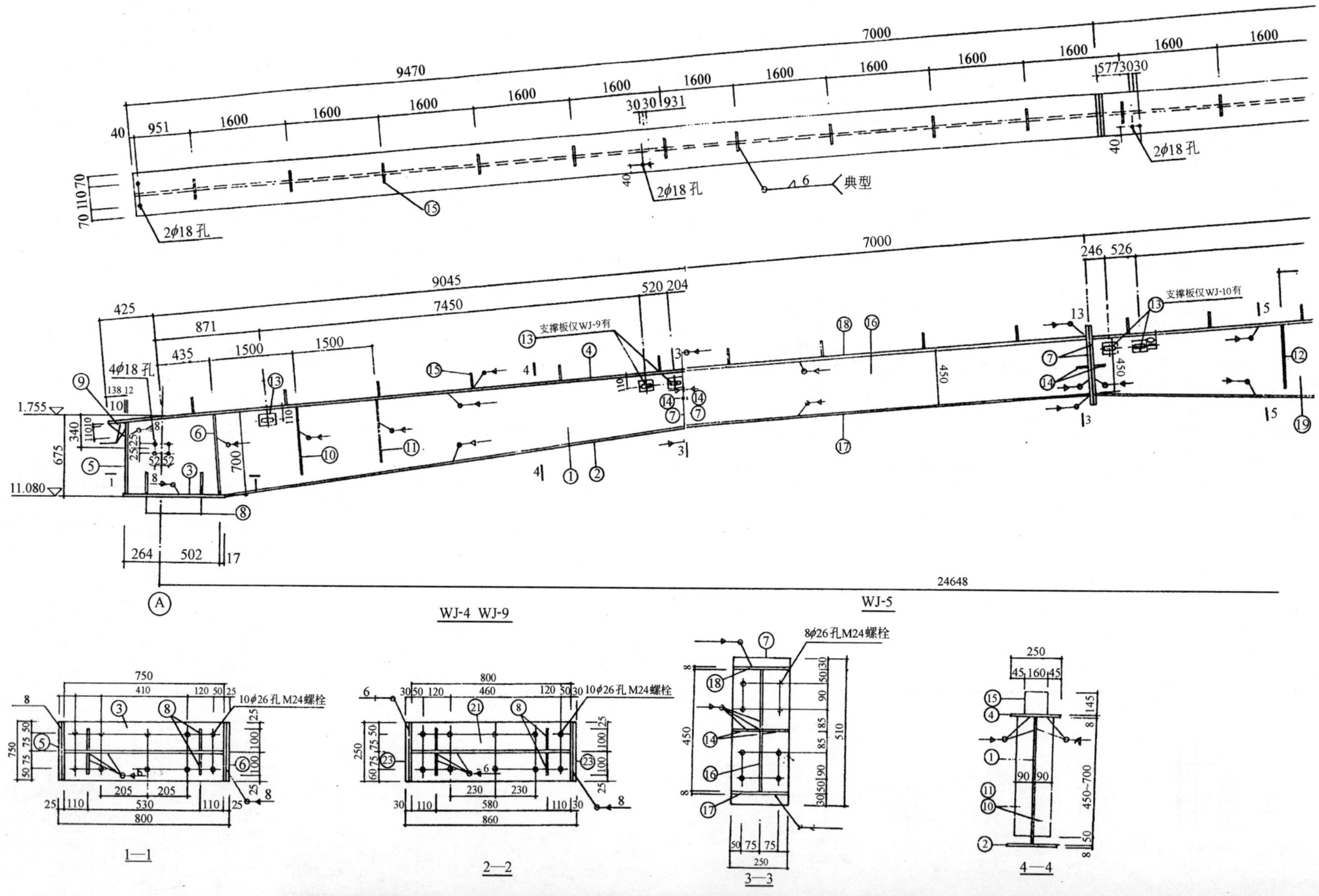

10—19(*a*) 屋面钢梁制作图（二）（WJ-4、WJ-5、WJ-9）

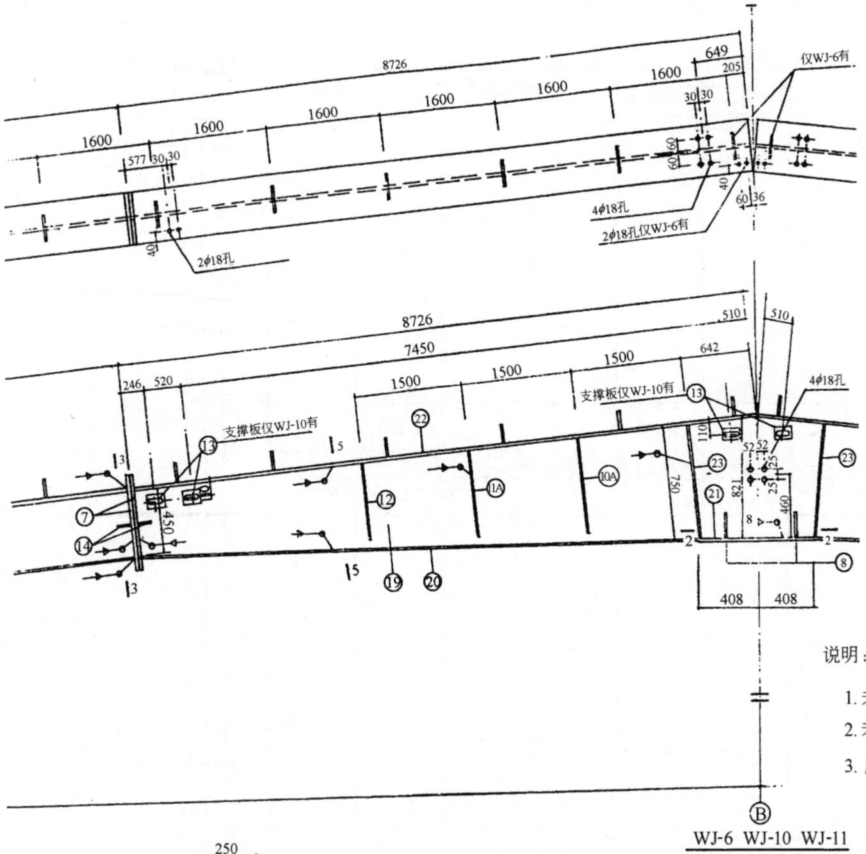

说明：

1. 未标注的螺栓孔为φ18
2. 未标注的焊缝焊脚尺寸为6mm满焊
3. 所有加劲板加切角25×25

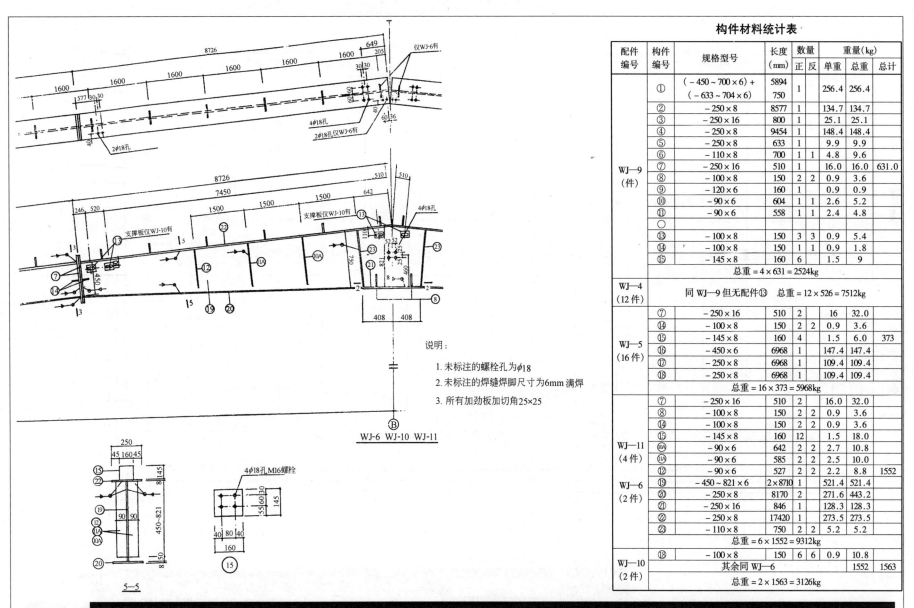

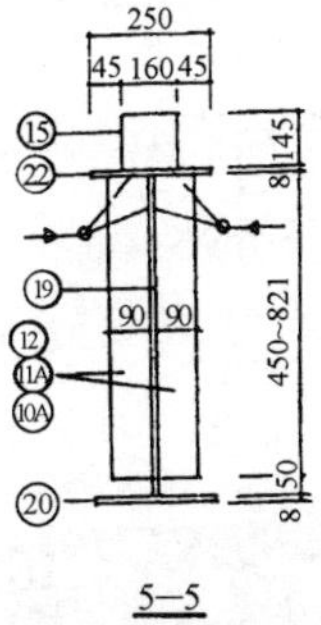

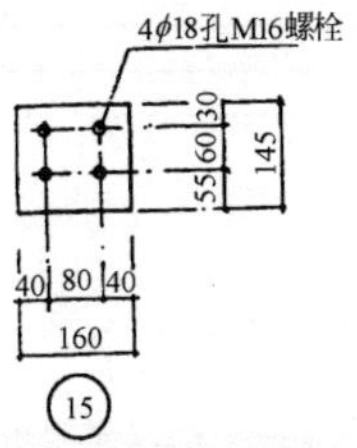

构件材料统计表

配件编号	构件编号	规格型号	长度(mm)	数量 正	数量 反	重量(kg) 单重	重量(kg) 总重	重量(kg) 总计
WJ—9 (件)	①	(−450～700×6)+(−633～704×6)	5894 750	1		256.4	256.4	
	②	−250×8	8577	1		134.7	134.7	
	③	−250×16	800	1		25.1	25.1	
	④	−250×8	9454	1		148.4	148.4	
	⑤	−250×8	633	1		9.9	9.9	
	⑥	−110×8	700	1	1	4.8	9.6	
	⑦	−250×16	510	1		16.0	16.0	631.0
	⑧	−100×8	150	2	2	0.9	3.6	
	⑨	−120×6	160	1		0.9	0.9	
	⑩	−90×6	604	1	1	2.6	5.2	
	⑪	−90×6	558	1	1	2.4	4.8	
	○							
	⑬	−100×8	150	3	3	0.9	5.4	
	⑭	−100×8	150	1	1	0.9	1.8	
	⑮	−145×8	160	6		1.5	9	
	总重＝4×631＝2524kg							
WJ—4 (12件)	同 WJ—9 但无配件⑬ 总重＝12×526＝7512kg							
WJ—5 (16件)	⑦	−250×16	510	2		16	32.0	
	⑭	−100×8	150	2	2	0.9	3.6	
	⑮	−145×8	160	4		1.5	6.0	373
	⑯	−450×6	6968	1		147.4	147.4	
	⑰	−250×8	6968	1		109.4	109.4	
	⑱	−250×8	6968	1		109.4	109.4	
	总重＝16×373＝5968kg							
WJ—11 (4件) WJ—6 (2件)	⑦	−250×16	510	2		16.0	32.0	
	⑧	−100×8	150	2	2	0.9	3.6	
	⑭	−100×8	150	2	2	0.9	3.6	
	⑮	−145×8	160	12		1.5	18.0	
	⑩A	−90×6	642	2	2	2.7	10.8	
	⑪A	−90×6	585	2	2	2.5	10.0	
	⑫	−90×6	527	2	2	2.2	8.8	1552
	⑲	−450～821×6	2×8710	1		521.4	521.4	
	⑳	−250×8	8170	2		271.6	443.2	
	㉑	−250×16	846	1		128.3	128.3	
	㉒	−250×8	17420	1		273.5	273.5	
	㉓	−110×8	750	2	2	5.2	5.2	
	总重＝6×1552＝9312kg							
WJ—10 (2件)	⑱	−100×8	150	6	6	0.9	10.8	
	其余同 WJ—6						1552	1563
	总重＝2×1563＝3126kg							

10—19(*b*) 屋面钢梁制作图(二)(续)(WJ—6，WJ—10，WJ—11)

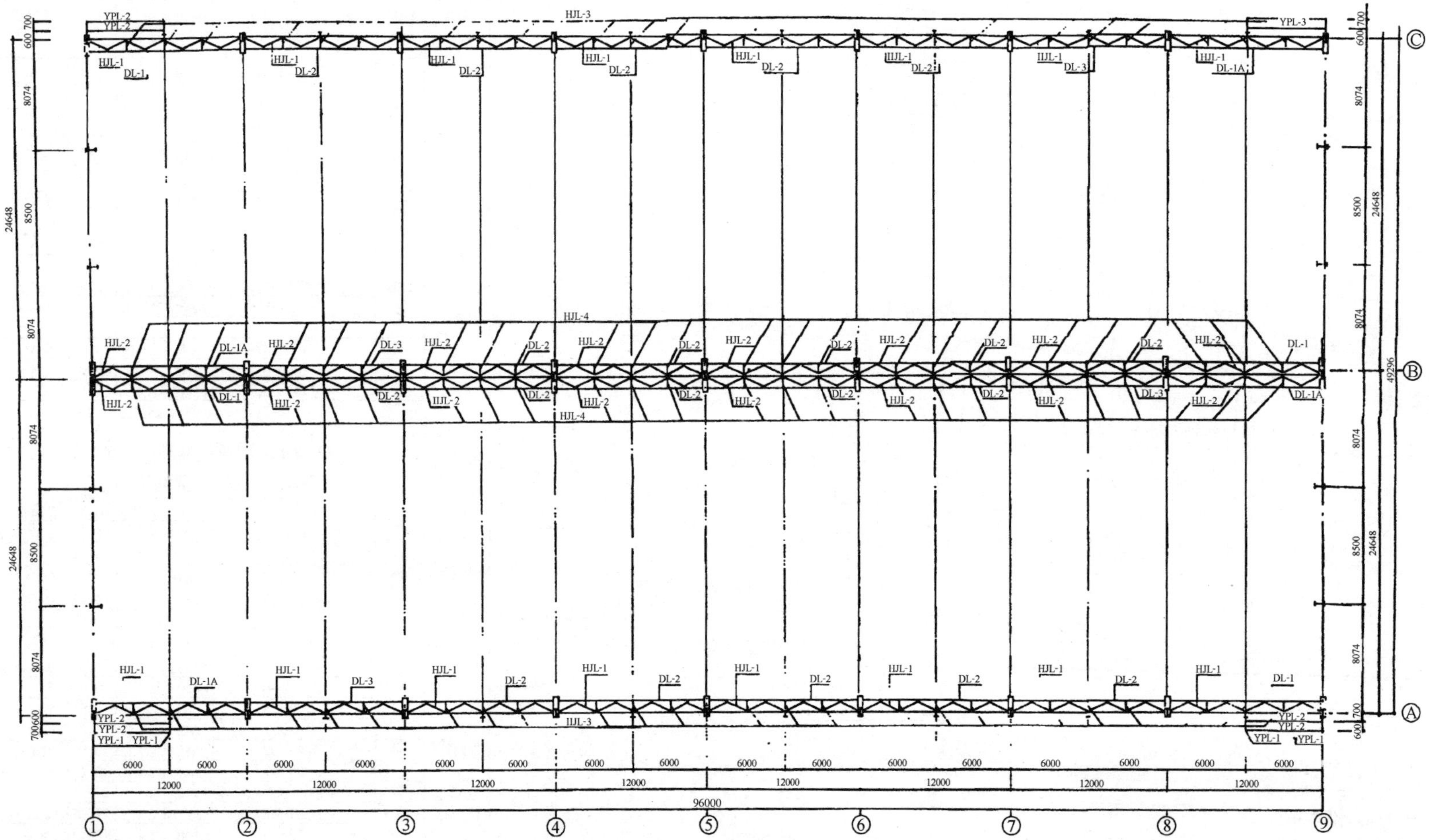

25t吊车梁及支架平面布置

10—20 25t吊车梁及支架平面布置

（DL—1，DL—1A，DL—2，DL—3，HJL—1，HJL—2）

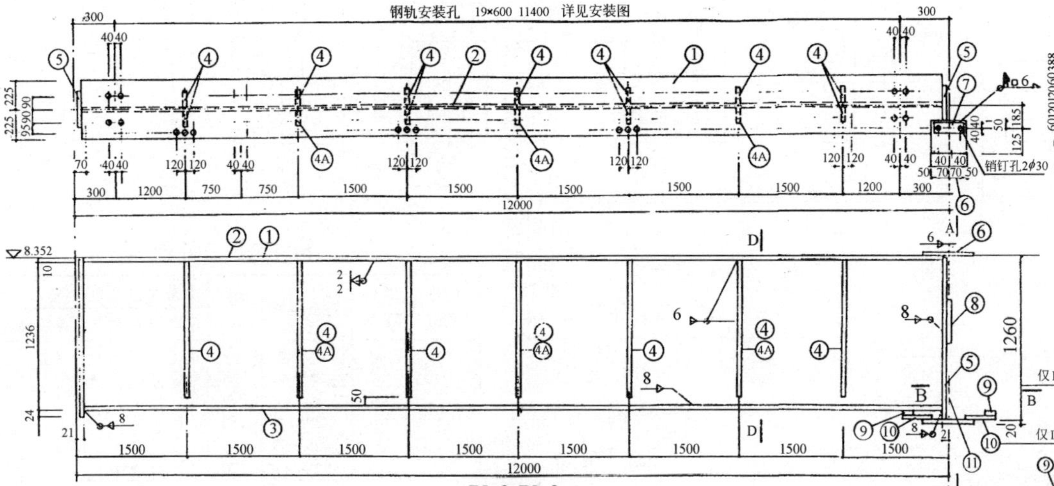

DL-2 DL-3

配件⑥⑦仅DL-2有

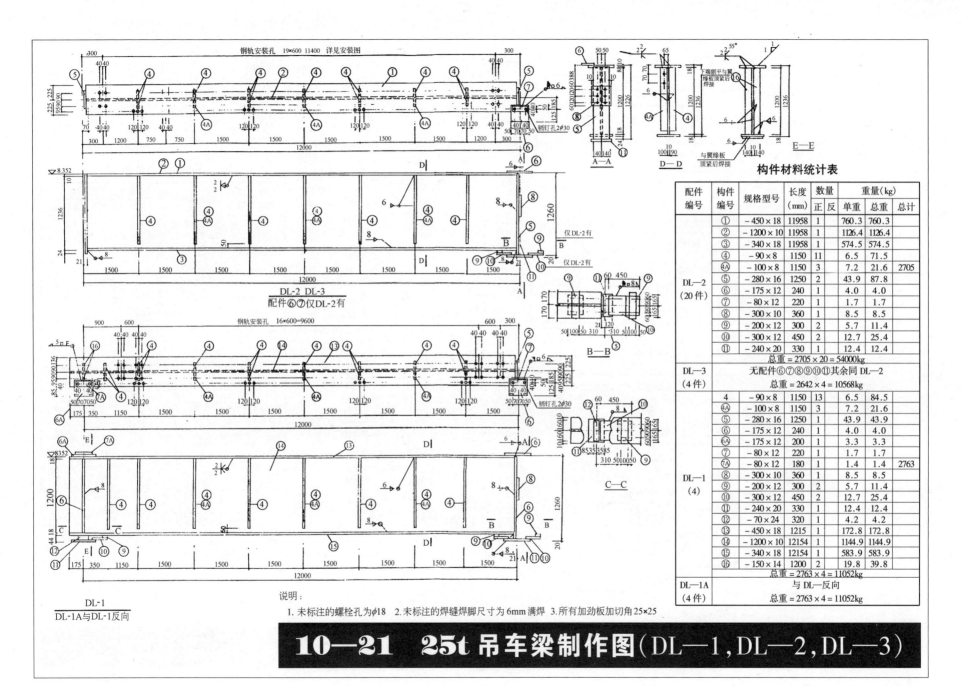

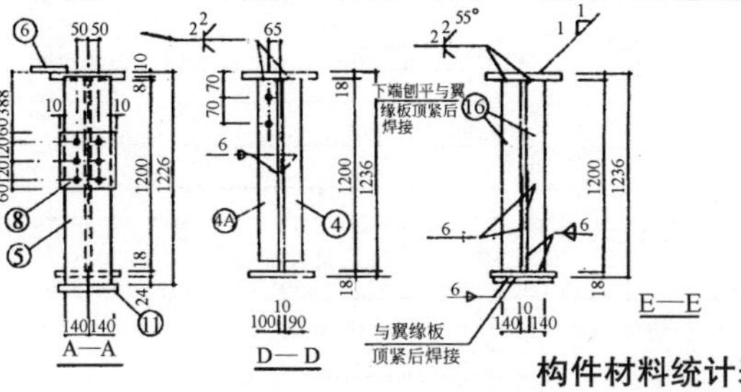

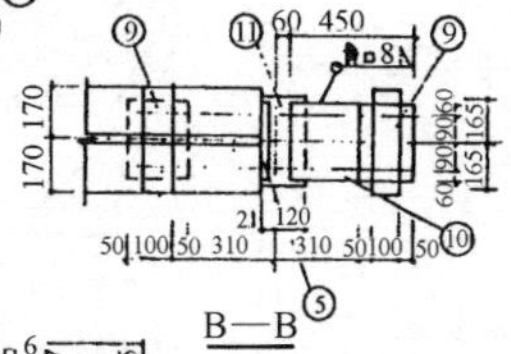

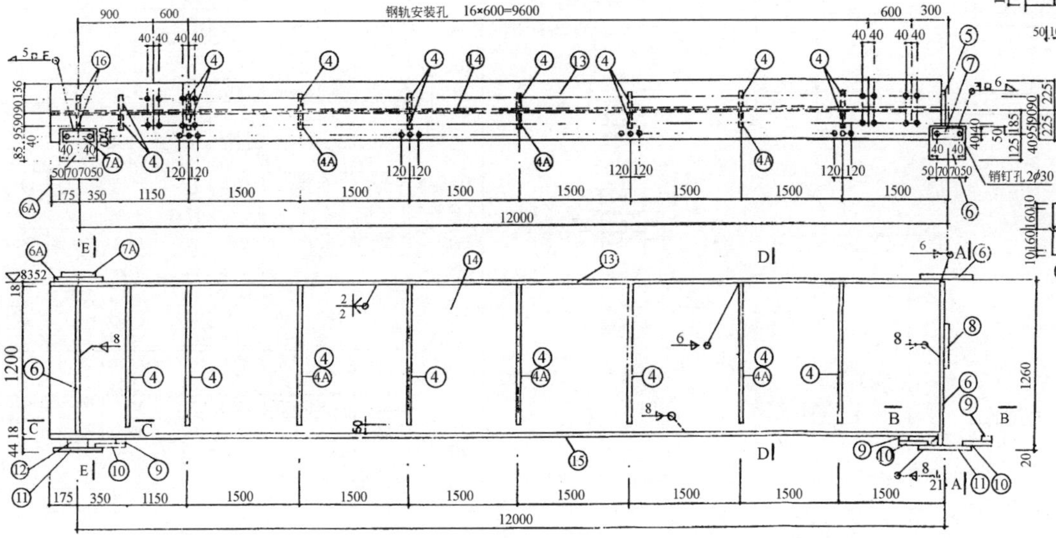

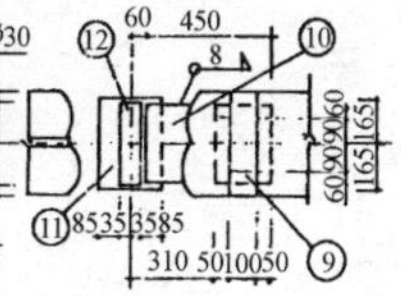

DL-1

DL-1A与DL-1反向

构件材料统计表

配件编号	构件编号	规格型号	长度(mm)	数量 正	数量 反	重量(kg) 单重	重量(kg) 总重	重量(kg) 总计
DL—2(20件)	①	-450×18	11958	1		760.3	760.3	
	②	-1200×10	11958	1		1126.4	1126.4	
	③	-340×18	11958	1		574.5	574.5	
	④	-90×8	1150	11		6.5	71.5	
	④A	-100×8	1150	3		7.2	21.6	2705
	⑤	-280×16	1250	2		43.9	87.8	
	⑥	-175×12	240	1		4.0	4.0	
	⑦	-80×12	220	1		1.7	1.7	
	⑧	-300×10	360	1		8.5	8.5	
	⑨	-200×12	300	2		5.7	11.4	
	⑩	-300×12	450	2		12.7	25.4	
	⑪	-240×20	330	1		12.4	12.4	
	总重=2705×20=54000kg							
DL—3(4件)	无配件⑥⑦⑧⑨⑩⑪其余同DL—2 总重=2642×4=10568kg							
DL—1(4)	4	-90×8	1150	13		6.5	84.5	
	④A	-100×8	1150	3		7.2	21.6	
	⑤	-280×16	1250	1		43.9	43.9	
	⑥	-175×12	240	1		4.0	4.0	
	⑥A	-175×12	200	1		3.3	3.3	
	⑦	-80×12	220	1		1.7	1.7	
	⑦A	-80×12	180	1		1.4	1.4	2763
	⑧	-300×10	360	1		8.5	8.5	
	⑨	-200×12	300	2		5.7	11.4	
	⑩	-300×12	450	2		12.7	25.4	
	⑪	-240×20	330	1		12.4	12.4	
	⑫	-70×24	320	1		4.2	4.2	
	⑬	-450×18	1215	1		172.8	172.8	
	⑭	-1200×10	12154	1		1144.9	1144.9	
	⑮	-340×18	12154	1		583.9	583.9	
	⑯	-150×14	1200	2		19.8	39.8	
	总重=2763×4=11052kg							
DL—1A(4件)	与DL—反向 总重=2763×4=11052kg							

说明：

1. 未标注的螺栓孔为φ18 2. 未标注的焊缝焊脚尺寸为6mm满焊 3. 所有加劲板加切角25×25

10—21 25t吊车梁制作图（DL—1，DL—2，DL—3）

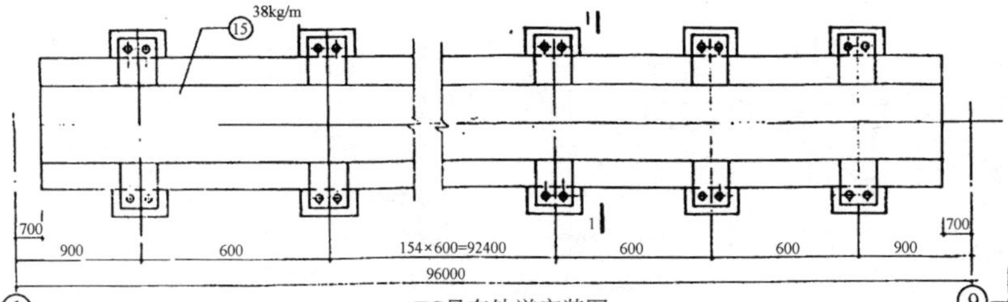

TG吊车轨道安装图

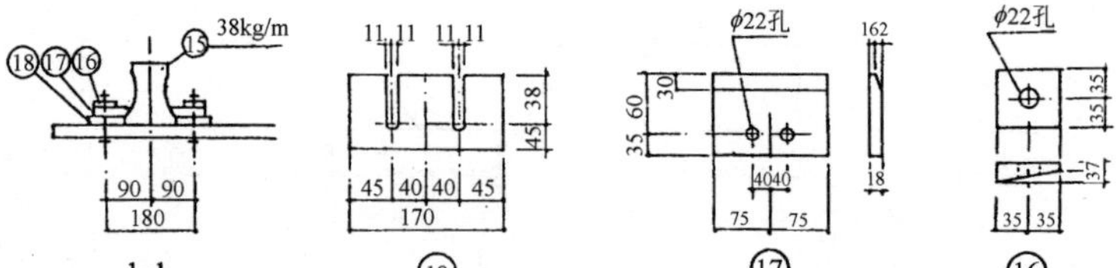

1-1　⑱　⑰　⑯

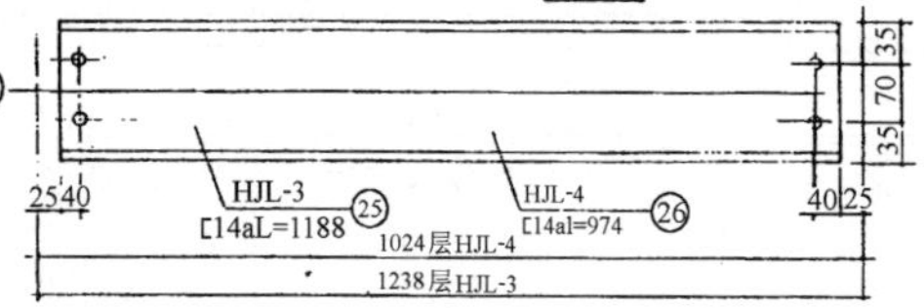

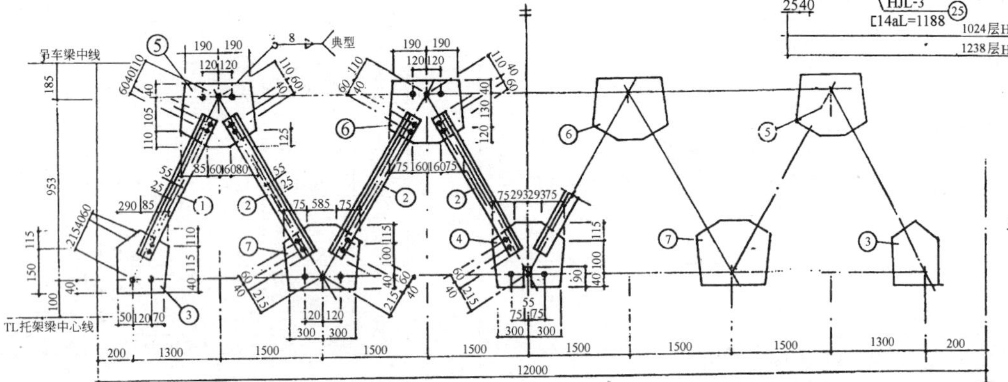

HJL-1

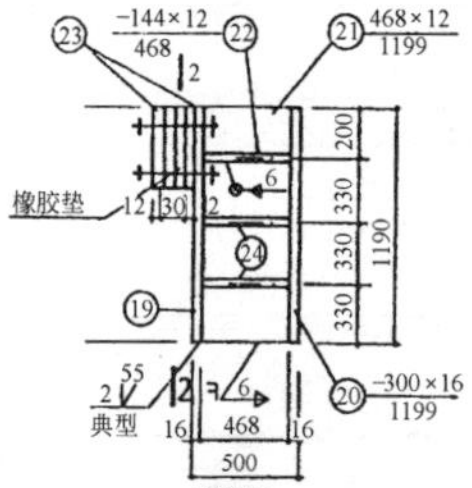

CT-1
车挡

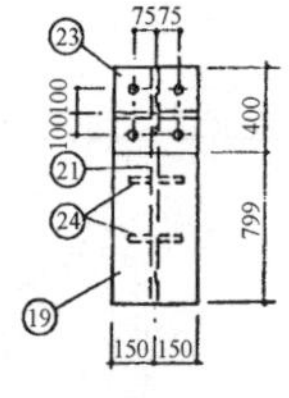

2—2

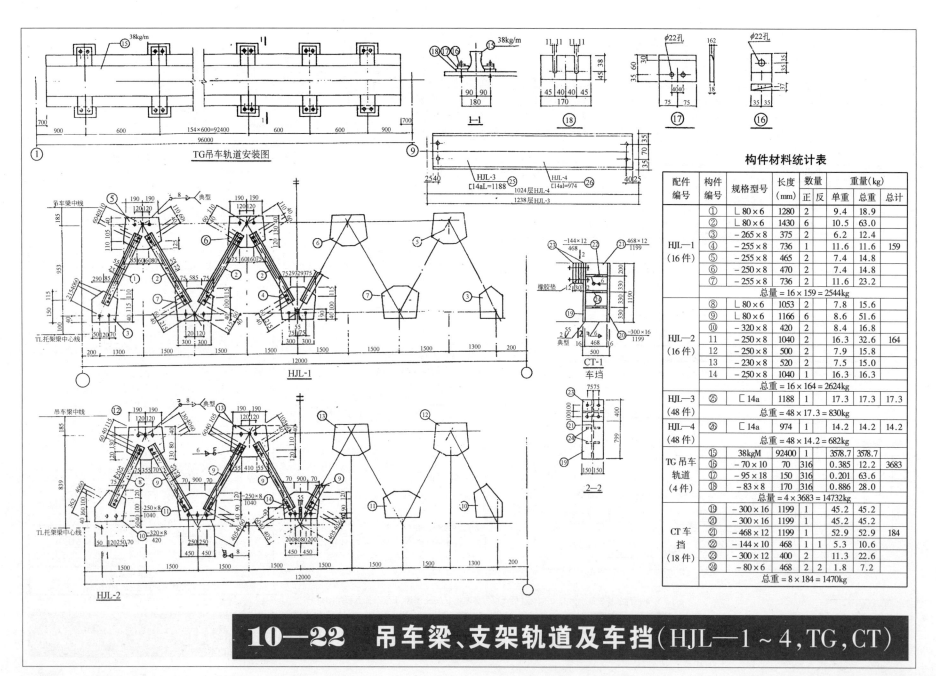

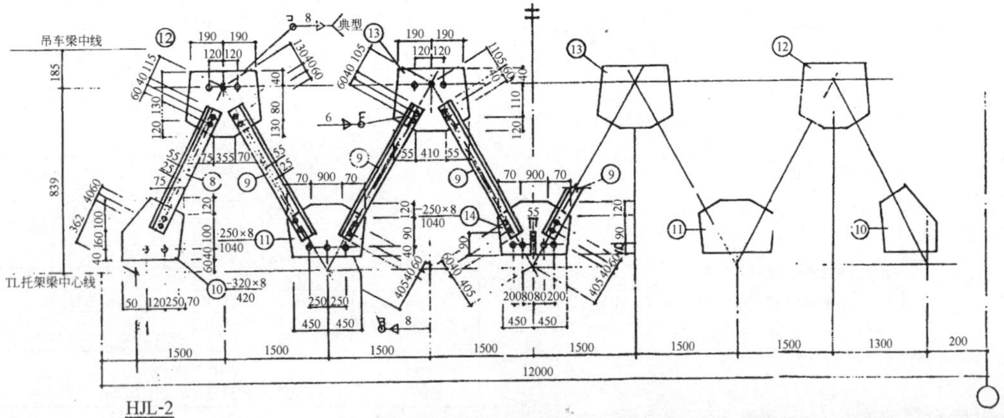

HJL-2

构件材料统计表

配件编号	构件编号	规格型号	长度(mm)	数量 正	数量 反	重量(kg) 单重	重量(kg) 总重	重量(kg) 总计
HJL—1(16件)	①	└80×6	1280	2		9.4	18.9	
	②	└80×6	1430	6		10.5	63.0	
	③	–265×8	375	2		6.2	12.4	
	④	–255×8	736	1		11.6	11.6	159
	⑤	–255×8	465	2		7.4	14.8	
	⑥	–250×8	470	2		7.4	14.8	
	⑦	–255×8	736	2		11.6	23.2	
	总量 = 16×159 = 2544kg							
HJL—2(16件)	⑧	└80×6	1053	2		7.8	15.6	
	⑨	└80×6	1166	6		8.6	51.6	
	⑩	–320×8	420	2		8.4	16.8	
	11	–250×8	1040	2		16.3	32.6	164
	12	–250×8	500	2		7.9	15.8	
	13	–230×8	520	2		7.5	15.0	
	14	–250×8	1040	1		16.3	16.3	
	总重 = 16×164 = 2624kg							
HJL—3(48件)	㉕	[14a	1188	1		17.3	17.3	17.3
	总重 = 48×17.3 = 830kg							
HJL—4(48件)	㉖	[14a	974	1		14.2	14.2	14.2
	总重 = 48×14.2 = 682kg							
TG吊车轨道(4件)	⑮	38kgM	92400	1		3578.7	3578.7	
	⑯	–70×10	70	316		0.385	12.2	3683
	⑰	–95×18	150	316		0.201	63.6	
	⑱	–83×8	170	316		0.886	28.0	
	总量 = 4×3683 = 14732kg							
CT车挡(18件)	⑲	–300×16	1199	1		45.2	45.2	
	⑳	–300×16	1199	1		45.2	45.2	
	㉑	–468×12	1199	1		52.9	52.9	184
	㉒	–144×10	468	1	1	5.3	10.6	
	㉓	–300×12	400	2		11.3	22.6	
	㉔	–80×6	468	2	2	1.8	7.2	
	总重 = 8×184 = 1470kg							

10—22　吊车梁、支架轨道及车挡(HJL—1～4, TG, CT)

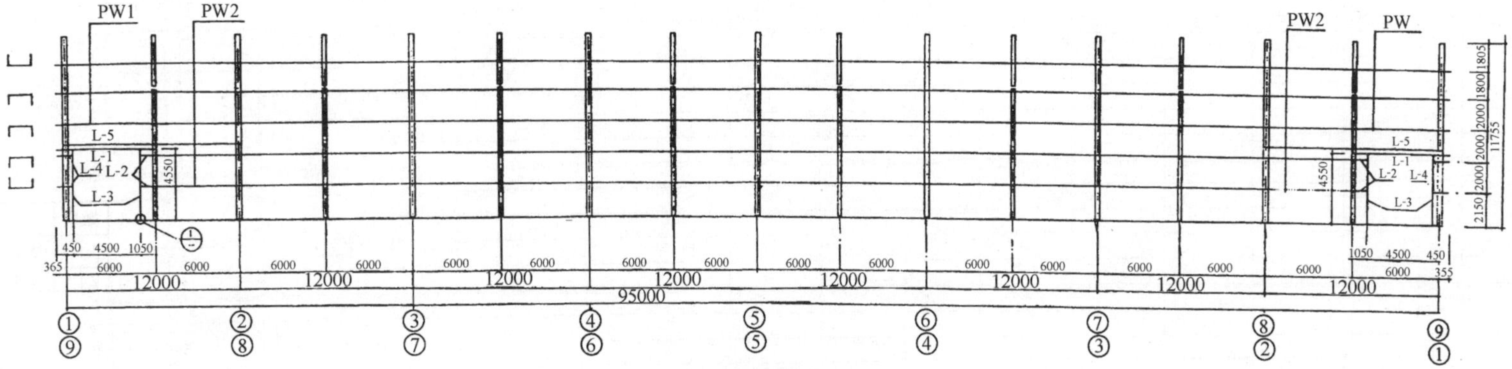

A 轴外纵墙檩条立面布置

C 轴外纵墙檩条立面布置

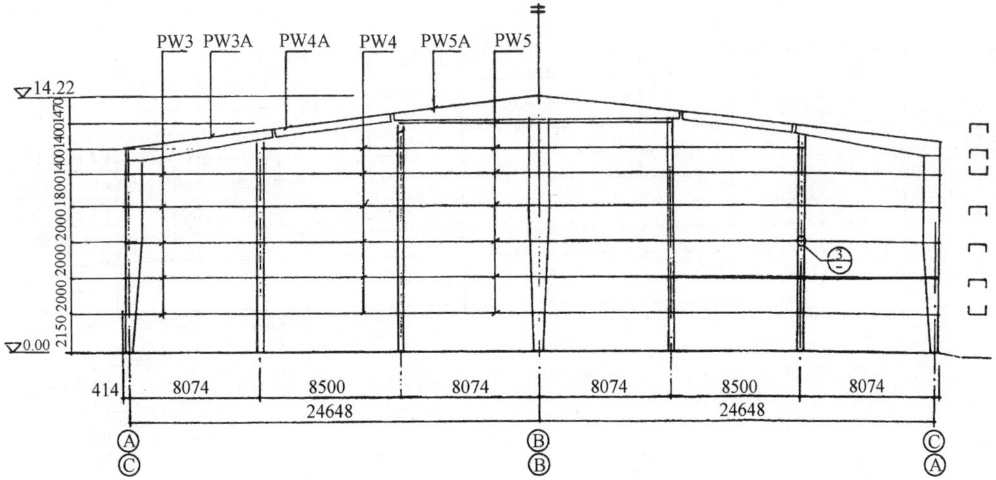

①⑨轴端墙檩条立面布置

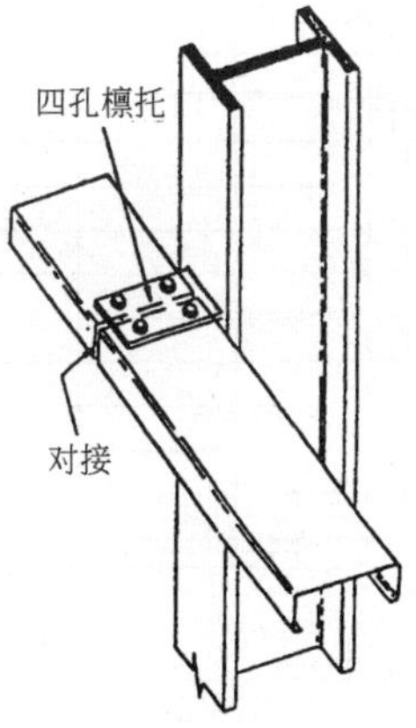

C150 檩条安装详图

10—23 外纵墙及端墙檩条立面布置

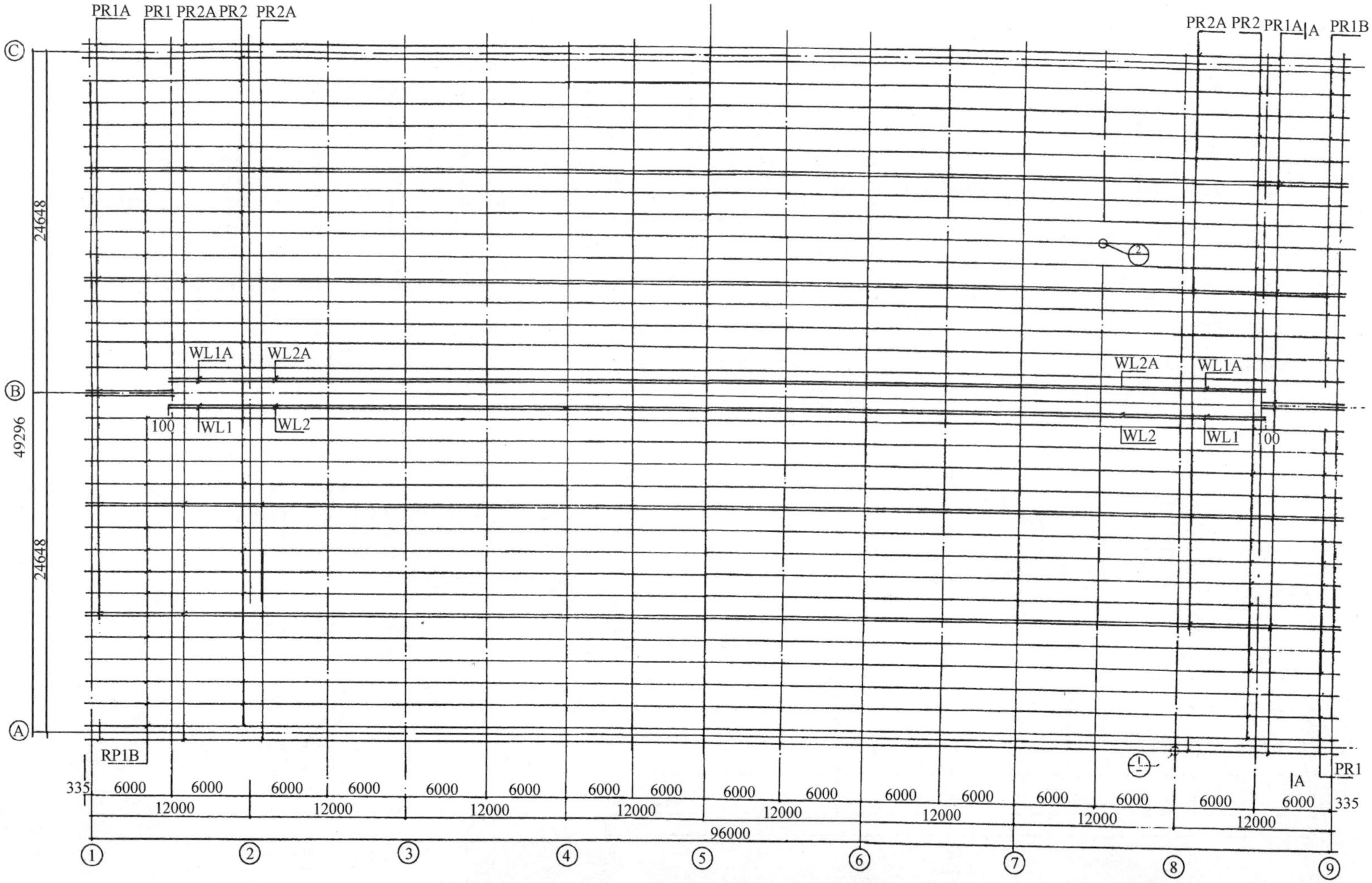

10—24 屋面檩条平面布置
（PR1、PR1A，PR1B，PR2，PR2A，WL1，WL1A，WL2）

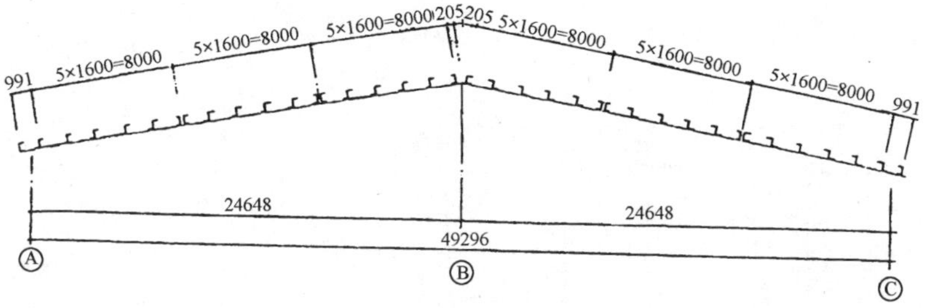

A—A

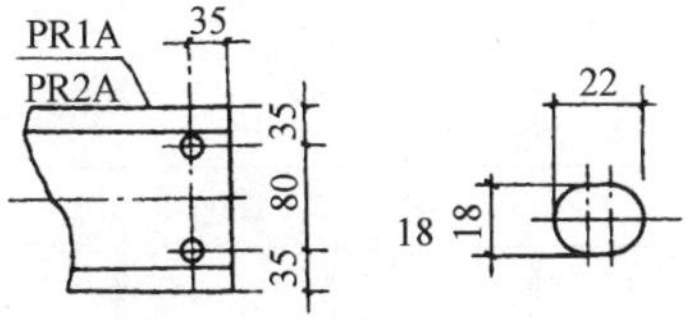

C型钢檩条端孔详图

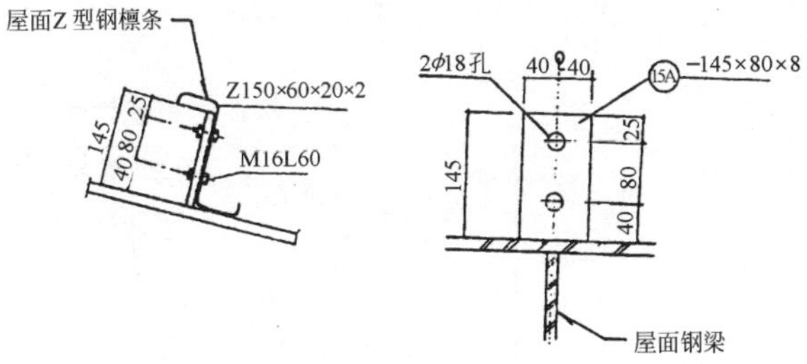

屋面Z型钢檩连接

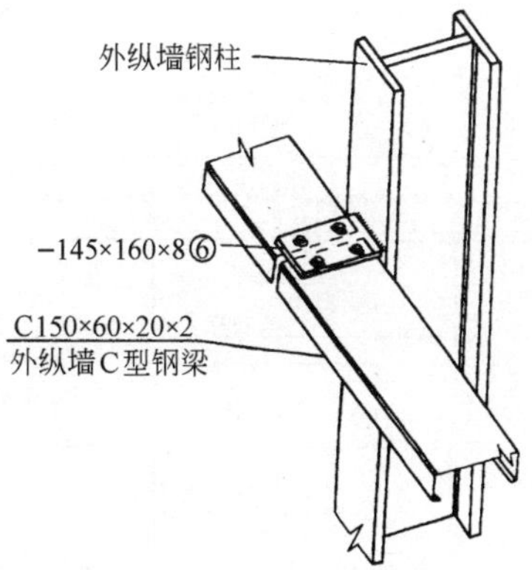

外纵墙C型钢墙梁安装

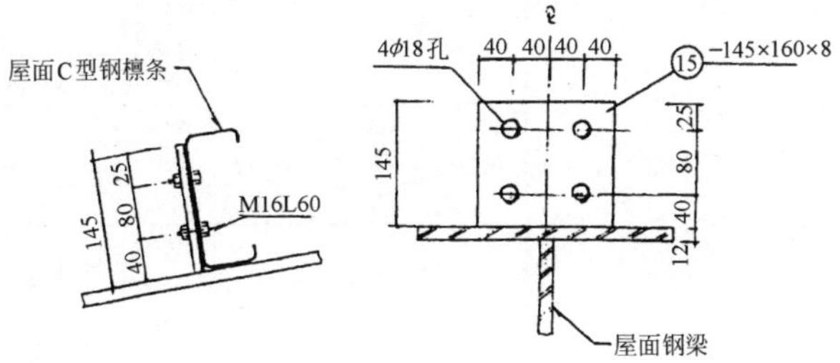

屋面C型钢檩连接

10—25 外纵墙及屋面檩条连接

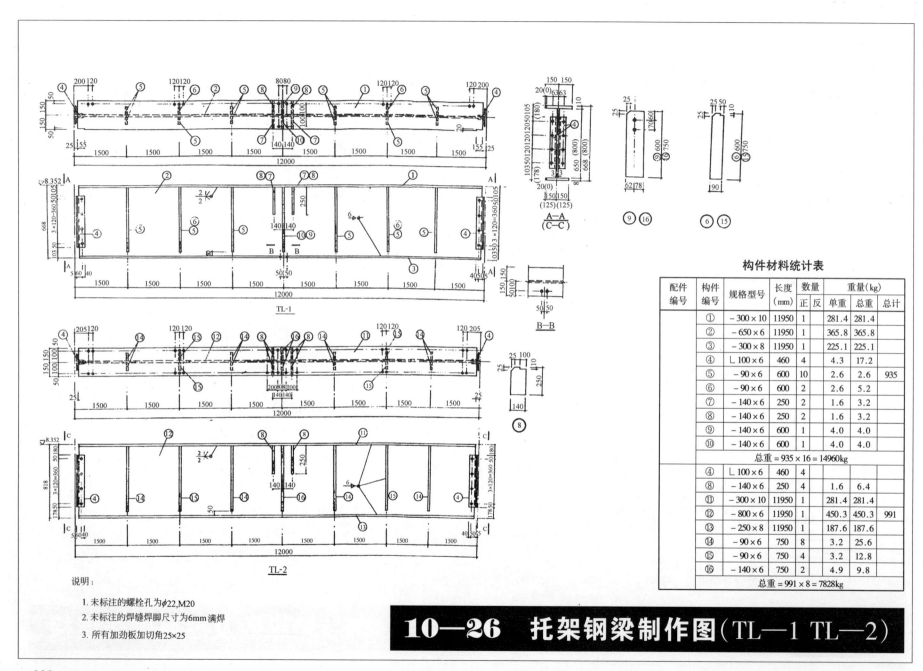

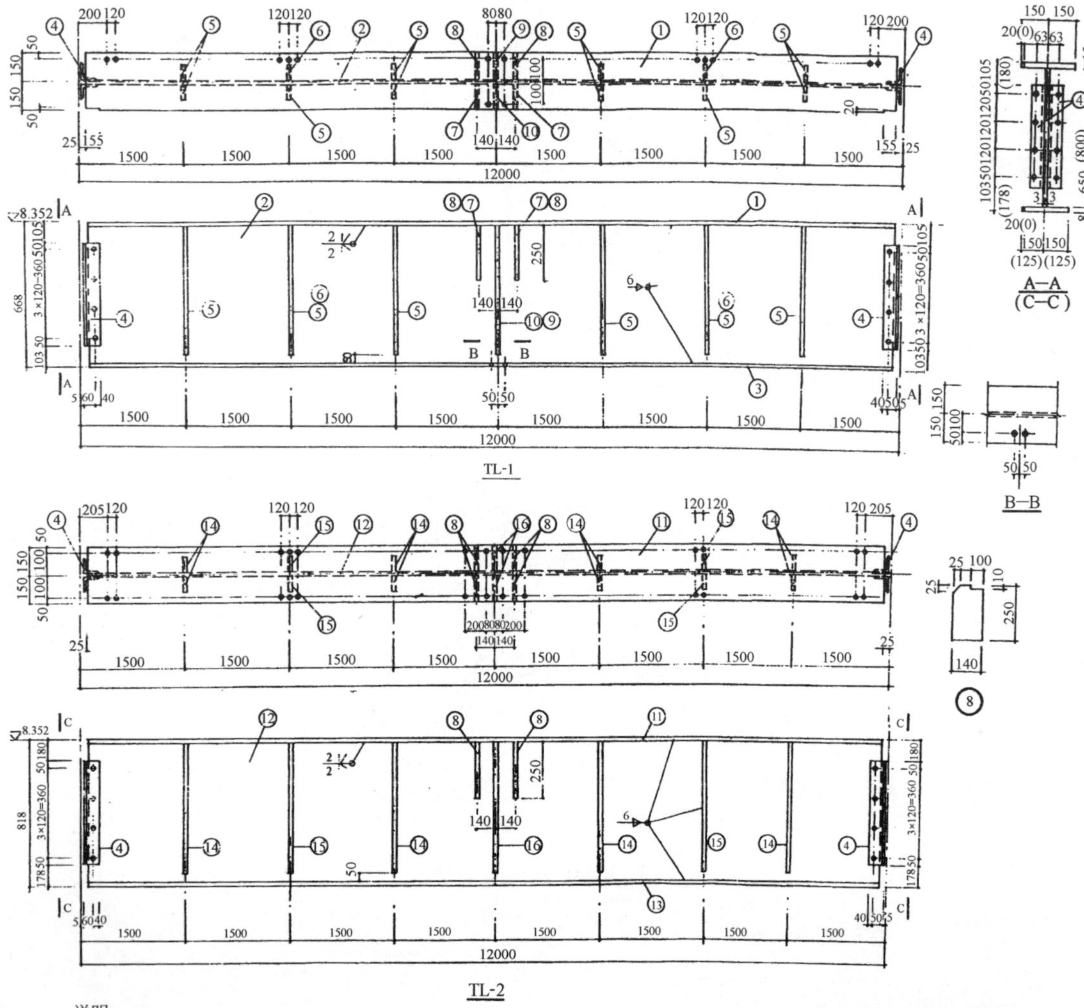

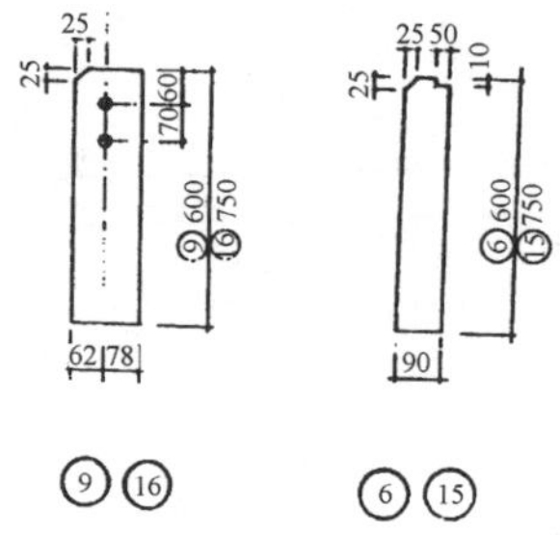

构件材料统计表

配件编号	构件编号	规格型号	长度(mm)	数量 正	数量 反	重量(kg) 单重	重量(kg) 总重	重量(kg) 总计
	①	－300×10	11950	1		281.4	281.4	
	②	－650×6	11950	1		365.8	365.8	
	③	－300×8	11950	1		225.1	225.1	
	④	∟100×6	460	4		4.3	17.2	
	⑤	－90×6	600	10		2.6	2.6	935
	⑥	－90×6	600	2		2.6	5.2	
	⑦	－140×6	250	2		1.6	3.2	
	⑧	－140×6	250	2		1.6	3.2	
	⑨	－140×6	600	1		4.0	4.0	
	⑩	－140×6	600	1		4.0	4.0	
	总重＝935×16＝14960kg							
	④	∟100×6	460	4				
	⑧	－140×6	250	4		1.6	6.4	
	⑪	－300×10	11950	1		281.4	281.4	
	⑫	－800×6	11950	1		450.3	450.3	991
	⑬	－250×8	11950	1		187.6	187.6	
	⑭	－90×6	750	8		3.2	25.6	
	⑮	－90×6	750	4		3.2	12.8	
	⑯	－140×6	750	2		4.9	9.8	
	总重＝991×8＝7828kg							

说明：

1. 未标注的螺栓孔为ϕ22,M20
2. 未标注的焊缝焊脚尺寸为6mm满焊
3. 所有加劲板加切角25×25

10—26 托架钢梁制作图(TL—1 TL—2)

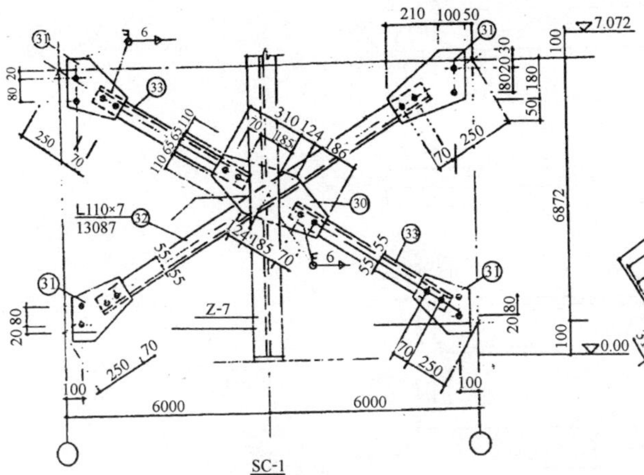

SC-1

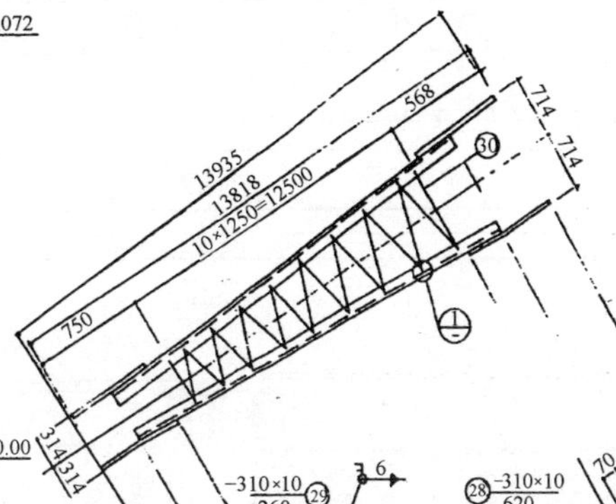

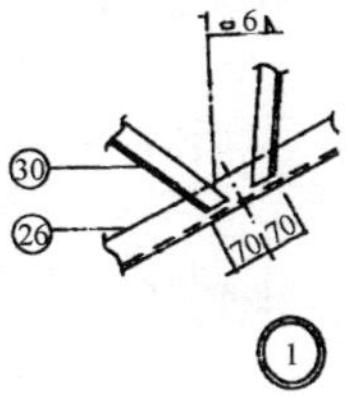

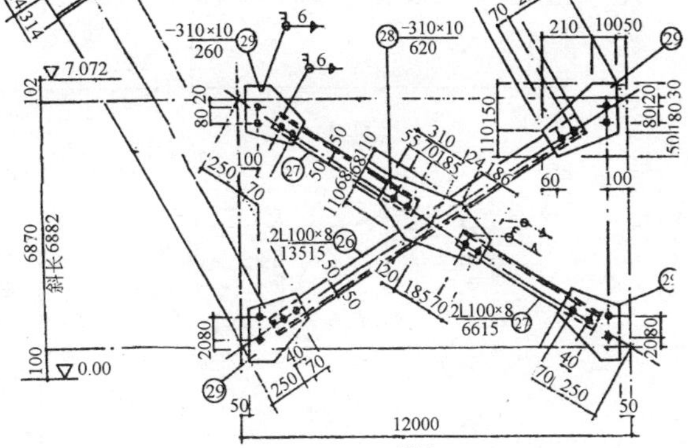

SC-3

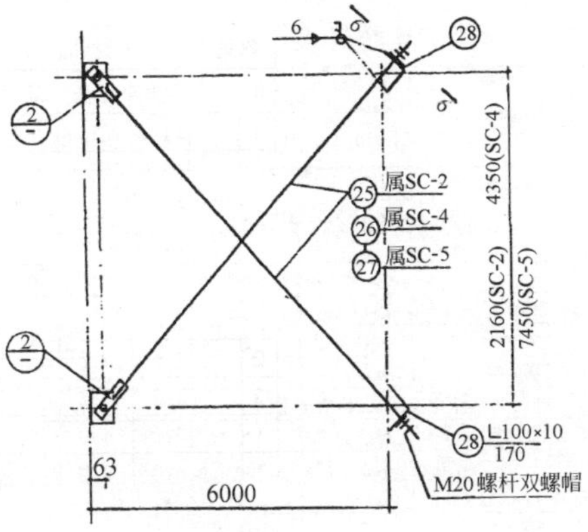

SC-2 SC-4 SC-5

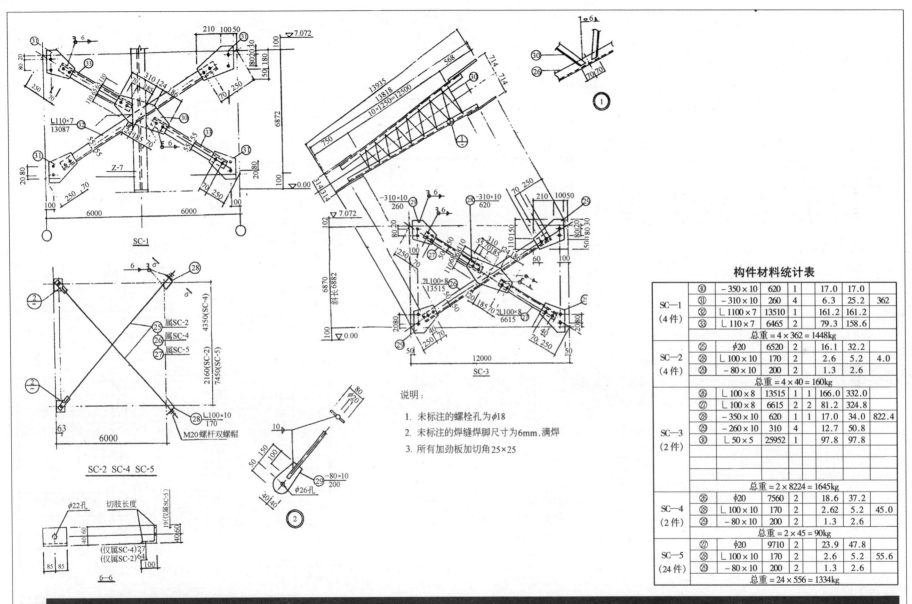

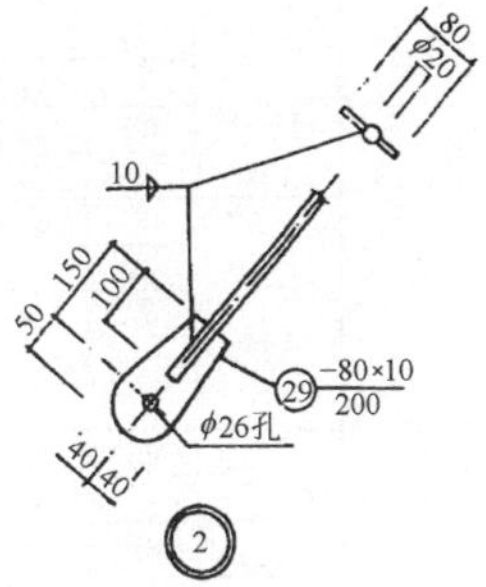

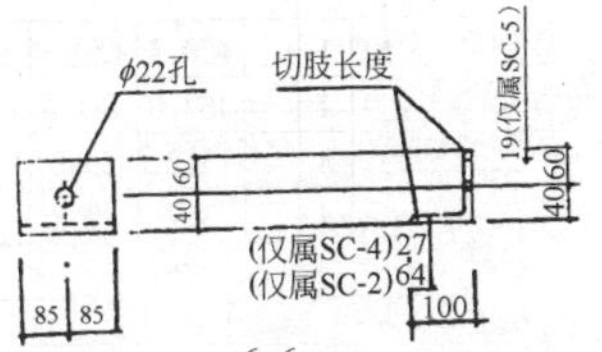

6—6

说明：

1. 未标注的螺栓孔为ϕ18
2. 未标注的焊缝焊脚尺寸为6mm，满焊
3. 所有加劲板加切角25×25

构件材料统计表

SC—1 (4件)	㉚	－350×10	620	1		17.0	17.0	
	㉛	－310×10	260	4		6.3	25.2	362
	㉜	∟1100×7	13510	1		161.2	161.2	
	㉝	∟110×7	6465	2		79.3	158.6	
	总重＝4×362＝1448kg							
SC—2 (4件)	㉕	ϕ20	6520	2		16.1	32.2	
	㉘	∟100×10	170	2		2.6	5.2	4.0
	㉙	－80×10	200	2		1.3	2.6	
	总重＝4×40＝160kg							
SC—3 (2件)	㉖	∟100×8	13515	1	1	166.0	332.0	
	㉗	∟100×8	6615	2	2	81.2	324.8	
	㉘	－350×10	620	1	1	17.0	34.0	822.4
	㉙	－260×10	310	4		12.7	50.8	
	㉚	∟50×5	25952	1		97.8	97.8	
	总重＝2×8224＝1645kg							
SC—4 (2件)	㉖	ϕ20	7560	2		18.6	37.2	
	㉘	∟100×10	170	2		2.62	5.2	45.0
	㉙	－80×10	200	2		1.3	2.6	
	总重＝2×45＝90kg							
SC—5 (24件)	㉗	ϕ20	9710	2		23.9	47.8	
	㉘	∟100×10	170	2		2.6	5.2	55.6
	㉙	－80×10	200	2		1.3	2.6	
	总重＝24×556＝1334kg							

10—27 柱间斜撑、屋面斜拉条制作图（SC—1 SC—2 SC—3 SC—4 SC—5）

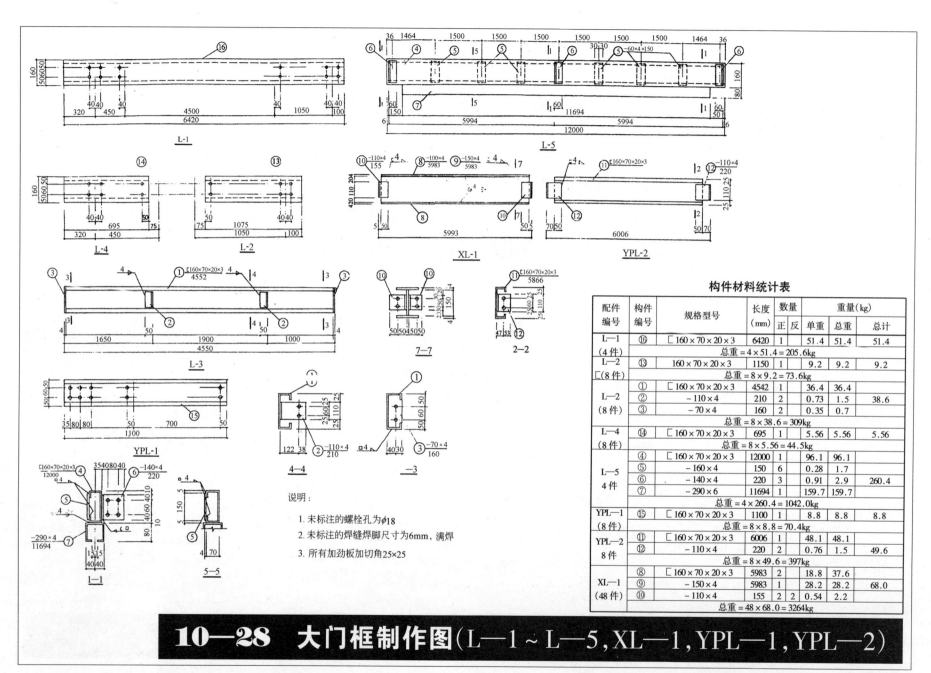

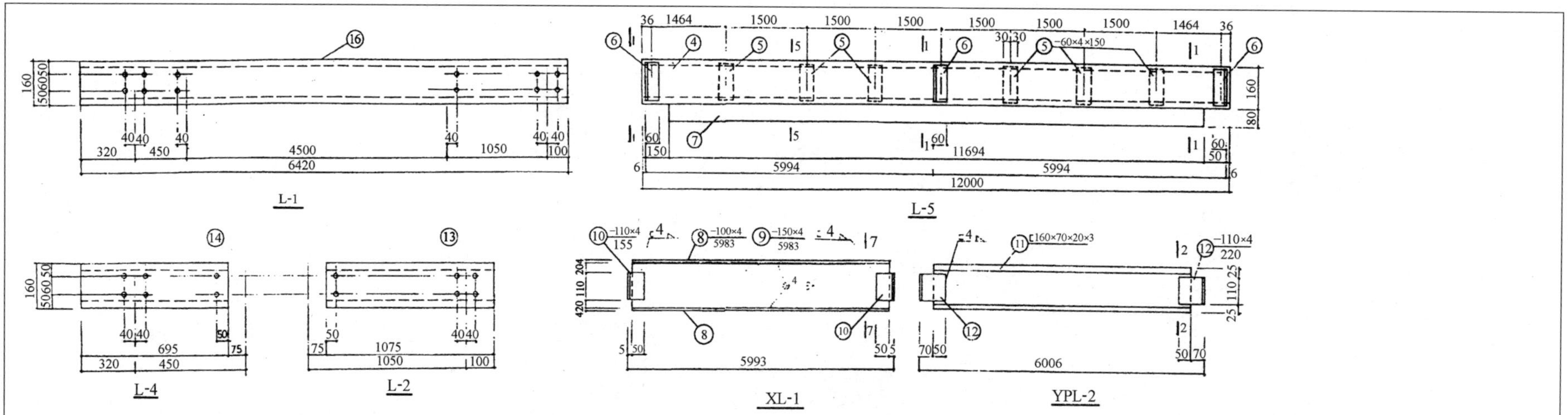

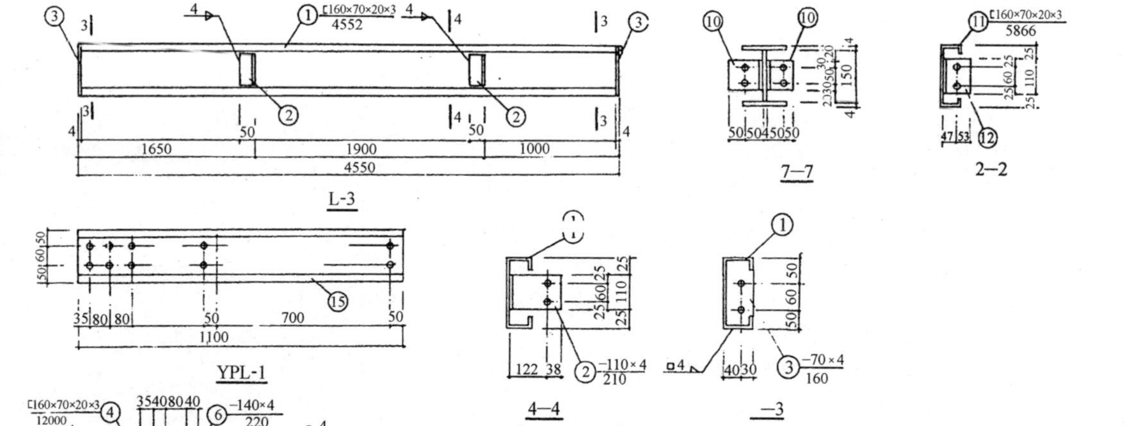

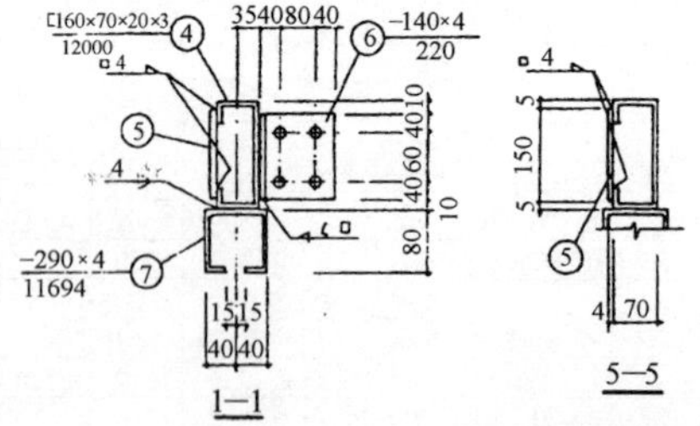

说明：

1. 未标注的螺栓孔为ϕ18
2. 未标注的焊缝焊脚尺寸为6mm，满焊
3. 所有加劲板加切角25×25

构件材料统计表

配件编号	构件编号	规格型号	长度(mm)	数量 正	数量 反	重量(kg) 单重	重量(kg) 总重	重量(kg) 总计
L—1 (4件)	⑯	⊏160×70×20×3	6420	1		51.4	51.4	51.4
	总重=4×51.4=205.6kg							
L—2 ⊏(8件)	⑬	160×70×20×3	1150	1		9.2	9.2	9.2
	总重=8×9.2=73.6kg							
L—2 (8件)	①	⊏160×70×20×3	4542	1		36.4	36.4	38.6
	②	-110×4	210	2		0.73	1.5	
	③	-70×4	160	2		0.35	0.7	
	总重=8×38.6=309kg							
L—4 (8件)	⑭	⊏160×70×20×3	695	1		5.56	5.56	5.56
	总重=8×5.56=44.5kg							
L—5 4件	④	⊏160×70×20×3	12000	1		96.1	96.1	260.4
	⑤	-160×4	150	6		0.28	1.7	
	⑥	-140×4	220	3		0.91	2.9	
	⑦	-290×6	11694	1		159.7	159.7	
	总重=4×260.4=1042.0kg							
YPL—1 (8件)	⑮	⊏160×70×20×3	1100	1		8.8	8.8	8.8
	总重=8×8.8=70.4kg							
YPL—2 8件	⑪	⊏160×70×20×3	6006	1		48.1	48.1	49.6
	⑫	-110×4	220	2		0.76	1.5	
	总重=8×49.6=397kg							
XL—1 (48件)	⑧	⊏160×70×20×3	5983	2		18.8	37.6	68.0
	⑨	-150×4	5983	1		28.2	28.2	
	⑩	-110×4	155	2	2	0.54	2.2	
	总重=48×68.0=3264kg							

10—28 大门框制作图(L—1～L—5，XL—1，YPL—1，YPL—2)

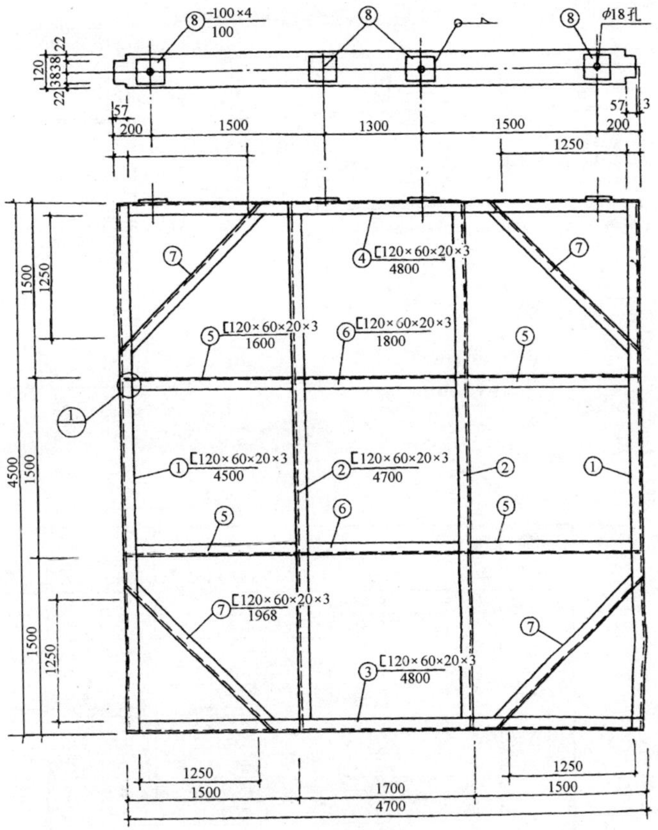

大门扇制作图

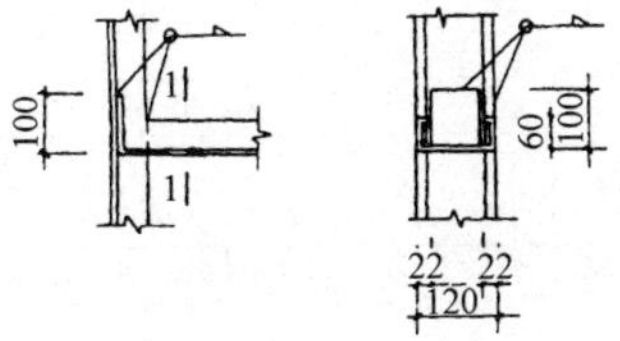

1—1

构件材料统计表

配件编号	构件编号	规格型号	长度（mm）	数量 正	数量 反	重量(kg) 单重	重量(kg) 总重	重量(kg) 总计
	①	[120×60×20×3	4500	2		23.31	46.62	
	②	[〃	4700	2		24.35	48.70	
	③	[〃	4800	1		20.72	20.72	
	④	[〃	4800	1		24.87	24.87	234.8
内架（4件）	⑤	[〃	1600	4		8.29	33.16	
	⑥	[〃	1800	2		9.33	18.66	
	⑦	[〃	1968	4		1020	40.86	
	⑧	－100×4	100	4		0.31	1.24	
	总重＝4×234.8＝939kg							

10—29 大门门扇制作图

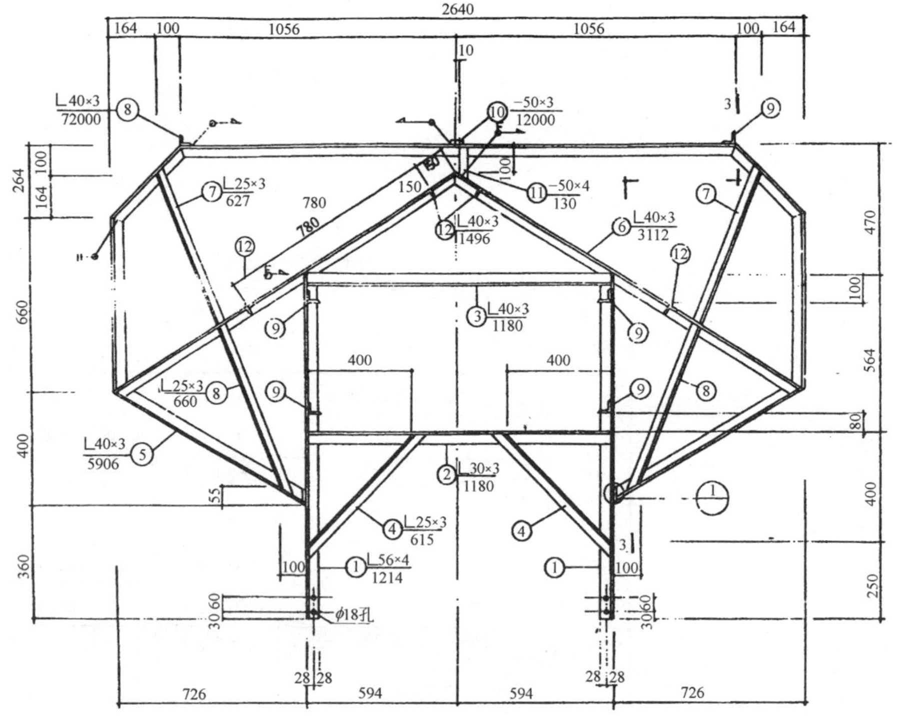

通风采光天窗支架制作图

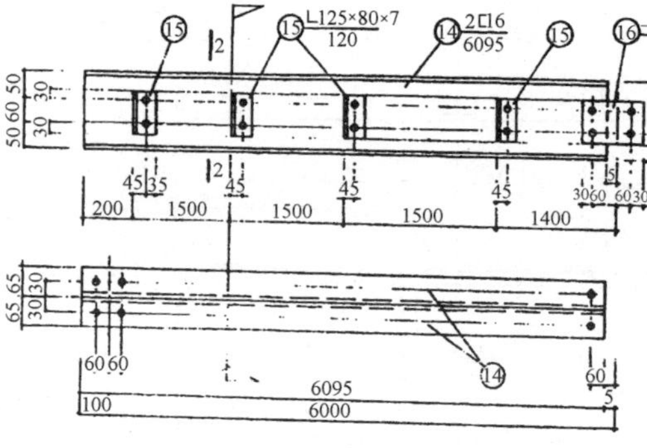

WL-1 WL-1A

(WL-1与WL-1A相反)

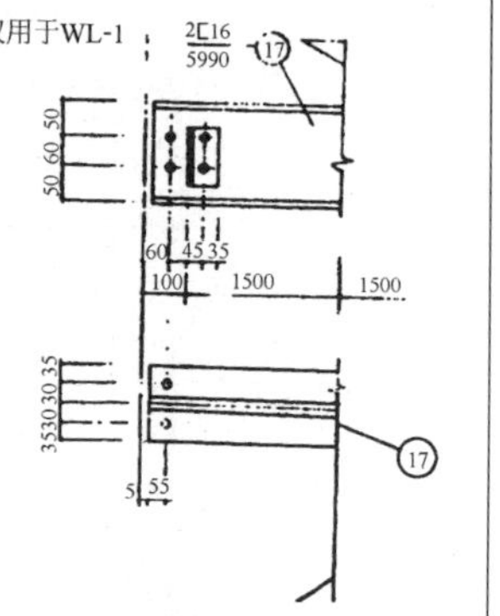

WL-2 WL-1A

(旗号以右与WL-1相同)

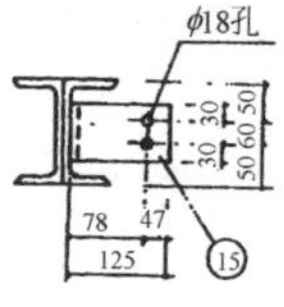

2—2

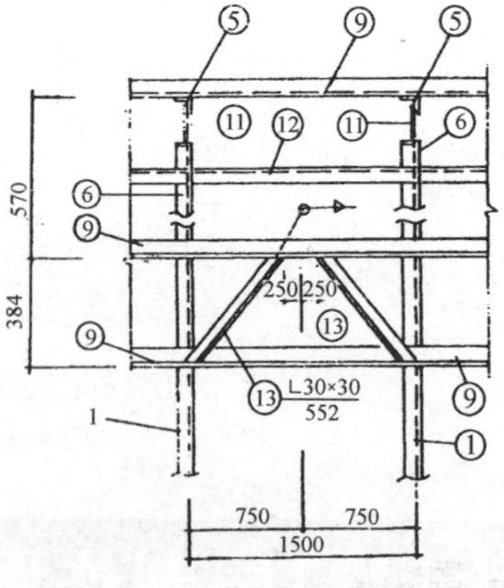

3—3

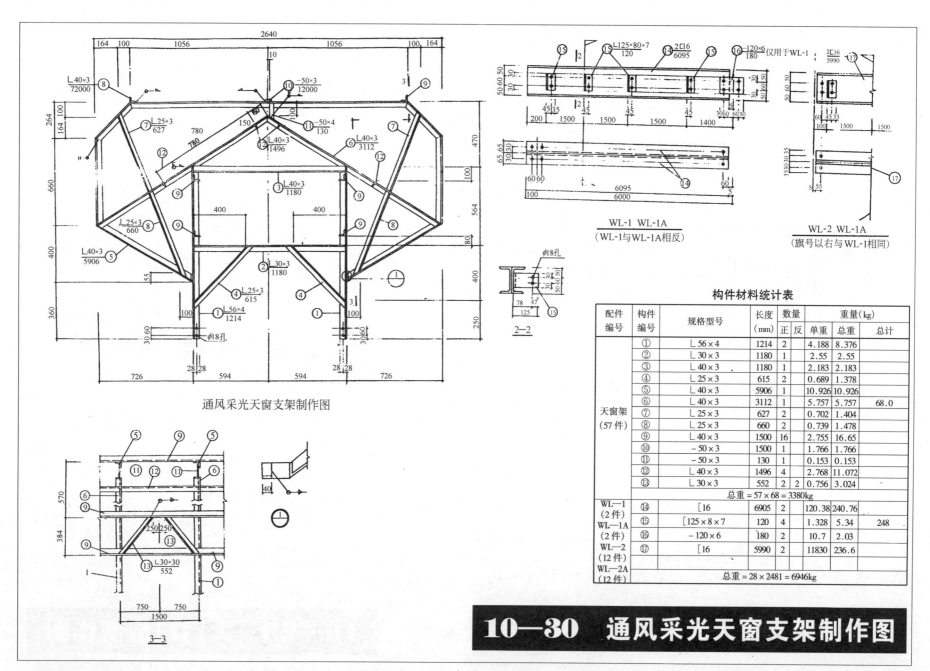

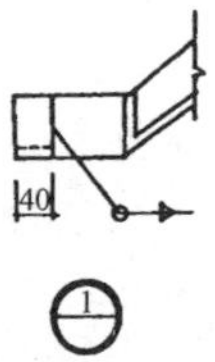

构件材料统计表

配件编号	构件编号	规格型号	长度(mm)	数量 正	数量 反	重量(kg) 单重	重量(kg) 总重	重量(kg) 总计
天窗架(57件)	①	∟56×4	1214	2		4.188	8.376	
	②	∟30×3	1180	1		2.55	2.55	
	③	∟40×3	1180	1		2.183	2.183	
	④	∟25×3	615	2		0.689	1.378	
	⑤	∟40×3	5906	1		10.926	10.926	
	⑥	∟40×3	3112	1		5.757	5.757	68.0
	⑦	∟25×3	627	2		0.702	1.404	
	⑧	∟25×3	660	2		0.739	1.478	
	⑨	∟40×3	1500	16		2.755	16.65	
	⑩	−50×3	1500	1		1.766	1.766	
	⑪	−50×3	130	1		0.153	0.153	
	⑫	∟40×3	1496	4		2.768	11.072	
	⑬	∟30×3	552	2	2	0.756	3.024	
	总重 = 57×68 = 3380kg							
WL—1(2件) WL—1A(2件) WL—2(12件) WL—2A(12件)	⑭	[16	6905	2		120.38	240.76	
	⑮	[125×8×7	120	4		1.328	5.34	248
	⑯	−120×6	180	2		10.7	2.03	
	⑰	[16	5990	2		11830	236.6	
	总重 = 28×2481 = 6946kg							

10—30 通风采光天窗支架制作图

附录 C 型钢及 Z 型钢材料表

C 型钢

尺寸和特性

C 型钢适用于檩条为简支的任何屋面或墙面。其典型应用包括塔式结构建筑、端墙以及异形平面的建筑物等。

当长度足够时，C 型钢檩条也可用作两跨或多跨连续梁。

C 型钢的尺寸和特性

产品编号	尺寸					截面面积	单位长度重量	截面惯性矩		截面模量		回转半径			形状系数	柱子特性	
	D	B	L	t	x			I_x	I_y	W_x	W_y	i_x	i_y	β_y		I	I_w
	(mm)	(mm)	(mm)	(mm)	(mm)	(mm^2)	(kg/m)	(10^6mm^4)	(10^6mm^4)	(10^3mm^3)	(10^3mm^3)	(mm)	(mm)	(mm)		(mm^4)	(10^6mm^6)
C10016	102	51	14	1.6	17.0	344	2.76	0.570	0.120	11.18	3.52	40.7	18.7	132.1	0.840	293	264
C10020	102	51	15	2.0	17.3	430	3.44	0.704	0.150	13.81	4.44	40.5	18.7	131.6	0.891	573	335
❶ C15012	152	64	15	1.2	19.0	354	2.86	1.291	0.189	16.99	4.20	60.4	23.1	181.9	0.573	170	867
C15016	152	64	16	1.6	19.3	472	3.79	1.708	0.253	22.48	5.65	60.2	23.1	181.8	0.698	403	1172
C15020	152	64	17	2.0	19.6	590	4.72	2.119	0.316	27.89	7.11	59.9	23.1	181.3	0.771	787	1479
C15025	152	64	19	2.5	20.0	738	5.88	2.619	0.396	34.46	9.01	59.6	23.2	181.3	0.823	1536	1887
C20016	203	76	16	1.6	20.8	592	4.75	3.751	0.423	36.96	7.66	79.6	26.7	236.6	0.580	505	3364
C20020	203	76	19	2.0	21.8	750	6.00	4.735	0.558	46.65	10.31	79.5	27.3	233.8	0.669	1000	4575
C20025	203	76	21	2.5	22.3	938	7.47	5.873	0.700	57.85	13.03	79.1	27.3	233.8	0.737	1953	5809

❶ 非标准尺寸仅按要求另外制作。

檩条系统

Z 型钢和 C 型钢采用高强度镀锌钢带滚压成型。这些型钢可组合使用，作为屋面和墙面的支撑系统。

性能

表中的承载能力，按照“澳大利亚冷轧成型钢结构规范”进行设计的。正确进行设计、制造和安装时，所得性能将不会低于表中数据。

材料规格

Z 型钢和 C 型钢采用高强度镀锌钢带滚压成型，其标准厚度(扣除镀锌层)有 1.6mm、2.0mm 和 2.5mm 三种，使用的钢带“热浸镀锌或镀铝/锌薄钢板”规定的下列等级要求：1.6、2.0 和 2.5mm 基材钢厚度最小屈服应力为 450MPa，最小镀锌量为 275g/m^2。

尺寸

Z 型钢高度通常有 100mm、150mm、200mm 和 250mm 四种，C 型钢高度通常有 100mm、150mm 和 200mm 三种。在每种形状和尺寸中，基材钢都有多种不同厚度，能适用于一系列荷载跨度范围。

公差

高度：± 1mm

翼缘宽度：± 2mm

全长：± 5mm

开孔中心：± 1.5mm

拱曲：根据型钢长度，不大于 1/500 拱曲是指在腹板平面内的平直度。

挠曲：根据型钢长度，不大于 1/250 挠曲是指在与腹板垂直的平面内的平直度。

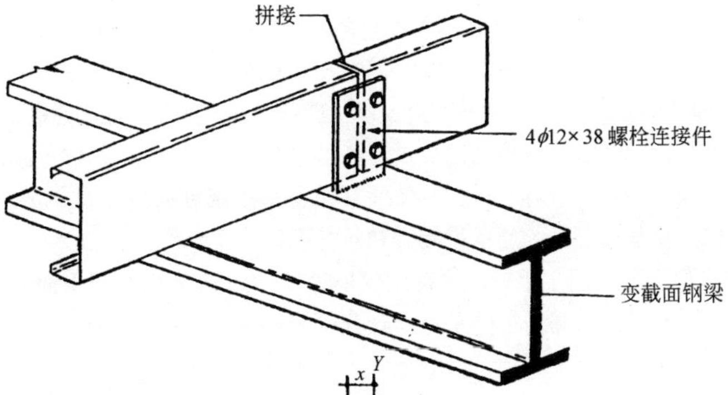

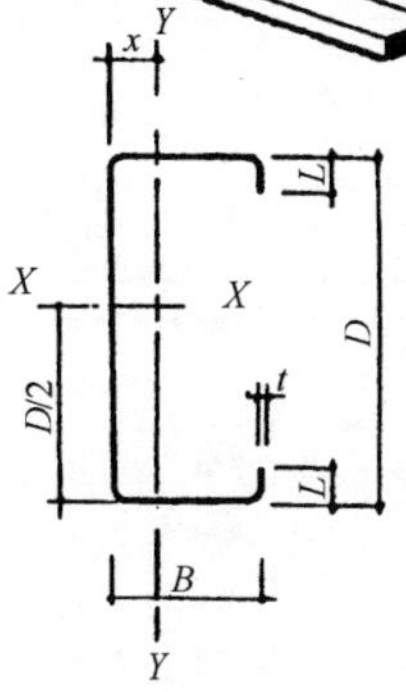

C 型钢

附录—1 C 型钢尺寸和特性

Z 型钢

尺寸和特性

Z 型钢的一个特点就是具有相称的一个宽翼缘和一个窄翼缘。这样，当二根尺寸相同的 Z 型钢其中一根旋转 180°时，便可用螺栓将它们精密地搭接在一起(见图示)。这一特点使 Z 型钢特别适用于搭接。用作檩条时在多跨建筑物内某点支承上搭接，可使檩条沿建筑物的纵向形成连续结构。高度相同但厚度不同的 Z 型钢，也可以根据需要进行各种组合。

作成连续结构不但比较经济，而且在支承搭接处有两个型钢的厚度，从而增加了该处型钢承受弯矩的强度，改善整个系统的承载能力和系统刚度。

Z 型钢还可用于单跨。当跨度较小时，可用于连续两跨以上而不需搭接。与单跨相比，这样可以减小变形，但不能像全部搭接体系那样既获得较大强度又比较经济。

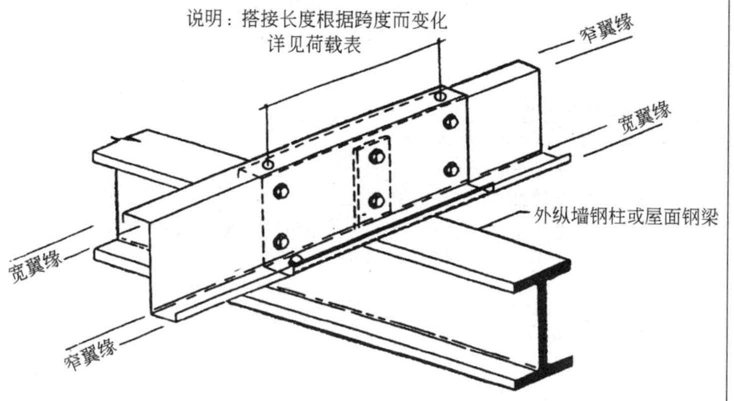

Z 型钢——尺寸和特性

产品编号	尺寸					截面面积	单位长度重量	截面惯性矩		截面模量		回转半径		形状系数	柱子特性	
	D	E	F	L	t			I_x	I_y	W_x	W_y	i_x	i_y		I	I_ω
	(mm)	(mm)	(mm)	(mm)	(mm)	(mm^2)	(kg/m)	(10^6mm^4)	(10^6mm^4)	(10^3mm^3)	(10^3mm^3)	(mm)	(mm)		(mm^4)	($10^6 mm^6$)
Z10016	102	53	49	14	1.6	344	2.76	0.570	0.210	11.18	4.02	40.7	24.7	0.840	293	383
Z10020	102	53	48	15	2.0	430	3.44	0.702	0.262	13.76	5.03	40.4	24.7	0.891	573	482
Z15012❶	152	65	61	16	1.2	354	2.86	1.287	0.305	16.93	4.73	60.3	29.3	0.578	170	1256
Z15016	152	65	61	17	1.6	472	3.79	1.701	0.409	22.39	6.37	60.0	29.4	0.703	403	1696
Z15020	152	65	61	18	2.0	590	4.72	2.111	0.513	27.77	8.02	59.8	29.5	0.771	787	2133
Z15025	152	66	60	20	2.5	738	5.88	2.608	0.648	34.31	10.00	59.5	29.6	0.823	1536	2720
Z20016	203	79	74	15	1.6	592	4.75	3.756	0.663	37.00	8.47	79.7	33.5	0.578	505	4911
Z20020	203	79	74	19	2.0	750	6.00	4.742	0.888	46.72	11.38	79.5	34.4	0.667	1000	6608
Z20025	203	79	73	21	2.5	938	7.47	5.872	1.114	57.85	14.33	79.1	34.5	0.737	1953	8378
Z25020	250	78	72	20	2.0	840	6.59	7.665	0.8525	61.322	11.071	95.53	31.86	0.5992	1120	10144.8
Z25025	250	78	72	21	2.5	1050	8.24	9.5225	1.075	76.1802	14.006	95.23	32.0	0.6584	2187.5	12882.8

❶ 非标准尺寸仅按要求另外制作。

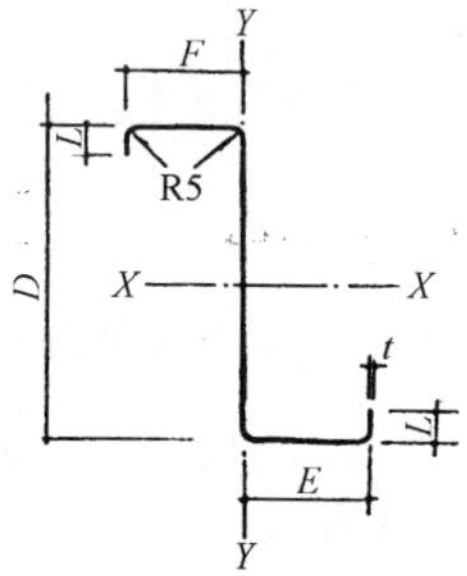

Z 型钢

荷载表

说明

1. 后面荷载表提供了前面所述C型钢和Z型钢用作檩条时三种构形的最大允许荷载:

ⅰ 单跨—C型钢和Z型钢均可。

ⅱ 双跨—C型钢和Z型钢均可连续通过中间支承。

ⅲ 连续跨—仅限于使用Z型钢,在每个内支承上搭接。

允许荷载是假定屋面板与一个翼缘连接,可以有效地阻止该翼缘处侧向变形,当采用系杆支撑时可以在支撑处有效地阻止侧向变形和旋转而确定的。

2. 最大允许荷载取决于荷载方向和使用系杆的排数。

单跨时,向内的荷载(正荷载),无论是否有支撑都是适用的;而向外的荷载(负荷载)能力就取决于所采用的支撑排数。

双跨时,向内的荷载根据支撑而变化,此处列出了不设支撑和单排支撑情况下的荷载。在所列出的跨度范围内,设立两个支撑并不增加承载能力。连续跨时,表中给出了型钢组合使用时的允许荷载能力。一个较薄规格的型钢,与某个较厚的型钢配合使用时,较厚的型钢通常总是用于端跨。

在临界截面腹板处,最大允许荷载能力,受到侧向压曲或弯曲和剪切组合应力的限制。建议每跨至少采用一根系杆,计算向内允许荷载时也以此为准。在端跨采用二根系杆,在跨度较大时可提高向外允许承载力。但在中间跨增加一根系杆则不会对承载力有多少提高。

3. 在计算允许荷载时,没有考虑因型钢自重产生的恒荷载。

4. 在搭接系统中,搭接产生了连续性。除此之外,在支承处材料的附加厚度能使弯矩重新分配,同时也增加了最大弯矩点的抗弯强度。

5. 搭接Z型钢的数表是根据四跨结构的弯矩系数和挠度系数确定的。假定在内支承上连续系统构件的搭接提供了足够的结构连续性,其条件是总的搭接长度不得少于该跨度的10%,或者对于100mm高的型钢不应少于600mm;对于150、200和250mm高的型钢,不应少于900mm。用于搭接的螺栓应该是标准配套的[1]檩条螺栓,或者是M12级4.6的螺栓,配有两个直径32mm的垫圈,厚度最小为2.5mm,紧固力矩为55N·m。

6. 檩条与檩托的固定,一般采用标准配套的檩条螺栓,或者是M12级4.6的螺栓,配有两个直径32mm的垫圈,厚度最小为2.5mm。用黑体字表示荷载,表示在一个或多个支承上的反力超过了两个M12级4.6的螺栓的抗剪能力。在这种情况下,如果要想达到表上所示的承载力值,必须采用标准配套的高强度檩条螺栓或M12级8.8的螺栓;或者,当采用檩条螺栓时,允许荷载采用15kN(1.2mm厚型钢)和20kN(大于1.2mm厚的型钢)。

7. 荷载表适用于有连续系杆的屋面檩条和墙梁。

对于檩条、墙梁,实用中一般要至少使用一根中间拉条,一般设在跨中。建议对于所有檩条、墙梁,不设拉条的长度应当限制在所有檩条、墙梁高度的20倍之内。

[1] 配套檩条螺栓可通过设计计算,或由成套出售房屋构件的公司提供。

单跨		双跨区		搭接连续型钢	
跨度 (mm)	均布线荷载 (kN/m)	跨度 (mm)	均布线荷载 (kN/m)	跨度 (mm)	均布线荷线 (kN/m)
3000	13.33	3000	5.33	3000	5.66
3300	12.12	3300	4.85	3600	4.72
3600	11.11	3600	4.44	4200	4.05
3900	10.26	3900	4.10	4800	3.54
4200	9.52	4200	3.81	5400	3.15
4500	8.89	4500	3.56	6000	2.83
4800	8.33	4800	3.33	6600	2.57
5100	7.84	5100	3.14	7200	2.36
5400	7.41	5400	2.96	7800	2.18
5700	7.02	5700	2.81	8400	2.02
6000	6.67	6000	2.67	9000	1.89

注:对于两个搭接跨,这些荷载值应当乘以0.9。

8. 还应注意的是,在施工期间,应确保偶尔产生的不正常局部高荷载值不得超过设计荷载。

挠度

根据广泛的实践经验,当采用压型钢板围护时,钢檩条的最大允许挠度采用以下建议值:

· 在最大(总)设计荷载下,为跨度的1/120。

· 当恒载与活载组合时,为跨度的1/150。

· 当仅为活载组合时,为跨度的1/180。

有吊顶时,可能需要更严格的挠度限制,以防天花板构件或节点受到损坏。

当在民用建筑中使用檩条既支承屋面又承受吊顶重量时,挠度的限制应当考虑限定在用户可接受的水平,同时还要避免吊顶龙骨的节点开裂。如有必要,应当征求吊顶材料制造商的意见。在民用建筑中,挠度将是选择檩条截面的控制因素。表中给出了挠度为跨度的1/150时的荷载(W_D)。由安全荷载引起的挠度总是线性的,即与荷载的大小成正比。所以,对于小于安全荷载极限的荷载,可以通过挠度为1/150时的W_D值,线性插入计算相应的挠度值。任何厚度的Z型钢,其中间跨的挠度小于端跨的挠度。

轴向荷载

檩条除考虑其最大弯矩承载力外，还应留有一些强度余量去承受某些轴向压缩荷载。例如，可以利用檩条或系杆的轴向压缩承载能力去传递建筑物中端墙风压力，或者去抵消墙或屋面结构因系杆支撑所产生的一些轴向力。

组合荷载情况下的承载力可用下列方法验核

1. 计算有关构件的最大允许轴向压缩荷载，通过下式计算的较小值。

$$P_s = \frac{722A}{(L/i_x)^2} \text{或} P_s = 0.165AQ$$

2. 对于压弯设计荷载，检查是否满足了相应复合作用方程。

$$\text{当} \frac{P_{des}}{P_s} \leqslant 0.15 \text{时，} \frac{P_{dex}}{P_s} + \frac{w_{des}}{w_s} \leqslant 1.0$$

$$\text{当} \frac{P_{des}}{P_s} > 0.15 \text{时，} \frac{P_{des}(L/i_x)^2}{592A} + \frac{w_{des}}{\left\{1 - \left[\frac{P_{des}(L/i_s)^2}{1184A}\right]\right\} w_s} \leqslant 1.0$$

式中

A——截面积（mm^2）；

L——跨度（mm）；

i_x——绕 x-x 轴线的回转半径（mm）；

Q——形状系数；

P_{des}——轴向设计荷载（kN）；

P_s——允许轴向荷载（kN）；

w_{des}——设计挠曲荷载（kN/m）；

w_s——允许挠曲荷载（kN/m）。

上述方法是一种比较严格的方法的简化，该法对于大部分截面/跨度组合是偏保守的。

100XXC 型钢及 Z 型钢单跨和双跨荷载

线荷载(kN/m)

跨度 (mm)	Z10016 及 C10016 型									
	单 跨					双 跨				
	w_s				w_D	w_s				w_D
	向内	向外			跨度/150	向内		向外		跨度/150
	w_{I_0}	w_{O_0}	w_{O_1}	w_{O_2}		w_{I_0}	w_{I_1}	w_{O_0}	w_{O_1}	
2100	5.65	3.96	5.65	5.65	6.30	5.48	5.48	5.48	5.54	15.20
2400	4.33	2.43	4.33	4.33	4.22	4.19	4.19	4.19	4.30	10.20
2700	3.42	1.57	3.24	3.42	2.97	3.19	3.31	3.29	3.43	7.14
3000	2.77	1.06	2.46	2.77	2.16	2.40	2.68	2.49	2.80	5.20
3300	2.29	0.74	1.88	2.29	1.62	1.83	2.22	1.91	2.32	3.91
3600	1.92	0.53	1.46	1.92	1.25	1.41	1.86	1.48	1.96	3.01
3900	1.64		1.12	1.57	0.98	1.06	1.59	1.15	1.67	2.37
4200	1.41		0.85	1.29	0.79	0.81	1.34	0.88	1.45	1.90
4500	1.23		0.66	1.07	0.64	0.62	1.11	0.68	1.26	1.54
4800	1.08		0.52	0.89	0.53	0.49	0.93	0.54	1.11	1.27
5100	0.96		0.41	0.75	0.44	0.39	0.79	0.43	0.99	1.06
5400	0.85			0.63	0.37		0.67		0.88	0.89
5700	0.77			0.52	0.32		0.57		0.76	0.76
6000	0.69			0.43	0.27		0.47		0.63	0.65

注：黑体字和斜体字所示荷载，超出标准檩条螺栓的抗剪强度。

跨度 (mm)	Z10020 及 C10020 型									
	单 跨					双 跨				
	w_s				w_D	w_s				w_D
	向内	向外			跨度/150	向内		向外		跨度/150
	w_{I_0}	w_{O_0}	w_{O_1}	w_{O_2}		w_{I_0}	w_{I_1}	w_{O_0}	w_{O_1}	
2100	7.01	4.94	7.01	7.01	7.76	6.74	6.74	6.74	7.24	18.70
2400	5.37	3.04	5.37	5.37	5.20	5.16	5.16	5.16	5.60	12.50
2700	4.24	1.96	4.01	4.24	3.65	3.94	4.08	4.07	4.45	8.81
3000	3.45	1.33	3.05	3.45	2.66	2.97	3.30	3.08	3.62	6.42
3300	2.85	0.92	2.34	2.85	2.00	2.27	2.73	2.37	3.00	4.82
3600	2.39	0.66	1.82	2.39	1.54	1.75	2.29	1.84	2.53	3.72
3900	2.04	0.48	1.40	1.95	1.21	1.32	1.95	1.43	2.16	2.92
4200	1.76		1.07	1.60	0.97	1.01	1.66	1.10	1.87	2.34
4500	1.53		0.83	1.33	0.79	0.78	1.38	0.85	1.63	1.90
4800	1.35		0.65	1.11	0.65	0.61	1.16	0.67	1.43	1.57
5100	1.19		0.52	0.93	0.54	0.49	0.98	0.53	1.27	1.31
5400	1.06		0.42	0.78	0.46	0.39	0.83	0.43	1.06	1.10
5700	0.96			0.65	0.39		0.70		0.87	0.94
6000	0.86			0.54	0.33		0.59		0.72	0.80

所有荷载均假定面层已安装好。

表中：

w_s——安全荷载

单跨时

向内：w_{I_0}——不设系杆时的向内荷载；

向外：w_{O_0}——不设系杆时的向外荷载；

w_{O_1}——设一排系杆时的向外荷载；

w_{O_2}——设二排系杆时的向外荷载；

w_D——产生的挠度为跨度的 1/150 时的荷载。

双跨时

向内：w_{I_0}——不设系杆时的向内荷载；

w_{I_1}——设一排系杆时的向内荷载；

向外：w_{O_0}——不设系杆时的向外荷载；

w_{O_1}——设一排系杆时的向外荷载；

w_D——产生的挠度为跨度的 1/150 时的荷载。

附录—4　100 高 Z 型、C 型钢单跨和双跨荷载表

150 型 XXC 型钢及 Z 型钢单跨和双跨荷载　线荷载(kN/m)

跨度(mm)	Z15012 及 C15012 型										Z15016 及 C15016 型									
	单跨					双跨					单跨					双跨				
	w_s				w_D	w_s				w_D	w_s				w_D	w_s				w_D
	向内	向外			跨度/150	向内		向外		跨度/150	向内	向外			跨度/150	向内		向外		跨度/150
	w_{I_0}	w_{O_0}	w_{O_1}	w_{O_2}		w_{I_0}	w_{I_1}	w_{O_0}	w_{O_1}		w_{I_0}	w_{O_0}	w_{O_1}	w_{O_2}		w_{I_0}	w_{I_1}	w_{O_0}	w_{O_1}	
3000	3.50	2.28	3.50	3.50	4.80	2.54	2.54	2.54	2.54	11.60	5.09	3.09	5.09	5.09	6.45	4.42	4.42	4.42	4.42	15.60
3300	2.89	1.60	2.89	2.89	3.61	2.20	2.20	2.20	2.20	8.68	4.21	2.16	4.21	4.21	4.85	3.73	3.73	3.73	3.73	11.70
3600	2.43	1.15	2.43	2.43	2.78	1.91	1.91	1.91	1.91	6.69	3.53	1.56	3.43	3.53	3.73	3.19	3.19	3.19	3.19	9.01
3900	2.07	0.85	2.07	2.07	2.19	1.68	1.68	1.68	1.68	5.26	3.01	1.15	2.77	3.01	2.94	2.69	2.76	2.76	2.76	7.08
4200	1.79	0.64	1.70	1.79	1.75	1.48	1.48	1.48	1.48	4.21	2.60	0.86	2.26	2.60	2.35	2.18	2.41	2.27	2.41	5.67
4500	1.56	0.49	1.38	1.56	1.42	1.25	1.32	1.32	1.32	3.42	2.06	0.66	1.84	2.26	1.91	1.77	2.12	1.87	2.12	4.61
4800	1.37		1.10	1.37	1.17	1.01	1.18	1.08	1.18	2.82	1.99	0.51	1.49	1.99	1.58	1.40	1.87	1.52	1.87	3.80
5100	1.21		0.88	1.21	0.98	0.81	1.06	0.88	1.06	2.35	1.76	0.41	1.19	1.74	1.31	1.12	1.67	1.22	1.67	3.17
5400	1.08		0.72	1.08	0.82	0.67	0.96	0.72	0.96	1.98	1.57		0.97	1.50	1.11	0.91	1.50	0.99	1.50	2.67
5700	0.97		0.59	0.97	0.70	0.55	0.87	0.59	0.87	1.68	1.41		0.79	1.30	0.94	0.74	1.34	0.81	1.35	2.27
6000	0.88		0.48	0.85	0.60	0.46	0.79	0.50	0.79	1.44	1.27		0.65	1.12	0.81	0.61	1.16	0.67	1.23	1.95
6300	0.79		0.40	0.73	0.52	0.38	0.73	0.42	0.73	1.25	1.15		0.54	0.98	0.70	0.51	1.02	0.56	1.12	1.68
6600	0.72			0.64	0.45		0.65		0.67	1.09	1.05		0.46	0.85	0.61	0.43	0.89	0.47	1.02	1.46
6900	0.66			0.55	0.39		0.56		0.61	0.95	0.96			0.74	0.53	0.36	0.79		0.94	1.28
7200	0.61			0.47	0.35		0.49		0.57	0.84	0.88			0.63	0.47		0.69		0.83	1.13
7500	0.56			0.40	0.31		0.42		0.52	0.75	0.81			0.54	0.41		0.59		0.72	1.00

黑体字和斜体字所示荷载，超出了标准檩条螺栓的抗剪强度所有荷载均假定面层已安装好。

跨度(mm)	Z15020 及 C15020 型										Z15025 及 C15025 型									
	单跨					双跨					单跨					双跨				
	w_s				w_D	w_s				w_D	w_s				w_D	w_s				w_D
	向内	向外			跨度/150	向内		向外		跨度/150	向内	向外			跨度/150	向内		向外		跨度/150
	w_{I_0}	w_{O_0}	w_{O_1}	w_{O_2}		w_{I_0}	w_{I_1}	w_{O_0}	w_{O_1}		w_{I_0}	w_{O_0}	w_{O_1}	w_{O_2}		w_{I_0}	w_{I_1}	w_{O_0}	w_{O_1}	
3000	6.87	3.87	6.87	6.87	8.01	***6.36***	***6.36***	***6.36***	***6.36***	19.30	8.56	4.89	8.56	8.56	9.90	***8.23***	***8.23***	***8.23***	***8.51***	23.90
3300	5.68	2.71	5.48	5.68	6.01	***5.32***	***5.32***	***5.32***	***5.32***	14.50	7.07	3.43	6.83	7.07	7.43	***6.67***	***6.81***	***6.81***	***7.09***	17.90
3600	4.77	1.95	4.36	4.77	4.63	4.23	***4.52***	4.38	***4.52***	11.20	5.94	2.47	5.44	5.94	5.73	***5.29***	***5.72***	***5.48***	***6.00***	13.80
3900	4.07	1.44	3.50	4.07	3.64	3.39	3.88	3.53	3.88	8.79	5.06	1.82	4.37	5.06	4.50	***4.24***	***4.87***	***4.41***	***5.13***	10.90
4200	3.51	1.08	2.83	3.51	2.92	2.73	3.37	2.86	3.37	7.04	4.37	1.37	3.55	4.37	3.61	3.43	***4.20***	3.59	***4.44***	8.70
4500	3.05	0.83	2.31	3.05	2.37	2.21	2.95	2.33	2.95	5.72	3.80	1.05	2.89	3.80	2.93	2.79	***3.66***	2.93	***3.88***	7.07
4800	2.69	0.64	1.86	2.60	1.95	1.75	2.60	1.90	2.60	4.71	3.34	0.82	2.35	3.23	2.42	2.23	3.22	2.41	***3.42***	5.83
5100	2.38	0.51	1.50	2.21	1.63	1.41	2.28	1.53	2.32	3.93	2.96	0.65	1.89	2.76	2.01	1.79	2.85	1.94	3.04	4.86
5400	2.12	0.41	1.21	1.90	1.37	1.14	1.96	1.24	2.07	3.31	2.64	0.52	1.53	2.37	1.70	1.45	2.45	1.57	2.71	4.09
5700	1.90		0.99	1.64	1.17	0.93	1.70	1.01	1.86	2.81	2.37	0.42	1.26	2.04	1.44	1.18	2.12	1.29	2.44	3.48
6000	1.72		0.82	1.41	1.00	0.77	1.47	0.84	1.69	2.41	2.14		1.04	1.77	1.24	0.98	1.84	1.07	2.20	2.98
6300	1.56		0.68	1.23	0.86	0.64	1.28	0.70	1.53	2.08	1.94		0.86	1.54	1.07	0.81	1.61	0.89	2.00	2.58
6600	1.42		0.57	1.07	0.75	0.53	1.12	0.58	1.40	1.81	1.77		0.72	1.34	0.93	0.68	1.41	0.74	1.83	2.24
6900	1.30		0.48	0.92	0.66	0.45	0.98	0.49	1.23	1.59	1.62		0.61	1.16	0.81	0.57	1.23	0.63	1.56	1.96
7200	1.19		0.41	0.79	0.58	0.38	0.86	0.42	1.05	1.40	1.49		0.52	1.00	0.72	0.49	1.08	0.53	1.33	1.73
7500	1.10			0.68	0.51		0.74		0.90	1.24	1.37		0.44	0.86	0.63	0.42	0.94	0.46	1.14	1.53
7800	1.02			0.59	0.46						1.27			0.75	0.56					
8100	0.94			0.51	0.41						1.17			0.65	0.50					
8400	0.88			0.45	0.36						1.09			0.57	0.45					
8700	0.82				0.33						1.02			0.50	0.41					
9000	0.76				0.30						0.95			0.44	0.37					
9300	0.72				0.27						0.89				0.33					
9600	0.67				0.24						0.84				0.30					
9900	0.63				0.22						0.79				0.28					
10200	0.82				0.20						0.74				0.25					
10500	0.56				0.19						0.70				0.23					
10800	0.53				0.17						0.66				0.21					
11100	0.50				0.16						0.63				0.20					
11400	0.48				0.15						0.59				0.18					
11700	0.45				0.13						0.56				0.17					
12000	0.43				0.13						0.53				0.15					

表中：

w_s——安全荷载

单跨时

向内：w_{I_0}——不设系杆时的向内荷载；

向外：w_{O_0}——不设系杆时的向外荷载；

w_{O_1}——设一排系杆时的向外荷载；

w_{O_2}——设二排系杆时的向外荷载；

w_D——产生的挠度为跨度的 1/150 时的荷载。

双跨时

向内：w_{I_0}——不设系杆时的向内荷载；

w_{I_1}——设一排系杆时的向内荷载；

向外：w_{O_0}——不设系杆时的向外荷载；

w_{O_1}——设一排系杆时的向外荷载；

w_D——产生的挠度为跨度的 1/150 时的荷载。

附录—5　150 高 Z 型、C 型钢单跨和双跨荷载表

200XXC 型钢及 Z 型钢单跨和双跨荷载线荷载(kN/m)

Z20016 及 C20016 型

跨度(mm)	单跨					双跨				
	w_s				w_D	w_s				w_D
	向内	向外			跨度/150	向内		向外		跨度/150
	w_{I_0}	w_{O_0}	w_{O_1}	w_{O_2}		w_{I_0}	w_{I_1}	w_{O_0}	w_{O_1}	
3000	7.24	6.32	7.24	7.24	14.20	4.85	4.85	4.85	4.85	34.00
3300	5.99	4.51	5.99	5.99	10.60	4.22	4.22	4.22	4.22	25.60
3600	5.03	3.29	5.03	5.03	8.19	3.70	3.70	3.70	3.70	19.70
3900	4.29	2.44	4.29	4.29	6.44	3.27	3.27	3.27	3.27	15.50
4200	3.70	1.85	3.70	3.70	5.16	2.91	2.91	2.91	2.91	12.40
4500	3.22	1.42	3.22	3.22	4.19	2.60	2.60	2.60	2.60	10.10
4800	2.83	1.11	2.77	2.83	3.45	2.33	2.33	2.33	2.33	8.31
5100	2.51	0.88	2.33	2.51	2.88	2.11	2.11	2.11	2.11	6.93
5400	2.24	0.70	1.97	2.24	2.43	1.82	1.91	1.91	1.91	5.84
5700	2.01	0.57	1.64	2.01	2.06	1.52	1.74	1.63	1.74	4.96
6000	1.81	0.47	1.36	1.81	1.77	1.27	1.59	1.36	1.59	4.26
6300	1.64		1.14	1.64	1.53	1.07	1.46	1.15	1.46	3.68
6600	1.50		0.96	1.50	1.33	0.91	1.34	0.98	1.34	3.20
6900	1.37		0.82	1.35	1.16	0.77	1.24	0.84	1.24	2.80
7200	1.26		0.70	1.20	1.02	0.66	1.14	0.72	1.14	2.46
7500	1.16		0.60	1.07	0.91	0.56	1.06	0.62	1.06	2.18
7800	1.07		0.51	0.95	0.81					
8100	0.99		0.45	0.84	0.72					
8400	0.92			0.74	0.64					
8700	0.86			0.65	0.58					
9000	0.80			0.58	0.52					
9300	0.75			0.51	0.47					
9600	0.71			0.45	0.43					
9900	0.67			0.41	0.39					
10200	0.63				0.36					
10500	0.59				0.33					
10800	0.56				0.30					
11100	0.53				0.28					
11400	0.50				0.26					
11700	0.48				0.24					
12000	0.45				0.22					

Z20020 及 C20020 型

跨度(mm)	单跨					双跨				
	w_s				w_D	w_s				w_D
	向内	向外			跨度/150	向内		向外		跨度/150
	w_{I_0}	w_{O_0}	w_{O_1}	w_{O_2}		w_{I_0}	w_{I_1}	w_{O_0}	w_{O_1}	
3000	10.45	8.47	10.45	10.45	18.00	***8.06***	***8.06***	***8.06***	***8.06***	43.10
3300	8.63	6.03	8.63	8.63	13.50	***6.93***	***6.93***	***6.93***	***6.93***	32.40
3600	7.25	4.38	7.25	7.25	10.40	***6.01***	***6.01***	***6.01***	***6.01***	25.00
3900	6.18	3.25	6.18	6.18	8.19	***5.25***	***5.25***	***5.25***	***5.25***	19.60
4200	5.33	2.46	5.32	5.33	6.55	***4.61***	***4.61***	***4.61***	***4.61***	15.70
4500	4.64	1.89	4.43	4.64	5.33	***4.09***	***4.09***	***4.09***	***4.09***	12.80
4800	4.08	1.48	3.72	4.08	4.39	***3.59***	***3.64***	***3.64***	***3.64***	10.50
5100	3.61	1.17	3.12	3.61	3.66	3.02	***3.27***	***3.16***	***3.27***	8.78
5400	3.22	0.94	2.64	3.22	3.08	2.52	2.94	2.68	2.94	7.40
5700	2.89	0.76	2.19	2.89	2.62	2.07	2.66	2.24	2.66	6.29
6000	2.61	0.62	1.82	2.61	2.25	1.72	2.42	1.86	2.42	5.39
6300	2.37	0.51	1.52	2.32	1.94	1.43	2.21	1.56	2.21	4.66
6600	2.16	0.43	1.28	2.05	1.69	1.21	2.03	1.31	2.03	4.05
6900	1.97		1.09	1.82	1.48	1.02	1.86	1.11	1.86	3.55
7200	1.81		0.93	1.61	1.30	0.87	1.67	0.95	1.72	3.12
7500	1.67		0.80	1.43	1.15	0.75	1.50	0.81	1.59	2.76
7800	1.55		0.69	1.28	1.02					
8100	1.43		0.59	1.13	0.19					
8400	1.33		0.52	0.99	0.82					
8700	1.24		0.45	0.88	0.74					
9000	1.16		0.40	0.77	0.67					
9300	1.09			0.69	0.60					
9600	1.02			0.61	0.55					
9900	0.96			0.54	0.50					
10200	0.90			0.49	0.46					
10500	0.85			0.44	0.42					
10800	0.81				0.39					
11100	0.76				0.36					
11400	0.72				0.33					
11700	0.69				0.30					
12000	0.65				0.28					

Z20025 及 C20025 型

跨度(mm)	单跨					双跨				
	w_s				w_D	w_s				w_D
	向内	向外			跨度/150	向内		向外		跨度/150
	w_{I_0}	w_{O_0}	w_{O_1}	w_{O_2}		w_{I_0}	w_{I_1}	w_{O_0}	w_{O_1}	
3000	***14.13***	10.62	***14.13***	***14.13***	22.30	***12.18***	***12.18***	***12.18***	***12.18***	83.50
3300	11.68	7.60	11.68	11.68	16.70	***10.30***	***10.30***	***10.30***	***10.30***	40.20
3600	9.82	5.53	9.82	9.82	12.90	***8.81***	***8.81***	***8.81***	***8.81***	31.00
3900	8.36	4.10	8.20	8.36	8.36	***7.62***	***7.62***	***7.62***	***7.62***	24.40
4200	7.21	3.10	6.75	7.21	8.12	***6.59***	***6.65***	***6.65***	***6.65***	19.50
4500	6.28	2.39	5.60	6.28	6.60	***5.45***	***5.85***	***5.66***	***5.58***	15.90
4800	5.52	1.86	4.68	5.52	5.44	***4.54***	***5.18***	***4.74***	***5.18***	13.10
5100	4.89	1.48	3.93	4.89	4.53	***3.80***	***4.62***	***3.98***	***4.62***	10.90
5400	4.36	1.18	3.31	4.36	3.82	***3.18***	***4.14***	***3.36***	***4.14***	9.18
5700	3.92	0.96	2.77	3.83	3.25	2.62	***3.74***	***2.83***	***3.74***	7.80
6000	3.53	0.79	2.30	3.35	2.78	2.17	***3.39***	2.36	***3.39***	6.69
6300	3.20	0.65	1.92	2.94	2.40	1.81	***3.05***	1.97	***3.08***	5.78
6600	2.92	0.54	1.62	2.59	2.09	1.53	***2.69***	1.66	***2.82***	5.03
6900	2.67	0.45	1.37	2.29	1.83	1.29	***2.39***	1.41	***2.59***	4.40
7200	2.45		1.17	2.03	1.61	1.10	2.12	1.20	***2.38***	3.87
7500	2.26		1.00	1.80	1.43	0.94	1.89	1.03	***2.20***	3.42
7800	2.09		0.87	1.60	1.27					
8100	1.94		0.75	1.43	1.13					
8400	1.80		0.65	1.25	1.01					
8700	1.68		0.57	1.10	0.91					
9000	1.57		0.58	0.98	0.82					
9300	1.47		0.44	0.86	0.75					
9600	1.38			0.77	0.68					
9900	1.30			0.69	0.62					
10200	1.22			0.61	0.57					
10500	1.15			0.55	0.52					
10800	1.09			0.50	0.48					
11100	1.03			0.45	0.44					
11400	0.98			0.40	0.41					
11700	0.93				0.38					
12000	0.88				0.35					

黑体字和斜体字所示荷载，超出了标准檩条螺栓的抗剪强度。所有荷载均假定面层已安装好。

表中：

w_s——安全荷载

单跨时

向内：w_{I_0}——不设系杆时的向内荷载；

向外：w_{O_0}——不设系杆时的向外荷载；

w_{O_1}——设一排系杆时的向外荷载；

w_{O_2}——设二排系杆时的向外荷载；

w_D——产生的挠度为跨度的 1/150 时的荷载。

双跨时

向内：w_{I_0}——不设系杆时的向内荷载；

w_{I_1}——设一排系杆时的向内荷载；

向外：

w_{O_0}——不设系杆时的向外荷载；

w_{O_1}——设一排系杆时的向外荷载；

w_D——产生的挠度为跨度的 1/150 时的荷载。

附录—6 200 高 Z 型、C 型钢单跨和双跨荷载表

Z250 型钢单跨和双跨荷载线荷载(kN/m)

跨度(mm)	Z25020 型									
	单跨					双跨				
	w_s				w_D	w_s				w_D
	向内	向外			跨度/150	向内		向外		跨度/150
	w_{I_0}	w_{O_0}	w_{O_1}	w_{O_2}		w_{I_0}	w_{I_1}	w_{O_0}	w_{O_1}	
3000	13.14	11.23	13.14	13.14	30.30	***7.87***	***7.87***	***7.87***	***7.87***	72.90
3300	10.86	7.96	10.86	10.86	22.80	***6.90***	***6.90***	***6.90***	***6.90***	54.80
3600	9.13	5.78	9.13	9.13	17.60	***6.10***	***6.10***	***6.10***	***6.10***	42.20
3900	7.78	4.28	7.78	7.78	13.80	***5.43***	***5.43***	***5.43***	***5.43***	33.20
4200	6.71	3.24	6.71	6.71	11.10	***4.86***	***4.86***	***4.86***	***4.86***	26.60
4500	5.84	2.49	5.84	5.84	8.99	***4.38***	***4.38***	***4.38***	***4.38***	21.60
4800	5.13	1.94	4.96	5.13	7.41	***3.96***	***3.96***	***3.96***	***3.96***	17.80
5100	4.55	1.54	4.17	4.55	6.18	***3.59***	***3.59***	***3.59***	***3.59***	14.80
5400	4.06	1.23	3.51	4.06	5.20	***3.27***	***3.27***	***3.27***	***3.27***	12.50
5700	3.64	1.00	2.90	3.64	4.42	2.74	***2.99***	***2.97***	***2.99***	10.60
6000	3.29	0.82	2.41	3.29	3.79	2.27	***2.75***	2.46	***2.75***	9.11
6300	2.98	0.68	2.01	2.98	3.28	1.89	2.53	2.06	2.53	7.87
6600	2.72	0.56	1.69	2.72	2.85	1.59	2.34	1.74	2.34	6.85
6900	2.48	0.47	1.43	2.43	2.49	1.35	2.16	1.47	2.16	5.99
7200	2.28	0.40	1.22	2.16	2.19	1.15	2.01	1.25	2.01	5.27
7500	2.10		1.05	1.91	1.94	0.98	1.87	1.07	1.87	4.66
7800	1.94		0.90	1.70	1.73					
8100	1.80		0.78	1.50	1.54					
8400	1.68		0.68	1.31	1.38					
8700	1.56		0.59	1.16	1.24					
9000	1.46		0.52	1.02	1.12					
9300	1.37		0.46	0.90	1.02					
9600	1.28		0.41	0.80	0.93					
9900	1.21			0.72	0.84					
10200	1.14			0.64	0.77					
10500	1.07			0.57	0.71					
10800	1.01			0.52	0.65					
11100	0.96			0.47	0.60					
11400	0.91			0.42	0.55					
11700	0.86				0.51					
12000	0.82				0.47					

黑体字和斜体字所示荷载,超出了标准檩条螺栓的抗剪强度。

Z25025 型									
单跨					双跨				
w_s				w_D	w_s				w_D
向内	向外			跨度/150	向内		向外		跨度/150
w_{I_0}	w_{O_0}	w_{O_1}	w_{O_2}		w_{I_0}	w_{I_1}	w_{O_0}	w_{O_1}	
17.95	***14.13***	***17.95***	***17.95***	37.70	***13.08***	***13.08***	***13.08***	***13.08***	90.60
14.84	10.04	***14.80***	***14.84***	28.30	***11.28***	***11.28***	***11.28***	***11.28***	68.00
12.47	7.29	***12.47***	***12.47***	21.80	***9.82***	***9.82***	***9.82***	***9.82***	52.40
10.62	5.40	***10.62***	***10.62***	17.20	***8.61***	***8.61***	***8.61***	***8.61***	41.20
9.16	4.08	9.04	9.16	13.80	***7.60***	***7.60***	***7.60***	***7.60***	33.00
7.98	3.14	7.49	7.98	11.20	***6.76***	***6.76***	***6.76***	***6.76***	26.80
7.01	2.45	6.25	7.01	9.21	***6.05***	***6.05***	***6.05***	***6.05***	22.10
6.21	1.94	5.24	6.21	7.68	***5.07***	***5.44***	***5.32***	***5.44***	18.40
5.54	1.56	4.41	5.54	6.47	***4.21***	***4.91***	***4.48***	***4.91***	15.50
4.97	1.26	3.65	4.97	5.50	***3.46***	***4.46***	***3.75***	***4.46***	13.20
4.49	1.03	3.03	4.49	4.72	***2.87***	***4.06***	***3.12***	***4.06***	11.30
4.07	0.85	2.54	3.94	4.07	2.40	***3.71***	***2.61***	***3.71***	9.78
3.71	0.71	2.14	3.47	3.54	2.02	***3.41***	2.20	***3.41***	8.51
3.39	0.60	1.81	3.06	3.10	1.71	***3.14***	1.86	***3.14***	7.44
3.12	0.51	1.54	2.71	2.73	1.45	***2.84***	1.59	***2.90***	6.55
2.87	0.43	1.32	2.40	2.41	1.25	***2.53***	1.36	***2.69***	5.80
2.66		1.14	2.13	2.15	1.07	***2.26***			
2.46		0.99	1.88	1.92	0.93	***2.02***			
2.29		0.86	1.65	1.72	0.81	1.80			
2.13		0.75	1.46	1.55	0.71	1.59			
1.99		0.66	1.29	1.40	0.62	1.41			
1.87		0.58	1.14	1.27	0.54	1.25			
1.75		0.51	1.01	1.15	0.48	1.11			
1.65		0.46	0.90	1.05	0.43	0.99			
1.55		0.41	0.81	0.96	0.38	0.89			
1.47			0.72	0.88		0.80			
1.39			0.65	0.81		0.72			
1.31			0.59	0.74		0.65			
1.24			0.53	0.69		0.59			
1.18			0.48	0.64		0.53			
1.12			0.44	0.59		0.48			

所有荷载均假定面层已安装好。

w_s——安全荷载

表中:

单跨时

向内:w_{I_0}——不设系杆时的向内荷载;

向外:w_{O_0}——不设系杆时的向外荷载;

w_{O_1}——设一排系杆时的向外荷载;

w_{O_2}——设二排系杆时的向外荷载;

w_D——产生的挠度为跨度的 1/150 时的荷载。

双跨时

向内:w_{I_0}——不设系杆时的向内荷载;

w_{I_1}——设一排系杆时的向内荷载;

向外:w_{O_0}——不设系杆时的向外荷载;

w_{O_1}——设一排系杆时的向外荷载;

w_D——产生的挠度为跨度的 1/150 时的荷载。

附录—7 250 高 Z 型钢单跨和双跨荷载表

Z100XX 型钢搭接连续跨荷载

跨度(mm)	最小搭接长度(mm)	搭接 Z10016/Z10016			
		w_s			w_D
		向内	向外		跨度/150
		$w_{I_{1/1}}$	$w_{O_{1/1}}$	$w_{O_{2/1}}$	
2100	600	***9.73***	***9.69***	***9.78***	13.50
2400		***7.38***	***7.35***	***7.43***	9.06
2700		5.79	5.77	5.83	6.36
3000		4.76	4.65	4.70	4.64
3300		3.76	3.82	3.87	3.48
3600		3.05	3.09	3.19	2.68
3900		2.52	2.48	2.65	2.11
4200		2.07	2.02	2.24	1.69
4500		1.69	1.65	1.92	1.37
4800		1.39	1.35	1.62	1.13
5100		1.15	1.09	1.37	0.94
5400		0.96	0.89	1.16	0.80
5700		0.81	0.73	0.98	0.68
6000		0.67	0.60	0.83	0.58
6300	900	0.61	0.51	0.70	0.50
6600		0.51	0.42	0.59	0.44
6900		0.43		0.50	0.38
7200		0.36		0.43	0.34
7500		0.31			0.30

跨度(mm)	最小搭接长度(mm)	搭接 Z10020/Z10016			
		w_s			w_D
		向内	向外		跨度/150
		$w_{I_{1/1}}$	$w_{O_{1/1}}$	$w_{O_{2/1}}$	
2100	600	***11.80***	***11.76***	11.89	16.40
2400		***8.62***	***8.62***	8.62	11.00
2700		***6.46***	***6.46***	6.46	7.72
3000		4.91	5.02	5.02	5.63
3300		3.87	4.00	4.00	4.23
3600		3.14	3.26	3.26	3.26
3900		2.59	2.71	2.71	2.56
4200		2.14	2.29	2.29	2.05
4500		1.75	1.96	1.96	1.67
4800		1.44	1.67	1.69	1.37
5100		1.19	1.36	1.48	1.15
5400		1.00	1.10	1.30	0.97
5700		0.84	0.90	1.16	0.82
6000		0.70	0.75	1.02	0.70
6300	900	0.64	0.63	0.87	0.61
6600		0.53	0.53	0.73	0.53
6900		0.45	0.44	0.62	0.46
7200		0.38		0.53	0.41
7500		0.32		0.45	0.36

跨度(mm)	最小搭接长度(mm)	搭接 Z10020/Z10016			
		w_s			w_D
		向内	向外		跨度/150
		$w_{I_{1/1}}$	$w_{O_{1/1}}$	$w_{O_{2/1}}$	
2100	600	***11.97***	***11.92***	***12.03***	16.70
2400		***9.08***	***9.05***	***9.14***	9.06
2700		***7.13***	***7.10***	***7.18***	7.84
3000		***5.85***	***5.72***	***5.79***	5.71
3300		4.62	4.70	4.76	4.29
3600		3.75	3.83	3.98	3.31
3900		3.10	3.08	3.38	2.60
4200		2.56	2.50	2.88	2.08
4500		2.09	2.04	2.40	1.69
4800		1.72	1.68	2.01	1.39
5100		0.43	1.37	1.69	1.16
5400		1.19	1.11	1.43	0.98
5700		1.00	0.91	1.22	0.83
6000		0.83	0.75	1.03	0.71
6300	900	0.77	0.63	0.88	0.62
6600		0.64	0.53	0.74	0.54
6900		0.53	0.45	0.63	0.47
7200		0.45		0.54	0.41
7500		0.38		0.46	0.37

黑体字和斜体字所示荷载，超出了标准檩条螺栓的抗剪强度。

所有荷载均假定面层已安装好。

表中：

w_s——安全荷载

搭接连续跨时

向内：$w_{I_{1/1}}$——全跨内设一排支撑时的向内荷载；

向外：$w_{O_{1/1}}$——全跨内设一排支撑时的向外荷载；

$w_{O_{2/1}}$——边跨设两排支撑，内跨设一排支撑时的向外荷载；

w_{O_2}——设二排系杆时的向外荷载；

w_D——产生的挠度为跨度的 1/150 时的荷载；

注：当两种厚度的型钢同时选用时，如"Z10020 与 Z10016 搭接"；较厚的型钢总是放在边跨，而较薄的型钢总是放在内跨。

附录—8　100 高 Z 型钢搭接连续跨荷载表

Z150XX 型钢单跨和双跨荷载(线荷载)(kN/m)

跨度 (mm)	最小搭接长度 (mm)	搭接 Z15012/Z15012			
		w_s			w_D
		向内	向外		跨度/150
		$w_{I_{1/1}}$	$w_{O_{1/1}}$	$w_{O_{2/1}}$	
3000		***4.34***	***4.34***	***4.34***	10.30
3300		3.71	3.71	3.71	7.74
3600		3.20	3.20	3.20	5.96
3900		2.78	2.78	2.78	4.69
4200		2.43	2.43	2.43	3.75
4500		2.14	2.14	2.14	3.05
4800		1.89	1.89	1.89	2.51
5100		1.68	1.68	1.68	2.10
5400		1.50	1.50	1.50	1.77
5700		1.34	1.34	1.34	1.50
6000	900	1.21	1.21	1.21	1.29
6300		1.09	1.03	1.09	1.11
6600		0.99	0.87	0.99	0.97
6900		0.85	0.75	0.91	0.85
7200		0.72	0.64	0.83	0.74
7500		0.62	0.56	0.75	0.66
7800		0.54	0.48	0.65	0.59
8100		0.47	0.42	0.57	0.52
8400		0.41		0.50	0.47
8700		0.36		0.44	0.42
9000		0.32			0.38
9300		0.30			0.35
9600					0.31
9900					
10200					
10500					
10800	1200				
11100					
11400					
11700					
12000					

跨度 (mm)	最小搭接长度 (mm)	搭接 Z15016/Z15012			
		w_s			w_D
		向内	向外		跨度/150
		$w_{I_{1/1}}$	$w_{O_{1/1}}$	$w_{O_{2/1}}$	
3000		4.77	4.77	4.77	13.60
3300		4.01	4.01	4.01	10.20
3600		3.41	3.41	3.41	7.85
3900		2.93	2.93	2.93	6.81
4200		2.54	2.54	2.54	4.95
4500		2.22	2.22	2.22	4.02
4800		1.95	1.95	1.95	3.31
5100		1.73	1.73	1.73	2.76
5400		1.54	1.54	1.54	2.33
5700		1.38	1.38	1.38	1.98
6000	900	1.24	1.24	1.24	1.70
6300		1.12	1.12	1.12	1.47
6600		1.02	1.02	1.02	1.27
6900		0.89	0.93	0.93	1.12
7200		0.76	0.84	0.85	0.98
7500		0.66	0.72	0.78	0.87
7800		0.57	0.62	0.72	0.77
8100		0.49	0.54	0.67	0.69
8400		0.43	0.47	0.62	0.62
8700		0.38	0.41	0.57	0.56
9000		0.33		0.52	0.50
9300		0.32		0.46	0.46
9600				0.41	0.41
9900					0.38
10200					0.35
10500					0.32
10800	1200				
11100					
11400					
11700					
12000					

跨度 (mm)	最小搭接长度 (mm)	搭接 Z15020/Z15012			
		w_s			w_D
		向内	向外		跨度/150
		$w_{I_{1/1}}$	$w_{O_{1/1}}$	$w_{O_{2/1}}$	
3000		***4.79***	***4.79***	***4.79***	16.60
3300		***4.04***	***4.04***	***4.04***	12.50
3600		3.44	3.44	3.44	9.60
3900		2.96	2.96	2.96	7.55
4200		2.57	2.57	2.57	6.05
4500		2.25	2.25	2.25	4.92
4800		1.98	1.98	1.98	4.05
5100		1.75	1.75	1.75	3.38
5400		1.56	1.56	1.56	2.85
5700		1.40	1.40	1.40	2.42
6000	900	1.26	1.26	1.26	2.07
6300		1.14	1.14	1.14	1.79
6600		1.04	1.04	1.04	1.56
6900		0.92	0.95	0.95	1.36
7200		0.79	0.87	0.87	1.20
7500		0.68	0.80	0.80	1.06
7800		0.59	0.73	0.73	0.94
8100		0.51	0.68	0.68	0.84
8400		0.45	0.59	0.63	0.76
8700		0.39	0.51	0.58	0.68
9000		0.34	0.45	0.54	0.61
9300		0.33	0.40	0.54	0.56
9600				0.51	0.51
9900				0.46	0.46
10200				0.41	0.42
10500					0.39
10800	1200				
11100					
11400					
11700					
12000					

黑体字和斜体字所示荷载，超出了标准檩条螺栓的抗剪强度。所有荷载均假定面层已安装好。

表中：

w_s——安全荷载

搭接连续跨时

向内：$w_{I_{1/1}}$——全跨内设一排支撑时的向内荷载

向外：$w_{O_{1/1}}$——全跨内设一排支撑时的向外荷载

$w_{O_{2/1}}$——边跨设两排支撑，内跨设一排支撑时的向外荷载

w_{O_2}——设二排系杆时的向外荷载

w_D——产生的挠度为跨度的 1/150 时的荷载

注：当两种厚度的型钢同时选用时，如“Z15020 与 Z15016 搭接”较厚的型钢总是放在边跨，而较薄的型钢总是放在内跨。

附录—9a 150 高 Z 型钢搭接连续跨荷载表

Z150XX 型钢单跨和双跨荷载(线荷载)(kN/m)

跨度(mm)	最小搭接长度(mm)	搭接 Z15016/Z15016			
		w_s			w_D
		向内	向外		跨度/150
		$w_{I_{1/1}}$	$w_{O_{1/1}}$	$w_{O_{2/1}}$	
3000		***8.99***	***8.99***	***8.99***	13.80
3300		***7.28***	***7.28***	***7.28***	10.40
3600		***5.99***	***5.99***	***5.99***	8.01
3900		***5.00***	***5.00***	***5.00***	6.30
4200		***4.24***	***4.24***	***4.24***	5.04
4500		3.63	3.63	3.63	4.10
4800		3.14	3.14	3.14	3.38
5100		2.74	2.74	2.74	2.82
5400		2.41	2.36	2.41	2.37
5700		2.13	2.02	2.14	2.02
6000	900	1.82	1.73	1.91	1.73
6300		1.57	1.45	1.71	1.49
6600		1.36	1.23	1.55	1.30
6900		1.18	1.04	1.37	1.14
7200		1.01	0.89	1.21	1.00
7500		0.86	0.76	1.04	0.89
7800		0.74	0.66	0.91	0.79
8100		0.64	0.57	0.79	0.70
8400		0.55	0.49	0.69	0.63
8700		0.48	0.43	0.60	0.57
9000		0.42		0.53	0.51
9300		0.40		0.47	0.46
9600		0.35		0.42	0.42
9900		0.31			0.39
10200					0.35
10500					0.32
10800	1200				
11100					
11400					
11700					
12000					

跨度(mm)	最小搭接长度(mm)	搭接 Z15020/Z15016			
		w_s			w_D
		向内	向外		跨度/150
		$w_{I_{1/1}}$	$w_{O_{1/1}}$	$w_{O_{2/1}}$	
3000		***9.17***	***9.17***	***9.17***	16.90
3300		***7.43***	***7.43***	***7.43***	12.70
3600		***6.13***	***6.13***	***6.13***	9.79
3900		***5.12***	***5.12***	***5.12***	7.70
4200		***4.33***	***4.33***	***4.33***	6.17
4500		3.71	3.71	3.71	5.01
4800		3.21	3.21	3.21	4.13
5100		2.80	2.80	2.80	3.44
5400		2.46	2.46	2.46	2.90
5700		2.18	2.18	2.18	2.47
6000	900	1.90	1.95	1.95	2.12
6300		1.63	1.75	1.75	1.83
6600		1.41	1.51	1.58	1.59
6900		1.23	1.28	1.43	1.39
7200		1.06	1.09	1.30	1.22
7500		0.91	0.94	1.19	1.08
7800		0.78	0.81	1.09	0.96
8100		0.67	0.70	0.97	0.86
8400		0.58	0.61	0.85	0.77
8700		0.51	0.53	0.75	0.69
9000		0.45	0.47	0.66	0.63
9300		0.42	0.42	0.59	0.57
9600		0.37		0.52	0.52
9900		0.33		0.46	0.47
10200				0.41	0.43
10500					0.39
10800	1200				0.36
11100					0.33
11400					
11700					
12000					

跨度(mm)	最小搭接长度(mm)	搭接 Z15025/Z15016			
		w_s			w_D
		向内	向外		跨度/150
		$w_{I_{1/1}}$	$w_{O_{1/1}}$	$w_{O_{2/1}}$	
3000		***9.31***	***9.31***	***9.31***	20.50
3300		***7.57***	***7.57***	***7.57***	15.40
3600		***6.25***	***6.25***	***6.25***	11.90
3900		***5.23***	***5.23***	***5.23***	9.34
4200		***4.43***	***4.43***	***4.43***	7.48
4500		***3.80***	***3.80***	***3.80***	6.08
4800		3.29	3.29	3.29	5.01
5100		2.89	2.87	2.87	4.18
5400		2.52	2.52	2.52	3.52
5700		2.24	2.24	2.24	2.99
6000	900	1.96	2.00	2.00	2.56
6300		1.69	1.79	1.79	2.22
6600		1.47	1.62	1.62	1.93
6900		1.27	1.47	1.47	1.69
7200		1.11	1.34	1.34	1.48
7500		0.95	1.15	1.22	1.31
7800		0.82	0.99	1.12	1.17
8100		0.71	0.86	1.03	1.04
8400		0.61	0.75	0.95	0.93
8700		0.53	0.66	0.88	0.84
9000		0.47	0.58	0.82	0.76
9300		0.44	0.51	0.74	0.69
9600		0.39	0.45	0.66	0.63
9900		0.34	0.40	0.58	0.57
10200		0.30		0.52	0.52
10500				0.47	0.48
10800	1200			0.42	0.44
11100					0.41
11400					0,37
11700					0.35
12000					

黑体字和斜体字所示荷载,超出了标准檩条螺栓的抗剪强度。所有荷载均假定面层已安装好。

表中:

w_s——安全荷载

搭接连续跨时

向内:$w_{I_{1/1}}$——全跨内设一排支撑时的向内荷载

向外:$w_{O_{1/1}}$——全跨内设一排支撑时的向外荷载

$w_{O_{2/1}}$——边跨设两排支撑,内跨设一排支撑时的向外荷载

w_{O_2}——设二排系杆时的向外荷载

w_D——产生的挠度为跨度的 1/150 时的荷载

注:当两种厚度的型钢同时选用时,如“Z15020 与 Z15016 搭接”较厚的型钢总是放在边跨,而较薄的型钢总是放在内跨。

附录—9b 150 高 Z 型钢搭接连续跨荷载表(续)

Z150XX 型钢单跨和双跨荷载(线荷载)(kN/m)

跨度(mm)	最小搭接长度(mm)	搭接 Z15020/Z15020			
		w_s			w_D
		向内	向外		跨度/150
		$w_{I_{1/1}}$	$w_{O_{1/1}}$	$w_{O_{2/1}}$	
3000	900	***13.77***	***11.87***	***11.97***	17.20
3300	900	***10.87***	***9.74***	***9.83***	12.90
3600	900	***8.78***	***8.14***	***8.22***	9.94
3900	900	***7.24***	***6.91***	***6.98***	7.82
4200	900	***6.07***	***5.93***	***6.00***	6.26
4500	900	***5.16***	***4.95***	***5.16***	5.09
4800	900	***4.43***	***4.14***	***4.43***	4.19
5100	900	***3.82***	***3.49***	***3.85***	3.49
5400	900	***3.21***	2.96	***3.37***	2.94
5700	900	2.72	2.52	2.98	2.50
6000	900	2.32	2.15	2.58	2.15
6300	900	1.99	1.80	2.25	1.85
6600	900	1.71	1.52	1.96	1.61
6900	900	1.48	1.29	1.72	1.41
7200	900	1.28	1.10	1.51	1.24
7500	900	1.09	0.94	1.31	1.10
7800	900	0.94	0.81	1.13	0.98
8100	900	0.81	0.70	0.99	0.87
8400	900	0.70	0.61	0.86	0.78
8700	900	0.61	0.54	0.76	0.70
9000	900	0.53	0.70	0.67	0.64
9300	1200	0.50	0.42	0.59	0.58
9600	1200	0.44		0.53	0.52
9900	1200	0.39		0.47	0.48
10200	1200	0.35		0.42	0.44
10500	1200	0.31			0.40
10800	1200				0.37
11100	1200				0.34
11400	1200				
11700	1200				
12000	1200				

跨度(mm)	最小搭接长度(mm)	搭接 Z15025/Z15020			
		w_s			w_D
		向内	向外		跨度/150
		$w_{I_{1/1}}$	$w_{O_{1/1}}$	$w_{O_{2/1}}$	
3000	900	***14.11***	***14.11***	***14.11***	20.90
3300	900	***11.14***	***11.14***	***11.14***	15.70
3600	900	***9.00***	***9.00***	***9.00***	12.10
3900	900	***7.42***	***7.42***	***7.42***	9.52
4200	900	***6.22***	***6.22***	***6.22***	7.62
4500	900	***5.28***	***5.28***	***5.28***	6.20
4800	900	***4.54***	***4.54***	***4.54***	5.11
5100	900	***3.94***	***3.94***	***3.94***	4.26
5400	900	***3.34***	***3.45***	***3.45***	3.59
5700	900	2.83	***3.05***	***3.05***	3.05
6000	900	2.41	2.68	2.71	2.61
6300	900	2.07	2.27	2.43	2.26
6600	900	1.79	1.92	2.18	1.96
6900	900	1.54	1.63	1.98	1.72
7200	900	1.34	1.39	1.80	1.51
7500	900	1.15	1.19	1.64	1.34
7800	900	0.99	1.03	1.42	1.19
8100	900	0.85	0.89	1.24	1.06
8400	900	0.74	0.78	1.08	0.95
8700	900	0.64	0.68	0.95	0.86
9000	900	0.56	0.60	0.84	0.77
9300	1200	0.53	0.53	0.75	0.70
9600	1200	0.47	0.47	0.66	0.64
9900	1200	0.41	0.42	0.59	0.58
10200	1200	0.37		0.53	0.53
10500	1200	0.33		0.47	0.49
10800	1200			0.42	0.45
11100	1200				0.41
11400	1200				0.58
11700	1200				0.35
12000	1200				

跨度(mm)	最小搭接长度(mm)	搭接 Z15025/Z15025			
		w_s			w_D
		向内	向外		跨度/150
		$w_{I_{1/1}}$	$w_{O_{1/1}}$	$w_{O_{2/1}}$	
3000	900	***19.01***	***14.62***	***14.75***	21.20
3300	900	***14.67***	***12.00***	***12.12***	16.00
3600	900	***11.55***	***10.03***	***10.13***	12.30
3900	900	***9.34***	***8.51***	***8.60***	9.66
4200	900	***7.72***	***7.31***	***7.39***	7.74
4500	900	***6.49***	***6.17***	***6.42***	6.29
4800	900	***5.53***	***5.17***	***5.62***	5.18
5100	900	***4.76***	***4.37***	***4.96***	4.32
5400	900	***4.00***	***3.71***	***4.32***	3.64
5700	900	***3.39***	***3.16***	***3.73***	3.09
6000	900	***2.90***	2.70	***3.24***	2.65
6300	900	2.49	2.29	***2.82***	2.29
6600	900	2.14	1.93	2.47	1.99
6900	900	1.86	1.64	2.17	1.74
7200	900	1.61	1.40	1.90	1.54
7500	900	1.38	1.20	1.67	1.36
7800	900	1.19	1.04	1.45	1.21
8100	900	1.03	0.90	1.26	1.08
8400	900	0.89	0.78	1.10	0.97
8700	900	0.78	0.68	0.97	0.87
9000	900	0.68	0.60	0.85	0.79
9300	1200	0.64	0.53	0.76	0.71
9600	1200	0.56	0.47	0.68	0.65
9900	1200	0.50	0.42	0.60	0.59
10200	1200	0.44		0.54	0.54
10500	1200	0.39		0.48	0.50
10800	1200	0.35		0.43	0.45
11100	1200	0.31			0.42
11400	1200				0.39
11700	1200				0.36
12000	1200				

黑体字和斜体字所示荷载,超出了标准檩条螺栓的抗剪强度。所有荷载均假定面层已安装好。

w_s——安全荷载

搭接连续跨时

向内:$w_{I_{1/1}}$——全跨内设一排支撑时的向内荷载

向外:$w_{O_{1/1}}$——全跨内设一排支撑时的向外荷载

$w_{O_{2/1}}$——边跨设两排支撑,内跨设一排支撑时的向外荷载

w_{O_2}——设二排系杆时的向外荷载

w_D——产生的挠度为跨度的 1/150 时的荷载

注:当两种厚度的型钢同时选用时,如"Z20020 与 Z20016 搭接"较厚的型钢总是放在边跨,较薄的型钢总是放在内跨。

附录—9c　150 高 Z 型钢搭接连续跨荷载表(续)

Z200XX 型钢单跨和双跨荷载(线荷载)(kN/m)

跨度(mm)	最小搭接长度(mm)	搭接 Z20016/Z20016			
		w_s			w_D
		向内	向外		跨度/150
		$w_{I_{1/1}}$	$w_{O_{1/1}}$	$w_{O_{2/1}}$	
3000	900	***7.82***	***7.82***	***7.82***	30.40
3300		***6.73***	***6.73***	***6.73***	22.80
3600		***5.86***	***5.86***	***5.86***	17.60
3900		***5.15***	***5.15***	***5.15***	13.80
4200		***4.55***	***4.55***	***4.55***	11.10
4500		***4.04***	***4.04***	***4.04***	8.99
4800		***3.60***	***3.60***	***3.60***	7.41
5100		3.23	3.23	3.23	6.18
5400		2.91	2.91	2.91	5.20
5700		2.63	2.63	2.63	4.43
6000		2.38	2.38	2.38	3.79
6300		2.17	2.17	2.17	3.28
6600		1.98	1.98	1.98	2.85
6900		1.82	1.82	1.82	2.49
7200		1.67	1.67	1.67	2.20
7500		1.54	1.53	1.54	1.94
7800		1.42	1.33	1.42	1.73
8100		1.26	1.17	1.31	1.54
8400		1.11	1.03	1.22	1.38
8700		0.98	0.91	1.13	1.24
9000		0.87	0.80	1.06	1.12
9300	1200	0.82	0.72	0.98	1.02
9600		0.73	0.63	0.87	0.93
9900		0.65	0.56	0.78	0.84
10200		0.58	0.50	0.71	0.77
10500		0.52	0.45	0.64	0.71
10800		0.47	0.40	0.58	0.65
11100		0.42		0.52	0.60
11400		0.38		0.47	0.55
11700		0.34		0.43	0.51
12000		0.31			0.47

跨度(mm)	最小搭接长度(mm)	搭接 Z20020/Z20016			
		w_s			w_D
		向内	向外		跨度/150
		$w_{I_{1/1}}$	$w_{O_{1/1}}$	$w_{O_{2/1}}$	
3000	900	***8.72***	***8.72***	***8.72***	38.00
3300		***7.42***	***7.42***	***7.42***	28.60
3600		***6.39***	***6.39***	***6.39***	22.00
3900		***5.54***	***5.54***	***5.54***	17.30
4200		***4.84***	***4.84***	***4.84***	13.90
4500		***4.26***	***4.26***	***4.26***	11.30
4800		***3.77***	***3.77***	***3.77***	9.28
5100		***3.36***	***3.36***	***3.36***	7.74
5400		3.01	3.01	3.01	6.52
5700		2.70	2.70	2.70	5.54
6000		2.44	2.44	2.44	4.75
6300		2.22	2.22	2.22	4.10
6600		2.02	2.02	2.02	3.57
6900		1.85	1.85	1.85	3.12
7200		1.70	1.70	1.70	2.75
7500		1.56	1.56	1.56	2.43
7800		1.44	1.44	1.44	2.16
8100		1.32	1.34	1.34	1.93
8400		1.17	1.24	1.24	1.73
8700		1.03	1.16	1.16	1.56
9000		0.91	1.06	1.08	1.41
9300	1200	0.87	0.94	1.07	1.28
9600		0.77	0.84	1.00	1.16
9900		0.69	0.74	0.94	1.06
10200		0.61	0.66	0.88	0.97
10500		0.55	0.59	0.83	0.89
10800		0.49	0.53	0.75	0.81
11100		0.44	0.48	0.68	0.75
11400		0.40	0.43	0.61	0.69
11700		0.36		0.55	0.64
12000		0.32		0.50	0.59

跨度(mm)	最小搭接长度(mm)	搭接 Z20025/Z20016			
		w_s			w_D
		向内	向外		跨度/150
		$w_{I_{1/1}}$	$w_{O_{1/1}}$	$w_{O_{2/1}}$	
3000	900	***8.78***	***8.78***	***8.78***	46.10
3300		***7.49***	***7.49***	***7.49***	34.70
3600		***6.46***	***6.46***	***6.46***	26.70
3900		***5.61***	***5.61***	***5.61***	21.00
4200		***4.91***	***4.91***	***4.91***	16.80
4500		***4.33***	***4.33***	***4.33***	13.70
4800		***3.84***	***3.84***	***3.84***	11.30
5100		***3.42***	***3.42***	***3.42***	9.39
5400		3.06	3.06	3.06	7.91
5700		2.76	2.76	2.76	6.73
6000		2.49	2.49	2.49	5.77
6300		2.26	2.26	2.26	4.94
6600		2.06	2.06	2.06	4.33
6900		1.89	1.89	1.89	3.79
7200		1.73	1.73	1.73	3.34
7500		1.60	1.60	1.60	2.95
7800		1.48	1.48	1.48	2.62
8100		1.36	1.37	1.37	2.34
8400		1.21	1.27	1.27	2.10
8700		1.07	1.18	1.18	1.89
9000		0.95	1.10	1.10	1.71
9300	1200	0.90	1.10	1.10	1.55
9600		0.80	1.02	1.03	1.41
9900		0.71	0.90	0.96	1.28
10200		0.64	0.81	0.90	1.17
10500		0.57	0.72	0.85	1.08
10800		0.51	0.65	0.80	0.99
11100		0.46	0.58	0.76	0.91
11400		0.41	0.52	0.71	0.84
11700		0.37	0.47	0.68	0.78
12000		0.34	0.43	0.63	0.72

黑体字和斜体字所示荷载,超出了标准檩条螺栓的抗剪强度。所有荷载均假定面层已安装好。

w_s——安全荷载

搭接连续跨时

向内:$w_{I_{1/1}}$——全跨内设一排支撑时的向内荷载

向外:$w_{O_{1/1}}$——全跨内设一排支撑时的向外荷载

$w_{O_{2/1}}$——边跨设两排支撑,内跨设一排支撑时的向外荷载

w_{O_2}——设二排系杆时的向外荷载

w_D——产生的挠度为跨度的 1/150 时的荷载

注:当两种厚度的型钢同时选用时,如“Z20020 与 Z20016 搭接”较厚的型钢总是放在边跨,较薄的型钢总是放在内跨。

附录—10 200 高 Z 型钢搭接连续跨荷载表

Z200 型钢单跨和双跨荷载

跨度(mm)	最小搭接长度(mm)	搭接 Z20020/Z20020			
		w_s			w_D
		向内	向外		跨度/150
		$w_{I_{1/1}}$	$w_{O_{1/1}}$	$w_{O_{2/1}}$	
3000	900	***14.51***	***14.51***	***14.51***	38.60
3300		***12.23***	***12.23***	***12.23***	29.00
3600		***10.42***	***10.42***	***10.42***	22.30
3900		***8.97***	***8.97***	***8.97***	17.60
4200		***7.78***	***7.78***	***7.78***	14.10
4500		***6.80***	***6.80***	***6.80***	11.40
4800		***5.95***	***5.95***	***5.95***	9.42
5100		***5.24***	***5.24***	***5.24***	7.85
5400		***4.65***	***4.65***	***4.65***	6.61
5700		***4.15***	***4.15***	***4.15***	5.62
6000		***3.72***	***3.72***	***3.72***	4.82
6300		***3.36***	***3.36***	***3.36***	4.17
6600		***3.04***	***3.04***	***3.04***	3.62
6900		***2.77***	***2.77***	***2.77***	3.17
7200		***2.49***	***2.43***	***2.53***	2.79
7500		2.20	2.09	***2.32***	2.47
7800		1.95	1.81	2.14	2.19
8100		1.74	1.58	1.97	1.96
8400		1.54	1.38	1.83	1.76
8700		1.35	1.21	1.67	1.58
9000		1.19	1.06	1.47	1.43
9300	1200	1.12	0.95	1.32	1.29
9600		0.99	0.84	1.17	1.18
9900		0.88	0.75	1.05	1.07
10200		0.78	0.67	0.94	0.98
10500		0.69	0.60	0.84	0.90
10800		0.62	0.54	0.76	0.83
11100		0.56	0.48	0.68	0.76
11400		0.50	0.43	0.62	0.70
11700		0.45		0.56	0.65
12000		0.41		0.51	0.60

跨度(mm)	最小搭接长度(mm)	搭接 Z20025/Z20020			
		w_s			w_D
		向内	向外		跨度/150
		$w_{I_{1/1}}$	$w_{O_{1/1}}$	$w_{O_{2/1}}$	
3000	900	***15.49***	***15.49***	***15.49***	47.10
3300		***12.88***	***12.88***	***12.88***	35.40
3600		***10.86***	***10.86***	***10.86***	27.30
3900		***9.27***	***9.27***	***9.27***	21.40
4200		***7.99***	***7.99***	***7.99***	17.20
4500		***6.95***	***6.95***	***6.95***	14.00
4800		***6.08***	***6.08***	***6.08***	11.50
5100		***5.35***	***5.35***	***5.35***	9.59
5400		***4.75***	***4.75***	***4.75***	8.08
5700		***4.24***	***4.24***	***4.24***	6.87
6000		***3.80***	***3.80***	***3.80***	5.89
6300		***3.42***	***3.43***	***3.43***	5.09
6600		***3.11***	***3.11***	***3.11***	4.42
6900		***2.83***	***2.83***	***2.83***	3.87
7200		***2.58***	***2.58***	***2.58***	3.41
7500		***2.29***	***2.37***	***2.37***	3.01
7800		2.03	2.18	2.18	2.68
8100		1.81	1.98	2.01	2.39
8400		1.61	1.73	1.86	2.15
8700		1.42	1.52	1.73	1.93
9000		1.25	1.34	1.61	1.74
9300	1200	1.18	1.19	1.60	1.58
9600		1.04	1.06	1.47	1.44
9900		0.93	0.94	1.31	1.31
10200		0.82	0.84	1.17	1.20
10500		0.73	0.75	1.05	1.10
10800		0.66	0.67	0.95	1.01
11100		0.59	0.61	0.85	0.93
11400		0.53	0.55	0.77	0.86
11700		0.48	0.49	0.70	0.79
12000		0.43	0.45	0.64	0.74

跨度(mm)	最小搭接长度(mm)	搭接 Z20025/Z20025			
		w_s			w_D
		向内	向外		跨度/150
		$w_{I_{1/1}}$	$w_{O_{1/1}}$	$w_{O_{2/1}}$	
3000	900	***23.38***	***24.65***	***24.86***	47.80
3300		***19.01***	***20.10***	***20.10***	35.90
3600		***15.73***	***16.51***	***16.51***	27.70
3900		***13.21***	***13.79***	***13.79***	21.80
4200		***11.23***	***11.68***	***11.68***	17.40
4500		***9.60***	***10.01***	***10.01***	14.20
4800		***8.39***	***8.67***	***8.67***	11.70
5100		***7.35***	***7.57***	***7.57***	9.73
5400		***6.48***	***6.66***	***6.66***	8.20
5700		***6.76***	***5.91***	***5.91***	6.97
6000		***5.15***	***5.27***	***5.28***	5.97
6300		***4.63***	***4.58***	***4.74***	5.16
6600		***4.11***	***4.00***	***4.28***	4.49
6900		***3.60***	***3.50***	***3.88***	3.93
7200		***3.16***	***3.06***	***3.53***	3.46
7500		***2.78***	***2.64***	***3.23***	3.06
7800		***2.46***	***2.29***	***3.93***	2.72
8100		***2.18***	1.99	***2.62***	2.43
8400		1.94	1.74	***2.35***	2.18
8700		1.71	1.53	***2.11***	1.96
9000		1.50	1.35	1.86	1.77
9300	1200	1.42	1.20	1.67	1.60
9600		1.25	1.06	1.49	1.46
9900		1.11	0.95	1.33	1.33
10200		0.99	0.84	1.19	1.22
10500		0.88	0.76	1.06	1.11
10800		0.79	0.68	0.96	1.02
11100		0.70	0.61	0.86	0.94
11400		0.63	0.55	0.78	0.87
11700		0.57	0.50	0.71	0.81
12000		0.52	0.45	0.64	0.75

黑体字和斜体字所示荷载，超出了标准檩条螺栓的抗剪强度。所有荷载均假定面层已安装好。

表中：

w_s——安全荷载

搭接连续跨时

向内：$w_{I_{1/1}}$——全跨内设一排支撑时的向内荷载；

向外：$w_{O_{1/1}}$——全跨内设一排支撑时的向外荷载；

$w_{O_{2/1}}$——边跨设两排支撑，内跨设一排支撑时的向外荷载；

w_{O_2}——设二排系杆时的向外荷载；

w_D——产生的挠度为跨度的 1/150 时的荷载。

注：当两种厚度的型钢同时选用时，如“Z25025 与 Z25020 搭接”；较厚的型钢总是放在边跨，而较薄的型钢总是放在内跨。

附录—11　200 高 Z 型钢搭接连续跨荷载表（续）

Z250XX 型钢单跨和双跨荷载(线荷载)(kN/m)

跨度(mm)	最小搭接长度(mm)	搭接 Z25020/Z25020			
		w_s			w_D
		向内	向外		跨度/150
		$w_{I_{1/1}}$	$w_{O_{1/1}}$	$w_{O_{2/1}}$	
3000	900	***12.33***	***12.33***	***12.33***	64.83
3300		***10.65***	***10.65***	***10.65***	48.71
3600		***9.30***	***9.30***	***9.30***	37.52
3900		***8.20***	***8.20***	***8.20***	29.51
4200		***7.28***	***7.28***	***7.28***	23.63
4500		***6.51***	***6.51***	***6.51***	19.21
4800		***5.85***	***5.85***	***5.85***	15.83
5100		***5.29***	***5.29***	***5.29***	13.20
5400		***4.79***	***4.79***	***4.79***	11.12
5700		***4.36***	***4.36***	***4.36***	9.45
6000		***3.98***	***3.98***	***3.98***	8.10
6300		***3.65***	***3.65***	***3.65***	7.00
6600		***3.36***	***3.36***	***3.36***	6.09
6900		***3.09***	***3.09***	***3.09***	5.33
7200		***2.86***	***2.86***	***2.86***	4.69
7500		***2.65***	***2.65***	***2.65***	4.15
7800		***2.46***	***2.46***	***2.46***	3.69
8100		***2.29***	***2.17***	***2.29***	3.29
8400		***2.09***	1.90	***2.13***	2.95
8700		1.83	1.66	***1.99***	2.66
9000		1.61	1.46	1.87	2.40
9300	1200	1.52	1.31	1.79	2.18
9600		1.34	1.16	1.60	1.98
9900		1.19	1.03	1.42	1.80
10200		1.05	0.92	1.27	1.65
10500		0.94	0.82	1.14	1.51
10800		0.84	0.74	1.03	1.39
11100		0.75	0.66	0.93	1.28
11400		0.68	0.60	0.84	1.16
11700		0.61	0.54	0.76	1.08
12000		0.55	0.49	0.69	1.00

跨度(mm)	最小搭接长度(mm)	搭接 Z25025/Z25020			
		w_s			w_D
		向内	向外		跨度/150
		$w_{I_{1/1}}$	$w_{O_{1/1}}$	$w_{O_{2/1}}$	
3000	900	***13.85***	***13.85***	***13.85***	79.71
3300		***11.84***	***11.84***	***11.84***	59.48
3600		***10.24***	***10.24***	***10.24***	45.82
3900		***8.95***	***8.95***	***8.95***	36.04
4200		***7.89***	***7.89***	***7.89***	28.85
4500		***7.00***	***7.00***	***7.00***	23.46
4800		***6.25***	***6.25***	***6.25***	19.33
5100		***5.60***	***5.60***	***5.60***	16.12
5400		***5.05***	***5.05***	***5.05***	13.58
5700		***4.58***	***4.58***	***4.58***	11.54
6000		***4.16***	***4.16***	***4.16***	9.90
6300		***3.80***	***3.80***	***3.80***	8.55
6600		***3.48***	***3.48***	***3.48***	7.44
6900		***3.20***	***3.20***	***3.20***	6.51
7200		***2.95***	***2.95***	***2.95***	5.73
7500		***2.72***	***2.72***	***2.72***	5.07
7800		***3.53***	***2.53***	***2.53***	4.50
8100		***2.35***	***2.35***	***2.35***	4.02
8400		***2.15***	***2.19***	***2.19***	3.61
8700		1.89	***2.03***	***2.04***	3.25
9000		1.67	1.79	***1.91***	2.93
9300	1200	1.57	1.60	1.90	2.66
9600		1.39	1.42	1.78	2.42
9900		1.23	1.26	1.67	2.20
10200		1.09	1.12	1.57	2.01
10500		0.97	1.00	1.41	1.85
10800		0.87	0.90	1.27	1.70
11100		0.78	0.81	1.14	1.56
11400		0.70	0.73	1.03	1.44
11700		0.63	0.66	0.94	1.33
12000		0.57	0.60	0.85	1.24

跨度(mm)	最小搭接长度(mm)	搭接 Z25025/Z25025			
		w_s			w_D
		向内	向外		跨度/150
		$w_{I_{1/1}}$	$w_{O_{1/1}}$	$w_{O_{2/1}}$	
3000	900	***22.96***	***22.96***	***22.96***	80.47
3300		***19.45***	***19.45***	***19.45***	60.46
3600		***16.65***	***16.65***	***16.65***	46.57
3900		***14.39***	***14.39***	***14.39***	36.63
4200		***12.54***	***12.54***	***12.54***	29.33
4500		***11.01***	***11.01***	***11.01***	23.84
4800		***9.73***	***9.73***	***9.73***	19.65
5100		***8.63***	***8.63***	***8.63***	16.38
5400		***7.69***	***7.69***	***7.69***	13.80
5700		***6.88***	***6.88***	***6.88***	11.73
6000		***6.20***	***6.20***	***6.20***	10.06
6300		***5.61***	***5.61***	***5.61***	8.69
6600		***5.09***	***5.09***	***5.09***	7.56
6900		***4.65***	***4.65***	***4.65***	6.61
7200		***4.25***	***4.17***	***4.25***	5.82
7500		***3.75***	***3.61***	***3.91***	5.15
7800		***3.32***	***3.13***	***3.60***	4.58
8100		***2.94***	***2.72***	***3.33***	4.09
8400		***2.61***	***2.38***	***3.09***	3.67
8700		***2.30***	***2.09***	***2.84***	3.30
9000		***2.02***	1.84	***2.51***	2.98
9300	1200	1.90	1.64	***2.25***	2.70
9600		1.68	1.45	***2.00***	2.46
9900		1.49	1.29	***1.79***	2.24
10200		1.32	1.15	1.60	2.05
10500		1.18	1.03	1.43	1.88
10800		1.05	0.92	1.29	1.72
11100		0.95	0.83	1.16	1.59
11400		0.85	0.75	1.05	1.47
11700		0.77	0.68	0.95	1.36
12000		0.69	0.61	0.87	1.28

黑体字和斜体字所示荷载,超出了标准檩条螺栓的抗剪强度。所有荷载均假定面层已安装好。

表中:

w_s——安全荷载

搭接连续跨时

向内:$w_{I_{1/1}}$——全跨内设一排支撑时的向内荷载;

向外:$w_{O_{1/1}}$——全跨内设一排支撑时的向外荷载;

$w_{O_{2/1}}$——边跨设两排支撑,内跨设一排支撑时的向外荷载;

w_{O_2}——设二排系杆时的向外荷载;

w_D——产生的挠度为跨度的 1/150 时的荷载。

注:当两种厚度的型钢同时选用时,如"Z25025 与 Z25020 搭接";较厚的型钢总是放在边跨,而较薄的型钢总是放在内跨。

附录—12 250 高 Z 型钢搭接连续跨荷载表

集中荷载

集中荷载转换成等效的均布荷载			
对称等距集中荷载			
荷载条件		简图	转换公式
单荷载	单跨	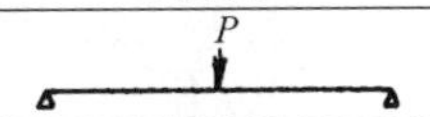	$w=\frac{2P}{L}$
	搭接	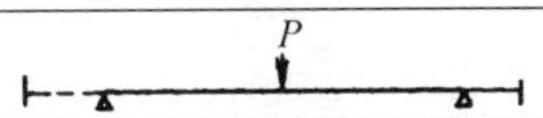	$w=\frac{2.22P}{L}$
2 荷载	单跨	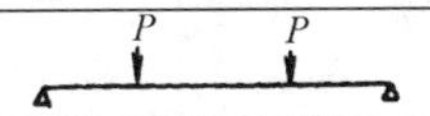	$w=\frac{2.67P}{L}$
	搭接	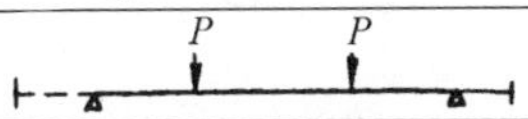	$w=\frac{3.16P}{L}$
3 荷载	单跨	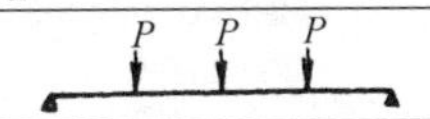	$w=\frac{4P}{L}$
	搭接	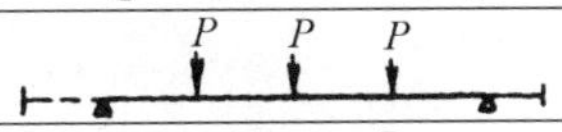	$w=\frac{3.78P}{L}$
4 荷载	单跨	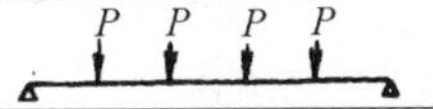	$w=\frac{4.80P}{L}$
	搭接	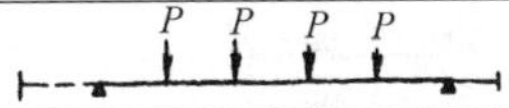	$w=\frac{5.12P}{L}$
5 荷载	单跨	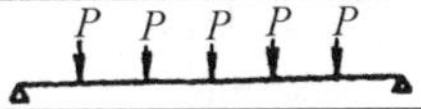	$w=\frac{6P}{L}$
	搭接	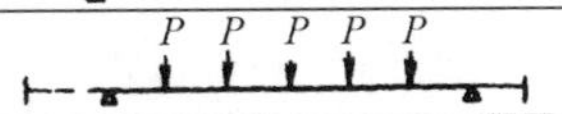	$w=\frac{6.65P}{L}$
6 或 6 个以上荷载	单跨	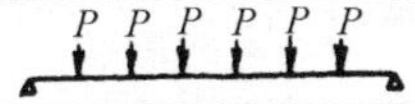	$w=\frac{1.14nP}{L}$
	搭接	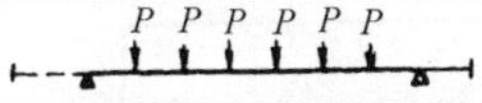	$w=\frac{1.22nP}{L}$

单独不对称以及两个对称的集中荷载			
荷载条件		简图	转换公式
单独不对称的集中荷载	单跨	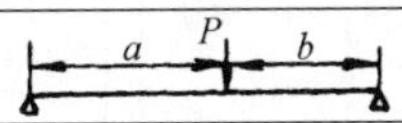	$w=\frac{8abP}{L^3}$
	搭接	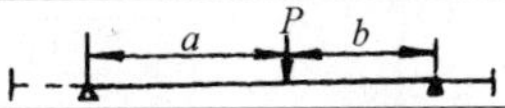	$w=\frac{17.6ab^2P}{L^4}$
两个对称的集中荷载	单跨		$w=\frac{8bP}{L^2}$
	搭接	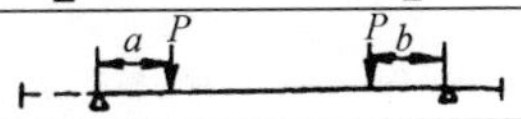	$w=\frac{9.45b(2L-3b)P}{L^3}$

说明：

P——单独集中荷载(kN)； b——距远端支座的距离；

L——跨度(m) w——等效均布荷载(kN/m)；

a——距近端支座的距离 n——跨上集中荷载的个数(如六个以上荷载)

只有在计算单跨梁承载力时，才可利用所示的荷载条件和公式，精确计算出集中荷载转化为等效的均布荷载。

对于塔接跨，转换公式与跨数，连续跨中跨的位置以及搭接率有关。表中所示搭接跨的公式，是根据最不利的荷载条件制定的，可以安全地用于边跨，内跨和各种搭接率(大于 0.10)。

当决定挠度的大小时，应采用另外的转化公式。

所示公式会给出保守的(安全的)转化值，留有 3.7% ~ 25% 的误差裕量。

悬臂梁

悬臂梁-允许均布线荷载(kN/m)

跨度(mm)	Z10016 C10016		Z10020 C10020		Z15012 C15012		Z15016 C15016		Z15020 C15020		Z15025 C15025		Z20016 C20016		Z20020 C20020		Z20025 C20025		C25020		C25025	
	w_S	w_D	w_S	w_D	w_S	w_D	w_S	w_D	w_S	w_D	w_S	w_D	w_S	w_D	w_S	w_D	w_S	w_D	w_S	w_D	w_S	w_D
500	22.26	24.3	29.82	30.0	12.36	25.04	26.20	60.3	43.85	90.4	64.21	112.	22.23	65.4	41.46	131.	73.56	250.	34.98	178.	65.54	355.
600	16.12	14.1	**20.71**	17.4	10.03	17.35	20.49	41.7	33.11	52.3	47.32	64.7	18.13	45.4	33.22	91.2	57.23	145.	28.61	123.	52.74	245.
700	12.17	8.86	**15.21**	10.9	8.32	12.72	16.45	26.6	25.78	32.9	36.17	40.7	15.16	33.3	27.29	66.8	45.71	91.3	24.02	90.6	43.50	155.
800	9.43	5.94	**11.65**	7.33	7.02	9.72	13.47	17.8	20.58	22.1	28.46	27.3	12.92	25.4	22.82	49.3	37.27	61.2	20.54	69.2	36.54	103.
900	**7.45**	4.17	**9.20**	5.15	6.00	7.67	11.20	12.5	16.77	15.5	22.94	19.2	11.16	20.1	19.36	34.6	30.90	43.0	17.81	54.5	31.12	72.7
1000	**6.04**	3.04	**7.45**	3.75	5.18	6.20	9.42	9.11	13.90	11.3	18.61	14.0	9.75	16.2	16.62	25.3	25.98	31.3	15.61	42.7	26.81	53.0
1100	**4.99**	2.28	**6.16**	2.82	4.52	5.11	8.02	6.84	11.70	8.49	**15.38**	10.5	8.56	13.4	14.40	19.0	22.12	23.5	13.80	32.1	23.32	39.8
1200	**4.15**	1.76	**5.15**	2.17	3.97	3.98	6.90	5.27	9.97	6.54	**12.92**	8.08	7.58	11.2	12.59	14.6	19.04	18.1	12.29	24.7	20.44	30.7
1500	**2.25**	0.90	**2.81**	1.11	2.79	2.04	4.63	2.70	**6.56**	3.35	**8.20**	4.14	5.43	5.93	8.77	7.48	12.79	9.28	8.99	12.6	14.35	15.7
1800	**1.26**	0.52	**1.58**	0.64	2.06	1.18	**3.17**	1.56	**4.02**	1.94	**5.01**	2.40	4.06	3.43	6.39	4.33	9.14	5.37	6.84	7.32	10.56	9.09
2100	**0.71**	0.33	**0.89**	0.41	**1.43**	0.74	**2.03**	0.98	**2.54**	1.22	**3.18**	1.51	3.13	2.16	**4.84**	2.73	**6.24**	3.38	5.35	4.61	8.07	5.72
2400	**0.43**	0.22	**0.54**	0.27	**0.90**	0.50	**1.25**	0.66	**1.56**	0.82	**1.97**	1.01	**2.46**	1.45	**3.38**	1.83	**4.23**	2.27	4.29	3.09	**5.63**	3.83
2700		0.15		0.19	**0.59**	0.35	**0.81**	0.46	**1.01**	0.57	**1.27**	0.71	**1.64**	1.02	**2.24**	1.28	**2.82**	1.59	**2.96**	2.17	**3.73**	2.69
3000		0.11		0.14	**0.41**	0.26	**0.54**	0.34	**0.68**	0.42	**0.85**	0.52	**1.14**	0.74	**1.52**	0.94	**1.92**	1.16	**2.01**	1.58	**2.53**	1.96

说明：

1. 表中所示允许荷载(w_S)，是沿悬臂梁全长而梁端支撑于挑檐板、封檐板、圈梁或类似构件的向上或向下荷载。
2. 黑体字所示荷载，仅适用于设有一排系杆，而系杆是位于悬臂梁距支座的跨度的三分之一处时的情形。
3. 挠度荷载(w_D)，是指产生悬臂梁全长 300 分之一挠度时的荷载。
4. 作用在悬臂梁端的集中荷载 P(kN)，可以按以下式转化成等效的均布荷载 w(kN/m)：$w=\frac{2P}{L}$

其中：L——悬臂梁长度，以 m 计。

附录—13 集中荷载、悬臂荷载表

弯矩系数

均布荷载作用下的系数					
单跨			0.1250 ▲ 0.01302 0.5000		
双跨		0.070 ▲ 0.00541 0.3750	−0.1250 ▲ 1.250		
搭接双跨		0.0671 ▲ 0.00495 0.3664	−0.1366 ▲ 1.2672		
三跨		0.0778 ▲ 0.00658 0.3945	−0.1055 ▲ 1.1055	0.0195 −0.00011	
四跨		0.0744 ▲ 0.00607 0.3858	−0.1142 ▲ 1.1558	0.0325 0.00144	−0.0726 ▲ 0.9168
五跨	0.0753 ▲ 0.00621 0.3881	−0.1119 ▲ 1.1419	0.0286 0.00099	−0.0819 ▲ 0.9700	0.0432 0.00282
六跨	0.0751 ▲ 0.00617 0.3875	−0.1125 ▲ 1.1458	0.0297 0.00112	−0.0742 ▲ 0.9546	0.0398 0.00241 −0.0913 ▲ 1.0242

弯矩系数 b(表示在梁上边 v),挠度系数 d(表示在梁下边)和支座处的反力系数,搭接率为跨度长的 10%,可按下式计算:

弯矩 $= bwL^2 (\text{N·mm})$

挠度 $= dwl^2 EL (\text{mm})$

支座反力 $= rwL (\text{N})$

其中:

b——弯矩系数;

d——挠度系数;

r——支座反力系数;

w——线荷数(N/m);

L——跨度(mm);

E——弹性模量($2 \times 10^5 \text{MPa}$);

I_x——截面惯性矩(mm^4)。

檩条墙梁与檩托支托的固定

Z型檩条搭接　　Z型檩条标准形式　　Z型檩条可选择的形式

C型檩条　　C型檩条标准形式　　C型檩条可选择的形式

檩托(支托)
(开孔详图)

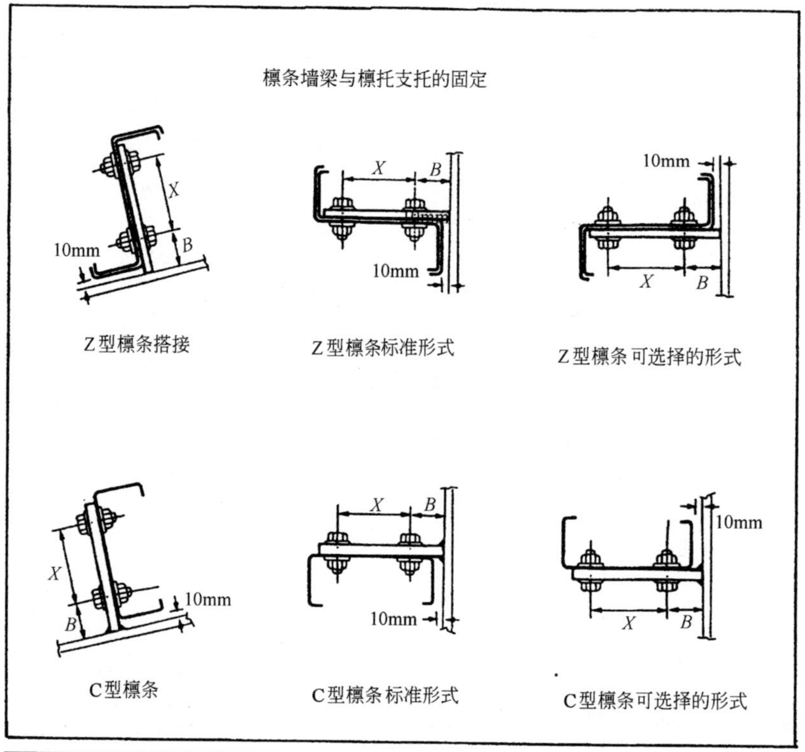

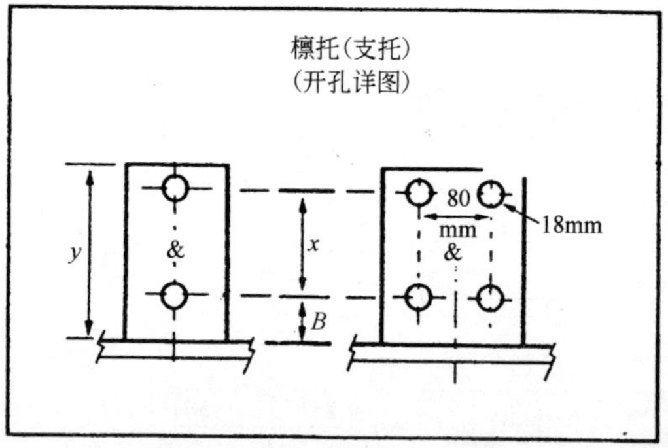

标准尺寸			
檩条腹板 标称高度(mm)	尺寸(mm)		
	B	x	y
100	40	40	105
150	55	60	145
200	55	110	195
250	55	160	245

说明:
建议采用的檩托厚度为8mm

附录—14　弯矩系数以及檩条(墙梁)檩托(支托)的固定

系杆预地留孔位置

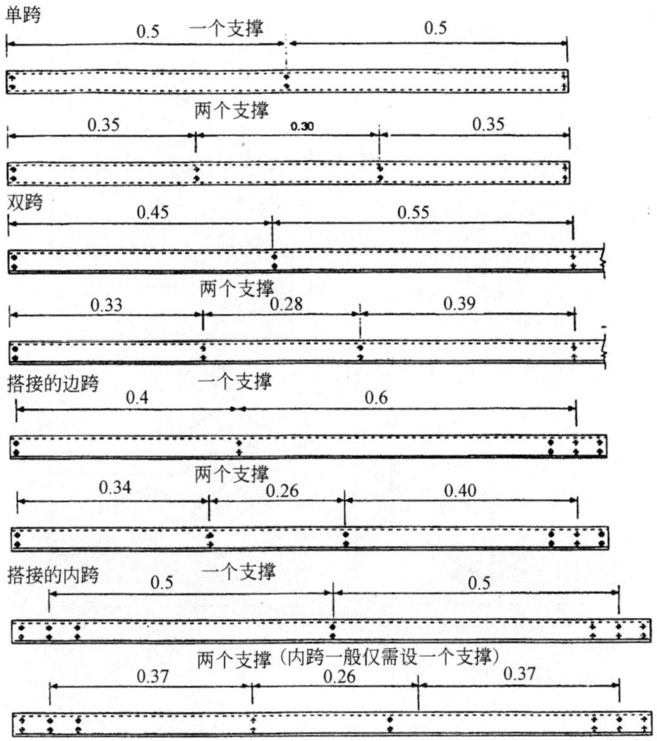

开洞详图及尺寸线一 Z型钢及C型钢

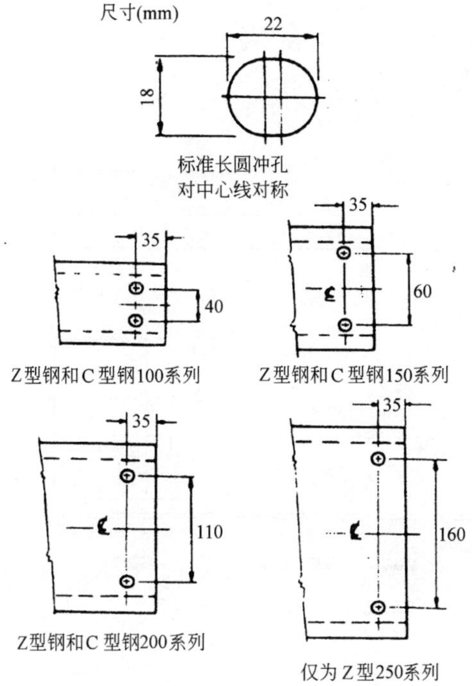

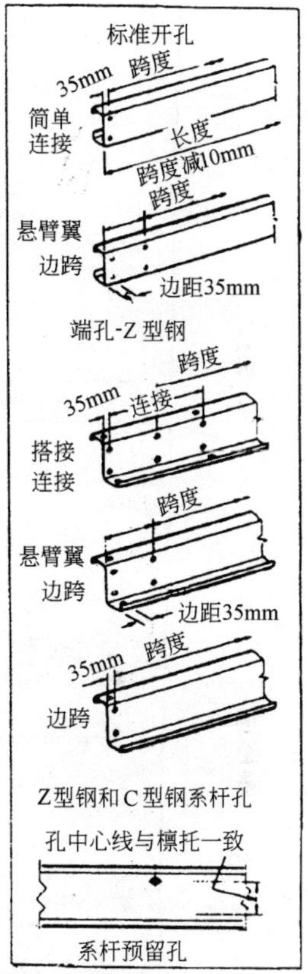

说明：系杆预留孔应位于最佳支撑距离处

开洞、连接板、固定螺栓

Z型钢和C型钢檩条，通常按规定的尺度线，预留有 18×22mm 的长圆形冲孔。这些孔是为现场安装 M12 的螺栓准备的，不适用于大于 M12 的螺栓。当在两只 M12 级数 4.6 的螺栓上产生的反力大于螺栓承载力，或需采用加强螺栓时，建议采用 M12 级数 8.8 的螺栓；如有必要，檩条上也可不预先冲孔。

附录—15 檩条系杆预留孔位置

檩条系杆体系

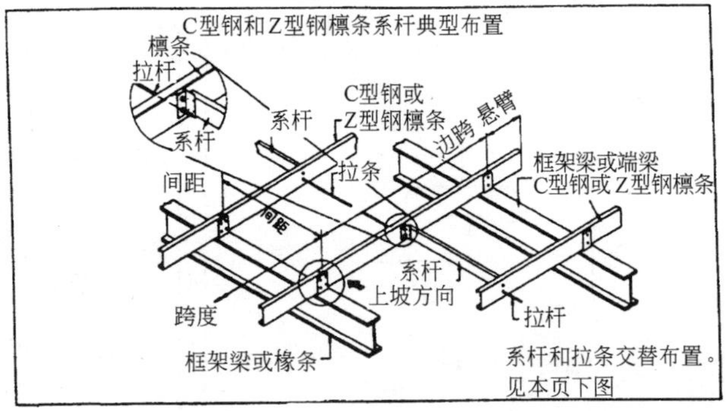

C型钢檩条上翼缘应面对上坡方向。Z型钢墙梁外翼缘应向上。以上详图仅适用于C型钢檩条

撑杆

檩条一般是交替的撑杆和拉条支撑的，对于平屋面和坡度不大于10°的屋面，使用无拉条的支撑。

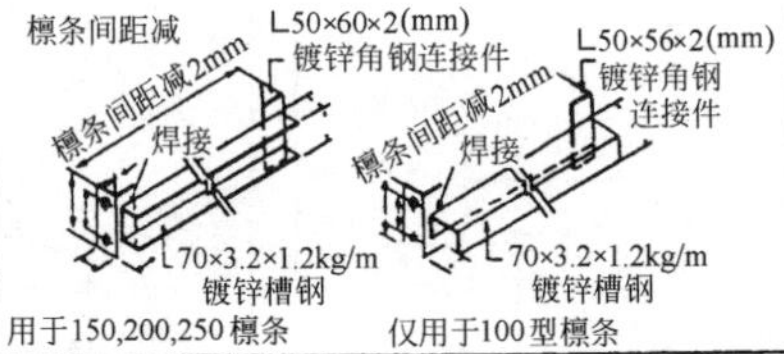

檩条高度 (mm)	A (mm)	B (mm)	C
102	65	40	檩条间距减2mm
152	115	70	
203	160	110	
254	210	160	

系杆和拉杆布置

对于平屋面和坡度不大于10°的屋面，可选用无拉条的支撑。拉条应全于较低的连接孔中

镀锌拉条

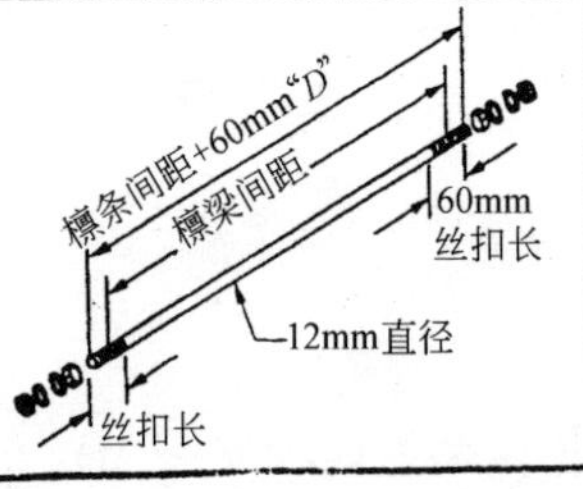

Z型钢墙梁仅由拉条支撑，拉条也可对向外(风吸力)荷载起支承作用

斜檩托座

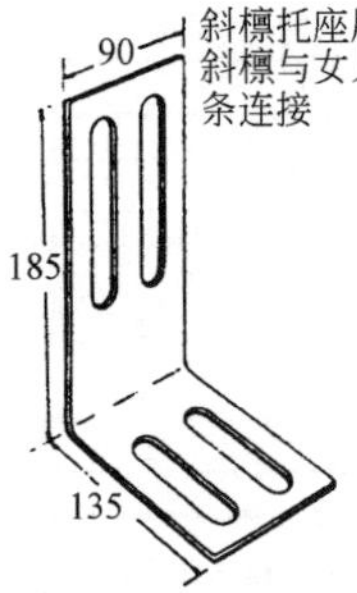

斜檩托座用于将斜檩与女儿墙檩条连接

斜檩

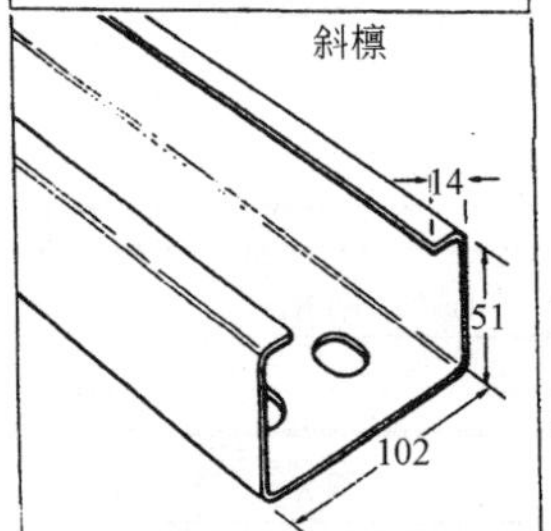

镀锌檩条螺钉

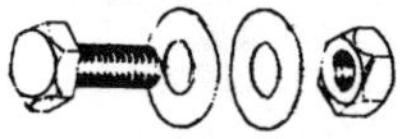

标准檩条螺栓
M12×30(mm)级数4.6,带螺母
高强度镀锌檩条螺栓
M12×30(mm)级数8.8,带螺母

通用连接件

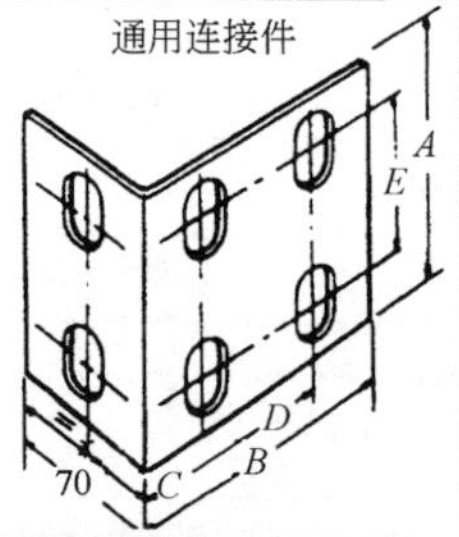

规格	A (mm)	B (mm)	C (mm)	D (mm)	E (mm)	开槽尺寸 (mm)
1	66	115	30	60	39	18dia
2	105	125	30	67	65	18×23
3	154	136	36	73	113	18×32
4	200	136	36	73	135	18×43

角形角连接件

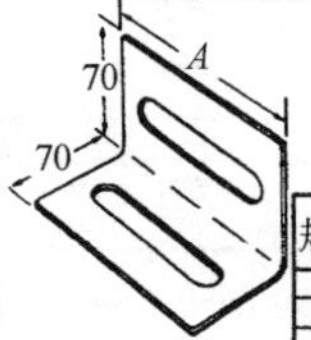

规格	A (mm)
1	90
2	140
3	190
4	240

夹板

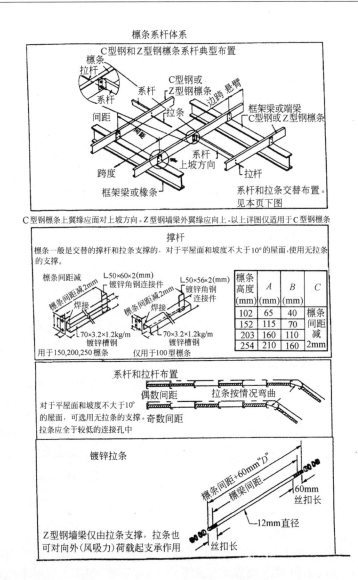

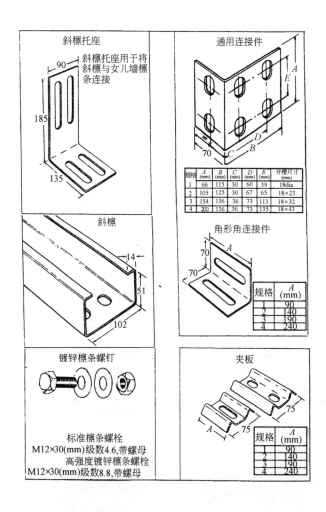

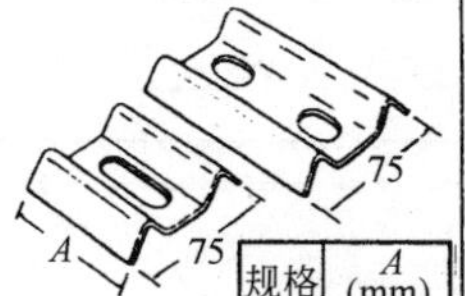

规格	A (mm)
1	90
2	140
3	190
4	240

附录—16　檩条开洞和连接件详图

角形钢连接件

角形钢连接件用途广泛，预留孔可用于相同尺寸或一大一小的型钢的连接

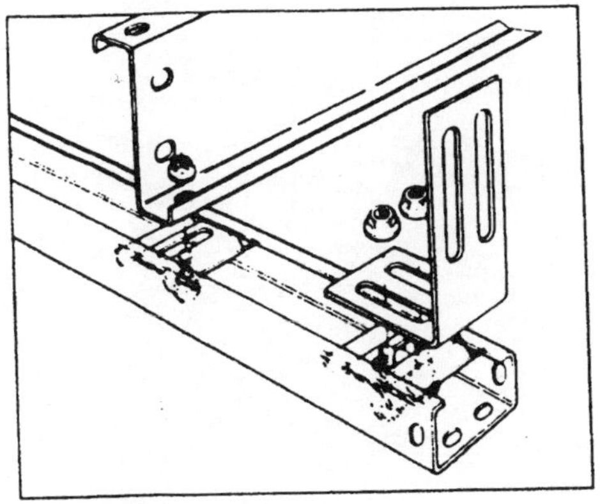

斜檩的安装

图示为使用螺栓和夹板固定斜檩的一种方法

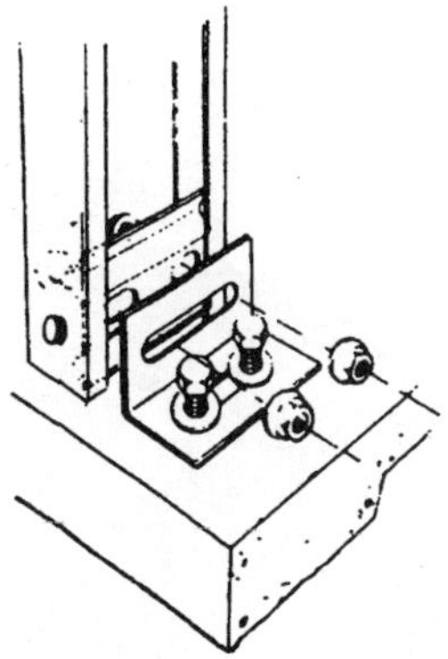

图(a)

表示角形钢连接件和夹板用于轻荷载垂直构件在柱脚的固定。如有人员出入的门框或窗框，它还可用于轻荷载柱基或类似内部构件的应用

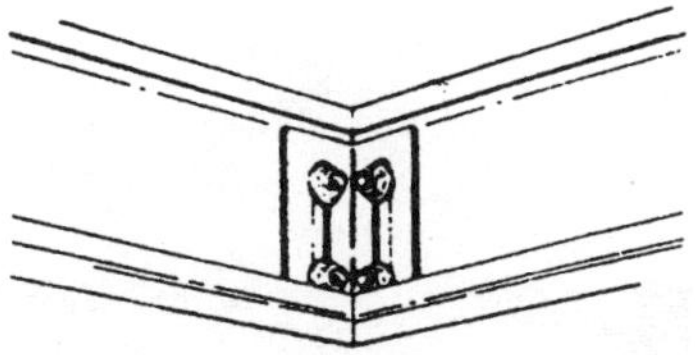

图(c)表示简单的90°角连接

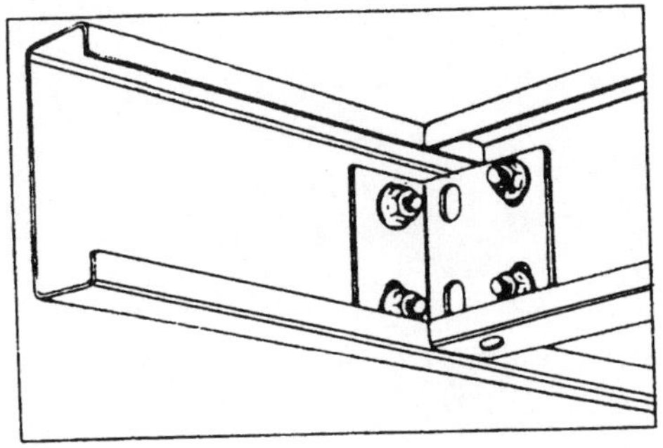

通用连接件

通用连接是进行90°左右连接的理想附件

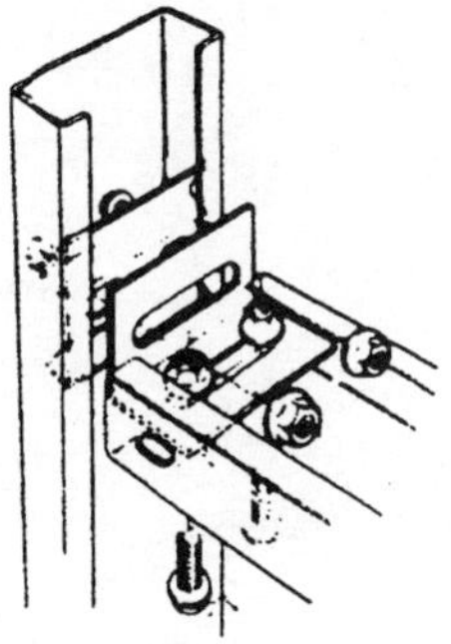

图(b)

表示角形钢连接件和夹板用于托梁在非承重梁开洞连接

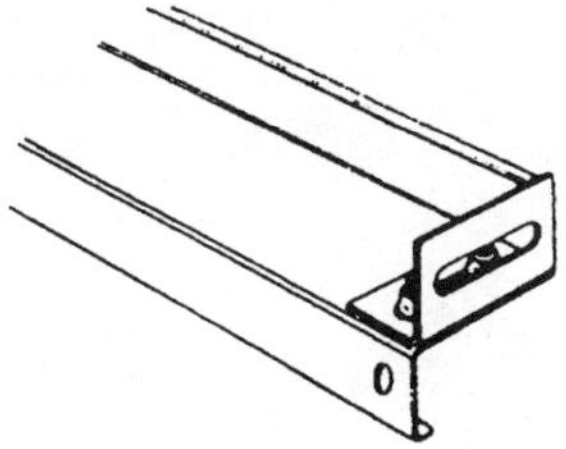

图(d)

表示墙梁或檐檩封闭端构造。这样可省去转角处的斜撑，同时又为屋面连接和转角处理提供了令人满意的连接点

附录—17　通用檩条的系杆附件